D. Pfaffinger

Tragwerksdynamik

Springer-Verlag Wien New York

Dipl.-Ing. Dr. sc. techn. Dieter D. Pfaffinger
Privatdozent an der Eidgenössischen Technischen Hochschule
Zürich, Schweiz

Mit 99 Abbildungen

CIP-Titelaufnahme der Deutschen Bibliothek
Pfaffinger, Dieter D.:
Tragwerksdynamik / Dieter D. Pfaffinger. – Wien ; New York :
Springer, 1989
  ISBN-13:978-3-7091-9027-2

ISBN-13:978-3-7091-9027-2   e-ISBN-13:978-3-7091-9026-5
DOI: 10.1007/978-3-7091-9026-5

Vorwort

Das vorliegende Buch entstand aus dem Stoff von Vorlesungen aus verschiedenen Gebieten der Tragwerksdynamik, welche ich an der Eidgenössischen Technischen Hochschule Zürich in den letzten Jahren gehalten habe. Es richtet sich einmal an Studenten der oberen Semester vor allem der Fachrichtungen Bauwesen und Maschinenbau sowie an praktisch tätige Ingenieure, welche ihre Kenntnisse auf dem Gebiet der dynamischen Probleme verbreitern und vertiefen wollen. Darüber hinaus dient das Buch als Grundlage zu den Vorlesungen über Tragwerksdynamik an der ETH Zürich im Rahmen des Nachdiplomstudiums Bauingenieurwesen.

Nach der Besprechung der Grundlagen in Kapitel 2 werden in Kapitel 3 die typischen Probleme der linearen Dynamik anhand des Einmassenschwingers behandelt. In Kapitel 4 wird gezeigt, wie kontinuierliche Tragwerke diskretisiert und die Bewegungsgleichungen des Rechenmodells gewonnen werden können. Die Kapitel 5 und 6 beschäftigen sich mit dem Eigenwertproblem, der Frequenzgangberechnung und der Integration der Bewegungsgleichungen für diskretisierte Tragwerke. Dabei werden die wichtigsten der heute zur Verfügung stehenden numerischen Methoden angegeben. In Kapitel 7 werden die stochastischen Lasten behandelt, wie sie beispielsweise im Zusammenhang mit Anregungen aus Wind, Wellen oder Erdbeben auftreten. Schließlich enthält Kapitel 8 eine Einführung in die zunehmend an Bedeutung gewinnenden nichtlinearen dynamischen Probleme. Im Anhang sind die wichtigsten Verfahren für die bei der numerischen Lösung statischer und dynamischer Probleme ständig verwendete Dreieckszerlegung einer Matrix zusammengestellt.

Bei der Auswahl des Stoffes bin ich davon ausgegangen, daß numerische Rechnungen heute praktisch ausschließlich mit Hilfe eines Computers durchgeführt werden. Dementsprechend wird auch den numerischen Methoden und den ihnen zugrundeliegenden Überlegungen besonderes Gewicht beigemessen. Die dazu nötige Matrizenschreibweise wird im Text laufend mitentwickelt. Die klassischen Verfahren zur Lösung dynamischer Probleme werden in dem Umfang mit dargestellt, soweit sie Möglichkeiten zur Kontrolle von Computerrechnungen durch Überschlagsrechnungen bieten. Fast alle Verfahren sind so dargestellt, daß sie in den unterschiedlichsten Gebieten wie Bauingenieurwesen, Maschinenbau, Luft- und Raumfahrt, Off-Shore-Technik etc. zur Anwendung kommen können. Auf Übungsbeispiele wurde bewußt verzichtet, da für die meisten Aufgabenstellungen einschlägige Computerhilfsmittel erforderlich sind. Auch wurde der Stoff auf das Grundsätzliche

beschränkt. Der interessierte Leser sei hier auf die weiterführende Literatur
verwiesen.

Meinen Studenten und Kollegen verdanke ich zahlreiche Anregungen und
Verbesserungsvorschläge. Besonders danke ich Herrn H. Furrer für die Durch-
sicht großer Teile des Manuskripts und viele wertvolle Anregungen. Herrn
Prof. Dr. H. Bachmann danke ich für die freundschaftliche Unterstützung der
Arbeit im Rahmen der Vorbereitung des Nachdiplomstudiums und Herrn G.
Göseli vom Institut für Baustatik und Konstruktion der ETH Zürich für die
Erstellung der Figuren. Ein besonderer Dank gebührt meiner Frau, welche
die Arbeiten am Manuskript mit Geduld und großem Verständnis begleitete.
Schließlich danke ich dem Springer-Verlag für die gute Zusammenarbeit und
die sorgfältige Ausgestaltung des Buches.

Zürich, im September 1988   *Dieter Pfaffinger*

Inhalt

Kapitel 1

Einleitung

Dynamische Probleme gewinnen zunehmend an Bedeutung. Die Gründe dafür sind vielfältig. Einmal werden unsere Konstruktionen dank besserer Berechnungsmethoden, moderner Fertigungsverfahren und neuer Materialien immer schlanker. Damit steigt normalerweise aber auch die Empfindlichkeit gegenüber dynamischen Anregungen. Zum anderen machen oftmals die zunehmenden Anforderungen an die Sicherheit und Zuverlässigkeit eines Tragwerks dynamische Untersuchungen an Stelle einer vereinfachten Berechnung mit statischen Ersatzlasten nötig. Schließlich sind heute aber auch dynamische Berechnungen dank leistungsfähiger Computer, ausgereifter Programme und auf die numerische Rechnung ausgerichteter mathematischer Methoden immer leichter durchführbar. Es ist daher wichtig, daß der Ingenieur auch über Kenntnisse auf dem Gebiet der Tragwerksdynamik verfügt und mit den grundsätzlichen Problemstellungen und den heute gebräuchlichsten Lösungsmethoden vertraut ist.

Im Bauwesen ist vom Schadenspotential her gesehen einer der wichtigsten dynamischen Lastfälle die Anregung durch starke Erdbeben. Jedes Jahr fordern Erdbeben Menschenleben und vernichten Sachwerte in Millionenhöhe. Neben den Primärschäden treten häufig Sekundärschäden wie Bruch von Gasleitungen, Erdrutsche, Kurzschlüsse, Dammbrüche etc. auf. Demzufolge müssen nicht nur das Tragwerk selbst, sondern auch wichtige Einbauten wie beispielsweise Rohrleitungen für Erdbebenanregung bemessen werden. Die Schwierigkeiten beim Erfassen des Lastfalls Erdbeben liegen einmal in den großen Unsicherheiten bei den Lastannahmen und andererseits bei der Beschreibung des Tragwerkverhaltens, da häufig der lineare Bereich überschritten wird. Eine weitere wichtige dynamische Belastung ist der Wind, insbesondere bei Hochhäusern, Türmen oder schlanken Brücken. In besonderen Fällen kann durch Windanregung aerodynamische Instabilität und damit der Kollaps des Tragwerks eintreten. Ein Beispiel dafür ist der spektakuläre Einsturz der Tacoma Narrows Bridge im Jahre 1940. Bei Meeresbauten wie beispielsweise Ölplattformen entstehen wesentliche dynamische Anregungen durch den Wellengang. Die zu erwartenden Lasten sind hier — ebenso wie beim Wind — nur in sehr grober Näherung als deterministische Größen, d.h. vollständig bestimmte Zeitfunktionen beschreibbar. Wirklichkeitsnäher ist eine probabilistische Charakterisierung der Belastung über ein Wahrscheinlichkeitsgesetz. Eine weitere wichtige Klasse dynamischer Probleme sind die Resonanzerscheinungen. Unter der Wirkung einer periodischen Anregung kann hier dem Tragwerk Energie zugeführt werden, bis im Extremfall der Bruch eintritt. Ein typisches Beispiel dafür sind Fundamente unter mit Unwucht laufenden Maschinen. Schließlich sind Belastungen aus Druckwellen, aus einschlagenden Projektilen einschließlich des Lastfalls Flugzeugabsturz bei Kernkraftwerken oder auch aus Rohrbrüchen durch ausströmendes Medium Beispiele für dynamische Anregungen.

Dynamische Beanspruchungen können die Gebrauchsfähigkeit und die Tragfähigkeit eines Bauwerks beeinträchtigen. So wird die Gebrauchsfähigkeit beispielsweise durch Risse, durch schwingungsbedingte Störungen von Geräten oder auch durch subjektiv als unangenehm empfundene Vibrationen gemindert. Die Tragfähigkeit wird vor allem von den durch Spannungsänderungen verursachten Ermüdungserscheinungen beeinflußt. Dabei ist sowohl die Anzahl der Lastwechsel während der erwarteten Lebensdauer des Tragwerks als auch die Größe der Spannungsänderungen von Bedeutung.

Für alle dynamischen Probleme ist das Auftreten von Trägheitskräften wesentlich. Trägheitskräfte sind zu den Beschleunigungen und zu den Massen proportional. Sie treten daher nur auf, wenn die zeitliche Änderung der Lasten bzw. ihr Aufbringen auf das Tragwerk genügend schnell erfolgt. Andernfalls sind die Trägheitskräfte vernachlässigbar und man erhält ein statisches Problem. Weiterhin wirken bei dynamischen Problemen praktisch immer auch Dämpfungskräfte. Die Dämpfungskräfte entziehen im Normalfall dem Tragwerk Energie und bewirken das Abklingen der Bewegung nach einer Anregung. Sie sind daher meist erwünscht. In einigen Fällen kann es vorkommen, daß die Dämpfungskräfte Energie zuführen. Man spricht dann von negativer Dämpfung.

Bei der Formulierung eines dynamischen Problems muß wegen des gleichzeitigen Auftretens von Massen und Kräften dem Einheitensystem große Aufmerksamkeit geschenkt werden. Im heute gebräuchlichen SI-System ist die Masse eine Grundeinheit (z.B. kg), während die Kraft (z.B. N) eine abgeleitete Einheit darstellt.

Schon bei statischen Problemen lassen sich nur wenige Spezialfälle streng analytisch lösen. In den meisten Fällen ist man daher auf numerische Näherungslösungen angewiesen. Diese Situation ist in der Dynamik noch ausgeprägter. Aus diesem Grunde ist auch der Einsatz von Computern bei der Lösung dynamischer Probleme normalerweise unerläßlich. Der Rechenaufwand kann dabei wesentlich größer werden als bei der entsprechenden statischen Berechnung. Wegen der großen Bedeutung der numerischen Rechnung bei der Lösung dynamischer Probleme wird im folgenden der numerische Gesichtspunkt stets im Auge behalten.

Kapitel 2

Grundlagen

2.1 Prinzipien der Dynamik

Kinematik

Für die folgenden Überlegungen wird angenommen, daß das Tragwerk auf ein unbeschleunigtes Koordinatensystem, ein Inertialsystem, bezogen ist. Die Beschreibung der Lage in diesem System erfolgt durch die Lagekoordinaten. Lagekoordinaten sind diejenigen voneinander unabhängigen Bestimmungsstücke, welche die Lage des Tragwerks eindeutig festlegen. Ihre Anzahl wird als die Zahl der Freiheitsgrade bezeichnet. So besitzt ein starrer Körper im Raum 6, ein Kontinuum unendlich viele und ein beispielsweise mit finiten Elementen diskretisiertes Tragwerk eine endliche Anzahl von Freiheitsgraden. Die Lehre von der Beschreibung der Lage nennt man Kinematik.

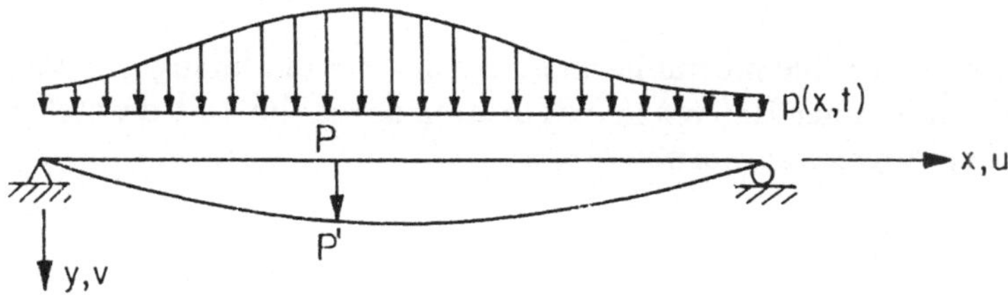

Abb. 2.1.1 Einfacher Balken unter vertikaler Belastung

Abb. 2.1.1 zeigt als Beispiel einen einfachen Balken in der x-, y-Ebene unter einer zeitabhängigen vertikalen Belastung $p(x,t)$. Die vertikale Verschiebung eines Punktes P mit der Koordinate x_o läßt sich durch eine Funktion $v(x_o,t)$ charakterisieren. Im allgemeinen Fall eines dreidimensionalen Kontinuums werden die Verschiebungen eines Punktes P mit den Koordinaten x_o, y_o, z_o in der sogenannten Referenzkonfiguration durch die drei Funktionen $u(x,y,z,t)$, $v(x,y,z,t)$ und $w(x,y,z,t)$ in der x-, y- bzw. z-Richtung beschrieben. Wie in Abb. 2.1.2 gezeigt, geht P damit in P' mit den Koordinaten

$$
\begin{aligned}
x &= x_0 + u(x_0, y_0, z_0, t) \\
y &= y_0 + v(x_0, y_0, z_0, t) \\
z &= z_0 + w(x_0, y_0, z_0, t)
\end{aligned}
\tag{2.1.1}
$$

über. Faßt man die Funktionen u, v und w zum Verschiebungsvektor

$$
\{u\} = \left\{ \begin{array}{c} u(x_0, y_0, z_0, t) \\ v(x_0, y_0, z_0, t) \\ w(x_0, y_0, z_0, t) \end{array} \right\}
\tag{2.1.2}
$$

zusammen, so erhält man mit den Koordinaten

$$
\{x_0\} = \left\{ \begin{array}{c} x_0 \\ y_0 \\ z_0 \end{array} \right\}
\tag{2.1.3}
$$

von P die Koordinaten

$$
\{x\} = \left\{ \begin{array}{c} x \\ y \\ z \end{array} \right\}
\tag{2.1.4}
$$

von P' zu

$$
\{x\} = \{x_0\} + \{u\}
\tag{2.1.5}
$$

Man spricht bei einer Problemformulierung, bei der die unabhängigen Variablen die Koordinaten einer Referenzkonfiguration sowie die Zeit darstellen, auch von einer Lagrangeschen Formulierung.

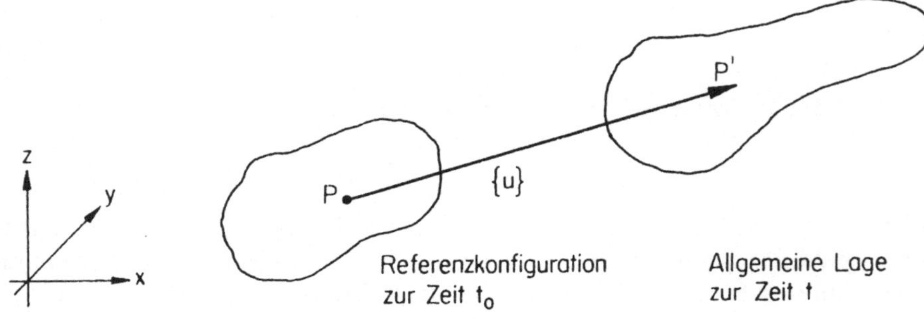

Abb. 2.1.2 Lagrangesche Beschreibung der Bewegung

Bewegungsgesetz

Der Zusammenhang zwischen der Lage des Tragwerks und den am Tragwerk angreifenden Kräften wird durch das Bewegungsgesetz beschrieben. Jedes Kontinuum läßt sich gedanklich in unendlich viele Massenpunkte auflösen, an denen innere und äußere Kräfte angreifen. Innere Kräfte sind dadurch charakterisiert, daß ihre Reaktionen innerhalb des Tragwerks entstehen, während die Reaktionen äußerer Kräfte von außen geliefert werden. Kennt man das Bewegungsgesetz des Massenpunktes, dann kann man daraus auch das Bewegungsgesetz eines Systems mit endlich oder unendlich vielen Massenpunkten herleiten.

In Abb. 2.1.3 ist ein Massenpunkt der Masse m in einem rechtwinkligen kartesischen Koordinatensystem dargestellt. An ihm greift eine zeitabhängige Kraft

$$\{p(t)\} = \left\{ \begin{array}{c} p_x(t) \\ p_y(t) \\ p_z(t) \end{array} \right\} \tag{2.1.6}$$

an. Seine Verschiebungen $u(t)$, $v(t)$ und $w(t)$ in x-, y-, bzw. z-Richtung werden zum Vektor

$$\{u(t)\} = \left\{ \begin{array}{c} u(t) \\ v(t) \\ w(t) \end{array} \right\} \tag{2.1.7}$$

zusammengefaßt. Das 2. Newtonsche Gesetz für den Massenpunkt besagt, daß

$$\begin{aligned} p_x &= \frac{d}{dt}(m\dot{u}) = m\ddot{u} \\ p_y &= \frac{d}{dt}(m\dot{v}) = m\ddot{v} \\ p_z &= \frac{d}{dt}(m\dot{w}) = m\ddot{w} \end{aligned} \tag{2.1.8}$$

gilt, wobei die Masse als konstant angenommen wird[1]. Mit dem Impulsvektor

$$\{I\} = \left\{ \begin{array}{c} I_x \\ I_y \\ I_z \end{array} \right\} = m \left\{ \begin{array}{c} \dot{u} \\ \dot{v} \\ \dot{w} \end{array} \right\} = m\{\dot{u}\} \tag{2.1.9}$$

lassen sich die drei komponentenweisen Gleichungen zu der Vektorgleichung

$$\{p\} = \{\dot{I}\} \tag{2.1.10}$$

---

[1] In seiner ursprünglichen Formulierung lautet das 2. Newtonsche Gesetz: Die Kraft ist gleich der auf die Sekunde bezogenen Änderung der Bewegungsgröße (Impuls). Newton (Sir Isaac Newton, 1643 - 1727) setzte damit nicht voraus, daß die Masse konstant ist.

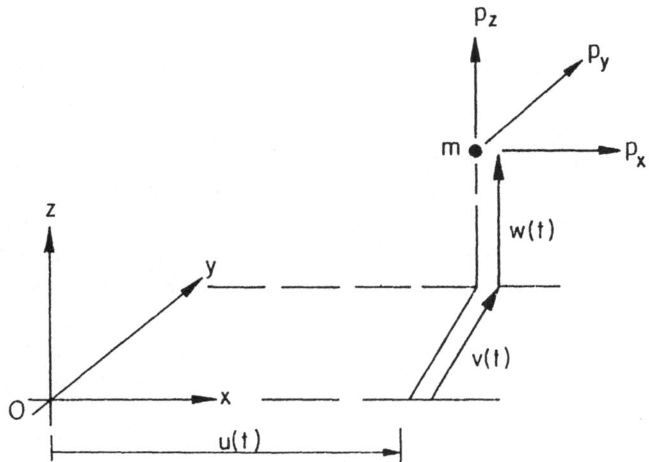

Abb. 2.1.3 Massenpunkt

oder auch zu

$$\{p\} = m\{\ddot{u}\} \qquad (2.1.11)$$

zusammenfassen. Die angreifende Kraft ist also gleich der zeitlichen Änderung des Impulsvektors oder auch gleich der Masse multipliziert mit dem Beschleunigungsvektor. Führt man mit

$$[m] = \begin{bmatrix} m & 0 & 0 \\ 0 & m & 0 \\ 0 & 0 & m \end{bmatrix} \qquad (2.1.12)$$

die sogenannte Massenmatrix des Massenpunktes ein, dann kann das 2. Newtonsche Gesetz auch in der Form

$$\{p\} = [m]\{\ddot{u}\} \qquad (2.1.13)$$

geschrieben werden.

Abb. 2.1.4 zeigt einen Einmassenschwinger mit einem Massenpunkt der Masse m, einem Federelement mit der Federsteifigkeit k und einem viskosen Dämpferelement mit der Dämpfungskonstanten c. Ein derartiger Schwinger wird auch als Kelvin-Modell eines Tragwerks bezeichnet. Mit der Erdbeschleunigung g erhält man für die statische Auslenkung

$$q_s = mg/k \qquad (2.1.14)$$

Am Massenpunkt greifen neben dem Gewicht mg eine zeitabhängige Last $p(t)$ sowie eine elastische Kraft $-k(q_s + q)$ und eine viskose Dämpfungskraft $-c\dot{q}$ an. Die zeitabhängige Verschiebung wird mit $q(t)$ bezeichnet. Das 2. Newtonsche Gesetz liefert damit

$$mg + p - k(q_s + q) - c\dot{q} = m\ddot{q} \qquad (2.1.15)$$

Unter Berücksichtigung von Gl. (2.1.14) erhält man nach Umordnen der Terme die bekannte Bewegungsgleichung

$$m\ddot{q}+c\dot{q}+kq = p \tag{2.1.16}$$

Die Bewegungsgleichung ist eine Differentialgleichung 2. Ordnung mit konstanten Koeffizienten. Sie erlaubt damit die Erfüllung von zwei Anfangsbedingungen beispielsweise in der Form

$$q(0) = q_o \tag{2.1.17}$$

$$\dot{q}(0) = \dot{q}_o \tag{2.1.18}$$

Weiterhin sieht man, daß der statische Anteil q_s aus der Bewegungsgleichung herausfällt. Bei der Bestimmung der totalen Verschiebungen, Kräfte oder Spannungen muß daher der statische Anteil noch superponiert werden.

Kraftimpuls

Integriert man Gl. (2.1.10) über die Zeit, so kommt

$$\int\limits_{t_1}^{t_2}\{p\}dt = \int\limits_{t_1}^{t_2}\{\dot{I}\}dt = \{I_2\}-\{I_1\} \tag{2.1.19}$$

Das Zeitintegral der Kraft $\{p\}$, auch Kraftimpuls oder Lastimpuls genannt, ist demnach gleich der Änderung des Impulses der Masse m. Gl. (2.1.19) ist der Impulssatz für den Massenpunkt. Für $\{p\} = \{0\}$ folgt insbesondere, daß der Impuls konstant bleibt. Gl. (2.1.19) spielt bei allen Stoßproblemen eine Rolle. Stoßprobleme sind dadurch charakterisiert, daß eine große Kraft $\{p\}$ über eine kurze Zeit $\Delta t = t_2 - t_1$ wirkt, sodaß der Kraftimpuls endlich bleibt. Ohne den zeitlichen Verlauf von $\{p\}$ im Detail kennen zu müssen, erlaubt

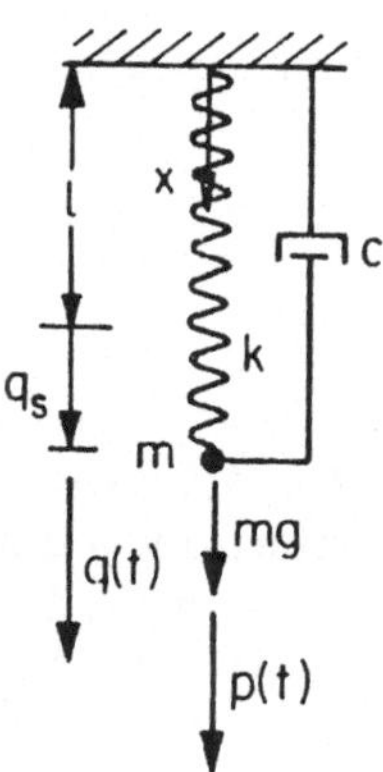

Abb. 2.1.4 Einmassenschwinger

Gl. (2.1.19) aus der Impulsänderung eine Abschätzung des Mittelwertes $\{\bar{p}\}$ der Kraft:

$$\int_{t_1}^{t_2} \{p\}\,dt = \{\bar{p}\}\Delta t = \{I_2\}-\{I_1\} \tag{2.1.20}$$

Prinzip von d'Alembert

Das 2. Newtonsche Gesetz Gl. (2.1.11) für den Massenpunkt kann auch in der Form

$$\{p\}-m\{\ddot{u}\} = \{0\} \tag{2.1.21}$$

geschrieben werden. Führt man die Trägheitskraft

$$\{T\} = -m\{\ddot{u}\} = -[m]\{\ddot{u}\} = -\{\dot{I}\} \tag{2.1.22}$$

ein, so erhält man die Gleichgewichtsbedingung

$$\{p\}+\{T\} = \{0\} \tag{2.1.23}$$

Diese Gleichung wird als das Prinzip von d'Alembert[1] bezeichnet. Es besagt, daß der Massenpunkt zu jeder Zeit unter der resultierenden Kraft und der Trägheitskraft im Gleichgewicht steht.

Beispiel

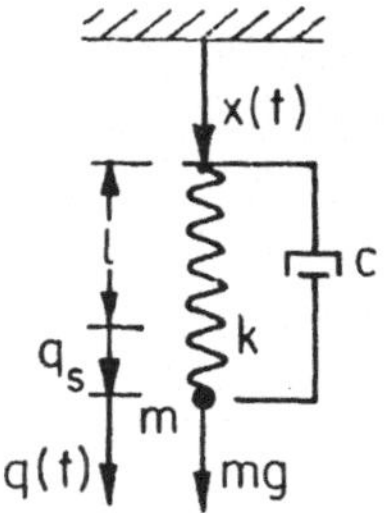

Abb. 2.1.5 Einmassenschwinger unter Auflagerverschiebung

Zur Illustration soll für den Einmassenschwinger von Abb. 2.1.5 die Bewegungsgleichung unter einer Auflagerverschiebung $x(t)$ mit Hilfe des Prinzips von d'Alembert hergeleitet werden. Die absolute Position von m auf der x-Achse ist $x(t)+\ell+q_s+q(t)$, wobei $q(t)$ die Verschiebung relativ zum Auflager und q_s die statische Auslenkung bezeichnet. Daraus wird die Beschleunigung zu $\ddot{x}+\ddot{q}$ und die Trägheitskraft zu

$$T = -m(\ddot{x}+\ddot{q}) \tag{2.1.24}$$

---

[1] Jean Lerond d'Alembert (1717 - 83), französischer Physiker und Aufklärungsphilosoph.

Die elastische Kraft ist wie oben $-k(q_s+q)$, die Dämpfungskraft $-c\dot{q}$ und die äußere Last besteht nur aus dem Eigengewicht mg. Die dynamische Gleichgewichtsbedingung nach dem Prinzip von d'Alembert führt auf die Gleichung

$$-k(q_s+q)-c\dot{q}+mg-m(\ddot{x}+\ddot{q}) = 0 \qquad (2.1.25)$$

Da sich die Terme $-kq_s$ und mg wiederum aufheben, ergibt sich nach Umordnen die Bewegungsgleichung

$$m\ddot{q}+c\dot{q}+kq = -m\ddot{x} \qquad (2.1.26)$$

Man sieht, daß Gl. (2.1.26) analog zu Gl. (2.1.16) aufgebaut ist, wobei $q(t)$ nun aber die Relativverschiebung bezeichnet. Auf der rechten Seite entsteht eine sogenannte effektive Belastung $-m\ddot{x}$, welche proportional zur Masse des Schwingers und zur Auflagerbeschleunigung ist. Weiterhin verfügt man auch hier über zwei Anfangsbedingungen.

Alternativ läßt sich die Bewegungsgleichung auch in der absoluten Verschiebung

$$y(t) = x(t)+q(t) \qquad (2.1.27)$$

formulieren. Einsetzen von

$$q(t) = y(t)-x(t) \qquad (2.1.28)$$

in Gl. (2.1.26) liefert

$$m\ddot{y}+c\dot{y}+ky = kx+c\dot{x} \qquad (2.1.29)$$

Da die rechte Seite nun zwei Terme, nämlich einen steifigkeitsabhängigen Zwängungsterm und einen Dämpfungsterm enthält, ist diese Formulierung etwas weniger elegant als Gl. (2.1.26).

Prinzip der virtuellen Verschiebungen

Bei der Herleitung der Bewegungsgleichung eines Tragwerks mit Hilfe des 2. Newtonschen Gesetzes oder mit dem Prinzip von d'Alembert wird das dynamische Gleichgewicht für jede Kraftkomponente einzeln formuliert. Dazu müssen die Kräfte und gegebenenfalls auch die Momente in ihre Komponenten in den Koordinatenrichtungen zerlegt werden. Bei komplexeren Tragwerken kann dies unübersichtlich und schwierig werden. Einfacher ist hier meistens die Herleitung der Bewegungsgleichung mit dem Prinzip der virtuellen Verschiebungen (PVV) oder dem Prinzip der virtuellen Leistungen (PVL) auf der Basis von Arbeitsausdrücken.

Eine virtuelle Verschiebung ist eine gedachte infinitesimale Verschiebung

$$\{\delta u\} = \left\{ \begin{array}{c} \delta u \\ \delta v \\ \delta w \end{array} \right\} \qquad (2.1.30)$$

mit zunächst beliebigen Komponenten. Allerdings soll vorausgesetzt werden, daß die virtuellen Verschiebungen kontinuierlich verlaufen. Erfüllen sie zusätzlich die geometrischen Randbedingungen des Tragwerks, so spricht man von kinematisch zulässigen virtuellen Verschiebungen. Geometrische Randbedingungen sind Bedingungen für das Verschiebungsfeld. So ist beispielsweise an einem drehbar aufliegenden Rand einer Platte die Bedingung verschwindender vertikaler Durchbiegung eine geometrische Randbedingung, während die Bedingung verschwindender Spannungen eine statische Randbedingung darstellt. An geometrischen Randbedingungen entstehen Auflagerreaktionen. Aus diesem Grunde hat die Wahl kinematisch zulässiger virtueller Verschiebungen den Vorteil, daß bei der Bestimmung der Arbeitsausdrücke die zunächst unbekannten Reaktionen keine Arbeit leisten. Man beachte aber, daß das Prinzip der virtuellen Verschiebungen auch für kinematisch unzulässige und diskontinuierliche Verschiebungen formuliert werden kann, wobei aber die Arbeitsausdrücke dann entsprechend vervollständigt werden müssen.

Statt virtueller Verschiebungen $\{\delta u\}$ kann man auch virtuelle Geschwindigkeiten

$$\{\dot{u}_v\} = \left\{ \begin{array}{c} \dot{u}_v \\ \dot{v}_v \\ \dot{w}_v \end{array} \right\} \qquad (2.1.31)$$

d.h. virtuelle Verschiebungen pro Zeiteinheit einführen. Im Gegensatz zu den $\{\delta u\}$ sind die $\{\dot{u}_v\}$ endliche Größen. Die virtuellen Arbeiten werden damit zu virtuellen Leistungen (Arbeit pro Zeiteinheit), welche ebenfalls endlich sind.

Unterwirft man ein Tragwerk einem virtuellen Verschiebungszustand, so leisten dabei normalerweise die äußeren und die inneren Kräfte Arbeit. Eine Ausnahme bilden virtuelle Verschiebungen, welche einer starren Bewegung entsprechen: hier leisten nur die äußeren Kräfte Arbeit. Denkt man sich das Tragwerk in Massenpunkte aufgelöst, so ist an jedem Massenpunkt die resultierende äußere Last gleich der Resultierenden der Spannungen. Bezeichnet man die virtuelle Arbeit der Last unter $\{\delta u\}$ mit δA_i und die virtuelle Arbeit der Spannungen mit δA_a, so muß

$$\delta A_a = \delta A_i \qquad (2.1.32)$$

für jeden Massenpunkt und somit auch für das gesamte Tragwerk gelten. Gl. (2.1.32) wird als das PVV bezeichnet. Es besagt, daß bei einem im Gleichgewicht stehenden Tragwerk unter beliebigen virtuellen Verschiebungen die virtuelle Arbeit der äußeren Kräfte (virtuelle äußere Arbeit) gleich der virtuellen Arbeit der Spannungen (virtuelle innere Arbeit) ist. Da die Spannungen den inneren Bindungskräften entgegengesetzt sind, läßt sich das PVV auch dahingehend formulieren, daß bei einem im Gleichgewicht stehenden Tragwerk unter beliebigen virtuellen Verschiebungen die virtuelle Gesamtarbeit aus äußeren Lasten und inneren Bindungskräften verschwindet.

Das PVV wurde aus der Bedingung des Gleichgewichts gewonnen. Es ersetzt somit die Gleichgewichtsbedingungen. Damit genügt es aber normalerweise nicht zur vollständigen Problemlösung. Eine Ausnahme bilden die statisch bestimmten Probleme, welche mit den Gleichgewichtsbedingungen allein gelöst werden können. Das PVV kann bei linearem und nichtlinearem Tragwerksverhalten verwendet werden. Es ist daher allgemeiner als die klassischen Energieprinzipien wie beispielsweise das Prinzip vom Minimum der potentiellen Energie. Das PVV läßt sich auch sofort auf dynamische Probleme anwenden, indem man die Trägheitskräfte und die Dämpfungskräfte als äußere Lasten in den Arbeitsausdrücken berücksichtigt. Schließlich eignet sich das PVV hervorragend zur Herleitung von Näherungslösungen, bei denen zwar lokal die komponentenweisen Gleichgewichtsbedingungen verletzt werden, aber global Gleichheit von virtueller innerer und äußerer Arbeit sichergestellt wird.

Als Alternative kann man mit dem PVL arbeiten, welches nun statt virtueller infinitesimaler Arbeitsausdrücke die endlichen virtuellen Leistungsausdrücke enthält. Alle für das PVV gemachten Aussagen gelten ebenfalls für das PVL.

Beispiel

Um für den Einmassenschwinger von Abb. 2.1.4 die Bewegungsgleichung mit Hilfe des PVV herzuleiten, unterwirft man den Schwinger einer virtuellen Verschiebung in x-Richtung beispielsweise der Form

$$\delta u(x) = \delta q f(x) \tag{2.1.33}$$

mit beliebigem δq und einer zunächst ebenfalls beliebigen Funktion $f(x)$ mit $f(\ell) = 1$. Dabei soll nur die Bewegung $q(t)$ aus der statischen Ruhelage betrachtet werden. Als geometrische Randbedingung muß

$$f(0) = 0 \tag{2.1.34}$$

gelten. Die Federkraft kq leistet unter der virtuellen Verzerrung

$$\delta \varepsilon_x = \frac{d}{dx}\delta u(x) = \delta q f'(x) \tag{2.1.35}$$

die Arbeit

$$\delta A_i = \int_0^l kq\delta\varepsilon_x dx = kq\delta q \int_0^l f'(x)dx = kq\delta q \tag{2.1.36}$$

Man sieht, daß für Gl. (2.1.35) und Gl. (2.1.36) die erste Ableitung von $f(x)$ benötigt wird und $f(x)$ daher differenzierbar sein muß. Die virtuelle äußere Arbeit der Last $p(t)$, der Trägheitskraft $-m\ddot{q}$ und der Dämpfungskraft $-c\dot{q}$ wird zu

$$\delta A_a = (p - m\ddot{q} - c\dot{q})\delta q \tag{2.1.37}$$

Das PVV liefert gemäß Gl. (2.1.27)

$$(p - m\ddot{q} - c\dot{q})\delta q = kq\delta q \tag{2.1.38}$$

bzw.

$$(p - kq - c\dot{q} - m\ddot{q})\delta q = 0 \tag{2.1.39}$$

Gl. (2.1.39) muß für beliebige δq gelten. Dies ist nur möglich, wenn der Klammerausdruck verschwindet, d.h. wenn

$$m\ddot{q} + c\dot{q} + kq - p = 0 \tag{2.1.40}$$

gilt. Damit ist die Bewegungsgleichung Gl. (2.1.16) des Schwingers wieder gefunden.

Zusammenfassung

Die Beschreibung der Lage eines Systems ist Aufgabe der Kinematik. Nach
der Besprechung einiger kinematischer Grundbegriffe wird die Lagrangesche
Formulierung eines dynamischen Problems behandelt. Zur Gewinnung der
Bewegungsgleichung einfacher dynamischer Systeme kann sowohl das 2. Newtonsche Gesetz wie auch das Prinzip von d'Alembert oder das Prinzip der
virtuellen Verschiebungen bzw. Leistungen verwendet werden. Diese Gesetze
sowie einige ihrer Folgerungen wie beispielsweise der Impulssatz werden erläutert und anhand des Einmassenschwingers illustriert.

2.2   Energieausdrücke

Bei der Verwendung des PVV wird die virtuelle Arbeit der inneren Kräfte
und der äußeren Lasten einschließlich der Trägheits- und Dämpfungskräfte
benötigt. Diese Arbeiten lassen sich aus den Ausdrücken für die potentielle Energie bzw. Formänderungsenergie, für die kinetische Energie und für
die Dissipationsleistung gewinnen. Die den Lagekoordinaten zugeordneten
äquivalenten nichtkonservativen Kräfte aus den zeitabhängigen Lasten erhält
man ebenfalls über virtuelle Arbeitsausdrücke.

Potential

Das Potential einer Kraft $\{p\}$ mit den Komponenten p_x, p_y und p_z ist definiert
als

$$V = -\int_0^x p_x\,dx - \int_0^y p_y\,dy - \int_0^z p_z\,dz \tag{2.2.1}$$

Es entspricht damit der Arbeit gegen die Kraft $\{p\}$. Die Wahl der unteren
Integrationsgrenze ist willkürlich und bewirkt die Festlegung der Integrati-
onskonstanten. Aus dem Potential erhält man die Kraft als negativen Gra-
dienten, d.h. es gilt

$$p_x = -\frac{\partial V}{\partial x}, \quad p_y = -\frac{\partial V}{\partial y}, \quad p_z = -\frac{\partial V}{\partial z} \tag{2.2.2}$$

bzw.

$$\{p\} = -\operatorname{grad} V \tag{2.2.3}$$

Der Wert des Potentials soll nur von den Ortskoordinaten x,y,z abhängen.
Demzufolge hängt auch die Arbeit von $\{p\}$ zwischen zwei Punkten A und
B nur von der Lage dieser Punkte und nicht vom eingeschlagenen Weg ab.
Insbesondere muß das Potential und damit die Kraft $\{p\}$ zeitunabhängig sein.
Kräfte, zu denen eine Potentialfunktion existiert, werden als konservative
Kräfte bezeichnet. In der Tragwerksdynamik sind die äußeren Kräfte, die
Lasten, zeitabhängig. Sie sind daher nichtkonservative Kräfte.

Formänderungsenergie und Verzerrungsenergie

Für die Arbeit der inneren Kräfte läßt sich ·bei elastischen Körpern eine Potentialfunktion, nämlich die Formänderungsenergie definieren. Betrachtet man den infinitesimalen Würfel von Abb. 2.2.1, so ist sein Spannungszustand durch die 3 Normalspannungen σ_x, σ_y, σ_z und die 6 Schubspannungen τ_{xy}, τ_{yz}, τ_{zx}, τ_{yx}, τ_{zy} und τ_{xz} gegeben. Wegen des Satzes über die zugeordneten Schubspannungen gilt

$$\tau_{xy} = \tau_{yx}, \quad \tau_{yz} = \tau_{zy}, \quad \tau_{xz} = \tau_{zx} \tag{2.2.4}$$

d.h. die Schubspannungen enthalten nur 3 unabhängige Komponenten. Analog besteht der Verzerrungszustand aus den drei Verzerrungen ε_x, ε_y, ε_z und den 6 Schiebungen γ_{xy}, γ_{yz}, γ_{zx}, γ_{yz}, γ_{zy} und γ_{xz}. Die Schiebungen sind ebenfalls symmetrisch und enthalten daher auch nur 3 unabhängige Komponenten. Die unabhängigen Spannungskomponenten können zum Spannungsvektor

$$\{\sigma\} = \left\{ \begin{array}{c} \sigma_x \\ \sigma_y \\ \sigma_z \\ \tau_{xy} \\ \tau_{yz} \\ \tau_{xz} \end{array} \right\} \tag{2.2.5}$$

und die unabhängigen Verzerrungskomponenten zum Verzerrungsvektor

$$\{\varepsilon\} = \left\{ \begin{array}{c} \varepsilon_x \\ \varepsilon_y \\ \varepsilon_z \\ \gamma_{xy} \\ \gamma_{yz} \\ \gamma_{xz} \end{array} \right\} \tag{2.2.6}$$

zusammengefaßt werden. Man beachte, daß die so definierten Vektoren nicht den in Abschnitt 8.1 noch näher zu besprechenden Transformationsgesetzen für physikalische Vektoren genügen, sondern vielmehr Spaltenmatrizen darstellen. Die Bezeichnung von Spaltenmatrizen als Vektoren wird im folgenden laufend verwendet.

Die Verzerrungskomponenten sind mit den Verschiebungen $u(x,y,z,t)$, $v(x,y,z,t)$ und $w(x,y,z,t)$ durch die bekannten Beziehungen

$$\varepsilon_x = \frac{\partial u}{\partial x}, \quad \varepsilon_y = \frac{\partial v}{\partial y}, \quad \varepsilon_z = \frac{\partial w}{\partial z}$$

$$\gamma_{xy} = \frac{1}{2}\left(\frac{\partial u}{\partial y} + \frac{\partial v}{\partial x}\right), \quad \gamma_{yz} = \frac{1}{2}\left(\frac{\partial v}{\partial z} + \frac{\partial w}{\partial y}\right), \quad \gamma_{xz} = \frac{1}{2}\left(\frac{\partial w}{\partial x} + \frac{\partial u}{\partial z}\right) \tag{2.2.7}$$

verknüpft. Bei dynamischen Problemen sind sowohl die Verzerrungen wie auch die Spannungen zeitabhängig.

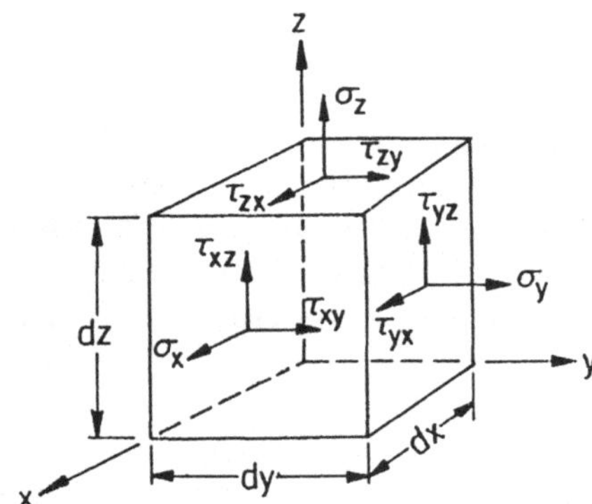

Abb. 2.2.1 Spannungen am Elementarwürfel

Die Spannungen $\{\sigma\}$ leisten bei einer Verzerrung des Würfels mit $\{\varepsilon\}$ die Arbeit dU. Bei linearem Materialgesetz erhält man

$$
\begin{aligned}
dU &= \int_0^{\varepsilon_x} \sigma_x d\varepsilon_x \, dV + \int_0^{\varepsilon_y} \sigma_y d\varepsilon_y \, dV + \cdots + \int_0^{\gamma_{zx}} \tau_{zx} d\gamma_{zx} \, dV \\
&= \frac{1}{2}(\sigma_x\varepsilon_x + \sigma_y\varepsilon_y + \sigma_z\varepsilon_z + \tau_{xy}\gamma_{xy} + \tau_{yz}\gamma_{yz} + \tau_{zx}\gamma_{zx})dV \\
&= \frac{1}{2}\{\sigma\}^{\mathrm{T}}\{\varepsilon\}dV
\end{aligned}
\tag{2.2.8}
$$

dU ist die Formänderungsenergie des Elementarwürfels. Man sieht, daß die einzelnen Spannungskomponenten an den entsprechenden Verzerrungskomponenten Arbeit leisten. Kraftgrößen und Weggrößen, deren Produkte — eventuell abgesehen von einem Faktor 1/2 — die korrekten Werte der Arbeit ergeben, werden als korrespondierende Größen bezeichnet. Da bei linearem Materialgesetz die Spannungen als Linearkombinationen der Verzerrungen und umgekehrt ausgedrückt werden können, läßt sich dU als quadratische Funktion in $\{\sigma\}$ oder in $\{\varepsilon\}$ schreiben. Daraus folgt, daß $dU \geq 0$ ist, wobei der Wert Null nur für die unverzerrte Lage angenommen wird. Aus der im Elementarwürfel gespeicherten Arbeit dU gewinnt man die Verzerrungsenergie, d.h. die Arbeit pro Volumeneinheit, als

$$
\begin{aligned}
\overline{U} = \frac{dU}{dV} &= \frac{1}{2}(\sigma_x\varepsilon_x + \sigma_y\varepsilon_y + \sigma_z\varepsilon_z + \tau_{xy}\gamma_{xy} + \tau_{yz}\gamma_{yz} + \tau_{zx}\gamma_{zx}) \\
&= \frac{1}{2}\{\sigma\}^{\mathrm{T}}\{\varepsilon\}
\end{aligned}
\tag{2.2.9}
$$

Auch $\overline{U}$ ist immer ≥ 0 und verschwindet nur in der unverzerrten Lage. Die Verzerrungsenergie ist ein Maß für die Beanspruchung des Tragwerks am betrachteten Punkt. Als Arbeitsausdruck ist sie bei numerischen Rechnungen meistens eine zuverlässigere Größe als einzelne Spannungskomponenten.

Die Formänderungsenergie des Elementarwürfels mit dem Volumen dV besitzt den Wert $dU = \overline{U}dV$. Man erhält daher die Formänderungsenergie U

des gesamten Tragwerks zu

$$U = \int_V dU = \int_V \overline{U}\,dV \qquad (2.2.10)$$

Materialgesetz

Ein allgemeines lineares Materialgesetz läßt sich in der Form

$$\begin{aligned} \sigma_x &= e_{11}\varepsilon_x + e_{12}\varepsilon_y + \cdots + e_{16}\gamma_{zx} \\ &\;\vdots \\ \tau_{zx} &= e_{61}\varepsilon_x + e_{62}\varepsilon_y + \cdots + e_{66}\gamma_{zx} \end{aligned} \qquad (2.2.11)$$

bzw. in Matrixform als

$$\{\sigma\} = [E]\{\varepsilon\} \qquad (2.2.12)$$

mit der Elastizitätsmatrix $[E]$ anschreiben. $[E]$ ist eine — wie sofort gezeigt wird — symmetrische 6×6-Matrix und besitzt daher 21 unabhängige Elemente. Die numerischen Werte der Materialkonstanten können für dynamische und für statische Belastungen verschieden sein. So erhöht sich beispielsweise der Elastizitätsmodul von Beton bei größeren Dehngeschwindigkeiten um etwa 10%.

Mit der Elastizitätsmatrix wird $\overline{U}$ zu

$$\overline{U} = \frac{1}{2}\{\varepsilon\}^{\mathrm{T}}[E]\{\varepsilon\} \qquad (2.2.13)$$

Da die zweiten partiellen Ableitungen von $\overline{U}$ nach zwei verschiedenen Verzerrungskomponenten das Element e_{ij} bzw. e_{ji} der Materialmatrix ergeben und diese Ableitungen unabhängig von der Reihenfolge der Differentiationen sein müssen, bestätigt sich, daß $[E]$ symmetrisch ist. Man überzeugt sich mit Hilfe von Gl. (2.2.12) und unter Ausnützung der Symmetrie von $[E]$ leicht davon, daß

$$\begin{aligned} \frac{\partial \overline{U}}{\partial \varepsilon_x} &= \sigma_x, & \frac{\partial \overline{U}}{\partial \varepsilon_y} &= \sigma_y, & \frac{\partial \overline{U}}{\partial \varepsilon_z} &= \sigma_z \\[2mm] \frac{\partial \overline{U}}{\partial \gamma_{xy}} &= \tau_{xy}, & \frac{\partial \overline{U}}{\partial \gamma_{yz}} &= \tau_{yz}, & \frac{\partial \overline{U}}{\partial \gamma_{zz}} &= \tau_{zx} \end{aligned} \qquad (2.2.14)$$

gilt. Man erhält also die Spannungskomponenten durch Ableiten der Verzerrungsenergie nach den entsprechenden Verzerrungskomponenten. Die Spannungen sind den inneren Bindungskräften entgegengesetzt. Daher stellt $\overline{U}$ das Potential der inneren Bindungskräfte dar.

Für ein isotropes Material hängt die Elastizitätsmatrix $[E]$ nur vom Elastizitätsmodul E und von der Querdehnungszahl ν ab:

$$[E] = \frac{E}{2(1+\nu)(1-2\nu)}
\left[
\begin{array}{ccc|ccc}
2(1-\nu) & 2\nu & 2\nu & & & \\
2\nu & 2(1-\nu) & 2\nu & & 0 & \\
2\nu & 2\nu & 2(1-\nu) & & & \\
\hline
 & & & (1-2\nu) & & \\
 & 0 & & & (1-2\nu) & \\
 & & & & & (1-2\nu)
\end{array}
\right]$$

$$(2.2.15)$$

Damit ergeben sich für die Elemente von $[E]$ die Ausdrücke

$$\begin{aligned}
e_{11} = e_{22} = e_{33} &= \frac{(1-\nu)E}{(1+\nu)(1-2\nu)} \\
e_{12} = e_{21} = e_{13} = e_{31} = e_{23} = e_{32} &= \frac{\nu E}{(1+\nu)(1-2\nu)} \\
e_{44} = e_{55} = e_{66} &= \frac{E}{2(1+\nu)} = G
\end{aligned}$$

$$(2.2.16)$$

wobei der Schubmodul

$$G = \frac{E}{2(1+\nu)} \tag{2.2.17}$$

eingeführt wurde. Man sieht aus dem herausgezogenen Faktor in Gl. (2.2.15), daß stets $\nu < 0.5$ sein muß, da sonst die Elastizitätsmatrix durch eine Singularität geht.

Verallgemeinerte innere Kräfte

Die Bewegung des Tragwerks sei nun durch die n Lagekoordinaten $q_1, \ldots q_n$ beschrieben. Der Verschiebungsvektor $\{u\}$ und der Verzerrungsvektor $\{\varepsilon\}$ werden damit Funktionen dieser Lagekoordinaten. Somit wird auch die Formänderungsenergie U zu

$$U = U(q_1, \ldots q_n) \tag{2.2.18}$$

Bei einer Änderung der Lagekoordinate q_i um dq_i ändert sich der Wert von U um

$$dU = \int\limits_V (\sigma_x d\varepsilon_x + \cdots + \tau_{zx} d\gamma_{zx}) dV = \int\limits_V \{\sigma\}^T \{d\varepsilon\} dV \tag{2.2.19}$$

wobei $\{d\varepsilon\}$ die dq_i entsprechende Änderung des Verzerrungszustandes bezeichnet. Jeder Lagekoordinate q_i ist aber andererseits eine korrespondierende verallgemeinerte Kraft S_i zugeordnet, welche unter dq_i die Arbeit $S_i dq_i$ leistet. Diese Arbeit muß gleich der Arbeit der Spannungen $\{\sigma\}$ an den Verzerrungsinkrementen $\{d\varepsilon\}$ und damit gleich dU sein:

$$dU = S_i \, dq_i \tag{2.2.20}$$

Da die Lagekoordinaten unabhängige Größen sind, schließt man daraus, daß

$$S_i = \frac{\partial U}{\partial q_i} \qquad i = 1, \ldots n \tag{2.2.21}$$

gelten muß. S_i ist die den Spannungen äquivalente verallgemeinerte Kraft, welche an der i-ten Lagekoordinate Arbeit leistet. Dementsprechend gilt für die den inneren Bindungskräften äquivalente Kraft $Q_i = -S_i$

$$Q_i = -\frac{\partial U}{\partial q_i} \qquad i = 1, \ldots n \tag{2.2.22}$$

Daraus folgt, daß U das Potential der den inneren Bindungskräften entsprechenden verallgemeinerten Kräfte an den Lagekoordinaten ist.

Im Falle dynamischer Probleme sind die Lagekoordinaten und damit auch U und $\overline{U}$ zeitabhängig. Da U und $\overline{U}$ aber nicht explizit von der Zeit abhängen, sollen sie auch in der Dynamik weiterhin als Potentialfunktionen aufgefaßt werden.

Beispiel

Als Beispiel zeigt Abb. 2.2.2 ein Federelement der Länge ℓ und der Federsteifigkeit k. Die Lage der Feder wird durch die Verschiebungen q_i und q_j der Knoten i und j in x-Richtung festgelegt. Das Element besitzt somit zwei Freiheitsgrade. Die Formänderungsenergie wird mit der Federkraft $k(q_j - q_i)$ und der Verzerrung $(q_j - q_i)/\ell$ gemäß Gl. (2.2.8) und Gl. (2.2.10) zu

$$U = \frac{1}{2} \int\limits_0^\ell \frac{k}{\ell} (q_j - q_i)^2 \, dx = \frac{1}{2} k (q_j - q_i)^2 \tag{2.2.23}$$

Die Formänderungsenergie ist immer ≥ 0 und verschwindet nur für den Fall einer Starrkörperverschiebung $q_i = q_j$. Die verallgemeinerten inneren Bindungskräfte Q_i und Q_j erhält man nach Gl. (2.2.22) aus

$$\begin{aligned}
Q_i &= -\frac{\partial U}{\partial q_i} &&= -k(q_i - q_j) \\
Q_j &= -\frac{\partial U}{\partial q_j} &&= k(q_i - q_j)
\end{aligned} \tag{2.2.24}$$

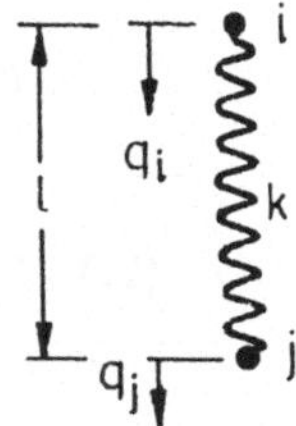

Abb. 2.2.2 Federelement

Dies sind die Kräfte, welche das Federelement auf die Knoten abgibt. Faßt man die Lagekoordinaten q_i und q_j zum Vektor

$$\{q\} = \left\{ \begin{array}{c} q_i \\ q_j \end{array} \right\} \tag{2.2.25}$$

zusammen, so läßt sich U mit der Steifigkeitsmatrix

$$[k] = \left[\begin{array}{cc} k & -k \\ -k & k \end{array} \right] \tag{2.2.26}$$

des Elementes auch als

$$U = \frac{1}{2}\{q\}^{\mathrm{T}}[k]\{q\} \tag{2.2.27}$$

schreiben. Da $U \geq 0$ gilt, ist $[k]$ eine sogenannte positiv-semidefinite Matrix, d.h. der quadratische Ausdruck $\{x\}^{\mathrm{T}}[k]\{x\}$ ist für von Null verschiedene Vektoren $\{x\}$ stets ≥ 0. Gl. (2.2.27) entspricht im Endlichen der Gl. (2.2.13) im Infinitesimalen. Faßt man auch die verallgemeinerten Kräfte Q_i und Q_j zum Vektor

$$\{Q\} = \left\{ \begin{array}{c} Q_i \\ Q_j \end{array} \right\} \tag{2.2.28}$$

zusammen, dann erhält man für Gl. (2.2.24) in Matrixschreibweise die Beziehung

$$\{Q\} = -[k]\{q\} \tag{2.2.29}$$

Kinetische Energie

Als weiterer Energieausdruck spielt die kinetische Energie eine zentrale Rolle in der Tragwerksdynamik. Ausgangspunkt der Überlegungen soll dabei zunächst wiederum der Massenpunkt (Abb. 2.2.3) mit der Masse m sein. Die kinetische Energie ist definiert als

$$T = \frac{1}{2}m(\dot{u}^2 + \dot{v}^2 + \dot{w}^2) = \frac{1}{2}m\{\dot{u}\}^{\mathrm{T}}\{\dot{u}\} \tag{2.2.30}$$

wobei die Geschwindigkeiten zum Vektor

$$\{\dot{u}\} = \left\{ \begin{array}{c} \dot{u} \\ \dot{v} \\ \dot{w} \end{array} \right\} \tag{2.2.31}$$

zusammengefaßt wurden. Mit der Massenmatrix $[m]$ nach Gl. (2.1.12) kann Gl. (2.2.30) auch in der Form

$$T = \frac{1}{2}\{\dot{u}\}^{\mathrm{T}}[m]\{\dot{u}\} \tag{2.2.32}$$

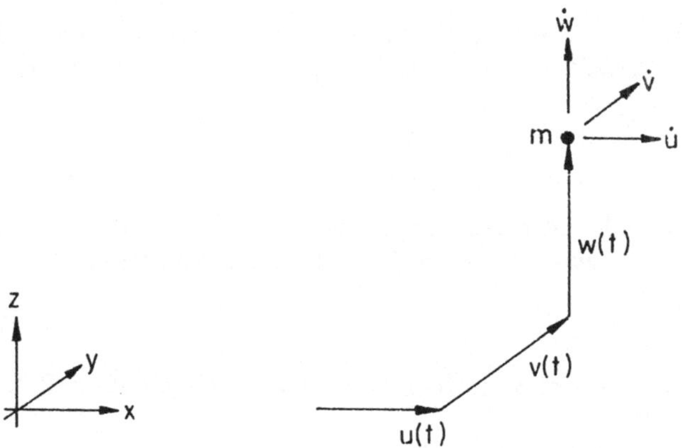

Abb. 2.2.3 Massenpunkt mit der Geschwindigkeit $\{\dot{u}\}$

geschrieben werden.

Man sieht zunächst, daß T eine skalare Größe ist und als quadratischer Ausdruck bei von Null verschiedenen Geschwindigkeiten stets > 0 sein muß. T verschwindet nur im Zustand der Ruhe. Dementsprechend wird $[m]$ als eine positiv-definite Matrix bezeichnet, da der quadratische Ausdruck $\{x\}^{\mathrm{T}}[m]\{x\}$ für von Null verschiedene Vektoren $\{x\}$ immer größer als Null ist. Weiterhin erhält man durch Ableiten nach der Zeit

$$\frac{dT}{dt} = m(\dot{u}\ddot{u} + \dot{v}\ddot{v} + \dot{w}\ddot{w}) \tag{2.2.33}$$

oder auch

$$dT = m(\ddot{u}\dot{u}\,dt + \ddot{v}\dot{v}\,dt + \ddot{w}\dot{w}\,dt) = m\ddot{u}\,du + m\ddot{v}\,dv + m\ddot{w}\,dw \tag{2.2.34}$$

Mit der Trägheitskraft $\{T\}$ nach Gl. (2.1.22) und dem Verschiebungsinkrement

$$\{du\} = \left\{\begin{array}{c} du \\ dv \\ dw \end{array}\right\} \tag{2.2.35}$$

kommt

$$dT = -\{T\}^{\mathrm{T}}\{du\} \tag{2.2.36}$$

Man sieht daraus, daß dT der Arbeit gegen die Trägheitskraft bei der Verschiebung $\{du\}$ entlang des Weges des Massenpunktes entspricht. Greift am Massenpunkt m eine Kraft $\{p\}$ an, so folgt aus dem Prinzip von d'Alembert nach Gl. (2.1.23) durch Bildung des Skalarproduktes mit $\{du\}$

$$-\{T\}^{\mathrm{T}}\{du\} = \{p\}^{\mathrm{T}}\{du\} \tag{2.2.37}$$

Die linke Seite stellt die Änderung dT der kinetischen Energie dar, während
die rechte Seite die Arbeit dA der Kraft $\{p\}$ liefert. Damit hat man den
Energiesatz

$$dT = dA \tag{2.2.38}$$

in seiner differentiellen Form gefunden. Integriert man Gl. (2.2.38) entlang
der Bahnkurve zwischen zwei Punkten P_1 und P_2, so erhält man

$$T_2 - T_1 = A_{12} \tag{2.2.39}$$

wobei A_{12} die Arbeit von $\{p\}$ zwischen P_1 und P_2 bezeichnet. Falls ein Potential V existiert, gilt

$$A_{12} = V_1 - V_2 \tag{2.2.40}$$

Damit erhält man die Beziehung

$$T_1 + V_1 = T_2 + V_2 \tag{2.2.41}$$

welche besagt, daß im konservativen Kraftfeld die Gesamtenergie als Summe
aus kinetischer und potentieller Energie konstant bleibt.

Die kinetische Energie des Massenpunktes ist gemäß Gl. (2.2.30) eine
Funktion der drei Geschwindigkeitskomponenten. Unterwirft man die Verschiebungen u, v und w einer nichtlinearen Transformation

$$\begin{aligned}
u &= u(q_1, q_2, q_3) \\
v &= v(q_1, q_2, q_3) \\
w &= w(q_1, q_2, q_3)
\end{aligned} \tag{2.2.42}$$

so folgt für die Geschwindigkeiten

$$\begin{aligned}
\dot{u} &= \frac{\partial u}{\partial q_1}\dot{q}_1 + \frac{\partial u}{\partial q_2}\dot{q}_2 + \frac{\partial u}{\partial q_3}\dot{q}_3 &= \sum_{i=1}^{3} \frac{\partial u}{\partial q_i}\dot{q}_i \\[2mm]
\dot{v} &= \frac{\partial v}{\partial q_1}\dot{q}_1 + \frac{\partial v}{\partial q_2}\dot{q}_2 + \frac{\partial v}{\partial q_3}\dot{q}_3 &= \sum_{i=1}^{3} \frac{\partial v}{\partial q_i}\dot{q}_i \\[2mm]
\dot{w} &= \frac{\partial w}{\partial q_1}\dot{q}_1 + \frac{\partial w}{\partial q_2}\dot{q}_2 + \frac{\partial w}{\partial q_3}\dot{q}_3 &= \sum_{i=1}^{3} \frac{\partial w}{\partial q_i}\dot{q}_i
\end{aligned} \tag{2.2.43}$$

Da die partiellen Ableitungen bei einer nichtlinearen Transformation Funktionen der neuen Lagekoordinaten q_1, q_2, q_3 sind, sieht man durch Einsetzen
von Gl. (2.2.43) in Gl. (2.2.30), daß die kinetische Energie im allgemeinen
Fall neben den Geschwindigkeiten auch noch von den Lagekoordinaten selbst
abhängen kann.

Beispiel

Beim Übergang von den Lagekoordinaten $u(t)$, $v(t)$ des Massenpunktes mit der
Masse m in einem kartesischen System auf die Lagekoordinaten $r(t)$, $\theta(t)$ in einem

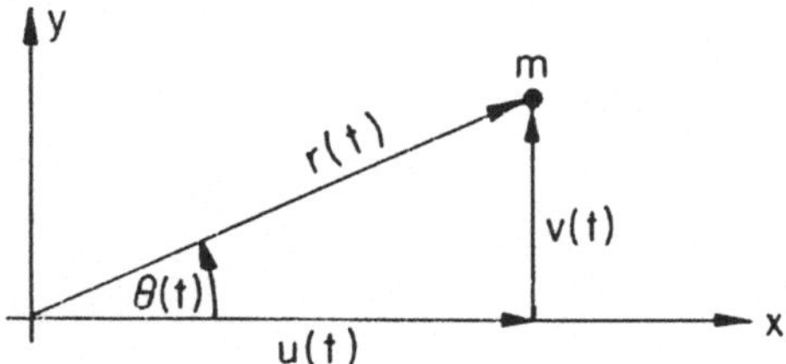

Abb. 2.2.4 Transformation auf Polarkoordinaten

System mit Polarkoordinaten (Abb. 2.2.4) erhält man die Transformationsgleichungen

$$\begin{aligned} u &= r\cos\theta \\ v &= r\sin\theta \end{aligned} \qquad (2.2.44)$$

und daraus

$$\begin{aligned} \dot{u} &= \dot{r}\cos\theta - r\dot\theta\sin\theta \\ \dot{v} &= \dot{r}\sin\theta + r\dot\theta\cos\theta \end{aligned} \qquad (2.2.45)$$

Damit wird die kinetische Energie des Massenpunktes zu

$$T = \frac{1}{2}m(\dot{u}^2+\dot{v}^2) = \frac{1}{2}m(\dot{r}^2+r^2\dot\theta^2) = T(r,\dot{r},\dot\theta) \qquad (2.2.46)$$

Diese Transformation kann auch direkt angegeben werden, da ja $\dot{r}$ die Radialgeschwindigkeit und $r\dot\theta$ die Tangentialgeschwindigkeit darstellt.

Da die kinetische Energie eine skalare Größe ist, kann man die Beiträge mehrerer Massenpunkte durch einfache Summation zur gesamten kinetischen Energie zusammenfassen. Denkt man sich insbesondere ein kontinuierliches Tragwerk in Massenpunkte mit der Masse $dm = \varrho dV$ aufgelöst, wobei

$$\varrho = \frac{dm}{dV} \qquad (2.2.47)$$

die Massendichte bezeichnet, so erhält man

$$T = \frac{1}{2}\int_V \varrho(\dot{u}^2+\dot{v}^2+\dot{w}^2)dV = \frac{1}{2}\int_V \varrho\{\dot{u}\}^{\mathrm{T}}\{\dot{u}\}dV \qquad (2.2.48)$$

Bei homogenen Körpern ist die Massendichte konstant und kann daher aus dem Integral herausgezogen werden. Auch hier ist T eine positive Größe, welche nur in der Ruhelage verschwindet. Für jeden Massenpunkt des Kontinuums gilt der Energiesatz nach Gl. (2.2.37) bzw. Gl. (2.2.38) wobei nun aber die Kraft $\{p\}$ aus einer inneren und einer äußeren Kraft besteht. Dementsprechend enthält auch dA die Arbeitsanteile der inneren und der äußeren Kraft. Durch Integration über das ganze Tragwerk erhält man den Energiesatz für das Kontinuum der besagt, daß die Änderung der kinetischen Energie gleich der Arbeit der inneren und äußeren Kräfte ist.

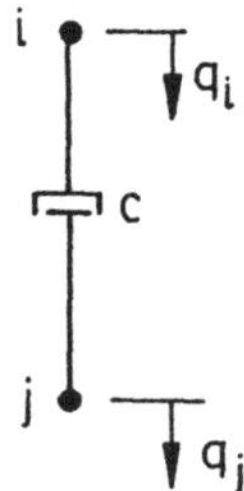

Abb. 2.2.5 Viskoser Dämpfer

Dämpfungskräfte und Dissipationsfunktion

An einem bewegten Tragwerk greifen immer Dämpfungskräfte an. Sie entstehen entweder im Tragwerk selbst als Materialdämpfung, durch Gleitreibung zwischen sich berührenden Teilen oder aber sie werden von der Umgebung auf das Tragwerk abgegeben. In der Berechnungspraxis ist es meistens schwierig, die Dämpfungseigenschaften wirklichkeitsnah zu erfassen. Eine der Möglichkeiten besteht dabei im Einführen von viskosen Dämpfern (Abb. 2.2.5) zwischen Knotenpunkten i und j des Tragwerksmodells. Die auf die Knoten abgegebenen Dämpfungskräfte sind proportional zur Dämpfungskonstanten c und zur Relativgeschwindigkeit $\dot{q}_r = \dot{q}_j - \dot{q}_i$ der Knoten:

$$\begin{aligned}
F_{d_i} &= c\dot{q}_r = c(\dot{q}_j - \dot{q}_i) \\
F_{d_j} &= -c\dot{q}_r = -c(\dot{q}_j - \dot{q}_i)
\end{aligned} \tag{2.2.49}$$

Faßt man die Knotenkräfte zum Vektor

$$\{F_d\} = \left\{ \begin{array}{c} F_{d_i} \\ F_{d_j} \end{array} \right\} \tag{2.2.50}$$

und die Knotengeschwindigkeiten zu

$$\{\dot{q}\} = \left\{ \begin{array}{c} \dot{q}_i \\ \dot{q}_j \end{array} \right\} \tag{2.2.51}$$

zusammen, dann läßt sich Gl. (2.2.49) auch in Matrizenform als

$$\{F_d\} = -[c]\{\dot{q}\} \tag{2.2.52}$$

schreiben. Dabei bezeichnet

$$[c] = \begin{bmatrix} c & -c \\ -c & c \end{bmatrix} \tag{2.2.53}$$

die viskose Dämpfungsmatrix des Dämpfers. $[c]$ ist also gleich der Steifigkeitsmatrix $[k]$ des Federelementes Gl. (2.2.26) aufgebaut.

Man definiert als Dissipationsleistung die Leistung der Dämpfungskräfte. Sie entspricht der Energievernichtung bzw. im Falle negativer Dämpfung der

Energiezufuhr pro Zeiteinheit. Für das Dämpferelement beträgt die Dissipationsleistung

$$L = -F_{d_i}\dot{q}_r = -c(\dot{q}_j-\dot{q}_i)^2 = -c(\dot{q}_i-\dot{q}_j)^2 \tag{2.2.54}$$

Daraus gewinnt man die Dissipationsfunktion R als die halbe negative Dissipationsleistung:

$$R = -\frac{1}{2}L = \frac{1}{2}c(\dot{q}_i-\dot{q}_j)^2 = \frac{1}{2}\{\dot{q}\}^{\mathrm{T}}[c]\{\dot{q}\} \tag{2.2.55}$$

Die Dissipationsfunktion ist also ein quadratischer Ausdruck in den Geschwindigkeiten und ist analog zur Formänderungsenergie des Federelementes Gl. (2.2.27) oder zur kinetischen Energie des Massenpunktes Gl. (2.2.32) aufgebaut. Da man aber über die Größe und das Vorzeichen von R nichts aussagen kann, ist $[c]$ im Gegensatz zu $[k]$ und $[m]$ eine indefinite Matrix. Man überzeugt sich leicht davon, daß

$$\begin{aligned} F_i &= -\frac{\partial R}{\partial \dot{q}_i} \\ F_j &= -\frac{\partial R}{\partial \dot{q}_j} \end{aligned} \tag{2.2.56}$$

gilt. Die Dämpfungskräfte an den Knoten können also aus den partiellen Ableitungen von R nach den entsprechenden Knotengeschwindigkeiten gewonnen werden.

Da die Dissipationsfunktion R ebenso wie U und T eine skalare Größe ist, erhält man bei einem Tragwerk mit mehreren Dämpfern den Gesamtwert von R durch Addition der einzelnen Beiträge.

Lasten

Neben den inneren Kräften, den Trägheitskräften und den Dämpfungskräften greifen am Tragwerk auch äußere Kräfte als Lasten an. Diese sind bei dynamischen Problemen zeitabhängig und damit nichtkonservativ. Unter einer virtuellen Verschiebung leisten die Lasten virtuelle äußere Arbeit. Wird die Bewegung des Tragwerks durch die n unabhängigen Lagekoordinaten $q_1, \ldots q_n$ beschrieben, so können die n voneinander unabhängigen virtuellen Verschiebungen $\delta q_1, \ldots \delta q_n$ vorgenommen werden. Unter der k-ten virtuellen Verschiebung δq_k leisten die Lasten die virtuelle Arbeit

$$\delta A_k = Q_k \delta q_k \qquad k = 1, \ldots n \tag{2.2.57}$$

wobei Q_k die zur k-ten Lagekoordinate gehörende verallgemeinerte äußere Kraft bezeichnet. Q_k ist die zu q_k korrespondierende Kraftgröße. Je nach physikalischer Bedeutung von q_k kann Q_k eine Kraft (q_k ist eine Verschiebung), ein Moment (q_k ist eine Verdrehung) oder eine verallgemeinerte Größe wie beispielsweise das Integral über eine verteilte Belastung sein. Man gewinnt demnach die den n Lagekoordinaten zugeordneten verallgemeinerten äußeren Kräfte durch Bildung der virtuellen Arbeiten unter n virtuellen Änderungen der Lagekoordinaten.

Beispiel

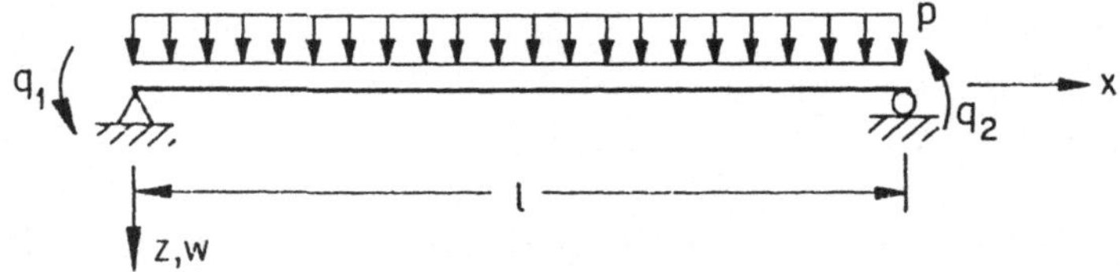

Abb. 2.2.6 Prismatischer Balken

Zur Illustration sollen für den in Abb. 2.2.6 gezeigten einfachen Balken die verallgemeinerten Kräfte unter einer gleichmäßig verteilten Belastung p gewonnen werden. Die strenge Lösung der Balkendifferentialgleichung

$$EIw^{\overline{IV}} = p \qquad (2.2.58)$$

ergibt ein Polynom 4. Grades für die Biegelinie $w(x)$. Der kontinuierliche Balken soll hier aber näherungsweise durch ein System mit den zwei Lagekoordinaten q_1 und q_2 ersetzt werden, indem man für $w(x)$ den Ansatz

$$w(x) = q_1 f_1(x) + q_2 f_2(x) \qquad (2.2.59)$$

mit den Knotenverdrehungen q_1 und q_2 macht. Die beiden Ansatzfunktionen haben mit $\xi = x/\ell$ die Form

$$\begin{aligned} f_1 &= l(-\xi + 2\xi^2 - \xi^3) \\ f_2 &= l(\xi^2 - \xi^3) \end{aligned} \qquad (2.2.60)$$

und sind in Abb. 2.2.7 dargestellt. Sie entsprechen den Biegelinien des prismatischen Balkens unter Einheitsknotenverdrehungen $q_1 = 1$ und $q_2 = 1$. Unter der virtuellen Änderung δq_1 von q_1 erhält man die virtuelle Verschiebung

$$\delta w = \delta q_1 f_1 = \delta q_1 \ell(-\xi + 2\xi^2 - \xi^3) \qquad (2.2.61)$$

Damit wird die virtuelle äußere Arbeit zu

$$\delta A_1 = \int_0^\ell p\,\delta w\,dx = p\,\delta q_1 \int_0^\ell f_1(x)\,dx = -\frac{p\ell^2}{12}\delta q_1 \qquad (2.2.62)$$

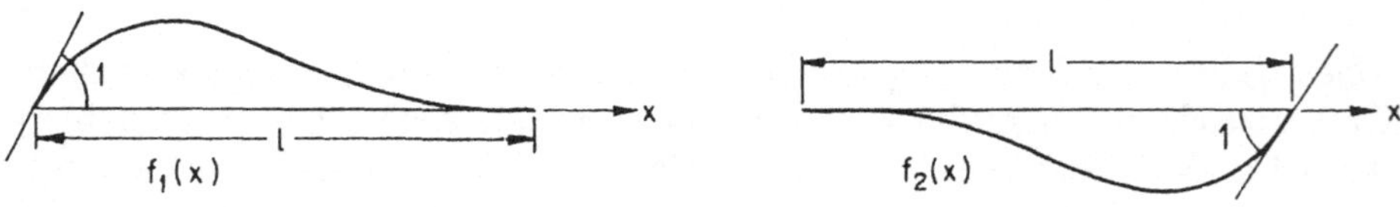

Abb. 2.2.7 Ansatzfunktionen

Die verallgemeinerte Kraft ist der Koeffizient von δq_1. Es gilt also

$$Q_1 = -\frac{p\ell^2}{12} \tag{2.2.63}$$

In gleicher Weise erhält man für eine virtuelle Verschiebung δq_2 die verallgemeinerte Kraft

$$Q_2 = \frac{p\ell^2}{12} \tag{2.2.64}$$

Man sieht, daß Q_1 und Q_2 gleich den negativen Einspannmomenten des beidseitig eingespannten Balkens sind und damit die zu p äquivalenten Knotenmomente darstellen.

Zusammenfassung

Ausgehend vom Potential einer konservativen Kraft läßt sich die Formänderungsenergie als das Potential der inneren Kräfte herleiten. Die auf das Volumen bezogene Formänderungsenergie heißt Verzerrungsenergie. Auf der Basis der Arbeitsausdrücke können korrespondierende Größen und daraus die verallgemeinerten Kräfte definiert werden. Als weiterer Energieausdruck wird die kinetische Energie besprochen. Aus dem Prinzip von d'Alembert und der Definition der kinetischen Energie erhält man sofort den Energiesatz. Zur Behandlung der viskosen Dämpfung wird die Dissipationsfunktion eingeführt. Schließlich wird gezeigt, wie über virtuelle Verschiebungen die den Lasten entsprechenden verallgemeinerten äußeren Kräfte gewonnen werden können.

2.3 Die Lagrangeschen Gleichungen und das Prinzip von Hamilton

Lagrangesche Gleichungen

Ein Tragwerk, dessen Lage durch die Lagekoordinaten $q_1, \ldots q_n$ beschrieben wird, kann n unabhängigen virtuellen Verschiebungen $\delta q_1, \ldots \delta q_n$ unterworfen werden. Für jede dieser virtuellen Verschiebungen läßt sich das PVV formulieren. Man erhält auf diese Weise n Gleichungen für die n Lagekoordinaten, die Lagrangeschen[1] Differentialgleichungen.

Für die Herleitung der Lagrangeschen Gleichungen denkt man sich das Tragwerk wiederum in Massenpunkte mit der Masse $dm = \varrho dV$ aufgelöst. An jedem Massenpunkt greifen innere und gegebenenfalls auch äußere Kräfte an. Seine Verschiebungen sind wie früher durch $\{u(t)\}$ nach Gl. (2.1.7) gegeben.

---

[1] Joseph-Louis de Lagrange (1736 - 1813) galt neben Euler als der herausragendste Mathematiker seiner Zeit.

Bezeichnet man die Resultierende pro Volumeneinheit am Massenpunkt mit $\{F\}$, so gilt nach dem Prinzip von d'Alembert

$$\{F\}dV + \{T\} = (\{F\} - \varrho\{\ddot{u}\})dV = \{0\} \tag{2.3.1}$$

Da die Bewegung des Tragwerks durch die Lagekoordinaten $q_1, \ldots q_n$ vollständig beschrieben ist, gilt

$$\{u\} = \{u(q_1, \ldots q_n)\} = \left\{ \begin{array}{l} u(q_1, \ldots q_n) \\ v(q_1, \ldots q_n) \\ w(q_1, \ldots q_n) \end{array} \right\} \tag{2.3.2}$$

Unter den virtuellen Änderungen $\delta q_1, \ldots \delta q_n$ der Lagekoordinaten erhält man die virtuellen Verschiebungen

$$\{\delta u\} = \left\{ \begin{array}{l} \delta u \\ \delta v \\ \delta w \end{array} \right\} = \frac{\partial\{u\}}{\partial q_1}\delta q_1 + \cdots + \frac{\partial\{u\}}{\partial q_n}\delta q_n = \{\delta u_1\} + \cdots + \{\delta u_n\} \tag{2.3.3}$$

wobei

$$\frac{\partial\{u\}}{\partial q_k} = \left\{ \begin{array}{l} \dfrac{\partial u}{\partial q_k} \\[1.5ex] \dfrac{\partial v}{\partial q_k} \\[1.5ex] \dfrac{\partial w}{\partial q_k} \end{array} \right\} \qquad k = 1, \ldots n \tag{2.3.4}$$

und

$$\{\delta u_k\} = \frac{\partial\{u\}}{\partial q_k}\delta q_k \qquad k = 1, \ldots n \tag{2.3.5}$$

bedeuten.

Für jeden Massenpunkt des Tragwerks muß wegen Gl. (2.3.1) für beliebige $\{\delta u\}$

$$\{\delta u\}^T(\{F\} - \varrho\{\ddot{u}\})dV = \{0\} \tag{2.3.6}$$

gelten. Damit gilt aber auch für das gesamte Tragwerk

$$\int\limits_V \{\delta u\}^T(\{F\} - \varrho\{\ddot{u}\})dV = \{0\} \tag{2.3.7}$$

Diese Beziehung ist der Aussage des PVV in der Form der Gl. (2.1.32) gleichwertig. Die unterschiedliche Schreibweise rührt davon her, daß zum einen $\{F\}$ auch die inneren Bindungskräfte enthält und zum anderen die virtuelle Arbeit der Trägheitskräfte aus der virtuellen äußeren Arbeit herausgelöst wurde.

Im folgenden soll angenommen werden, daß $\{\delta u\}$ kontinuierlich verläuft und die geometrischen Randbedingungen erfüllt, d.h. kinematisch zulässig ist. Wählt man nun für $\{\delta u\}$ die n speziellen virtuellen Verschiebungen $\{\delta u_k\}$, welche den δq_k entsprechen, so erhält man aus Gl. (2.3.7) die Beziehungen

$$\delta q_k \int\limits_V \frac{\partial \{u\}^T}{\partial q_k}(\{F\}-\varrho\{\ddot{u}\})dV = 0 \qquad\qquad k = 1,\ldots n \qquad\qquad (2.3.8)$$

welche für beliebige δq_k erfüllt sein müssen. Es gilt daher

$$\int\limits_V \varrho \frac{\partial \{u\}^T}{\partial q_k}\{\ddot{u}\}dV = \int\limits_V \frac{\partial \{u\}^T}{\partial q_k}\{F\}dV \qquad\qquad k = 1,\ldots n \qquad\qquad (2.3.9)$$

Physikalisch stellt die rechte Seite von Gl. (2.3.9) die k-te verallgemeinerte Kraft Q_k der inneren und äußeren Kräfte dar. Man sieht dies sofort ein, wenn man mit Hilfe von Gl. (2.3.5) den Ausdruck für die k-te virtuelle Arbeit der Resultierenden $\{F\}dV$ unter δq_k anschreibt. Damit wird Gl. (2.3.9) zu

$$\int\limits_V \varrho \frac{\partial \{u\}^T}{\partial q_k}\{\ddot{u}\}dV = \{Q_k\} \qquad\qquad k = 1,\ldots n \qquad\qquad (2.3.10)$$

Die linke Seite ist analog die k-te verallgemeinerte Kraft der negativen Trägheitskräfte $\varrho\{\ddot{u}\}dV$. Im letzten Abschnitt wurde aber gezeigt, daß die Arbeit gegen die Trägheitskräfte der Änderung der kinetischen Energie entspricht. Es liegt daher nahe, zu versuchen, die linke Seite aus der kinetischen Energie zu gewinnen.

Um diese Überlegung weiter zu verfolgen, sollen zunächst die Ableitungen der kinetischen Energie T des Tragwerks Gl. (2.2.48) nach den Lagekoordinaten q_k und den Geschwindigkeiten $\dot{q}_k$ bestimmt werden. Man erhält

$$\frac{\partial T}{\partial q_k} = \int\limits_V \varrho \frac{\partial \{\dot{u}\}^T}{\partial q_k}\{\dot{u}\}dV \qquad\qquad (2.3.11)$$

und

$$\frac{\partial T}{\partial \dot{q}_k} = \int\limits_V \varrho \frac{\partial \{\dot{u}\}^T}{\partial \dot{q}_k}\{\dot{u}\}dV \qquad\qquad (2.3.12)$$

Durch Bildung von $\{\dot{u}\}$ aus Gl. (2.3.2) überzeugt man sich leicht von den Identitäten

$$\frac{\partial \{u\}}{\partial q_k} = \frac{\partial \{\dot{u}\}}{\partial \dot{q}_k} \qquad\qquad (2.3.13)$$

und

$$\frac{d}{dt}\left(\frac{\partial \{u\}}{\partial q_k}\right) = \frac{\partial \{\dot{u}\}}{\partial q_k} \qquad\qquad (2.3.14)$$

Leitet man Gl. (2.3.12) nach der Zeit ab, so kommt unter Verwendung dieser
Beziehungen

$$\frac{d}{dt}\left(\frac{\partial T}{\partial \dot{q}_k}\right) = \frac{d}{dt}\int_V \varrho\,\frac{\partial \{u\}^T}{\partial q_k}\{\dot{u}\}dV = \int_V \varrho\,\frac{\partial \{\dot{u}\}^T}{\partial q_k}\{\dot{u}\}dV + \int_V \varrho\,\frac{\partial \{u\}^T}{\partial q_k}\{\ddot{u}\}dV$$

$$(2.3.15)$$

Es zeigt sich, daß der erste Term des letzten Ausdruckes der Gl. (2.3.11)
entspricht, während der zweite Term die linke Seite von Gl. (2.3.10) darstellt.
Damit lassen sich die Gleichungen (2.3.10) als

$$\frac{d}{dt}\left(\frac{\partial T}{\partial \dot{q}_k}\right) - \frac{\partial T}{\partial q_k} = Q_k \qquad\qquad k = 1,\ldots n \qquad\qquad (2.3.16)$$

schreiben. In dieser Form werden die aus n virtuellen Änderungen der Lagekoordinaten gewonnenen Bedingungen als die Lagrangeschen Differentialgleichungen bezeichnet [49]. Man beachte, daß diese Form nur für unabhängige
Koordinaten q_k gilt.

Da sich die verallgemeinerten Kräfte Q_k aus der virtuellen Arbeit unter
den δq_k ergeben, hängen die Lagrangeschen Gleichungen nur von Energieausdrücken ab. Sie sind damit meist einfacher anzuwenden als die Gewinnung
der Bewegungsgleichungen über komponentenweise Formulierung des dynamischen Gleichgewichts wie beispielsweise mit dem Prinzip von d'Alembert.
Es ist aber zu beachten, daß Q_k die Arbeit der inneren und der äußeren
Kräfte enthält.

Bei der Herleitung der Lagrangeschen Gleichungen wurde lediglich die
Arbeit unter virtuellen Verschiebungen betrachtet. Es gelten daher grundsätzlich alle für das PVV gemachten Feststellungen. Insbesondere lassen sich
die Gleichungen (2.3.16) auf lineare wie auch auf nichtlineare Systeme anwenden. Man sieht aus Gl. (2.2.30) für die kinetische Energie des Massenpunktes,
daß die zeitliche Ableitung der nach den Geschwindigkeitskomponenten abgeleiteten kinetischen Energie der Änderung des Impulses entspricht. Die linke
Seite der Lagrangeschen Gleichungen stellt daher die zeitliche Änderung der
zur k-ten Lagekoordinate gehörenden Komponente des Impulses dar. Da-
bei enthält der Ausdruck einen Korrekturterm $-\partial T/\partial q_k$, falls die kinetische
Energie auch noch von den Lagekoordinaten selbst abhängt. Die Lagrangeschen Gleichungen besagen somit, daß für jede Lagekoordinate die zeitliche
Änderung der Impulskomponente gleich der entsprechenden verallgemeinerten Kraft ist. Für das System mit einem Freiheitsgrad reduzieren sie sich
damit auf die Aussage des 2. Newtonschen Gesetzes.

Spezialisierungen

Man kann die Lagrangeschen Gleichungen in verschiedene Richtungen hin
spezialisieren. Betrachtet man zunächst den Fall der Statik, so ist die kinetische Energie Null und die linke Seite der Gleichungen (2.3.16) verschwindet.

Die Gleichungen reduzieren sich damit auf die Aussage, daß die virtuelle Arbeit der inneren und äußeren Kräfte unter n virtuellen Verschiebungen δq_k der Lagekoordinaten verschwindet. Da die Arbeit der inneren Kräfte gleich der negativen Arbeit der Spannungen ist, sind die Lagrangeschen Gleichungen wie schon erwähnt mit dem PVV nach Gl. (2.1.32) identisch. Auf der anderen Seite läßt sich Q_k in die Anteile der inneren Kräfte Q_k^I, der Dämpfungskräfte Q_k^D, der äußeren konservativen Kräfte Q_k^K und der äußeren nichtkonservativen Kräfte Q_k^N aufspalten:

$$Q_k = Q_k^I + Q_k^D + Q_k^K + Q_k^N \qquad\qquad k = 1,\ldots n \qquad\qquad (2.3.17)$$

Bei linearen Problemen erhält man Q_k^I gemäß Gl. (2.2.22) aus der Formänderungsenergie U. Existiert die Dissipationsfunktion R, dann können auch die Dämpfungskräfte nach Gl. (2.2.56) durch Ableitung von R nach den Geschwindigkeiten $\dot{q}_k$ gewonnen werden. Im Falle der Dynamik existieren keine äußeren konservativen Kräfte. Die nichtkonservativen Kräfte sind die den zeitabhängigen Lasten entsprechenden verallgemeinerten Kräfte. Damit wird für dynamische Probleme Gl. (2.3.17) zu

$$Q_k = -\frac{\partial U}{\partial q_k} - \frac{\partial R}{\partial \dot{q}_k} + Q_k^N \qquad\qquad k = 1,\ldots n \qquad\qquad (2.3.18)$$

Für die Lagrangeschen Gleichungen erhält man

$$\frac{d}{dt}\left(\frac{\partial T}{\partial \dot{q}_k}\right) - \frac{\partial T}{\partial q_k} + \frac{\partial R}{\partial \dot{q}_k} + \frac{\partial U}{\partial q_k} = Q_k^N \qquad k = 1,\ldots n \qquad\qquad (2.3.19)$$

Durch Einführung des kinetischen Potentials (Lagrangesche Funktion)

$$L = T - U \qquad\qquad\qquad\qquad (2.3.20)$$

kann diese Gleichung auch in der Form

$$\frac{d}{dt}\left(\frac{\partial L}{\partial \dot{q}_k}\right) - \frac{\partial L}{\partial q_k} + \frac{\partial R}{\partial \dot{q}_k} = Q_k^N \qquad\qquad k = 1,\ldots n \qquad\qquad (2.3.21)$$

geschrieben werden. Für ein konservatives System sind R und die nichtkonservativen Kräfte Q_k^N Null. Damit reduzieren sich die Lagrangeschen Gleichungen auf

$$\frac{d}{dt}\left(\frac{\partial L}{\partial \dot{q}_k}\right) - \frac{\partial L}{\partial q_k} = 0 \qquad\qquad k = 1,\ldots n \qquad\qquad (2.3.22)$$

Für statische Probleme verschwinden T und R, dafür können aber zusätzlich konservative Lasten auftreten. Man erhält daher aus Gl. (2.3.19)

$$\frac{\partial U}{\partial q_k} = Q_k \qquad\qquad\qquad k = 1,\ldots n \qquad\qquad (2.3.23)$$

d.h. den 1. Satz von Castigliano ([4], [12]), wobei $Q_k = Q_k^K + Q_k^N$ die konservativen und nichtkonservativen Lasten bezeichnet. Sind die Lasten nur konservativ, dann verschwinden die Q_k^N, während sich die Q_k^K aus einem Potential V gewinnen lassen:

$$Q_k^K = -\frac{\partial V}{\partial q_k} \qquad\qquad k = 1,\ldots n \qquad\qquad (2.3.24)$$

Mit der gesamten potentiellen Energie des Tragwerks

$$\Pi = U + V \qquad\qquad\qquad (2.3.25)$$

werden die Gleichungen (2.3.23) zu

$$\frac{\partial(U + V)}{\partial q_k} = \frac{\partial\Pi}{\partial q_k} = 0 \qquad\qquad k = 1,\ldots n \qquad\qquad (2.3.26)$$

und besagen, daß die gesamte potentielle Energie für die wirkliche Lage des Tragwerks stationär wird. Eine genaue Untersuchung zeigt, daß Π zu einem Minimum wird. Damit hat man den Satz vom Minimum der potentiellen Energie als eine Folge der Lagrangeschen Gleichungen gefunden.

Beispiel 1

Die Anwendung der Lagrangeschen Gleichungen soll mit zwei einfachen Beispielen illustriert werden. Der in Abb. 2.3.1 gezeigte einstöckige, unten eingespannte Rahmen besteht aus einem starren Riegel mit der Masse m und masselosen, unzusammendrückbaren Stielen mit der Biegesteifigkeit EI. Die Bewegung des Rahmens unter der horizontalen Last $p(t)$ soll durch die Verschiebung $q(t)$ des Riegels in x-Richtung beschrieben werden. Die Steifigkeit eines Stieles gegen seitliche Verschiebung bei festgehaltener Rotation des Stützenkopfes beträgt $12EI/\ell^3$. Somit wird die Formänderungsenergie der Stiele zu

$$U = \frac{1}{2}\left(\frac{24EI}{\ell^3}q\right)q = \frac{12EI}{\ell^3}q^2 \qquad\qquad (2.3.27)$$

Die kinetische Energie wird nur vom Riegel geliefert und beträgt

$$T = \frac{1}{2}m\dot{q}^2 \qquad\qquad\qquad (2.3.28)$$

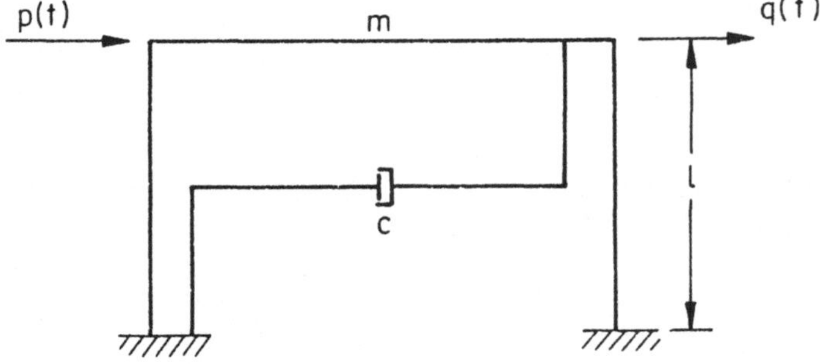

Abb. 2.3.1 Einstöckiger Rahmen

Weiterhin soll die Dämpfung durch ein viskoses Dämpferelement mit der Dämpfungskonstanten c beschrieben werden. Die Dissipationsfunktion beträgt also

$$R = \frac{1}{2}c\dot{q}^2 \tag{2.3.29}$$

Da der Rahmen nur eine Lagekoordinate besitzt, hat man nur eine Lagrangesche Gleichung (2.3.16) zu formulieren. Die partiellen Ableitungen werden somit zu totalen Ableitungen. Mit den Termen

$$\begin{aligned}
\frac{d}{dt}\left(\frac{dT}{d\dot{q}}\right) - \frac{dT}{dq} &= m\ddot{q} \\[2mm]
\frac{dR}{d\dot{q}} &= c\dot{q} \\[2mm]
\frac{dU}{dq} &= \frac{24EI}{\ell^3}q \\[2mm]
Q^N &= p
\end{aligned} \tag{2.3.30}$$

erhält man die Einmassenschwingergleichung

$$m\ddot{q} + c\dot{q} + \frac{24EI}{\ell^3}q = p \tag{2.3.31}$$

Beispiel 2

Als weiteres Beispiel zeigt Abb. 2.3.2 einen Zweimassenschwinger. Die zwei Lagekoordinaten q_1 und q_2 sollen die aus der statischen Ruhelage gemessenen Verschiebungen der Knoten entlang der x-Achse bezeichnen. Die beiden Federn sind, wie man sagt, in Serie angeordnet. Die kinetische Energie beträgt

$$T = \frac{1}{2}m_1\dot{q}_1^2 + \frac{1}{2}m_2\dot{q}_2^2 \tag{2.3.32}$$

Die Dissipationsfunktion wird zu

$$R = \frac{1}{2}c_1\dot{q}_1^2 + \frac{1}{2}c_2(\dot{q}_1 - \dot{q}_2)^2 \tag{2.3.33}$$

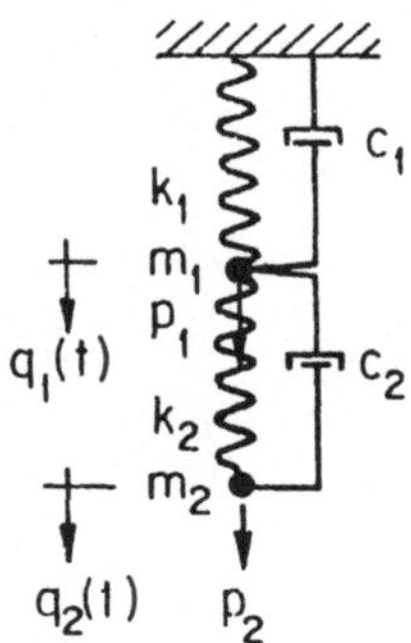

Abb. 2.3.2 Zweimassenschwinger

und für die Formänderungsenergie erhält man

$$U = \frac{1}{2}k_1 q_1^2 + \frac{1}{2}k_2(q_1 - q_2)^2 \tag{2.3.34}$$

Dabei wurde berücksichtigt, daß die Beiträge des unteren Schwingers zu R und U nur von der Relativbewegung der beiden Knoten abhängen. Die nichtkonservativen Kräfte sind $p_1(t)$ und $p_2(t)$. Damit liefern die zwei Lagrangeschen Gleichungen die Bewegungsgleichungen

$$m_1\ddot{q}_1 + (c_1 + c_2)\dot{q}_1 - c_2\dot{q}_2 + (k_1 + k_2)q_1 - k_2 q_2 = p_1 \tag{2.3.35}$$

$$m_2\ddot{q}_2 - \quad\quad c_2\dot{q}_1 + c_2\dot{q}_2 - \quad\quad k_2 q_1 + k_2 q_2 = p_2 \tag{2.3.36}$$

Man sieht bereits hier am Beispiel des Zweimassenschwingers, daß die Anwendung der Lagrangeschen Gleichungen einfacher ist als beispielsweise die Formulierung des 2. Newtonschen Gesetzes für die beiden Massenpunkte. Insbesondere muß man sich bei den Energieausdrücken als quadratische Formen nicht um die Vorzeichen kümmern, während dies bei der komponentenweisen Formulierung des dynamischen Gleichgewichts bei komplexeren Tragwerken große Aufmerksamkeit erfordern kann.

Die beiden Gleichungen (2.3.35) und (2.3.36) lassen sich etwas allgemeiner als eine Matrizengleichung schreiben. Man faßt dazu die Verschiebungen q_1 und q_2 zum Verschiebungsvektor

$$\{q\} = \left\{ \begin{array}{c} q_1 \\ q_2 \end{array} \right\} \tag{2.3.37}$$

und die Lasten p_1 und p_2 zum Lastvektor

$$\{p\} = \left\{ \begin{array}{c} p_1 \\ p_2 \end{array} \right\} \tag{2.3.38}$$

zusammen. Mit der Massenmatrix

$$[M] = \begin{bmatrix} m_1 & 0 \\ 0 & m_2 \end{bmatrix} \tag{2.3.39}$$

der viskosen Dämpfungsmatrix

$$[C] = \begin{bmatrix} c_1 + c_2 & -c_2 \\ -c_2 & c_2 \end{bmatrix} \tag{2.3.40}$$

und der Steifigkeitsmatrix

$$[K] = \begin{bmatrix} k_1 + k_2 & -k_2 \\ -k_2 & k_2 \end{bmatrix} \tag{2.3.41}$$

erhält man die Bewegungsgleichung

$$[M]\{\ddot{q}\} + [C]\{\dot{q}\} + [K]\{q\} = \{p\} \tag{2.3.42}$$

Man sieht, daß Gl. (2.3.42) formal der Gleichung des Einmassenschwingers Gl. (2.1.16) entspricht, nun aber Matrizen und Vektoren anstelle der skalaren Größen enthält. Die Matrizen $[M]$, $[C]$ und $[K]$ sind symmetrisch. Dies ist eine direkte Folge ihrer Herleitung aus Energieausdrücken, welche als quadratische Ausdrücke immer auf symmetrische Matrizen führen. Schreibt man Gl. (2.3.42) in der Form

$$\{p\}-[M]\{\ddot{q}\}-[C]\{\dot{q}\}-[K]\{q\} = \{0\} \qquad (2.3.43)$$

so stellt die Bewegungsgleichung die Gleichgewichtsbedingung zwischen den Lasten $\{p\}$, den Trägheitskräften $-[M]\{\ddot{q}\}$, den viskosen Dämpfungskräften $-[C]\{\dot{q}\}$ und den inneren Kräften $-[K]\{q\}$ zu jeder Zeit dar. Da Gl. (2.3.42) wiederum eine Differentialgleichung 2. Ordnung in der Zeit ist, können zwei Anfangsbedingungen beispielsweise in der Form

$$\{q(0)\} = \{q_o\} \qquad (2.3.44)$$

$$\{\dot{q}(0)\} = \{\dot{q}_o\} \qquad (2.3.45)$$

befriedigt werden.

Prinzip von Hamilton

Die Lagrangeschen Gleichungen wurden in den obigen Ausführungen aus n unabhängigen virtuellen Verschiebungen gewonnen. Es gibt aber noch einen zweiten Weg der Herleitung, nämlich als die zum Hamiltonschen Variationsprinzip gehörenden Differentialgleichungen. Das vom irischen Mathematiker und Astronom Sir William Hamilton (1805 - 65) formulierte Prinzip charakterisiert die Bewegung eines mechanischen Systems durch die Forderung, daß die Variation der kinetischen Energie sowie der Arbeit der inneren und äußeren Kräfte integriert zwischen zwei beliebigen Zeiten verschwinden muß. Für seine Herleitung denkt man sich wiederum das Tragwerk in Massenpunkte der Masse $dm = \varrho dV$ zerlegt und faßt die am Massenpunkt angreifenden inneren und äußeren Kräfte pro Volumeneinheit zum Vektor $\{F\}$ zusammen.

Jeder Massenpunkt legt unter der Wirkung von $\{F\}$ einen Weg $\{u(t)\}$ zurück. In einem Raum-Zeit-Diagramm beschreibt er eine Raumkurve, wie dies in Abb. 2.3.3 vereinfachend skizziert wurde. Der wirkliche Weg des Massenpunktes wird als der Newtonschen Weg bezeichnet. Man kann nun zwischen den beliebigen Zeiten t_1 und t_2 eine Variation $\{\delta u\}$ d.h. eine infinitesimale Änderung der Ausgangslage vornehmen, welche die Randbedingungen

$$\{\delta u(t_1)\} = \{\delta u(t_2)\} = \{0\} \qquad (2.3.46)$$

erfüllen soll. Nach dem zweiten Newtonschen Gesetz Gl. (2.1.10) gilt

$$\{F\} = \{\dot{I}\} \qquad (2.3.47)$$

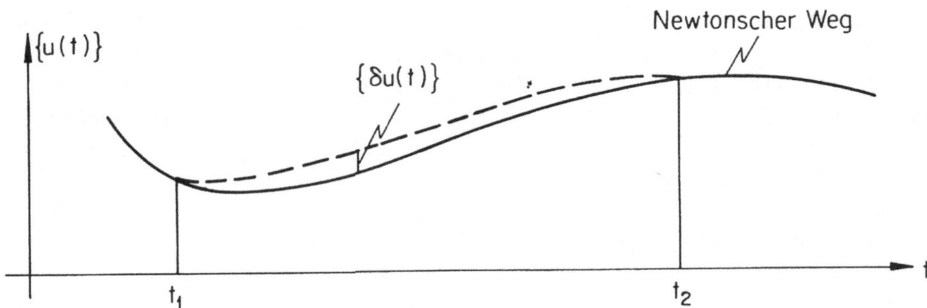

Abb. 2.3.3 Weg eines Massenpunktes

und demnach auch

$$\delta A = \{\delta u\}^{T}\{F\} = \{\delta u\}^{T}\{\dot{I}\} \tag{2.3.48}$$

Unter einer Variation $\{\delta\dot{u}\}$ der Geschwindigkeit $\{\dot{u}\}$ ändert sich die kinetische Energie des Massenpunktes um

$$\delta T = \{\delta\dot{u}\}^{T}\{\dot{u}\}dm = \{\delta\dot{u}\}^{T}\{I\} \tag{2.3.49}$$

Entspricht $\{\delta\dot{u}\}$ der zeitlichen Ableitung von $\{\delta u\}$, so gilt

$$\frac{d}{dt}(\{\delta u\}^{T}\{I\}) = \{\delta\dot{u}\}^{T}\{I\}+\{\delta u\}^{T}\{\dot{I}\} = \delta T+\delta A \tag{2.3.50}$$

Daraus erhält man sofort durch Integration zwischen den Grenzen t_1 und t_2 unter Berücksichtigung der Randbedingungen Gl. (2.3.46) die Gleichung

$$\int_{t_1}^{t_2}(\delta T+\delta A)dt = \{\delta u\}^{T}\{I\} \Big|_{t_1}^{t_2}= 0 \tag{2.3.51}$$

Dies ist das Prinzip von Hamilton. Das Prinzip gilt trotz seiner Herleitung für den Massenpunkt allgemein für jeden Körper, wobei man dann aber δT und δA aus einer Integration über das Volumen zu bilden hat. Die Variation δA der Arbeit enthält auch hier die Arbeit der äußeren und inneren Kräfte. Das Hamiltonsche Prinzip ist ein Variationsprinzip und besagt, daß das Integral zwischen den beliebigen Zeiten t_1 und t_2 über die Variationen δT und δA der kinetischen Energie und der Arbeit der inneren und äußeren Kräfte für die wirkliche Bewegung verschwindet. Für konservative Systeme erhält man wegen $\delta A = -\delta U$ mit der Lagrangeschen Funktion Gl. (2.3.20)

$$\int_{t_1}^{t_2}(\delta T-\delta U)dt = \int_{t_1}^{t_2}\delta L dt = \delta\int_{t_1}^{t_2} L dt = 0 \tag{2.3.52}$$

Man schließt daraus, daß für konservative Systeme das Integral über die Lagrangesche Funktion für die wirkliche Bewegung stationär wird.

Beispiel

Zur Illustration soll nochmals die Bewegungsgleichung des Einmassenschwingers von Abb. 2.1.4 mit dem Prinzip von Hamilton hergeleitet werden. Aus der kinetischen Energie

$$T = \frac{1}{2}m\dot{q}^2 \tag{2.3.53}$$

erhält man für die Variation

$$\delta T = m\dot{q}\,\delta\dot{q} \tag{2.3.54}$$

Die Variation der äußeren und inneren Arbeit unter δq wird zu

$$\delta A = F\delta q - c\dot{q}\,\delta q - kq\delta q \tag{2.3.55}$$

Damit lautet das Prinzip von Hamilton

$$\int_{t_1}^{t_2} (m\dot{q}\,\delta\dot{q} + F\delta q - c\dot{q}\,\delta q - kq\delta q)\,dt = 0 \tag{2.3.56}$$

Der erste Term läßt sich partiell integrieren. Unter Berücksichtigung der Randbedingungen Gl. (2.3.46) erhält man

$$\int_{t_1}^{t_2} m\dot{q}\,\delta\dot{q}\,dt = m\dot{q}\delta q\,\Big|_{t_1}^{t_2} - \int_{t_1}^{t_2} m\ddot{q}\,\delta q\,dt = -\int_{t_1}^{t_2} m\ddot{q}\,\delta q\,dt \tag{2.3.57}$$

Einsetzen in Gl. (2.3.56) liefert die Forderung

$$\int_{t_1}^{t_2} (-m\ddot{q} - c\dot{q} - kq + F)\delta q = 0 \tag{2.3.58}$$

Diese Gleichung kann für beliebige t_1, t_2 und δq nur dann erfüllt sein, wenn der Klammerausdruck verschwindet, d.h. die Bewegungsgleichung des Einmassenschwingers gilt. Für diese Gleichung ist also das Variationsprinzip erfüllt. Allgemein nennt man die für die Erfüllung eines Variationsprinzips notwendigen Gleichungen die Eulerschen Differentialgleichungen.

Zusammenhang zwischen den Lagrangeschen Gleichungen und dem Prinzip von Hamilton

Das Prinzip von Hamilton läßt sich ähnlich wie die Lagrangeschen Gleichungen in verschiedener Hinsicht spezialisieren. Insbesondere kann man daraus die klassischen Variationsprinzipien der Statik gewinnen. Darauf soll hier aber nicht näher eingegangen werden. Statt dessen soll noch kurz gezeigt werden, daß die Lagrangeschen Gleichungen die dem Prinzip von Hamilton zugrundeliegenden Eulerschen Differentialgleichungen sind. Dabei wird wiederum angenommen, daß die Bewegung durch die Lagekoordinaten $q_1 \ldots q_n$

beschrieben wird. Für die Variation der kinetischen Energie $T = T(q_1, \ldots q_n, \dot{q}_1, \ldots \dot{q}_n)$ erhält man

$$\delta T = \sum_{i=1}^{n} \frac{\partial T}{\partial q_i} \delta q_i + \frac{\partial T}{\partial \dot{q}_i} \delta \dot{q}_i \qquad (2.3.59)$$

und für δA mit den verallgemeinerten Kräften Q_i

$$\delta A = \sum_{i=1}^{n} Q_i \delta q_i \qquad (2.3.60)$$

Nach dem Prinzip von Hamilton muß

$$\int_{t_1}^{t_2} \sum_{i=1}^{n} \left(\frac{\partial T}{\partial q_i} \delta q_i + \frac{\partial T}{\partial \dot{q}_i} \delta \dot{q}_i + Q_i \delta q_i \right) dt = 0 \qquad (2.3.61)$$

gelten. Partielle Integration des zweiten Terms liefert mit $\delta q_i(t_1) = \delta q_i(t_2) = 0$ für jedes i

$$\int_{t_1}^{t_2} \frac{\partial T}{\partial \dot{q}_i} \delta \dot{q}_i \, dt = - \int_{t_1}^{t_2} \frac{d}{dt} \left(\frac{\partial T}{\partial \dot{q}_i} \right) \delta q_i \, dt \qquad (2.3.62)$$

und daraus folgt

$$\int_{t_1}^{t_2} \sum_{i=1}^{n} \left[-\frac{d}{dt} \left(\frac{\partial T}{\partial \dot{q}_i} \right) + \frac{\partial T}{\partial q_i} + Q_i \right] \delta q_i = 0 \qquad (2.3.63)$$

Die weiteren Schritte sind wie beim obigen Beispiel: da t_1 und t_2 beliebig sind, muß der Integrand verschwinden. Für beliebige δq_i ist dies nur möglich, wenn

$$\frac{d}{dt} \left(\frac{\partial T}{\partial \dot{q}_i} \right) + \frac{\partial T}{\partial q_i} + Q_i = 0 \qquad\qquad i = 1, \ldots n \qquad (2.3.64)$$

erfüllt ist. Damit sind die Lagrangeschen Differentialgleichungen wieder gefunden.

Zusammenfassung

Die Lagrangeschen Gleichungen sind die Aussage des PVV für die virtuellen Änderungen der einzelnen Lagekoordinaten. Sie werden zunächst in allgemeiner Form für ein System mit n Freiheitsgraden hergeleitet und dann durch Verwendung der im letzten Abschnitt besprochenen Energieausdrücke spezialisiert. Physikalisch lassen sich die Lagrangeschen Gleichungen dahingehend interpretieren, daß für jede Lagekoordinate die verallgemeinerte Impulsänderung gleich der verallgemeinerten Kraft sein muß. Alternativ können die Lagrangeschen Gleichungen auch aus dem Hamiltonschen Variationsprinzip gewonnen werden. Anhand des Einmassenschwingers bzw. Zweimassenschwingers wird illustriert, wie die Lagrangeschen Gleichungen und das Prinzip von Hamilton auf die Bewegungsgleichungen führen.

Kapitel 3

Problemstellungen der Tragwerksdynamik

3.1 Eigenschwingungen

Bewegungsgleichung des Einmassenschwingers

Im folgenden sollen die verschiedenen typischen Aufgabenstellungen der linearen Tragwerksdynamik an Hand des Einmassenschwingers besprochen werden. Der Einmassenschwinger ist für viele dieser Überlegungen besonders geeignet, da hier das physikalisch Wesentliche einfach sichtbar wird, ohne durch die Komplexität eines Systems mit mehreren Freiheitsgraden belastet zu werden. Darüber hinaus spielt die Bewegung des Einmassenschwingers in der linearen Dynamik eine wichtige Rolle bei der Approximation der Bewegung von Tragwerken mit mehreren Freiheitsgraden. Auch aus diesem Grunde ist das Verständnis des Verhaltens des Einmassenschwingers eine unerläßliche Voraussetzung für das Verständnis des dynamischen Verhaltens allgemeiner Tragwerke.

Die Bewegungsgleichung eines viskos gedämpften Schwingers (Abb. 2.1.4) lautet von früher

$$m\ddot{q}+c\dot{q}+kq = p \tag{3.1.1}$$

wobei $q(t)$ die auf die statische Ruhelage bezogene Verschiebung bezeichnet. Dazu kommen noch die zwei Anfangsbedingungen für q und $\dot{q}$. Im Falle einer Auflagerverschiebung $x(t)$ wird die Belastung $p(t)$ gemäß Gl. (2.1.26) zu

$$p(t) = -m\ddot{x} \tag{3.1.2}$$

während $q(t)$ nun der Relativverschiebung zwischen Massenpunkt und Auflager entspricht. Mit der Eigenkreisfrequenz

$$\omega_o = \sqrt{\frac{k}{m}} \tag{3.1.3}$$

und der Dämpfungsrate (Lehrsches Dämpfungsmaß)

$$\varsigma = \frac{c}{2\sqrt{km}} \tag{3.1.4}$$

läßt sich Gl. (3.1.1) auch als

$$\ddot{q}+2\varsigma\omega_o\dot{q}+\omega_o^2 q = \frac{p}{m} \tag{3.1.5}$$

schreiben. Die viskose Dämpfung kann statt mit ς auch mit der Dämpfungskonstanten

$$\beta = \varsigma\omega_o = \frac{c}{2m} \tag{3.1.6}$$

beschrieben werden. Damit erhält man die Bewegungsgleichung in der Form

$$\ddot{q}+2\beta\dot{q}+\omega_o^2 q = \frac{p}{m} \tag{3.1.7}$$

Freie Schwingungen

Als erste Aufgabe soll die Frage nach den freien Schwingungen, d.h. der Bewegung, welche ohne Lasten lediglich aufgrund der Anfangsbedingungen möglich ist, gestellt werden. Die Bewegungsgleichung Gl. (3.1.1) reduziert sich auf

$$m\ddot{q}+c\dot{q}+kq = 0 \tag{3.1.8}$$

Zur Lösung dieser homogenen Differentialgleichung 2. Ordnung mit — solange man es mit einem linearen Schwinger zu tun hat — konstanten Koeffizienten macht man den klassischen Exponentialansatz

$$q(t) = ae^{\lambda t} \tag{3.1.9}$$

mit den Unbekannten a und λ. Einsetzen in Gl. (3.1.8) liefert nach Kürzen des Faktors $e^{\lambda t}$ die sogenannte Frequenzengleichung (charakteristische Gleichung oder auch charakteristisches Polynom)

$$m\lambda^2+c\lambda+k = 0 \tag{3.1.10}$$

Ihre Auflösung liefert die beiden Wurzeln

$$\lambda_{1,2} = -\frac{c}{2m}\pm\sqrt{\left(\frac{c}{2m}\right)^2 - \frac{k}{m}} = -\beta\pm\sqrt{\beta^2 - \omega_o^2} \tag{3.1.11}$$

Man bezeichnet das Polynom

$$Z(s) = ms^2+cs+k \tag{3.1.12}$$

mit einem aus der Theorie der elektrischen Schwingkreise entlehnten Begriff als die Impedanz der Differentialgleichung (3.1.1). Man erhält die Impedanz, indem man in der Differentialgleichung $q(t)$ durch s in derjenigen Potenz ersetzt, welche der zeitlichen Ableitung von q entspricht. Ihre Definition ergibt sich zwanglos aus der im nächsten Abschnitt kurz besprochenen Laplace-Transformation. Die Impedanz spielt eine zentrale Rolle bei sämtlichen linearen Schwingersystemen und wird in späterem Zusammenhang noch öfter auftreten. Man sieht, daß sich die Frequenzengleichung Gl. (3.1.10) auch als

$$Z(\lambda) = 0 \tag{3.1.13}$$

schreiben läßt. Die Impedanz muß also für die Eigenschwingungen verschwinden.

Ungedämpfter Schwinger

Betrachtet man zunächst den ungedämpften Fall $(c = 0)$, so kommt

$$\lambda_{1,2} = \pm\sqrt{-\frac{k}{m}} = \pm\sqrt{-\omega_o^2} = \pm i\omega_o \tag{3.1.14}$$

wobei i die imaginäre Einheit bezeichnet. Mit Hilfe der Eulerschen Formel

$$e^{i\omega t} = \cos\omega t + i\sin\omega t \tag{3.1.15}$$

erhält man aus Gl. (3.1.9) mit Gl. (3.1.14) die beiden Lösungen

$$q_1(t) = A_1 e^{i\omega_o t} = A_1(\cos\omega_o t + i\sin\omega_o t) \tag{3.1.16}$$

$$q_2(t) = A_2 e^{-i\omega_o t} = A_2(\cos\omega_o t - i\sin\omega_o t) \tag{3.1.17}$$

mit den beiden neuen Konstanten A_1 und A_2. Da auch alle Linearkombinationen dieser Lösungen Gl. (3.1.8) erfüllen, läßt sich die allgemeine Lösung auch in reeller Form als

$$q(t) = a_1 \cos\omega_o t + a_2 \sin\omega_o t \tag{3.1.18}$$

schreiben. Faßt man die beiden harmonischen Funktionen wie in Abb. 3.1.1 gezeigt als Vektoren mit den Längen a_1 und a_2 in der Gaußschen Zahlenebene auf, so kreisen diese Vektoren mit der konstanten Winkelgeschwindigkeit ω_o um den Nullpunkt. Der resultierende Vektor hat die Länge

$$a = \sqrt{a_1^2 + a_2^2} \tag{3.1.19}$$

und schließt mit dem $a_1 \cos\omega_o t$ entsprechenden Vektor den Winkel

$$\theta = \arctan\frac{a_2}{a_1} \tag{3.1.20}$$

ein. Er stellt die resultierende harmonische Schwingung

$$q(t) = a\cos(\omega_o t - \theta) \tag{3.1.21}$$

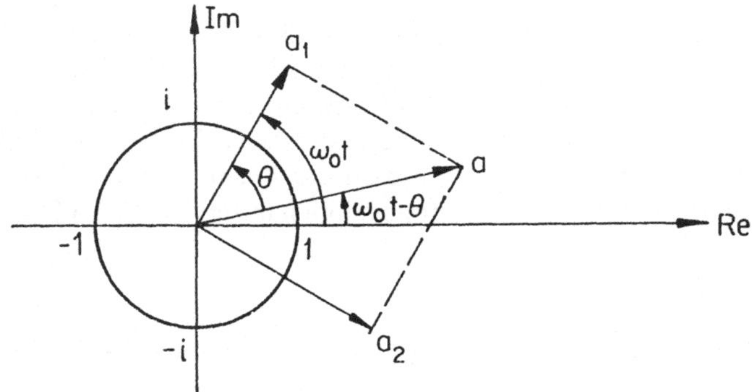

Abb. 3.1.1 Zeigerdiagramm in der Gaußschen Zahlenebene

mit der Amplitude a, der Kreisfrequenz ω_o und dem Phasenwinkel θ dar.
Gl. (3.1.18) und Gl. (3.1.21) sind einander gleichwertig und enthalten je zwei
freie Konstanten, nämlich a_1 und a_2 bzw. a und θ, zur Befriedigung der Anfangsbedingungen. Der Schwinger besitzt daher eine durch k und m gegebene
Eigenfrequenz, während die Amplitude und der Phasenwinkel der Bewegung
zunächst noch unbestimmt sind. Zwischen der Kreisfrequenz ω_o und der Periode T der harmonischen Schwingung besteht der Zusammenhang

$$\omega_o = \frac{2\pi}{T} \tag{3.1.22}$$

Weiterhin beträgt die Frequenz, d.h. die Anzahl Schwingungen pro Zeiteinheit

$$f = \frac{1}{T} = \frac{\omega_o}{2\pi} \tag{3.1.23}$$

und hat die Dimension s^{-1} oder Hertz [Hz]. Man beachte, daß Frequenz
und Kreisfrequenz einander proportional sind, wärend die Periode umgekehrt
proportional zur Frequenz bzw. Kreisfrequenz ist. Der Zusammenhang ist
also im ersten Fall linear, im zweiten nichtlinear.

Aus Gl. (3.1.21) folgt für die Geschwindigkeit $\dot{q}(t)$ und für die Beschleunigung
$\ddot{q}(t)$

$$\dot{q}(t) = -a\omega_o \sin(\omega_o t - \theta) \tag{3.1.24}$$

$$\ddot{q}(t) = -a\omega_o^2 \cos(\omega_o t - \theta) = -\omega_o^2 q(t) \tag{3.1.25}$$

In der Gaußschen Zahlenebene steht $\dot{q}$ senkrecht auf q, während $\ddot{q}$ zu q entgegengesetzt ist. Die Formänderungsenergie des Schwingers beträgt

$$U = \frac{1}{2}kq^2 = \frac{1}{2}ka^2 \cos^2(\omega_o t - \theta) \tag{3.1.26}$$

und seine kinetische Energie

$$T = \frac{1}{2}m\dot{q}^2 = \frac{1}{2}ma^2\omega_o^2 \sin^2(\omega_o t - \theta) = \frac{1}{2}ka^2 \sin^2(\omega_o t - \theta) \tag{3.1.27}$$

Damit wird die gesamte Energie E zu

$$E = U+T = \frac{1}{2}ka^2 \qquad (3.1.28)$$

Die Energie des Schwingers ist somit proportional zum Quadrat der Amplitude. Da beim ungedämpften und unbelasteten Schwinger weder Energie zugeführt noch vernichtet wird, ist E konstant.

Beispiel

Als Beispiel für eine ungedämpfte freie Schwingung soll für den in Abb. 3.1.2 dargestellten prismatischen einfachen Balken die erste Eigenfrequenz näherungsweise über einen Einmassenschwinger bestimmt werden. Um den Balken als System mit einem Freiheitsgrad darzustellen, macht man für die Bewegung der Biegelinie den Produktansatz

$$w(x,t) = q(t)(1-\frac{4x^2}{\ell^2}) \qquad (3.1.29)$$

mit einer nur vom Ort abhängigen parabolischen Funktion, welche symmetrisch zur Balkenmitte verläuft. Die Lagekoordinate $q(t)$ bezeichnet die Durchbiegung in Balkenmitte.

Für die Formänderungsenergie erhält man mit der Biegesteifigkeit EI

$$U = \frac{1}{2} \int_{-\ell/2}^{\ell/2} EI(w'')^2 dx = \frac{1}{2}EIq^2(t)\frac{64}{\ell^4} \int_{-\ell/2}^{\ell/2} dx = \frac{1}{2}\frac{64}{\ell^3}EIq^2(t) \qquad (3.1.30)$$

Man sieht, daß die zweite Ableitung der parabolischen Ortsfunktion konstant wird und damit eine schlechte Approximation der Krümmungen darstellt. Die kinetische Energie wird mit der Fläche F und der Massendichte ϱ zu

$$T = \frac{1}{2} \int_{-\ell/2}^{\ell/2} \varrho F\dot{w}^2 dx = \frac{1}{2}\varrho F\dot{q}^2(t) \int_{-\ell/2}^{\ell/2} (1-\frac{4x^2}{\ell^2})^2 dx = \frac{1}{2}\frac{8\ell}{15}\varrho F\dot{q}^2(t) \qquad (3.1.31)$$

Da im Ausdruck für die kinetische Energie die Ortsfunktion nicht abgeleitet werden muß, bleibt die volle Genauigkeit des Ansatzes Gl. (3.1.29) erhalten. Der Balken wird also durch einen Einmassenschwinger mit der Steifigkeit

$$k = \frac{64}{\ell^3}EI \qquad (3.1.32)$$

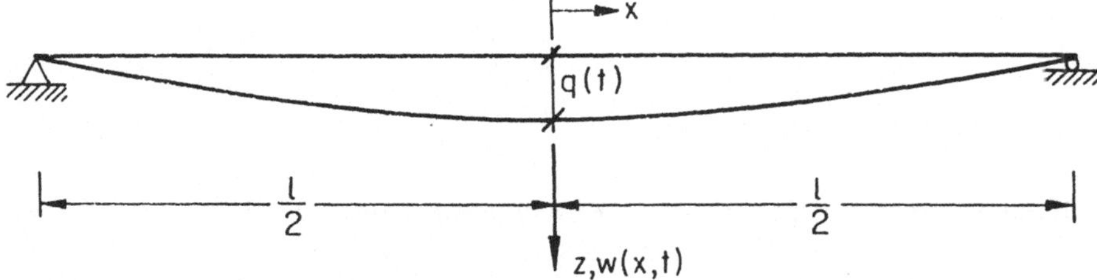

Abb. 3.1.2 Eigenschwingung eines prismatischen Balkens

und der Masse

$$m = \frac{8\ell}{15}\varrho F \tag{3.1.33}$$

approximiert. Damit wird die Eigenkreisfrequenz nach Gl (3.1.3) zu

$$\omega_1 = \frac{\sqrt{120}}{\ell^2}\sqrt{\frac{EI}{\varrho F}} \tag{3.1.34}$$

Dieses Ergebnis weist verglichen mit der strengen Lösung

$$\omega_n = n^2\frac{\pi^2}{\ell^2}\sqrt{\frac{EI}{\varrho F}} \qquad n = 1,\ldots N \tag{3.1.35}$$

für $n = 1$ einen Fehler von 10.9% auf. Dieser relativ hohe Fehler rührt vor allem daher, daß bei der strengen Lösung die Biegelinie und daher auch die Momentenlinie sinus-förmig verläuft, während die Momentenlinie der Näherungslösung konstant ist.

Gedämpfter Schwinger

Für die Diskussion der Bewegung des gedämpften Schwingers ist das Vorzeichen des Ausdrucks unter der Wurzel in Gl. (3.1.11) maßgebend. In der Tragwerksdynamik ist praktisch nur der Fall

$$\left(\frac{c}{2m}\right)^2 < \frac{k}{m} \tag{3.1.36}$$

d.h.

$$c < 2\sqrt{km} = c_{kr} \tag{3.1.37}$$

interessant, wobei c_{kr} die sogenannte kritische Dämpfung bezeichnet. Man spricht hier auch von einem schwach gedämpften oder unterkritisch gedämpften Schwinger. Für die Wurzeln λ_1 und λ_2 der Frequenzengleichung erhält man damit

$$\lambda_{1,2} = -\beta \pm i\sqrt{\omega_o^2 - \beta^2} = -\beta \pm i\omega \tag{3.1.38}$$

wobei

$$\omega = \sqrt{\omega_o^2 - \beta^2} = \omega_o\sqrt{1 - \varsigma^2} \tag{3.1.39}$$

die Kreisfrequenz des gedämpften Schwingers bezeichnet. Demnach ist ω etwas kleiner als ω_o. Der Unterschied ist allerdings bei kleiner Dämpfung sehr gering. Zur Illustration dieser Tatsache zeigt Tabelle 3.1.1 das Verhältnis ω/ω_o gemäß Gl. (3.1.39) für verschiedene Werte der Dämpfungsrate ς. Man sieht, daß selbst bei 20% kritischer Dämpfung die Kreisfrequenz nur um etwa 2% unterhalb der Frequenz des ungedämpften Schwingers liegt.

ς	$\omega/\omega_o = \sqrt{1 - \varsigma^2}$
0.01	0.9999499
0.02	0.9997999
0.05	0.9987492
0.10	0.9949874
0.20	0.9797959

Tab. 3.1.1 Abhängigkeit der Kreisfrequenz von der Dämpfung

Aus dem Ansatz Gl. (3.1.9) erhält man nun mit Gl. (3.1.38) die Bewegung

$$q(t) = A_1 e^{-\beta t} e^{i\omega t} + A_2 e^{-\beta t} e^{-i\omega t} = e^{-\beta t}(A_1 e^{i\omega t} + A_2 e^{-i\omega t}) \tag{3.1.40}$$

Mit Hilfe der Eulerschen Formel und durch Bildung von Linearkombinationen kann man diese Beziehung in die reelle Form der Lösung

$$q(t) = a_1 e^{-\beta t} \cos \omega t + a_2 e^{-\beta t} \sin \omega t = a e^{-\beta t} \cos(\omega t - \theta) \tag{3.1.41}$$

überführen. Die Amplitude a und der Phasenwinkel θ sind dabei wiederum durch Gl. (3.1.19) bzw. Gl. (3.1.20) gegeben. Man kann die beiden freien Konstanten aus den Anfangsbedingungen für q und $\dot{q}$ zur Zeit $t = 0$ oder auch zu einer anderen Zeit bestimmen. Für die Anfangsbedingungen $q(0)$ und $\dot{q}(0)$ ergibt sich

$$q(t) = q(0)e^{-\beta t}(\cos \omega t + \frac{\beta}{\omega} \sin \omega t) + \dot{q}(0)\frac{1}{\omega}e^{-\beta t} \sin \omega t \tag{3.1.42}$$

Der erste Teil dieser Gleichung stellt die freie Schwingung unter einer Anfangsverschiebung und der zweite Teil die Bewegung unter einer Anfangsgeschwindigkeit dar.

Abb. 3.1.3 zeigt den generellen Verlauf der freien Schwingung bei schwacher Dämpfung. Der Dämpfungsfaktor $e^{-\beta t}$ bewirkt bei $\beta > 0$ ein exponentielles Abklingen der Bewegung. Man bezeichnet Schwingungen, welche im Laufe der Zeit gegen Null gehen, als transiente Schwingungen oder Transienten. Im Gegensatz zur Bewegung des ungedämpften Systems ist die gedämpfte Schwingung nicht mehr periodisch. Man definiert trotzdem als die „Periode" T die Zeit zwischen zwei entsprechenden Nulldurchgängen:

$$T = \frac{2\pi}{\omega} \tag{3.1.43}$$

Es ist leicht nachzuweisen, daß T auch der Zeit zwischen zwei Maxima oder zwei Minima entspricht. Insbesondere ist das Verhältnis der Auslenkungen an zwei aufeinanderfolgenden Maxima gleich

$$\frac{q_i}{q_{i+1}} = e^{\beta T} \tag{3.1.44}$$

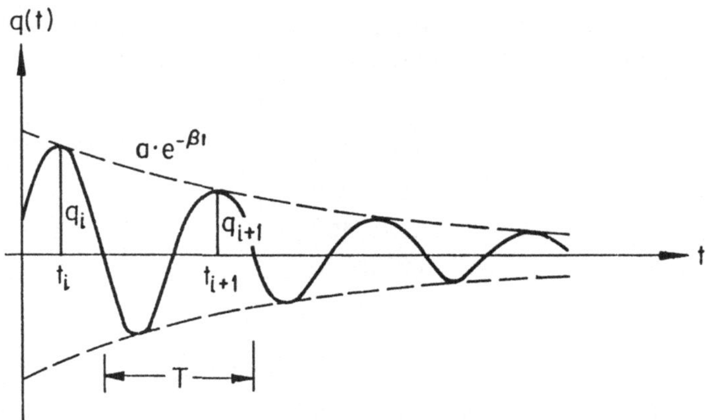

Abb. 3.1.3 Gedämpfte freie Schwingung

Der natürliche Logarithmus

$$\vartheta = \ln\left(\frac{q_i}{q_{i+1}}\right) = \beta T = \frac{c}{2m}T \qquad (3.1.45)$$

dieses Verhältnisses wird als das logarithmische Dekrement der gedämpften Schwingung bezeichnet. Da β in erster Näherung konstant ist, ist auch ϑ eine Konstante. Für schwach gedämpfte Systeme kann man in guter Näherung

$$T = \frac{2\pi}{\omega} \simeq \frac{2\pi}{\omega_o} \qquad (3.1.46)$$

setzen. Zusammen mit Gl. (3.1.6) erhält man damit

$$\vartheta = \beta T \simeq 2\pi\varsigma \qquad (3.1.47)$$

Das logarithmische Dekrement ϑ ist also bei schwacher Dämpfung direkt proportional zur Dämpfungsrate ς.

Abb. 3.1.3 ist eine Darstellung der Schwingung im Zeitbereich. In einigen Fällen lassen sich aber die Eigenschaften einer Schwingung durch Darstellung in der sogenannten Phasenebene noch besser beurteilen. Dazu wird der Bewegung $q(t)$ zur Zeit t ein Bildpunkt in der $q, \dot{q}$-Ebene zugeordnet. Die Zeit t erscheint nun als Parameter. Die so entstehenden Phasenkurven schneiden — abgesehen von singulären Punkten — die Abszisse, d.h. die q-Achse, immer senkrecht. Diese Schnittpunkte bilden die Extremwerte von $q(t)$. Für die ungedämpfte Schwingung Gl. (3.1.21) erhält man mit Gl. (3.1.24) als Gleichung der Phasenkurve

$$\frac{q^2}{a^2} + \frac{\dot{q}^2}{a^2\omega_o^2} = 1 \qquad (3.1.48)$$

In Abb. 3.1.4 wurde diese Phasenkurve sowie die Phasenkurve einer gedämpften Schwingung nach Gl. (3.1.41) skizziert.

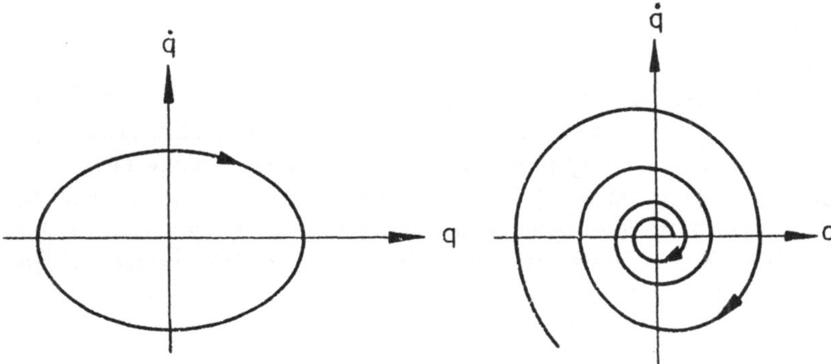

Abb. 3.1.4 Phasenkurven

Die freie Schwingung des Einmassenschwingers besteht grundsätzlich aus zwei Lösungsanteilen mit zwei freien Konstanten. Diese Konstanten sind zunächst unbestimmt und werden erst durch die Anpassung der Lösung an die Anfangsbedingungen festgelegt. Die Schwingung erfolgt in einer genau bestimmten Frequenz, der Eigenfrequenz, welche nur von den Schwingereigenschaften, d.h. Steifigkeit, Masse und Dämpfungskonstante abhängt.

In der Tragwerksdynamik ist fast ausschließlich der Fall des schwach gedämpften Schwingers von Interesse. Der Vollständigkeit halber soll aber noch erwähnt werden, daß die Bewegung für $c > c_{kr}$ nicht mehr aus abklingenden harmonischen Funktionen, sondern aus reinen Exponentialfunktionen besteht. Für $c = c_{kr}$ erhält man den sogenannten aperiodischen Grenzfall, dessen Bewegung rasch gegen Null geht.

Zusammenfassung

In diesem Kapitel werden die typischen Problemstellungen der linearen Tragwerksdynamik am Beispiel des Einmassenschwingers besprochen. Die erste Aufgabenstellung ist die Bestimmung der Eigenschwingungen. Aus der homogenen Bewegungsgleichung erhält man mit einem harmonischen Ansatz die sogenannte Frequenzengleichung. Sie entspricht der Aussage, daß die Impedanz der Bewegungsgleichung verschwinden muß. Die durch die Lösungen der Frequenzengleichung bestimmte freie Schwingung wird für das ungedämpfte und das gedämpfte System diskutiert. Zur Beschreibung der Dämpfung stehen verschiedene Dämpfungsmasse wie Dämpfungskonstante, Dämpfungsrate und logarithmisches Dekrement zur Verfügung. Der Verlauf einer Schwingung kann im Zeitbereich als Zeitfunktion oder als Phasenkurve in der Phasenebene veranschaulicht werden.

3.2 Stationäre Bewegung

Als zweite Aufgabenstellung der Tragwerksdynamik soll die Frage nach der stationären Bewegung unter harmonischen und periodischen Anregungen gestellt werden. Stationäre Bewegungen sind Bewegungen, welche sich nach einem Einschwingvorgang als verbleibende Schwingungen einstellen. Sie treten nur auf, wenn die Anregungen periodisch sind. Im Gegensatz zu den freien Schwingungen hat man es nun mit der vollständigen inhomogenen Bewegungsgleichung Gl. (3.1.1) zu tun.

Harmonische Anregung

Beschränkt man sich zunächst auf die harmonische Anregung, so verläuft $p(t)$ entsprechend einer sin- oder cos-Funktion und kann daher allgemein als

$$p(t) = p_o e^{i\Omega t} \tag{3.2.1}$$

mit der Anregungskreisfrequenz Ω angesetzt werden. Damit wird Gl. (3.1.1) zu

$$m\ddot{q} + c\dot{q} + kq = p_o e^{i\Omega t} \tag{3.2.2}$$

Dazu kommen noch die Anfangsbedingungen.

Die allgemeine Lösung von Gl. (3.2.2) setzt sich zusammen aus der vollständigen Lösung der homogenen Gleichung, also der freien Schwingung, und einer Partikulärlösung der inhomogenen Gleichung. Bei gedämpften Systemen ist die homogene Lösung transient und strebt mit der Zeit gegen Null. Aus diesem Grunde wird für die Bestimmung der stationären Bewegung nur die Partikulärlösung von Interesse sein. Man macht dazu für die Bewegung den Ansatz

$$q(t) = q_o e^{i\Omega t} \tag{3.2.3}$$

d.h. man sucht $q(t)$ als ebenfalls harmonische Funktion mit der Amplitude q_o und der gleichen Frequenz wie die Anregung. Durch Ableiten nach der Zeit erhält man zunächst

$$\dot{q}(t) = i\Omega q_o e^{i\Omega t} = i\Omega q(t) \tag{3.2.4}$$

$$\ddot{q}(t) = -\Omega^2 q_o e^{i\Omega t} = -\Omega^2 q(t) \tag{3.2.5}$$

Einsetzen von Gl. (3.2.3) bis (3.2.5) in Gl. (3.2.2) liefert nach Kürzen des gemeinsamen Faktors $e^{i\Omega t}$ die Gleichung

$$(-\Omega^2 m + i\Omega c + k)q_o = p_o \tag{3.2.6}$$

zur Bestimmung von q_o. Mit Hilfe der Impedanz nach Gl. (3.1.12) läßt sich diese Beziehung auch als

$$Z(i\Omega)q_o = p_o \tag{3.2.7}$$

schreiben. Man sieht, daß Gl. (3.2.6) die Zeit nicht mehr enthält. Weiterhin stellt man fest, daß $Z(i\Omega)$ bei gedämpften Tragwerken eine komplexe Zahl ist. Physikalisch entspricht $Z(i\Omega)$ der scheinbaren Steifigkeit des Schwingers bei einer Anregung mit der Frequenz Ω. Mit dem Verhältnis

$$\kappa = \frac{\Omega}{\omega_o} = \frac{\Omega}{\sqrt{\frac{k}{m}}} \tag{3.2.8}$$

zwischen der Anregungsfrequenz Ω und der Eigenkreisfrequenz ω_o des ungedämpften Schwingers wird $Z(i\Omega)$ zu

$$Z(i\Omega) = k(1-\kappa^2)+i2\varsigma k\kappa \tag{3.2.9}$$

wobei ς wiederum die Dämpfungsrate bezeichnet. $Z(i\Omega)$ läßt sich, wie in Abb. 3.2.1 gezeigt, als Vektor in der Gaußschen Zahlenebene darstellen. Man liest aus der Figur für den absoluten Betrag

$$|Z| = k\sqrt{(1-\kappa^2)^2 + 4\varsigma^2\kappa^2} \tag{3.2.10}$$

und für das Argument

$$\tan\theta = \frac{2\varsigma\kappa}{1-\kappa^2} \tag{3.2.11}$$

ab. Damit erhält man für $Z(i\Omega)$ die Darstellung

$$Z(i\Omega) = |Z|\, e^{i\theta} \tag{3.2.12}$$

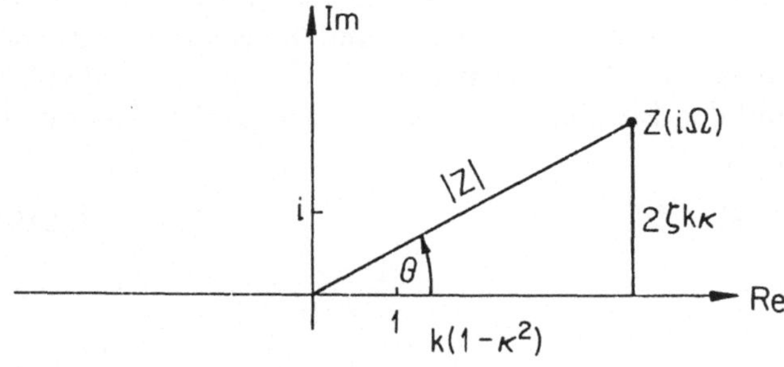

Abb. 3.2.1 Darstellung von $Z(i\Omega)$ in der Gaußschen Zahlenebene

Frequenzgang

Die Auflösung von Gl. (3.2.7) ergibt

$$q_o = \frac{p_o}{Z(i\Omega)} = H(\Omega)p_o \tag{3.2.13}$$

mit

$$H(\Omega) = \frac{1}{Z(i\Omega)} = |H| \, e^{\Phi} \tag{3.2.14}$$

wobei

$$|H| = \frac{1}{|Z(i\Omega)|} = \frac{1}{k\sqrt{(1 - \kappa^2)^2 + 4\varsigma^2\kappa^2}} \tag{3.2.15}$$

und

$$\Phi = -\theta \tag{3.2.16}$$

Damit wird $H(\Omega)$ zu

$$H(\Omega) = \frac{1}{-\Omega^2 m + k + i\Omega c} = |H| \, e^{-i\theta} \tag{3.2.17}$$

$H(\Omega)$ wird als der (komplexe) Frequenzgang des Schwingers bezeichnet. Er ist der Kehrwert der Impedanz oder aber auch das Verhältnis zwischen der Systemantwort $q(t)$ und der Anregung $p(t)$. Physikalisch entspricht der Frequenzgang einer scheinbaren Flexibilität unter der Anregung mit der Frequenz Ω. Da die stationäre Bewegung nach Gl. (3.2.3) zusammen mit Gl. (3.2.13) und Gl. (3.2.17) die Form

$$q(t) = p_o H(\Omega) e^{i\Omega t} = p_o \, |H| \, e^{i(\Omega t - \theta)} \tag{3.2.18}$$

hat, liefert der Frequenzgang mit seinem absoluten Betrag die Amplitude und mit seinem Argument den Phasenwinkel der Bewegung. Man spricht hier auch bei $|H(\Omega)|$ vom Amplitudenfrequenzgang und bei $\theta(\Omega)$ vom Phasenfrequenzgang. Die komplexe Gleichung Gl. (3.2.7) enthält somit die Information für zwei Bestimmungsstücke, nämlich Amplitude und Phase, entsprechend der Tatsache, daß eine komplexe Gleichung zwei reelle Gleichungen, nämlich je eine für den Realteil und den Imaginärteil enthält. Insbesondere kann man die Bewegung auch reell als

$$q(t) = p_o \, |H| \, \cos(\Omega t - \theta) \tag{3.2.19}$$

oder

$$q(t) = p_o \, |H| \, \sin(\Omega t - \theta) \tag{3.2.20}$$

oder auch als Linearkombination dieser beiden Lösungen schreiben.
In Abb. 3.2.2 ist der Verlauf von $k \, | \, H \, |$ und von θ für verschiedene Dämpfungsraten angegeben. Man sieht zunächst aus Gl. (3.2.15), daß $|H|$ eine gerade Funktion von κ bzw. Ω ist. Für $\kappa = 0$ wird $k \, | \, H \, |$ stets zu Eins, d.h. die Verschiebung q_0 wird zur statischen Auslenkung unter p_o. Für gedämpfte Schwinger ist das Maximum von $|H|$ gleich

$$|H|_{max} = \frac{1}{k} \frac{1}{2\varsigma\sqrt{1 - \varsigma^2}} \simeq \frac{1}{k} \frac{1}{2\varsigma} = \frac{1}{k} \frac{\pi}{\vartheta} \tag{3.2.21}$$

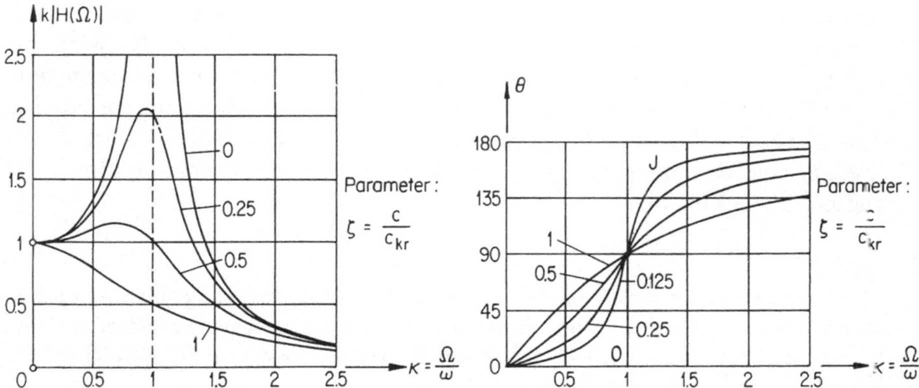

Abb. 3.2.2 Verlauf von $k\,|H|$ und θ

wobei ϑ das logarithmische Dekrement bezeichnet und liegt bei der Frequenz

$$\Omega_{max} = \omega_o\sqrt{1 - 2\varsigma^2} \simeq \omega \qquad (3.2.22)$$

Man erhält Gl. (3.2.21) durch Nullsetzen der ersten Ableitung von $|H|$. Das Maximum tritt etwas unterhalb der Eigenkreisfrequenz ω des gedämpften Schwingers auf und ist für $\varsigma \neq 0$ immer endlich. Für ungedämpfte Schwinger dagegen wächst $|H|$ über alle Grenzen. Fällt die Anregungsfrequenz mit Ω_{max} zusammen, dann spricht man von Resonanz. Wegen der im Resonanzfall auftretenden großen Kräfte wird man versuchen, einen Schwinger so zu dimensionieren, daß seine Eigenfrequenz bzw. Resonanzfrequenz außerhalb der Frequenzen der Anregung liegt.

Das Verhältnis zwischen maximalem dynamischen Ausschlag und dem statischen Ausschlag des Schwingers wird als der dynamische Vergrößerungsfaktor D bezeichnet. Unter harmonischer Anregung erhält man

$$D = \frac{p_o\,|H|}{(p_o/k)} = k\,|H| \qquad (3.2.23)$$

Daher entspricht $k\,|H|$ physikalisch dem dynamischen Vergrößerungsfaktor unter harmonischer Anregung. Zieht man auf der Höhe von $k\,|H|_{max}/\sqrt{2} = 0.7071\,k\,|H|_{max}$ eine Horizontale, so schneidet diese die Kurve $k\,|H|$ in zwei Punkten. Der Abstand dieser Punkte beträgt bei kleiner Dämpfung

$$b = 2\varsigma\omega_o = \omega_o\frac{\vartheta}{\pi} \qquad (3.2.24)$$

und wird als die Bandbreite oder Halbwertsbreite des Frequenzganges bezeichnet. Die Bandbreite ist somit direkt proportional zur Dämpfungsrate ς oder zum logarithmischen Dekrement ϑ. Da man $|H|$ meßtechnisch oftmals relativ leicht beispielsweise aus der stationären Verschiebung unter einem harmonischen Erreger bestimmen kann, hat man damit eine einfache Möglichkeit zur experimentellen Bestimmung von ϑ oder ς gefunden.

Im Gegensatz zu $\mid H \mid$ ist θ eine ungerade Funktion von κ bzw. Ω. Der Phasenwinkel ist nur bis auf ein Vielfaches von π bestimmt. Er wird bei $\kappa = 0$ stets zu Null, geht für $\kappa = 1$ durch $\pi/2$ und nähert sich dann dem Wert π. Dieser Übergang erfolgt mit abnehmender Dämpfung immer rascher und führt für $\varsigma = 0$ zu einem Phasensprung. Der Phasenwinkel liefert direkt die Zeit $t_o = \theta/\Omega$, um welche die stationäre erzwungene Bewegung hinter der Anregung zurückbleibt.

Beispiel

Zur Illustration des Kräftespiels bei einer stationären Bewegung soll die physikalische Bedeutung der obigen Ergebnisse noch etwas weiter herausgearbeitet werden. Setzt man die Bewegung Gl. (3.2.18) in die Bewegungsgleichung Gl. (3.2.2) ein, so erhält man nach Kürzen des Faktors $p_o e^{i\Omega t}$

$$-m\Omega^2 H(\Omega) + ic\Omega H(\Omega) + kH(\Omega) = 1 \qquad (3.2.25)$$

Mit dem Anteil der (negativen) Trägheitskraft

$$R_T = -m\Omega^2 H(\Omega) \qquad (3.2.26)$$

dem Anteil der (negativen) Dämpfungskraft

$$R_D = ic\Omega H(\Omega) \qquad (3.2.27)$$

und dem Anteil der (negativen) elastische Kraft

$$R_E = kH(\Omega) \qquad (3.2.28)$$

folgt

$$R_T + R_D + R_E = 1 \qquad (3.2.29)$$

Die äußere Belastung wird also durch Anteile aus Trägheitskraft, Dämpfungskraft und elastischer Kraft aufgenommen. Die Größe dieser Anteile hängt vom Verhältnis κ zwischen Anregungsfrequenz und Eigenkreisfrequenz ab. Den Verlauf der Anteile sieht man am einfachsten für den ungedämpften Schwinger. Für $c = 0$ folgt

$$R_T = -\frac{m}{k}\frac{\Omega^2}{1-\kappa^2} = \frac{1}{1-(1/\kappa^2)} \qquad (3.2.30)$$

und

$$R_E = \frac{1}{1-\kappa^2} \qquad (3.2.31)$$

Diese beiden Funktionen sind in Abb. 3.2.3 dargestellt. Man sieht, daß für $\Omega << \omega_o$ die Last vor allem durch die elastische Kraft übertragen wird. Es liegt somit quasistatisches Verhalten vor. Für $\Omega >> \omega_o$ wird die Last dagegen vor allem durch die Trägheitskraft übertragen. Dieses Ergebnis gilt qualitativ auch für schwach gedämpfte Schwinger.

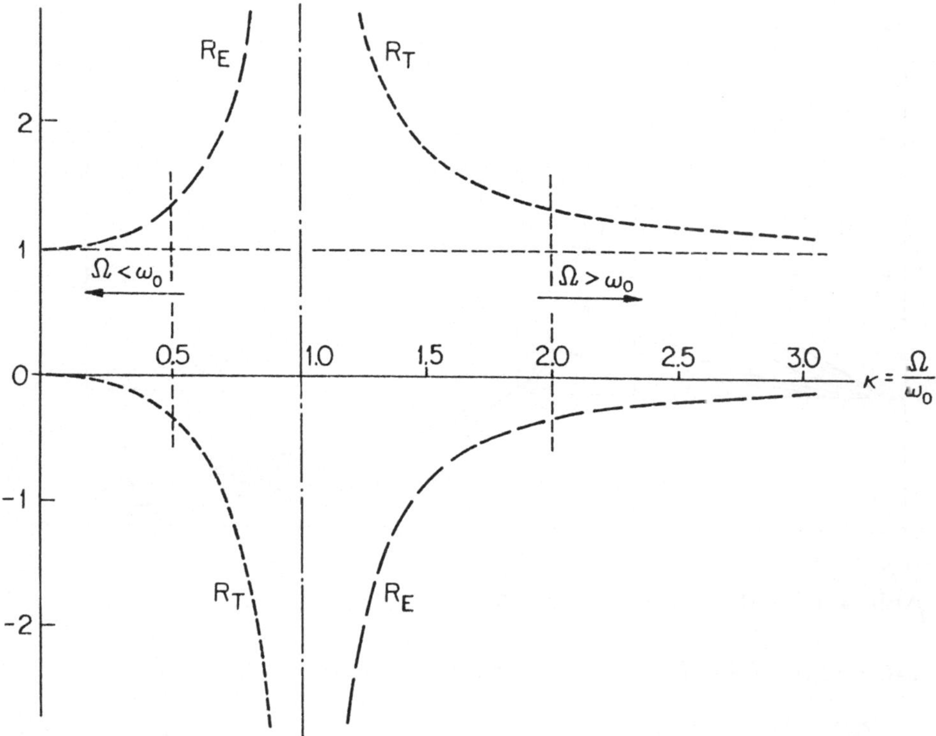

Abb. 3.2.3 Verlauf von R_T und R_E

Isolation von Schwingungen

Die Ergebnisse für die stationäre Bewegung des Einmassenschwingers unter
harmonischer Belastung lassen sich dazu verwenden, die Auswirkungen von
Schwingungen gezielt zu beeinflussen. Normalerweise geht es dabei darum,
die in einem System entstehenden dynamischen Lasten abgemindert auf die
Fundamente zu übertragen und insbesondere Resonanz zu vermeiden. Man
spricht hier auch von aktiver Schwingungsisolation. Bei der passiven Isolation
versucht man dagegen, von außen erzeugte Schwingungen des Fundaments
möglichst gut von dem zu schützenden System fernzuhalten. Die Isolation
kann in beiden Fällen beispielsweise durch Lagerung auf Feder-Dämpfer-
Elementen erfolgen.

Für die Untersuchung der aktiven Schwingungsisolation kann der Einmassenschwinger nach Abb. 2.1.4 als Modell dienen. Dabei entspricht die
Masse m dem als unendlich steif angenommenen System. Im einfachsten Fall
ist die Anregung harmonisch gemäß Gl. (3.2.1). Allerdings ist die Amplitude
p_o oftmals nicht konstant, sondern frequenzabhängig. Dies gilt vor allem für
Unwuchten, bei denen p_o wegen der exzentrisch bewegten Massen mit Ω^2 zunimmt. Im folgenden soll nur der Fall konstanter Lastamplitude angenommen
werden. Alle anderen Fälle lassen sich analog untersuchen.

Die auf das Fundament wirkende Reaktion $R(t)$ setzt sich aus der Feder-

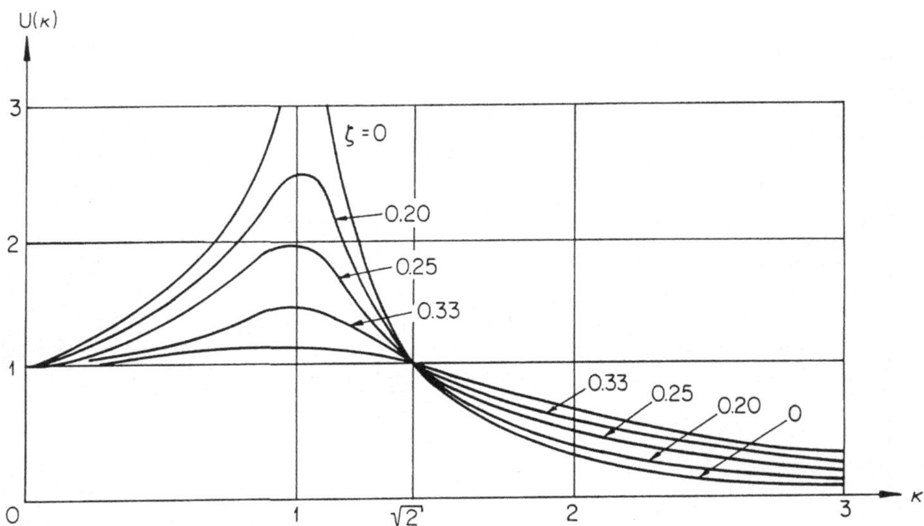

Abb. 3.2.4 Verlauf des Übertragungsfaktors $U(\kappa)$

kraft und der Dämpfungskraft zusammen:

$$R(t) = kq(t) + c\dot{q}(t) \tag{3.2.32}$$

Einsetzen der stationären Lösung Gl. (3.2.18) liefert

$$R(t) = kp_o H(\Omega)e^{i\Omega t} + i\Omega c p_o H(\Omega)e^{i\Omega t} = p_o H(\Omega)(k + i\Omega c)e^{i\Omega t} \tag{3.2.33}$$

Unter Verwendung von Gl. (3.2.8), Gl. (3.2.15) und Gl. (3.2.17) gilt aber

$$H(\Omega)(k+i\Omega c) = \frac{k + i\Omega c}{-\Omega^2 m + k + i\Omega c} = \frac{1 + i2\varsigma\kappa}{\sqrt{(1 - \kappa^2)^2 + 4\varsigma^2\kappa^2}} \tag{3.2.34}$$

Die Amplitude von $R(t)$ ist durch den absoluten Betrag

$$U(\kappa) = |H(\Omega)(k+i\Omega c)| = \frac{\sqrt{1 + 4\varsigma^2\kappa^2}}{\sqrt{(1 - \kappa^2)^2 + 4\varsigma^2\kappa^2}} \tag{3.2.35}$$

von Gl. (3.2.34) bestimmt. Man definiert nun das Verhältnis aus Amplitude der Reaktion und Amplitude der Anregung als den Übertragungsfaktor. Aus Gl. (3.2.33) und Gl. (3.2.1) folgt aber, daß $U(\kappa)$ gerade diesem Übertragungsfaktor entspricht. In Abb. 3.2.4 wurde $U(\kappa)$ für mehrere Dämpfungsraten dargestellt. Man sieht, daß die Dämpfung nur für $\kappa \leq \sqrt{2}$ die Reaktion verkleinert. Mit Hilfe von Abb. 3.2.4 kann das System abgestimmt werden.

Für die passive Schwingungsisolation betrachtet man den Einmassenschwinger von Abb. 2.1.5 unter einer harmonischen Auflagerverschiebung

$$x(t) = x_o e^{i\Omega t} \tag{3.2.36}$$

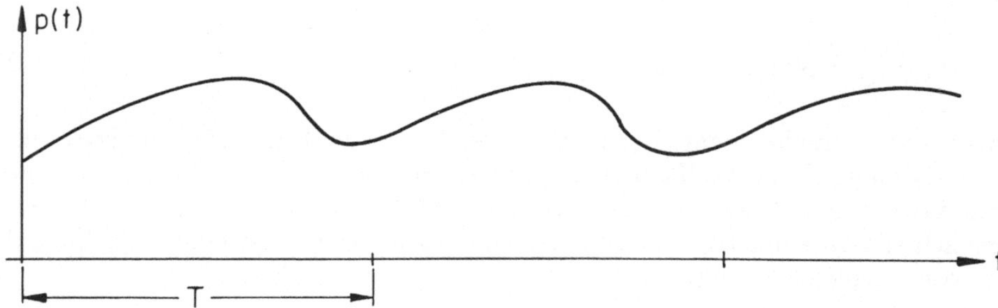

Abb. 3.2.5 Periodische Anregung

Da man sich für die absolute Verschiebung der Masse m interessiert, wird die Bewegungsgleichung Gl. (2.1.29) verwendet. Damit ergibt sich

$$m\ddot{y}+c\dot{y}+ky = kx_o e^{i\Omega t}+i\Omega cx_o e^{i\Omega t} \tag{3.2.37}$$

Aus den obigen Ergebnissen folgt für die stationäre absolute Verschiebung

$$y(t) = kx_o H(\Omega)e^{i\Omega t}+i\Omega cx_o H(\Omega)e^{i\Omega t} = x_o H(\Omega)(k+i\Omega c)e^{i\Omega t} \tag{3.2.38}$$

Man sieht durch Vergleich mit Gl. (3.2.33), daß zwischen der Anregung $x(t)$ und der Systemantwort $y(t)$ der gleiche Zusammenhang wie bei der Last $p(t)$ und der Reaktion $R(t)$ besteht. Daher liefert Gl. (3.2.35) auch den Übertragungsfaktor für die Verschiebungen. Abb. 3.2.4 läßt sich somit sowohl für die aktive wie auch für die passive Schwingungsisolation verwenden.

Periodische Anregung

Die stationäre Bewegung unter einer allgemeinen periodischen Belastung (Abb. 3.2.5) kann durch Superposition von stationären Bewegungen unter harmonischen Anregungen erhalten werden. Eine periodische Belastung mit der Periode T läßt sich nämlich durch Entwicklung in eine Fourier-Reihe[1]

$$p(t) = \frac{a_o}{2}+\sum_{k=1}^{\infty} a_k \cos\Omega_k t+b_k \sin\Omega_k t \tag{3.2.39}$$

mit

$$\Omega_k = k\,\frac{2\pi}{T} \tag{3.2.40}$$

und den Fourier-Koeffizienten

$$a_k = \frac{2}{T}\int_o^T p(t)\cos\Omega_k t\,dt \qquad k=0,\ldots\infty \tag{3.2.41}$$

---

[1] Jean-Baptiste-Joseph Fourier (1768-1830) führte die trigonometrischen Reihen vor allem im Zusammenhang mit Wärmeleitungsproblemen ein und baute sie zu einer klassischen Lösungsmethode aus.

$$b_k = \frac{2}{T} \int\limits_o^T p(t) \sin \Omega_k t \, dt \qquad\qquad k = 1, \ldots \infty \qquad\qquad (3.2.42)$$

als eine Summe harmonischer Funktionen darstellen. Dabei sind die Frequenzen Ω_k ganzzahlige Vielfache der Grundfrequenz $2\pi/T$. Man bezeichnet die Gesamtheit der Ω_k als das Spektrum von $p(t)$. Die Reihe Gl. (3.2.39) ist theoretisch eine unendliche Reihe. Praktisch wird sie nach einer endlichen Anzahl N von Termen abgebrochen.

Eigenschaften der Fourier-Reihen

Fourier-Reihen haben eine ganze Reihe von interessanten Eigenschaften. Zunächst sieht man, daß die Fourier-Koeffizienten a_k verschwinden, wenn $p(t)$ eine ungerade Funktion ist. Umgekehrt sind bei geraden Funktionen $p(t)$ die b_k gleich Null. Der Koeffizient a_o entspricht dem Durchschnitt von $p(t)$ über eine Periode. Faßt man die cos- und sin-Funktionen als die Basisvektoren eines Raumes mit unendlicher Dimension auf, so lassen sich die Gleichungen Gl. (3.2.41) und Gl. (3.2.42) als die Projektionen von $p(t)$ auf die Basisvektoren deuten. Im dreidimensionalen Raum, welcher auf ein orthogonales Koordinatensystem bezogen ist, würde dies dem Skalarprodukt des Ortsvektors eines Punktes auf die Einheitsvektoren in Richtung der Koordinatenachsen entsprechen. Tatsächlich erfüllen die trigonometrischen Funktionen die Orthogonalitätsrelationen

$$\int\limits_o^T \cos \Omega_k t \, \cos \Omega_\ell t \, dt = \begin{cases} 0 \text{ für } k \neq \ell \\ T/2 \text{ für } k = \ell \end{cases} \qquad\qquad (3.2.43)$$

$$\int\limits_o^T \sin \Omega_k t \, \sin \Omega_\ell t \, dt = \begin{cases} 0 \text{ für } k \neq \ell \\ T/2 \text{ für } k = \ell \end{cases} \qquad\qquad (3.2.44)$$

$$\int\limits_o^T \sin \Omega_k t \, \cos \Omega_\ell t \, dt = 0 \qquad\qquad \text{für alle } k, \ell \qquad\qquad (3.2.45)$$

und bilden damit ein orthogonales Funktionensystem mit analogen Eigenschaften wie orthogonale Vektoren. Die Fourier-Koeffizienten haben damit die Bedeutung von Koordinaten in Richtung dieser Funktionen. Daraus folgt aber sofort, daß die Größe der Koeffizienten direkt davon abhängt, wie sehr $p(t)$ in Richtung der entsprechenden Koordinatenfunktionen liegt. Insbesondere sind kleine Koeffizienten bei einigen Reihentermen keine Garantie dafür, daß nicht bei höheren Termen wieder größere Fourier-Koeffizienten auftreten können.

Aus Gl. (3.2.39) erhält man unter Ausnützung der Orthogonalitätsrelationen die sogenannte Parsevalsche Gleichung oder Vollständigkeitsrelation

$$\frac{a_o^2}{2} + \sum_{k=1}^\infty a_k^2 + b_k^2 = \frac{2}{T} \int\limits_o^T p^2(t) \, dt \qquad\qquad (3.2.46)$$

Sie entspricht im dreidimensionalen Raum der Aussage, daß das Quadrat der Länge eines Vektors gleich der Summe der Quadrate seiner kartesischen Koordinaten ist. Gl. (3.2.46) liefert eine obere Grenze für die Größe der Fourier-Koeffizienten. Da nach Gl. (3.1.28) die Energie eines freien Schwingers mit der Frequenz Ω_k proportional zum Quadrat seiner Amplitude ist, ist die linke Seite von Gl. (3.2.46) proportional zur gesamten Energie der Anregung. Man schließt daraus, daß das Integral über das Quadrat einer Zeitfunktion ein Maß für die durch diese Zeitfunktion übertragene Energie ist.

Die Konvergenz der Fourier-Reihen wurde von Dirichlet unter sehr allgemeinen Voraussetzungen bewiesen. Falls $p(t)$ im Intervall 0 bis T definiert und beschränkt ist sowie höchstens eine endliche Zahl von Maxima, Minima und Sprungstellen besitzt, dann konvergiert die Fourier-Reihe an jeder Stelle gegen den Wert $[p(t+0)+p(t-0)]/2$, d.h. gegen den Mittelwert. Diese Voraussetzungen sind bei den in der Tragwerksdynamik auftretenden Funktionen stets erfüllt. Schließlich sei noch angemerkt, daß sich die Fourier-Koeffizienten Gl. (3.2.41) und Gl. (3.2.42) aus der Bedingung des minimalen Fehlerquadrats über eine Periode zwischen $p(t)$ und der Fourierreihe für $p(t)$ herleiten lassen. Für $k \to \infty$ geht das Fehlerquadrat gegen Null. Die Fourier-Reihe ist also auch im Sinne des Fehlerquadrats die bestmögliche Approximation durch trigonometrische Funktionen.

Beispiel

Abb. 3.2.6 zeigt als Beispiel einen Rechteckimpuls mit der Periode T. Aus Gl. (3.2.41) und Gl. (3.2.42) erhält man für die Fourier-Koeffizienten

$$a_o = \frac{2}{T} f_o t_o \tag{3.2.47}$$

$$a_k = \frac{2}{T} \frac{f_o}{\Omega_k} \sin \Omega_k t_o \qquad\qquad k = 1, \ldots N \tag{3.2.48}$$

$$b_k = \frac{2}{T} \frac{f_o}{\Omega_k} (1 - \cos \Omega_k t_o) \qquad\qquad k = 1, \ldots N \tag{3.2.49}$$

Mit der auf die Periode bezogenen Anregungsdauer

$$\xi = \frac{t_o}{T} \tag{3.2.50}$$

wird die Fourier-Reihe zu

$$f(t) = f_o \left\{ \xi + \frac{1}{\pi} \sum_{k=1}^{N} \frac{1}{k} [\sin \omega_k \cos \Omega_k t + (1 - \cos \omega_k) \sin \Omega_k t] \right\} \tag{3.2.51}$$

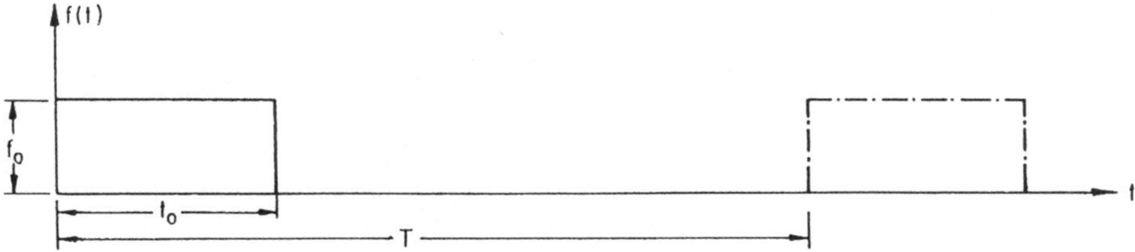

Abb. 3.2.6 Periodischer Rechteckimpuls

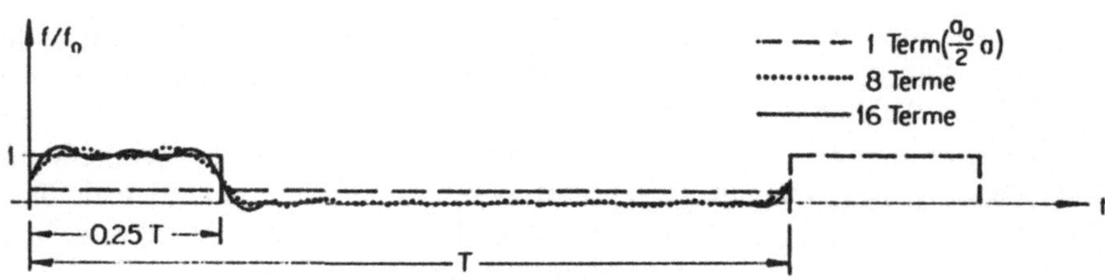

Abb. 3.2.7 Fourier-Darstellung des periodischen Rechteckimpulses

mit

$$\omega_k = k\,2\pi\xi \tag{3.2.52}$$

Man sieht, daß der Amplitudenabfall mit $1/k$ erfolgt. Trägt man die Amplituden bzw. Phasen der einzelnen Fourier-Terme über der Frequenz auf, so erhält man das Amplituden- bzw. Phasenspektrum.

Für die Parsevalsche Gleichung Gl. (3.2.46) kommt

$$\xi^2 + \sum_{k=1}^{\infty} \frac{1}{k^2\pi^2}(1 - \cos\omega_k) = \xi \tag{3.2.53}$$

Diese Beziehungen wurden für $\xi = 0.25$ numerisch ausgewertet. Abb. 3.2.7 zeigt die Approximation des Rechteckimpulses durch eine Fourier-Reihe mit nur dem konstanten Glied (1 Term), mit 8 und mit 16 Termen. Man sieht, daß die Approximation mit zunehmender Anzahl der Terme immer genauer wird. An den Sprungstellen geht die Fourier-Reihe wie bereits ausgeführt durch den Mittelwert der Funktion. Allerdings ist es dabei möglich, daß die Fourier-Reihe in der Nähe der Sprungstelle die Werte der Funktion überschreitet. Diese sogenannte Gibbssche Erscheinung kann zu lokalen Fehlern bei der Darzustellung der Funktion führen, auch wenn die Konvergenz der Reihe im Mittel gesichert ist. In Tabelle 3.2.1 sind die numerischen Werte der linken Seite der Parsevalschen Gleichung

$$p_N = \xi^2 + \sum_{k=1}^{N} \frac{1}{k^2\pi^2}(1 - \cos\omega_k) \tag{3.2.54}$$

für verschiedene Werte von N sowie der prozentuale Fehler zur rechten Seite angegeben. Da die höheren Fourier-Koeffizienten zunehmend kleiner werden, geht der Fehler immer langsamer zurück. Schließlich sei noch angemerkt, daß die obige Darstellung auch zur Approximation eines nichtperiodischen Rechteckimpulses verwendet werden kann, indem man die Periode T sehr groß wählt.

N	p_N	Fehler (%)
1	0.9999499	75.00
8	0.9997999	5.00
16	0.9987492	2.52
32	0.9949874	1.64
Exakt	0.25	—

Tab. 3.2.1 Auswertung der Parsevalschen Gleichung

Komplexe Fourier-Reihe

Bei der Bestimmung der stationären Bewegung unter harmonischer Anregung wurde die Last in Exponentialschreibweise mit $p_o e^{i\Omega t}$ angenommen. Um hier die direkte Verbindung zu einer Fourier-Reihe herstellen zu können, ist es wünschbar, Gl. (3.2.39) ebenfalls mit Exponentialfunktionen zu schreiben. Mit Hilfe der aus der Eulerschen Formel Gl. (3.1.15) folgenden Beziehungen

$$e^{i\Omega_k t} = \cos \Omega_k t + i \sin \Omega_k t \tag{3.2.55}$$

$$e^{-i\Omega_k t} = \cos \Omega_k t - i \sin \Omega_k t \tag{3.2.56}$$

lassen sich zunächst die trigonometrischen Funktionen durch Exponentialfunktionen ausdrücken:

$$\cos \Omega_k t = \frac{1}{2}(e^{i\Omega_k t} + e^{-i\Omega_k t}) \tag{3.2.57}$$

$$\sin \Omega_k t = -\frac{i}{2}(e^{i\Omega_k t} - e^{-i\Omega_k t}) \tag{3.2.58}$$

Für den allgemeinen Term $a_k \cos \Omega_k t + b_k \sin \Omega_k t$ der Fourier-Reihe erhält man damit

$$a_k \cos \Omega_k t + b_k \sin \Omega_k t = \frac{1}{2}(a_k - ib_k)e^{i\Omega_k t} + \frac{1}{2}(a_k + ib_k)e^{-i\Omega_k t} \tag{3.2.59}$$

Aus den Definitionsgleichungen Gl. (3.2.41) und Gl. (3.2.42) der Fourier-Koeffizienten ergibt sich

$$\frac{1}{2}(a_k - ib_k) = \frac{1}{T}\int_0^T p(t)e^{-i\Omega_k t}dt = \frac{1}{T}P(\Omega_k) \tag{3.2.60}$$

wobei

$$P(\Omega_k) = \int_0^T p(t)e^{-i\Omega_k t}dt \tag{3.2.61}$$

den sogenannten komplexen Fourier-Koeffizienten bezeichnet. Analog erhält man

$$\frac{1}{2}(a_k + ib_k) = \frac{1}{T}\int_0^T p(t)e^{i\Omega_k t}dt = \frac{1}{T}P(-\Omega_k) \tag{3.2.62}$$

$P(-\Omega_k)$ stellt den konjugiert-komplexen Wert von $P(\Omega)$ dar. Für $k = 0$ folgt

$$P(0) = \int_0^T p(t)\,dt = T\frac{a_o}{2} \tag{3.2.63}$$

Setzt man nun die obigen Beziehungen in die Fourier-Reihe Gl. (3.2.39) ein, so erhält man die Darstellung

$$p(t) = \frac{1}{T} \sum_{k=-\infty}^{\infty} P(\Omega_k) e^{i\Omega_k t} \qquad (3.2.64)$$

Man sieht, daß die komplexe Schreibweise der Fourier-Reihe einheitlicher und kompakter als die reelle Schreibweise ist. Insbesondere ist der in der reellen Form speziell aufgeführte konstante Term $a_o/2$ verschwunden. Trotz Verwendung der komplexen Exponentialfunktionen ist die Reihe aber natürlich reell geblieben, da sich die Imaginärteile der Beiträge von k und $-k$ jeweils aufheben.

Auch für die komplexen Fourier-Koeffizienten läßt sich die Parsevalsche Gleichung gewinnen. Da gemäß Gl. (3.2.60)

$$P(\Omega_k) = \frac{T}{2}(a_k - i b_k) \qquad (3.2.65)$$

gilt, folgt nämlich

$$|P(\Omega_k)|^2 = P(\Omega_k)\overline{P(\Omega_k)} = \frac{T^2}{4}(a_k^2 + b_k^2) \qquad (3.2.66)$$

oder

$$a_k^2 + b_k^2 = \frac{4}{T^2}|P(\Omega_k)|^2 = \frac{2}{T^2}(|P(\Omega_k)|^2 + |P(-\Omega_k)|^2) \qquad (3.2.67)$$

Für $k = 0$ erhält man

$$|P(0)|^2 = \left| \int_o^T p(t)\, dt \right|^2 = \frac{T^2}{4} a_o^2 \qquad (3.2.68)$$

und damit

$$\frac{a_o^2}{2} = \frac{2}{T^2}|P(0)|^2 \qquad (3.2.69)$$

Einsetzen dieser Beziehung in die Parsevalsche Gleichung Gl. (3.2.46) liefert

$$\frac{1}{T} \sum_{k=-\infty}^{\infty} |P(\Omega_k)|^2 = \int_o^T p(t)^2\, dt \qquad (3.2.70)$$

Die Bewegungsgleichung des Einmassenschwingers unter einer periodischen Belastung wird mit der obigen Darstellung durch eine Fourier-Reihe nun zu

$$m\ddot{q} + c\dot{q} + kq = \frac{1}{T} \sum_{k=-\infty}^{\infty} P(\Omega_k) e^{i\Omega_k t} \qquad (3.2.71)$$

Die Belastung ist damit zurückgeführt auf eine Summe von harmonischen Anregungen der Form Gl. (3.2.1) mit dem allgemeinen Term

$$p_k(t) = \frac{1}{T}P(\Omega_k)e^{i\Omega_k t} \tag{3.2.72}$$

Da der Schwinger linear sein soll, kann man die stationäre Lösung durch Superposition der stationären Bewegungen unter den einzelnen harmonischen Lasten erhalten. Mit den früheren Ergebnissen erhält man für die k-te stationäre Bewegung $q_k(t)$ den Ausdruck

$$q_k(t) = \frac{1}{T}H(\Omega_k)P(\Omega_k)e^{i\Omega_k t} = \frac{1}{T}\,|H(\Omega_k)|\,P(\Omega_k)e^{i(\Omega_k t - \theta_k)} \tag{3.2.73}$$

wobei $H(\Omega_k)$ den Frequenzgang an der Stelle Ω_k bezeichnet. Damit ist auch die gesamte stationäre Lösung

$$q(t) = \frac{1}{T}\sum_{k=-\infty}^{\infty}H(\Omega_k)P(\Omega_k)e^{i\Omega_k t} \tag{3.2.74}$$

gefunden. Man sieht, daß in dieser Gleichung die Belastung durch ihre Fourier-Koeffizienten $P(\Omega_k)$ beschrieben wird, während die Eigenschaften des Schwingers durch $H(\Omega)$ charakterisiert sind. $H(\Omega)$ ist aber als Kehrwert von $Z(i\Omega)$ sofort aus der Impedanz $Z(s)$ bestimmbar. Daraus folgt, daß das Verhalten des Schwingers unter einer harmonischen oder periodischen Belastung mit dem Frequenzgang bzw. mit der Impedanz vollständig bestimmt ist.

Allgemeine Anregung

Läßt man bei einer periodischen Belastung die Periode T über alle Grenzen wachsen, dann erhält man schließlich eine nichtperiodische, allgemeine Belastung. Dementsprechend wird auch die stationäre Bewegung Gl. (3.2.74) im Grenzübergang gegen die inhomogene Lösung der Bewegungsgleichung unter einer allgemeinen Last streben. Wie in Abb. 3.2.8 gezeigt, liegen die Frequenzen der Fourier-Darstellung Gl. (3.2.64), das Spektrum, in gleichen Abständen auf der Frequenzachse. Mit

$$\Delta\Omega = \Omega_{k+1} - \Omega_k = \frac{2\pi}{T} \tag{3.2.75}$$

erhält man

$$\Omega_k = k\,\Delta\Omega \quad k = 0, \pm 1, \dots \pm\infty \tag{3.2.76}$$

Läßt man $T \to \infty$ streben, geht $\Delta\Omega$ gegen Null und die diskreten Frequenzen Ω_k gehen in die kontinuierliche Frequenz Ω über. Mit der aus Gl. (3.2.75) gewonnenen Beziehung

$$\frac{1}{T} = \frac{1}{2\pi}\Delta\Omega \tag{3.2.77}$$

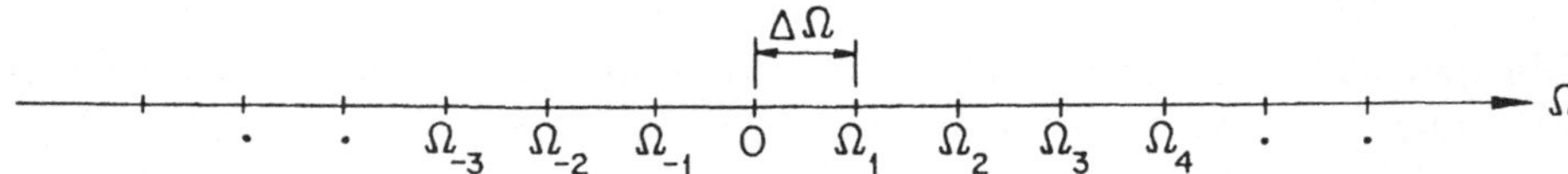

Abb. 3.2.8 Spektrum der Fourier-Reihe

wird die Fourier-Reihe Gl. (3.2.64) zunächst zu

$$p(t) = \frac{1}{2\pi} \sum_{k=-\infty}^{\infty} P(\Omega_k) e^{i\Omega_k t} \Delta\Omega \qquad (3.2.78)$$

und nach dem Grenzübergang $T \to \infty$ zu

$$p(t) = \frac{1}{2\pi} \int_{-\infty}^{\infty} P(\Omega) e^{i\Omega t} d\Omega \qquad (3.2.79)$$

Für den komplexen Fourier-Koeffizienten $P(\Omega_k)$ nach Gl. (3.2.61) erhält man

$$P(\Omega) = \int_{0}^{\infty} p(t) e^{-i\Omega t} dt \qquad (3.2.80)$$

Die beiden letzten Beziehungen stellen ein Paar von Transformierten dar:
Gl. (3.2.80) ist die Fourier-Transformation der allgemeinen Belastung $p(t)$
vom Zeitbereich in den Frequenzbereich und Gl. (3.2.79) ist die Rücktransformation von $P(\Omega)$ vom Frequenzbereich in den Zeitbereich. $P(\Omega)$ wird als
die Fourier-Transformierte von $p(t)$ bezeichnet. Sie entspricht dem Fourier-
Koeffizienten einer periodischen Funktion für den Grenzfall der unendlich
großen Periode und ist deshalb eine Funktion der kontinuierlichen Frequenzen Ω anstatt der diskreten Frequenzen Ω_k. Man nennt die Gleichungen
Gl. (3.2.79) und Gl. (3.2.80) auch die Wiener-Khintchin-Beziehungen. Für
die Parsevalsche Gleichung erhält man aus Gl. (3.2.70)

$$\frac{1}{2\pi} \int_{-\infty}^{\infty} |P(\Omega_k)|^2 \, d\Omega = \int_{0}^{T} p(t)^2 \, dt \qquad (3.2.81)$$

In der numerischen Rechnung führt man die Fourier-Transformation bzw.
die inverse Transformation mit Hilfe der schnellen Fourier-Transformation
durch [18]. Dazu werden zunächst die Funktionen periodisch mit einer großen
Periode angenommen. Damit kann die Transformation als Berechnung von
Fourier-Koeffizienten bzw. als Fourier-Reihe mit diskreten Stützstellen vorgenommen werden. Die Periode wird in N Inkremente unterteilt, wobei N eine
Potenz von 2 ist. Durch binäre Schreibweise und Ausnützung der Periodizität
der trigonometrischen Funktionen wird der Rechenaufwand bei der schnellen
Fourier-Transformation proportional zu $N \log_2 N$ verglichen mit N^2 bei der
direkten Auswertung. Für große N ergibt sich daher eine enorme Reduktion
des Aufwands.

Die Fourier-Transformation ist ein Spezialfall der allgemeineren Laplace-Transformation[1]

$$P(s) = \int\limits_0^\infty p(t)e^{-st}dt \tag{3.2.82}$$

wobei s eine komplexe Zahl darstellt. Es handelt sich um eine lineare Integraltransformation mit dem Kern e^{-st}. Mit Hilfe der Laplace-Transformation läßt sich eine Zeitfunktion $p(t)$ aus dem Zeitbereich t in den Operatorbereich s überführen. Die Transformation konvergiert, falls $p(t)$ stetig und über jedes endliche Intervall $0 \leq t \leq a$ integrierbar ist und falls eine reelle Konstante b existiert, so daß

$$\lim_{t\to\infty} p(t)e^{-bt} = 0 \tag{3.2.83}$$

gilt. Daraus läßt sich zeigen, daß jede Laplace-Transformierte abklingen muß. Die Transformierte $P(s) = 1$ kann daher keine stetige Zeitfunktion haben. Man sieht, daß Gl. (3.2.80) aus Gl. (3.2.82) durch $s = i\Omega$ hervorgeht. Die Fourier-Transformation entspricht also der Laplace-Transformation auf der imaginären Achse.

Für die Laplace-Transformierten einer Funktion $q(t)$ und ihrer zeitlichen Ableitungen erhält man aus der Definitionsgleichung Gl. (3.2.82) und durch partielle Integration

$$\int\limits_0^\infty q(t)e^{-st}dt = Q(s)$$

$$\int\limits_0^\infty \dot{q}(t)e^{-st}dt = sQ(s) - q(0) \tag{3.2.84}$$

$$\int\limits_0^\infty \ddot{q}(t)e^{-st}dt = s^2Q(s) - sq(0) - \dot{q}(0)$$

Die Transformierten der weiteren höheren Ableitungen können damit rekursiv leicht gebildet werden. Bei der Laplace-Transformation entspricht also eine zeitliche Ableitung im Zeitbereich einer Multiplikation mit s im Operatorbereich. Transformiert man nun mit den obigen Beziehungen die Bewegungsgleichung Gl. (3.1.1) in den Operatorbereich, so folgt

$$(ms^2 + cs + k)Q(s) = P(s) + (c + sm)q(0) + m\dot{q}(0) \tag{3.2.85}$$

Auf der linken Seite entsteht die Impedanz $Z(s)$ nach Gl. (3.1.12). Damit erhält man für die Transformierte der Bewegung

$$Q(s) = \frac{1}{Z(s)}\left(P(s) + (c + sm)q(0) + m\dot{q}(0)\right) \tag{3.2.86}$$

---

[1]Pierre-Simon Marquis de Laplace (1749-1827).

woraus durch Rücktransformation in den Zeitbereich die Bewegung $q(t)$ gewonnen werden kann. Die Rücktransformation gelingt meistens mit einer Zerlegung in Partialbrüche und Verwendung der in der Literatur angegebenen Funktionen im Operatorbereich und im Zeitbereich (z.B. [23], [24], [25]). Man sieht, daß die Definitionsgleichung der Impedanz ganz natürlich aus der Laplace-Transformation der entsprechenden Differentialgleichung folgt. Der oben skizzierte Weg zur Lösung der Bewegungsgleichung über eine Laplace-Transformation läßt sich in analoger Form mit der Fourier-Transformation einschlagen.

Für Gl. (3.2.80) wurde stillschweigend vorausgesetzt, daß $p(t)$ nur für $t \geq 0$ definiert ist und daß das Integral konvergiert. Für die Konvergenz der Fourier-Transformation ist — ähnlich wie bei der Laplace-Transformation — vor allem erforderlich, daß $p(t)$ für große t gegen Null geht. Diese Voraussetzung ist bei den in der Tragwerksdynamik vorkommenden Funktionen stets erfüllt.

Für die stationäre Bewegung Gl. (3.2.74) läßt sich der Grenzübergang $T \to \infty$ ebenfalls durchführen. Aus

$$q(t) = \frac{1}{T} \sum_{k=-\infty}^{\infty} H(\Omega_k)P(\Omega_k)e^{i\Omega_k t} = \frac{1}{2\pi} \sum_{k=-\infty}^{\infty} H(\Omega_k)P(\Omega_k)e^{i\Omega_k t}\Delta\Omega \quad (3.2.87)$$

erhält man

$$q(t) = \frac{1}{2\pi} \int_{-\infty}^{\infty} H(\Omega)P(\Omega)e^{i\Omega t}d\Omega \qquad (3.2.88)$$

Dies ist ein partikuläres Integral der inhomogenen Gleichung (3.1.1). Man überzeugt sich leicht davon, daß $q(t)$ den Anfangsbedingungen $q(0) = \dot{q}(0) = 0$ genügt. Die Bewegung ist nun aber nicht mehr stationär, sondern bei einem gedämpften Schwinger transient, d.h. sie geht im Laufe der Zeit gegen Null. Auch in Gl. (3.2.88) werden die dynamischen Eigenschaften des Schwingers durch $H(\Omega)$ beschrieben. Damit zeigt sich, daß mit der Impedanz bzw. ihrem Kehrwert, dem Frequenzgang, auch das Verhalten des Schwingers unter einer allgemeinen nichtperiodischen Belastung vollständig bestimmt ist.

Zusammenfassung

Unter harmonischen und periodischen Anregungen bildet sich nach dem Einschwingvorgang eine stationäre Bewegung heraus. Sie ist bei einer harmonischen Belastung mit der Kreisfrequenz Ω durch die Impedanz $Z(i\Omega)$ bzw. ihren Kehrwert, den (komplexen) Frequenzgang $H(\Omega)$ bestimmt. Physikalisch läßt sich $Z(i\Omega)$ als scheinbare Steifigkeit und $H(\Omega)$ als scheinbare Flexibilität des Schwingers auffassen. Mit Hilfe einer Fourier-Reihe können periodische Anregungen auf die Superposition harmonischer Anregungen zurückgeführt werden. Die Fourier-Reihen werden in reeller und komplexer Schreibweise angegeben. Bei der Beurteilung der Approximationsgüte spielt die Parsevalsche Gleichung eine wichtige Rolle. Durch einen Grenzübergang kann man

aus der Fourier-Reihe einer periodischen Anregung die allgemeine nichtperiodische Anregung erhalten. Aus den diskreten Fourier-Koeffizienten wird
dabei die kontinuierliche Fourier-Transformierte, ein Spezialfall der Laplace-
Transformierten. Die Bewegung des Schwingers folgt dann aus der Rücktransformation vom Frequenzbereich in den Zeitbereich. Es stellt sich dabei
heraus, daß das dynamische Verhalten eines Einmassenschwingers durch seine
Impedanz oder durch seinen komplexen Frequenzgang vollständig charakterisiert ist.

3.3 Erzwungene Schwingungen

Die allgemeine Lösung der inhomogenen Bewegungsgleichung Gl. (3.1.1) läßt
sich, wie bereits ausgeführt, grundsätzlich aus der Superposition der Eigenschwingungen mit einem partikulären Integral der inhomogenen Gleichung
erhalten. Die zwei freien Konstanten der Eigenschwingungen erhält man
durch Anpassen der Lösung an die Anfangsbedingungen. Da nun die rechte
Seite $p(t)$ nichtperiodisch sein soll, wird auch das partikuläre Integral eine
allgemeine und bei gedämpften Systemen transiente Bewegung darstellen.
Man bezeichnet $p(t)$ auch als die Störfunktion des Schwingers. In der Berechnungspraxis wird — wie in Abschnitt 6.3 gezeigt — die Lösung fast
immer gesamthaft durch numerische Integration ohne Aufspaltung in den
homogenen und den inhomogenen Anteil bestimmt. Trotzdem soll im folgenden die Ermittlung des partikulären Integrals unter allgemeiner Belastung
im einzelnen besprochen werden, da dadurch weitere wertvolle grundsätzliche
Einblicke in das Schwingungsverhalten elastischer Systeme gewonnen werden
können.

Rechteckbelastung

Das partikuläre Integral kann normalerweise nicht geschlossen dargestellt
werden. Eine Ausnahme bilden einige einfache Lastformen wie beispielsweise
sin- oder cos-förmige Lasten oder auch die rechteckige Belastung entsprechend Abb. 3.3.1. Dabei gilt $p(t) = p_o$ für $0 \leq t \leq t_o$ und $p(t) = 0$ für $t > t_o$.
Für kurze t_o spricht man auch von einem Rechteckschock. Man sieht sofort,

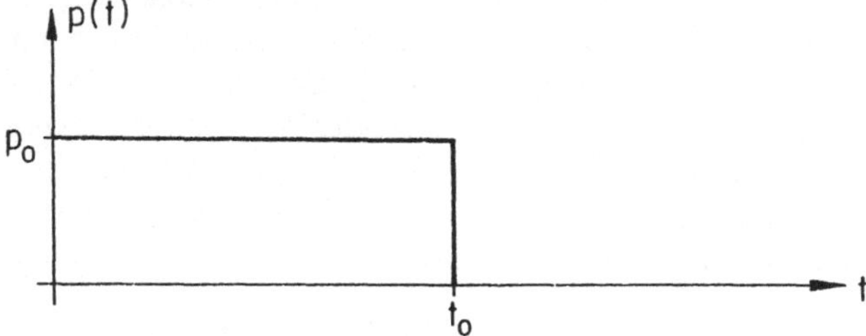

Abb. 3.3.1 Rechteckige Belastung

daß

$$q_o = \frac{p_o}{k} \quad 0 \leq t \leq t_o \qquad\qquad (3.3.1)$$
$$q_o = 0 \qquad\quad t > t_o$$

eine partikuläre Lösung der Bewegungsgleichung Gl. (3.1.1) darstellt. Für die gesamte Lösung muß man unterscheiden, ob $t > t_o$ oder $t \leq t_o$ ist. Für $t \leq t_o$ erhält man mit der homogenen Lösung Gl. (3.1.41)

$$q(t) = \frac{p_o}{k} + a_1 e^{-\beta t} \cos \omega t + a_2 e^{-\beta t} \sin \omega t \qquad\qquad (3.3.2)$$

Aus den Anfangsbedingungen $q(0) = \dot{q}(0) = 0$ folgen für die freien Konstanten a_1 und a_2 die Werte

$$a_1 = -\frac{p_o}{k}; \quad a_2 = -\frac{\beta}{\omega}\frac{p_o}{k} \qquad\qquad (3.3.3)$$

Damit wird die Lösung zu

$$q(t) = \frac{p_o}{k}\left(1 - e^{-\beta t}\cos \omega t - \frac{\beta}{\omega}e^{-\beta t}\sin \omega t\right) \qquad\qquad (3.3.4)$$

Für die Geschwindigkeit folgt daraus

$$\dot{q}(t) = \frac{p_o}{k}\omega e^{-\beta t}\sin \omega t\left(1 + \frac{\beta^2}{\omega^2}\right) \qquad\qquad (3.3.5)$$

Zur Zeit $t = t_o$ werden die Verschiebung und die Geschwindigkeit zu

$$q(t_o) = \frac{p_o}{k}\left(1 - e^{-\beta t_o}\cos \omega t_o - \frac{\beta}{\omega}e^{-\beta t_o}\sin \omega t_o\right) \qquad\qquad (3.3.6)$$

$$\dot{q}(t_o) = \frac{p_o}{k}\omega e^{-\beta t_o}\sin \omega t_o\left(1 + \frac{\beta^2}{\omega^2}\right) \qquad\qquad (3.3.7)$$

Damit ist auch die Bewegung für $t > t_o$ bekannt. Sie besteht aus einer freien Schwingung gemäß Gl. (3.1.41) bzw. Gl. (3.1.42) mit den obigen Anfangsbedingungen zur Zeit t_o.

Für die Diskussion der obigen Bewegung kann man $\beta = 0$ annehmen. Dies ist vor allem bei kurzen Schocks gerechtfertigt, da die Dämpfungskräfte als Folge der kleinen Geschwindigkeit ebenfalls klein bleiben. Man sieht leicht, daß für $t_o > T/2 = \pi/\omega$ das Maximum der Auslenkung für eine Zeit $0 < t \leq t_o$, d.h. während der Anregung eintritt. Der Wert des Maximums beträgt $q_{max} = 2p_o/k$. Der dynamische Vergrößerungsfaktor ist also 2. Für $t_o < T/2$ tritt das Maximum der Bewegung erst während der freien Schwingung nach Beendigung der Anregung ein. Man spricht in diesem Falle von einem Schock oder Stoß.

Der Rechteckschock läßt sich gut zur Untersuchung von Aufprallvorgängen verwenden. Dazu gehören beispielsweise Kollisionen von Fahrzeugen oder

Schiffen mit Stützen und Pfeilern, Steinschläge, Einschläge von Projektilen oder auch der für wichtige Bauwerke zu untersuchende Lastfall Flugzeugabsturz. Es zeigt sich, daß bei kurzen Stößen der Verlauf der Bewegung sowie der dynamische Vergrößerungsfaktor praktisch nur vom Lastimpuls nach Gl. (2.1.19) und nicht vom zeitlichen Verlauf der Last abhängen ([16], [61]). Aus diesem Grunde besitzt der Rechteckschock auch eine große praktische Bedeutung.

Dirac-Stoß

Man kann bei der Rechtecklast von Abb. 3.3.1 die Dauer der Anregung immer kleiner werden lassen bei gleichzeitiger Erhöhung von p_o dergestalt, daß $p_o t_o = 1$ gilt. Im Grenzfall $t_o \to 0$ wird p_o unendlich groß. Damit erhält man einen sogenannten Dirac[1]-Stoß, d.h. eine unendlich kurze aber unendlich große Belastung, deren Integral über die Zeit — der Lastimpuls — den Wert Eins ergibt. Wie sich zeigen wird, spielt die freie Bewegung unter einem Dirac-Stoß eine fundamentale Rolle bei der Bestimmung des partikulären Integrals der Bewegungsgleichung unter einer allgemeinen Belastung und soll daher zunächst bestimmt werden.

Da die Bewegung nach Beendigung der Anregung eine freie Schwingung mit den Anfangsbedingungen Gl. (3.3.6) und Gl. (3.3.7) ist, muß man in diesen beiden Gleichungen $t_o \to 0$ gehen lassen. Die Reihenentwicklung der Terme $e^{-\beta t_o}$, $\sin \omega t_o$ und $\cos \omega t_o$ liefert für die Verschiebung

$$q(t_o) = \frac{p_o}{k}\left[1-(1-\beta t_o)-\frac{\beta}{\omega}\omega t_o + \textit{Terme höherer Ordnung}\right] \tag{3.3.8}$$

Daraus erhält man

$$q(0) = 0 \tag{3.3.9}$$

Für die Geschwindigkeit ergibt sich analog

$$\dot{q}(t_o) = \frac{p_o t_o}{k}\left[\omega^2+\beta^2 + \textit{Terme höherer Ordnung}\right] \tag{3.3.10}$$

Unter Berücksichtigung von Gl. (3.1.39) und Gl. (3.1.3) sowie der Beziehung $p_o t_o = 1$ folgt

$$\dot{q}(0) = \frac{\omega_o^2}{k} = \frac{1}{m} \tag{3.3.11}$$

Damit wird die Bewegung unter einem Dirac-Stoß nach Gl. (3.1.42) zu

$$h(t) = \dot{q}(0)\frac{1}{\omega}e^{-\beta t}\sin \omega t = \frac{1}{m\omega}e^{-\beta t}\sin \omega t \tag{3.3.12}$$

---

[1]Paul A. Dirac (1902–84), englischer Physiker und Mathematiker; erhielt 1933 den Nobelpreis für Physik.

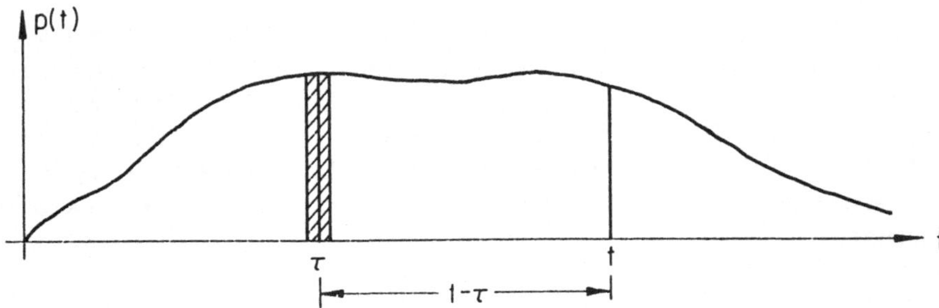

Abb. 3.3.2 Allgemeine Belastung $p(t)$

und entspricht der freien Schwingung unter einer Anfangsgeschwindigkeit
$1/m$.

Allgemeine Belastung

Eine allgemeine Belastung $p(t)$ läßt sich näherungsweise durch rechteckför-
mige Belastungen $p(\tau)\Delta t$ (Abb. 3.3.2) ersetzen. Für $\Delta t \to dt$ erhält man
den exakten Verlauf. Aus dem 2. Newtonschen Gesetz für den Massenpunkt
Gl. (2.1.8) folgt für eine Lagekoordinate

$$dq = \frac{1}{m}p\,dt \qquad\qquad (3.3.13)$$

d.h. die Wirkung von p über ein Zeitinkrement dt bewirkt eine Geschwin-
digkeitszunahme $d\dot{q}$. Am Einmassenschwinger greifen am Massenpunkt neben $p(t)$ auch die elastische Kraft und die Dämpfungskraft an. Für die
Ermittlung des partikulären Integrals unter $p(t)$ können diese Kräfte aber
unberücksichtigt bleiben. Nimmt man für einen Moment an, der Schwinger
starte zur Zeit $t = \tau$ aus der Ruhelage mit der Anfangsgeschwindigkeit $\dot{q}(\tau)$,
dann wird die freie Bewegung zur Zeit t gemäß Gl. (3.1.42) zu

$$q(t) = \dot{q}(\tau)\frac{1}{\omega}e^{-\beta(t-\tau)}\,\sin\omega(t-\tau) \qquad\qquad (3.3.14)$$

Die Änderung von $q(t)$ unter einer Geschwindigkeitsänderung $d\dot{q}$ beträgt
demnach unter Berücksichtigung von Gl. (3.3.13)

$$dq(t) = d\dot{q}(\tau)\frac{1}{\omega}e^{-\beta(t-\tau)}\,\sin\omega(t-\tau) = \frac{p(\tau)}{m\omega}e^{-\beta(t-\tau)}\,\sin\omega(t-\tau)\,d\tau \quad (3.3.15)$$

Die gesamte Verschiebung zur Zeit t läßt sich — da das System linear sein
soll — durch Superposition aller Beiträge $dq(t)$ während der Anregungsdauer
gewinnen:

$$q(t) = \frac{1}{m\omega}\int\limits_{0}^{t} p(\tau)e^{-\beta(t-\tau)}\,\sin\omega(t-\tau)\,d\tau = \int\limits_{0}^{t} p(\tau)h(t-\tau)\,d\tau \qquad (3.3.16)$$

wobei $h(t)$ die freie Schwingung Gl. (3.3.12) unter einem Dirac-Stoß darstellt. Diese Beziehung wird als das Faltungsintegral oder auch Duhamel-Integral bezeichnet. Allgemein versteht man unter einer Faltung das Integral über das Produkt zweier Funktionen, wobei die eine Funktion von der unteren Integrationsgrenze nach oben und die andere Funktion von der oberen Integrationsgrenze nach unten läuft. Man überzeugt sich leicht davon, daß Faltungen kommutativ sind, d.h. die Faktoren vertauscht werden dürfen. Die Bewegung nach Gl. (3.3.16) ist also die Faltung unter der Belastung und der freien Schwingung unter einem Dirac-Stoß. Das Faltungsintegral ist für allgemeine Anregungen normalerweise nicht geschlossen lösbar, sondern muß numerisch berechnet werden.

Gl. (3.3.16) ist eine partikuläre Lösung der Bewegungsgleichung. Die Ableitung nach der Integrationsgrenze t liefert für die Geschwindigkeit

$$\dot{q}(t) = -\beta q(t) + \frac{1}{m} \int\limits_0^t p(\tau) e^{-\beta(t-\tau)} \cos \omega(t-\tau)\, d\tau \qquad (3.3.17)$$

und für die Beschleunigung

$$\ddot{q}(t) = (\beta^2 - \omega^2) q(t) - \frac{c}{m^2} \int\limits_0^t p(\tau) e^{-\beta(t-\tau)} \cos \omega(t-\tau)\, d\tau + \frac{p(t)}{m} \qquad (3.3.18)$$

Damit läßt sich durch Einsetzen in Gl. (3.1.1) leicht verifizieren, daß tatsächlich eine Lösung der Bewegungsgleichung vorliegt. Für die vollständige Lösung müssen noch die Eigenschwingungen superponiert und die beiden freien Konstanten aus den Anfangsbedingungen bestimmt werden. Man sieht aber aus den Gleichungen (3.3.16) und (3.3.17), daß die obige Partikulärlösung für $t = 0$ den Anfangsbedingungen $q(0) = \dot{q}(0) = 0$ genügt. Sie stellt daher für den Fall der Anregung aus der Ruhelage die vollständige Lösung dar.

Zusammenhang zwischen $h(t)$ und $H(\Omega)$

Im letzten Abschnitt wurde die Partikulärlösung Gl. (3.2.88) als Grenzfall der periodischen Schwingung für unendlich große Periode hergeleitet. Sie erfüllt ebenfalls die Anfangsbedingungen $q(0) = \dot{q}(0) = 0$. Da sich partikuläre Integrale nur um die homogene Lösung unterscheiden können und andererseits die homogene Lösung für diese Anfangsbedingungen verschwindet, müssen Gl. (3.2.88) und Gl. (3.3.16) das gleiche Ergebnis liefern. Der Zusammenhang zwischen den beiden Lösungen ergibt sich aus dem sogenannten Faltungssatz, der hier ohne Beweis (s. z.B. [92]) für Fourier-Transformierte angegeben werden soll: Die Fourier-Transformierte der Faltung zweier Zeitfunktionen ist das Produkt der beiden Fourier-Transformierten dieser Funktionen. Da Gl. (3.2.88) die Rücktransformation von $H(\Omega)P(\Omega)$ aus dem Frequenzbereich in den Zeitbereich darstellt folgt, daß die Fourier-Transformierte $Q(\Omega)$ von $q(t)$ durch

$$Q(\Omega) = H(\Omega)P(\Omega) = P(\Omega)H(\Omega) \qquad (3.3.19)$$

gegeben ist. Aus der Gl. (3.3.16) für q(t) und dem Faltungssatz schließt man, daß $H(\Omega)$ die Fourier-Transformierte von $h(t)$ sein muß:

$$H(\Omega) = \frac{1}{-\Omega^2 m + k + i\Omega c} = \int\limits_0^\infty h(t)e^{-i\Omega t}\,dt \qquad (3.3.20)$$

Gl. (3.2.88) liefert also eine Darstellung der Bewegung als Rücktransformation aus dem Frequenzbereich, während Gl. (3.3.16) die Bewegung direkt durch die entsprechende Faltung bestimmt.

Gl. (3.3.20) ist ein bemerkenswertes Ergebnis. Die Gleichung besagt nämlich, daß die freie Schwingung $h(t)$ unter einem Dirac-Stoß und der Frequenzgang $H(\Omega)$ über eine Fourier-Transformation miteinander verknüpft sind. $H(\Omega)$ charakterisiert die stationäre Bewegung unter einer harmonischen Anregung der Amplitude Eins und der Frequenz Ω. Für die Bestimmung des partikulären Integrals unter einer allgemeinen Belastung kann man entweder $H(\Omega)$ oder $h(t)$ verwenden. Somit ist das dynamische Verhalten des Einmassenschwingers unter einer allgemeinen Anregung durch jede dieser beiden Funktionen, welche physikalisch ganz verschiedene Bedeutungen haben, vollständig festgelegt.

Setzt man in Gl. (3.3.19) $P(\Omega) = 1$, so folgt

$$Q(\Omega) = H(\Omega) \qquad (3.3.21)$$

und daraus im Zeitbereich

$$q(t) = h(t) \qquad (3.3.22)$$

Da $h(t)$ die Bewegung unter einem Dirac-Stoß darstellt, sieht man, daß die Fourier-Transformierte wie auch die Laplace-Transformierte eines Dirac-Stoßes gleich Eins ist.

Zusammenfassung

Die allgemeine Lösung der inhomogenen Bewegungsgleichung läßt sich als Superposition der homogenen Lösung, den Eigenschwingungen, und einem partikulären Integral der inhomogenen Gleichung auffassen. Für eine Rechteckbelastung wird die partikuläre Lösung hergeleitet. Sie spielt eine große Rolle bei vielen stoßartigen Belastungen. Der Dirac-Stoß ist definiert als eine unendlich kurze aber unendlich große Belastung, deren Lastimpuls Eins ist. Durch einen Grenzübergang läßt sich die Bewegung des Einmassenschwingers unter einem Dirac-Stoß aus der Bewegung unter einer Rechteckbelastung gewinnen. Damit kann die Bewegung unter einer allgemeinen Belastung über das Faltungs- oder Duhamel-Integral aufgebaut werden. Es zeigt sich, daß der (komplexe) Frequenzgang $H(\Omega)$ und die Bewegung $h(t)$ unter einem Dirac-Stoß über eine Fourier-Transformation miteinander verknüpft sind.

3.4 Dämpfung

Dämpfungskapazität

In den früheren Abschnitten wurden Dämpfungskräfte ausschließlich über geschwindigkeitsproportionale (viskose) Dämpfung eingeführt. Dämpfungskräfte können aber unabhängig von den Geschwindigkeiten sein sowie von den verschiedensten Faktoren wie beispielsweise Art der Materialien, Frequenzen der Bewegung, Spannungsniveau, Umgebung etc. abhängen. Wegen dieser Komplexität ist es meist schwierig, die Dämpfungseigenschaften eines Tragwerks im einzelnen richtig zu beschreiben. Man muß sich daher oft mit einer globalen Charakterisierung zufrieden geben. Trotzdem ist es wichtig, die einzelnen Typen der Dämpfung zu kennen und Verfahren zu entwickeln, um die verschiedenen Dämpfungsmechanismen vergleichbar zu machen. Diese Überlegungen sollen in dem vorliegenden Abschnitt behandelt werden.

Durch Dämpfungskräfte wird dem Tragwerk — wenn man vom Fall der negativen Dämpfung absieht — Energie entzogen. Nimmt man an, daß die freie Schwingung des Tragwerks durch eine Bewegung gegeben ist, bei der alle Punkte gleichzeitig ihre Nulllage bzw. ihre Maxima oder Minima erreichen, dann läßt sich die Zeit zwischen zwei entsprechenden Nulldurchgängen wiederum als die „Periode" T bezeichnen. Man sagt in diesem Falle auch, die Bewegung der einzelnen Punkte sei phasengleich oder in Phase. Man definiert nun die Dämpfungskapazität Ψ als das Verhältnis zwischen der Verlustenergie ΔE und der maximalen Formänderungsenergie U über eine Periode :

$$\Psi = \frac{\Delta E}{U} \tag{3.4.1}$$

Ψ ist demnach eine dimensionslose Größe.

Das Tragwerk kann aus n verschiedenen Teilen mit unterschiedlichen Dämpfungseigenschaften bestehen. Da die Bewegung in Phase sein soll, erreichen alle Tragwerksteile gleichzeitig ihre maximalen Formänderungsenergien U_i, $i = 1, \ldots n$. Es gilt

$$U = U_1 + U_2 + \cdots + U_n = \sum_{i=1}^{n} U_i \tag{3.4.2}$$

Ebenso läßt sich die Verlustenergie mit

$$\Delta E = \Delta E_1 + \Delta E_2 + \cdots + \Delta E_n = \sum_{i=1}^{n} \Delta E_i \tag{3.4.3}$$

als Summe der Verlustenergien der einzelnen Teile anschreiben. Damit erhält man aus Gl. (3.4.1)

$$\Psi = \frac{\sum_{i=1}^{n} \Delta E_i}{U} = \frac{\Delta E_1}{U_1}\frac{U_1}{U} + \frac{\Delta E_2}{U_2}\frac{U_2}{U} + \cdots + \frac{\Delta E_n}{U_n}\frac{U_n}{U} \tag{3.4.4}$$

Mit den Dämpfungskapazitäten

$$\psi_i = \frac{\Delta E_i}{U_i} \qquad i = 1,\ldots n \tag{3.4.5}$$

der Tragwerksteile und mit den Faktoren

$$g_i = \frac{U_i}{U} \qquad i = 1,\ldots n \tag{3.4.6}$$

ergibt sich

$$\Psi = \sum_{i=1}^{n} g_i \psi_i \tag{3.4.7}$$

Die gesamte Dämpfungskapazität des Tragwerks ist also die gewichtete Summe der Dämpfungskapazitäten der einzelnen Teile, wobei die Gewichtsfaktoren durch das Verhältnis der maximalen Formänderungsenergie des Teils zur maximalen gesamten Formänderungsenergie gegeben sind.

Dämpfungskapazität und logarithmisches Dekrement

Abb. 3.4.1 zeigt den Verlauf der freien Schwingung eines Einmassenschwingers bei kleiner Dämpfung. Dabei soll über die Art der Dämpfungskräfte nichts vorausgesetzt werden. Zu Beginn einer Periode zur Zeit t_i besitzt der Schwinger die Amplitude q_i. Der Amplitudenverlust über die Periode T beträgt Δq_i. Die maximale Formänderungsenergie zur Zeit t_i beträgt

$$U = \frac{1}{2}kq_i^2 \tag{3.4.8}$$

und der Energieverlust wird zu

$$\Delta E = U(t_i) - U(t_{i+1}) = \frac{1}{2}kq_i^2 - \frac{1}{2}k(q_i - \Delta q_i)^2 = kq_i\Delta q_i - \frac{1}{2}k\Delta q_i^2 \tag{3.4.9}$$

Damit erhält man für die Dämpfungskapazität

$$\Psi = \frac{\Delta E}{U} = 2\frac{\Delta q_i}{q_i} - \left(\frac{\Delta q_i}{q_i}\right)^2 \tag{3.4.10}$$

Bei kleiner Dämpfung kann man den quadratischen Term vernachlässigen. Entwickelt man auf der anderen Seite das logarithmische Dekrement ϑ nach Gl. (3.1.45) in eine Reihe, so erhält man

$$\vartheta = \ln\left(\frac{q_i}{q_{i+1}}\right) = -\ln\left(1 - \frac{\Delta q_i}{q_i}\right) \simeq \frac{\Delta q_i}{q_i} \tag{3.4.11}$$

Man sieht durch Vergleich mit Gl. (3.4.10), daß für kleine Dämpfung

$$\vartheta = \frac{\Psi}{2} \tag{3.4.12}$$

gilt. Allerdings sind ϑ oder Ψ nur in erster Näherung konstant, sie können beispielsweise auch amplituden- oder frequenzabhängig sein.

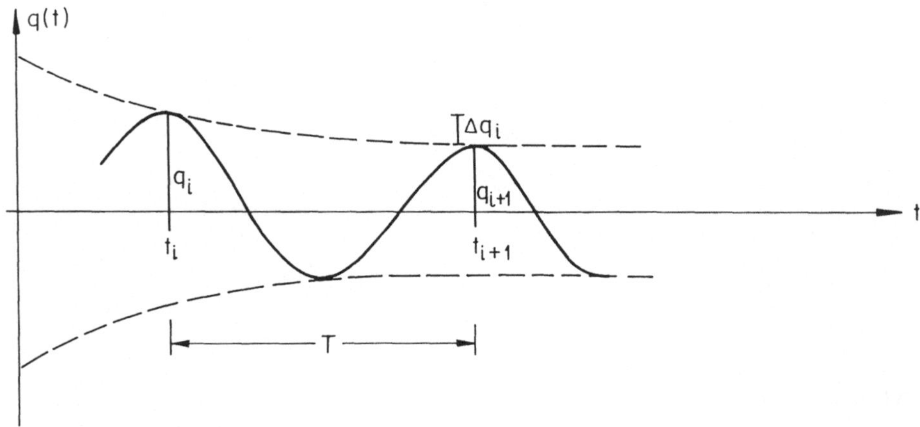

Abb. 3.4.1 Gedämpfte Schwingung

Klassen der Dämpfung

Die Dämpfungskräfte lassen sich in drei verschiedene Klassen einteilen. Einmal entsteht Dämpfung bei Gleitreibung. Man spricht hier von Coulombscher Dämpfung. Eine zweite Art der Dämpfung ist die innere Dämpfung oder Materialdämpfung. Hier wird dem Tragwerk durch innere Reibung Energie entzogen. Schließlich werden Dämpfungskräfte von der Umgebung als in erster Näherung geschwindigkeitsproportionale Kräfte auf das Tragwerk abgegeben. Dies ist der Fall der viskosen Dämpfung. In der Berechnungspraxis ist es normalerweise sehr schwierig, die einzelnen Dämpfungseinflüsse zu trennen. Man begnügt sich daher meist mit einer äquivalenten viskosen Dämpfung. Trotzdem sollen die drei Typen der Dämpfung im folgenden etwas eingehender besprochen und insbesondere die entsprechenden Dämpfungskapazitäten angegeben werden.

Coulombsche Dämpfung

Bei der Coulombschen Dämpfung entstehen Reibungskräfte Q_i^d, deren Betrag proportional zum Betrag der entsprechenden Normalkraft N_i ist:

$$|Q_i^d| = \mu \, |N_i| \tag{3.4.13}$$

Die Richtung ist der Bewegung entgegengesetzt. Der Gleitreibungskoeffizient μ hängt von den Materialien und ihrer Oberflächenbeschaffenheit ab, ist aber praktisch unabhängig von der Geschwindigkeit (trockene Reibung). Bei Stahl auf Stahl mit gut bearbeiteten Oberflächen ist $\mu \simeq 0.15$. Da die Normalkräfte und die Richtung der Bewegung erst während bzw. nach der Berechnung bekannt sind, ist die Erfassung der Coulombschen Dämpfung ein nichtlineares Problem.

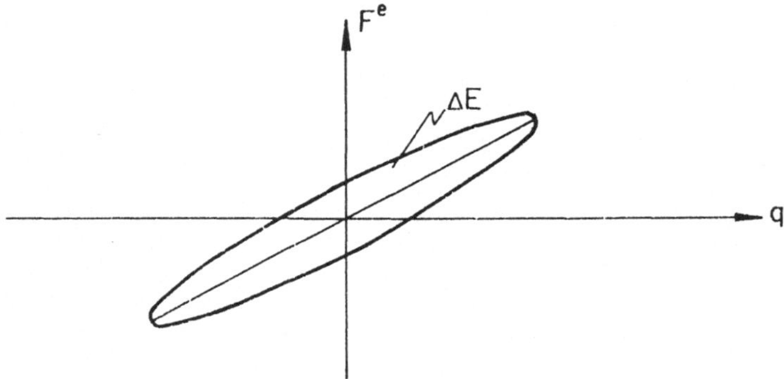

Abb. 3.4.2 Materialdämpfung

Materialdämpfung

Die Materialdämpfung wird hervorgerufen durch die Gleitungen und mikroskopischen Brüche des Materials während der Bewegung. Sie äußert sich in unvollkommener Elastizität des Werkstoffes. Abb. 3.4.2 zeigt dieses Phänomen in stark vereinfachter Form anhand des Kraft-Verformungsdiagrammes eines Schwingers unter harmonischer Belastung $p(t) = p_o e^{i\omega t}$. Bei idealelastischem Verhalten des Schwingers würde man sich genau auf einer Geraden bewegen. Insbesondere würde die Energie, welche bei der Belastung im Schwinger gespeichert wird, bei der Entlastung vollständig wiedergewonnen. Bei Materialdämpfung hingegen bewegt man sich auf einer Kurve, der Hysteresis. Man überzeugt sich leicht davon, daß die während einer Periode vernichtete Energie ΔE der von der Hysteresis eingeschlossenen Fläche entspricht.

Die Dämpfungskräfte sind bei Materialdämpfung in erster Näherung dem Betrag nach proportional zu den elastischen Kräften und der Richtung nach der Geschwindigkeit entgegengesetzt. Bei einer harmonischen Bewegung der Form $q(t) = q_o e^{i\omega t}$ ist die Geschwindigkeit $\dot{q}(t) = i\omega q_o e^{i\omega t} = i\omega q(t)$ gegenüber der Verschiebung um 90° phasenverschoben. In der Gaußschen Zahlenebene (Abb. 3.4.3) bedeutet dies, daß $\dot{q}(t)$ senkrecht auf $q(t)$ steht. Die elastische Kraft ist betragsmäßig proportional zu q und der Richtung nach q entgegengesetzt. Man schließt daraus, daß eine Dämpfungskraft F^d, welche zur elastischen Kraft F^e proportional und der Geschwindigkeit entgegengesetzt ist, die Form

$$F^d = igF^e \tag{3.4.14}$$

haben wird. Die Dämpfungskonstante $g > 0$ wird auch als der Verlustfaktor bezeichnet. Durch den Faktor i wird F^e in der Gaußschen Zahlenebene um 90° in Richtung der negativen Geschwindigkeit gedreht. Da die elastische Kraft aus der Formänderungsenergie mit

$$F^e = -\frac{\partial U}{\partial q} = -kq \tag{3.4.15}$$

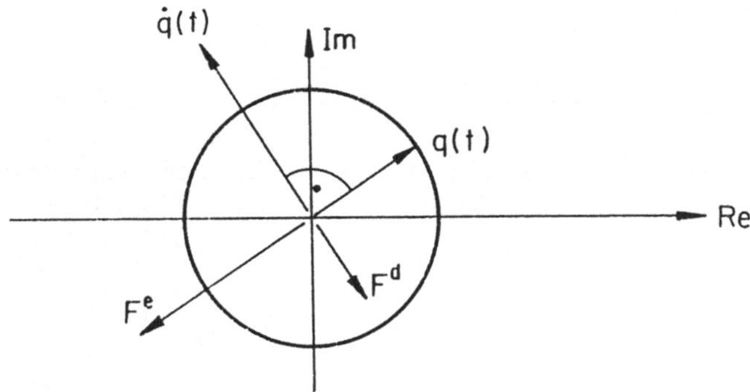

Abb. 3.4.3 Dämpfungskraft der Materialdämpfung in der Gaußschen Zahlenebene

gewonnen werden kann, erhält man für das System mit einem Freiheitsgrad

$$F^d = -igkq \tag{3.4.16}$$

Durch Integration der Elementararbeit $dA = F^d dq$ über eine Periode ergibt sich die Verlustenergie zu

$$\Delta E = \pi g k q_o^2 \tag{3.4.17}$$

Die maximale potentielle Energie beträgt

$$U = \frac{1}{2} k q_o^2 \tag{3.4.18}$$

Damit wird die Dämpfungskapazität zu

$$\Psi = \frac{\Delta E}{U} = 2\pi g \tag{3.4.19}$$

und das logarithmische Dekrement zu

$$\vartheta = \frac{\Psi}{2} = \pi g \tag{3.4.20}$$

Bei vielen Materialien ist g frequenzunabhängig. Die Materialdämpfung führt damit auf eine frequenzunabhängige Dämpfungskapazität. Man beachte aber, daß die obige Formulierung nur dann gilt, wenn q und $\dot{q}$ um 90° phasenverschoben sind. Weiterhin zeigt sich, daß das entstehende Eigensystem für die freien Schwingungen divergente Terme enthält. Dies hat zur Folge, daß ohne zusätzliche Kunstgriffe im Ansatz für die Materialdämpfung nur stationäre Probleme gelöst werden können. Schließlich ist die Form der Hysterese in der Praxis meistens wesentlich komplexer als in Abb. 3.4.2 dargestellt. Die Formulierung der Dämpfungskraft nach Gl. (3.4.16) muß daher als eine sehr vereinfachte Näherung der wirklichen Verhältnisse angesehen werden.

Beispiel

Abb. 3.4.4 zeigt wiederum einen Einmassenschwinger, dessen Dämpfung nun aber nicht durch ein viskoses Dämpferelement, sondern durch Materialdämpfung in der Feder mit dem Verlustfaktor g gegeben ist. Mit der Formänderungsenergie $U = kq^2/2$ erhält man für die gesamte nichtkonservative Kraft mit Gl. (3.4.16)

$$Q = p(t) - igkq \tag{3.4.21}$$

Die einzige Lagrangesche Gleichung liefert die Bewegungsgleichung

$$m\ddot{q} + (1+ig)kq = p \tag{3.4.22}$$

Sie ist demnach wiederum eine Differentialgleichung 2. Ordnung mit konstanten Koeffizienten. Die Bewegungsgleichung enthält nun einen komplexen Steifigkeitsterm. Die vollständige Lösung besteht wie früher aus der gesamten homogenen Lösung und einem partikulären Integral der inhomogenen Gleichung. Für die Lösung der homogenen Gleichung

$$m\ddot{q} + (1+ig)kq = 0 \tag{3.4.23}$$

macht man den Exponentialansatz Gl. (3.1.9) und erhält die charakteristische Gleichung

$$m\lambda^2 + (1+ig)k = 0 \tag{3.4.24}$$

Da die Impedanz von Gl. (3.4.22)

$$Z(s) = ms^2 + (1+ig)k \tag{3.4.25}$$

ist, kann Gl. (3.4.24) auch als

$$Z(\lambda) = 0 \tag{3.4.26}$$

geschrieben werden. Die Frequenzengleichung liefert

$$\lambda^2 = -\omega_o^2(1+ig) \tag{3.4.27}$$

mit der Kreisfrequenz ω_o des ungedämpften Systems. Abb. 3.4.5 zeigt die Lage von λ^2 sowie der beiden Wurzeln λ_1 und λ_2 in der Gaußschen Zahlenebene. Man sieht,

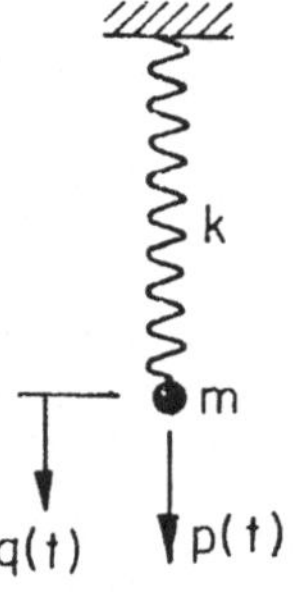

Abb. 3.4.4 Einmassenschwinger mit Materialdämpfung

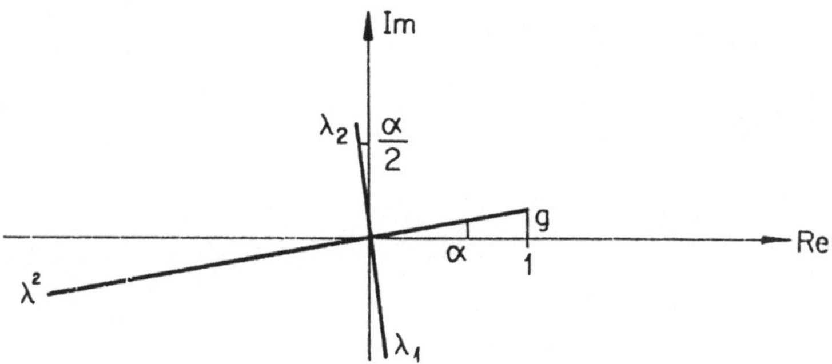

Abb. 3.4.5 Lösungen der Frequenzengleichung bei Materialdämpfung

daß eine der Wurzeln einen positiven Realteil besitzt. Physikalisch bedeutet dies, daß die zugehörige freie Schwingung die Form

$$q_1(t) = e^{\beta t} e^{i\omega t} \tag{3.4 28}$$

mit $\beta > 0$ hat und damit einen über alle Grenzen wachsenden Lösungsanteil beschreibt. Die Schwingung ist instabil. Wegen dieses divergenten Terms ist die obige Formulierung der Materialdämpfung für alle Problemstellungen unbrauchbar, bei denen die homogene Lösung eine Rolle spielt. Dies ist der Fall für das Eigenwertproblem und die allgemeine erzwungene Schwingung.

Die Formulierung ist hingegen brauchbar bei der Frequenzgangberechnung, da hier nur das partikuläre Integral interessiert. Macht man nämlich wie früher für die stationäre Bewegung unter einer harmonischen Belastung $p(t) = p_o e^{i\Omega t}$ den Ansatz $q(t) = q_o e^{i\Omega t}$, dann erhält man

$$q_o Z(i\Omega) = p_o \tag{3.4.29}$$

mit

$$Z(i\Omega) = -m\Omega^2 + (1+ig)k = k[(1-\kappa^2)+ig] \tag{3.4.30}$$

und dem Frequenzenverhältnis $\kappa = \Omega/\omega_o$. Daraus folgt

$$q_o = H(\Omega)p_o \tag{3.4.31}$$

mit dem Frequenzgang $H(\Omega)$, wobei

$$H(\Omega) = \frac{1}{Z(i\Omega)} = |H| e^{-i\theta} \tag{3.4.32}$$

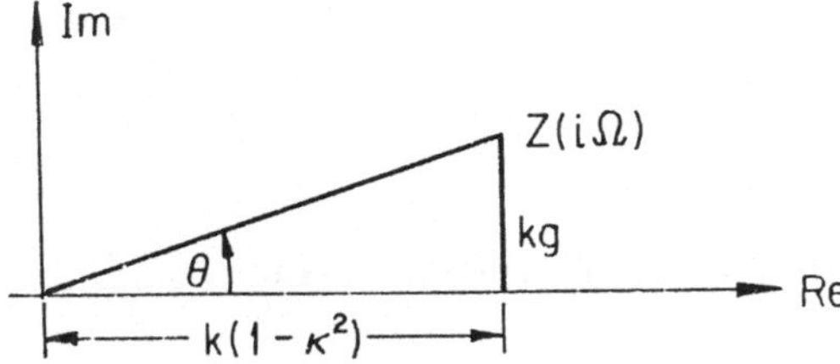

Abb. 3.4.6 $Z(i\Omega)$ für Materialdämpfung

gilt. Aus Abb. 3.4.6 liest man

$$|H| = \frac{1}{k\sqrt{(1-\kappa^2)^2 + g^2}} \tag{3.4.33}$$

und

$$\tan\theta = \frac{g}{1-\kappa^2} \tag{3.4.34}$$

ab. Für $\Omega = 0$ ergibt sich

$$|H| = \frac{1}{k\sqrt{(1+g^2)}} \simeq \frac{1}{k} \tag{3.4.35}$$

Das Maximum von $|H|$ liegt an der Stelle $\kappa = 1$ bzw. $\Omega = \omega_o$ und besitzt den Wert

$$|H|_{max} = \frac{1}{kg} = \frac{1}{k}\frac{\pi}{\vartheta} \tag{3.4.36}$$

mit dem logarithmischen Dekrement ϑ. Schließlich erhält man für die Bandbreite des Frequenzganges den Ausdruck

$$b = \omega_o g = \omega_o \frac{\vartheta}{\pi} \tag{3.4.37}$$

Man sieht, daß $|H|_{max}$ und b formal mit den Ergebnissen für die viskose Dämpfung nach Gl. (3.2.21) und Gl. (3.2.24) übereinstimmen.

Viskose Dämpfung

Bei der dritten Art der Dämpfung, der viskosen Dämpfung, sind die Dämpfungskräfte betragsmäßig proportional zu den Geschwindigkeiten und der Richtung nach den Geschwindigkeiten entgegengesetzt. Die viskose Dämpfung führt auf eine mathematisch einfache Formulierung der Dämpfungseigenschaften. Insbesondere hat man hier keine Schwierigkeiten mit durch die Formulierung verursachten divergenten Lösungsanteilen. Für das schon früher behandelte Dämpferelement von Abb. 2.2.5 werden die Dämpfungskräfte zu

$$F_i^d = -F_j^d = -c(\dot{q}_j - \dot{q}_i) \tag{3.4.38}$$

Die Arbeit der Dämpfungskräfte über eine Periode einer harmonischen Bewegung mit der relativen Verschiebung

$$q_r = q_j - q_i = q_o e^{i\omega t} \tag{3.4.39}$$

zwischen Massenpunkt und Fußpunkt des Schwingers beträgt

$$\Delta E = \int_0^T F_i^d \, dq = \int_0^T F_i^d \dot{q} \, dt = \pi\omega c q_o^2 \tag{3.4.40}$$

Damit wird die Dämpfungskapazität zu

$$\Psi = \frac{\pi \omega c q_o^2}{k q_o^2 / 2} = 2\pi \omega \frac{c}{k} \tag{3.4.41}$$

Entspricht ω der Kreisfrequenz einer freien Schwingung, dann kann man bei kleiner Dämpfung ω durch ω_o ersetzen und erhält mit der Dämpfungsrate ς nach Gl. (3.1.4)

$$\Psi = 2\pi \frac{c}{\sqrt{km}} = 4\pi\varsigma \tag{3.4.42}$$

Für das logarithmische Dekrement folgt daraus die schon früher gefundene Beziehung

$$\vartheta = \frac{\Psi}{2} = 2\pi\varsigma \tag{3.4.43}$$

Vergleicht man die Dämpfungskapazitäten des Einmassenschwingers für Materialdämpfung Gl. (3.4.19) und für viskose Dämpfung Gl. (3.4.42), so sieht man, daß für

$$g = 2\varsigma \tag{3.4.44}$$

die gleiche Energiedissipation erreicht wird. Diese Beziehung erlaubt es, die Materialdämpfung durch eine äquivalente viskose Dämpfung zu ersetzen. Da die Dämpfungskapazität für ein Dämpferelement gemäß Gl. (3.4.41) frequenzabhängig, die Dämpfungskapazität bei Materialdämpfung in erster Näherung aber frequenzunabhängig ist, gilt die Übereinstimmung streng nur für die gewählte Bezugsfrequenz.

Zusammenfassung

Dämpfungskräfte sind meistens sehr komplexer Natur und können daher nur näherungsweise erfaßt werden. Mit Hilfe der Dämpfungskapazität ist es aber möglich, verschiedene Arten von Dämpfung vergleichbar zu machen und beispielsweise durch eine äquivalente viskose Dämpfung zu erfassen. Die wichtigsten Typen der Dämpfung sind die Coulombsche Dämpfung, die Materialdämpfung und die viskose Dämpfung. Diese drei Dämpfungstypen werden im einzelnen besprochen. Es wird gezeigt, wie die Materialdämpfung vereinfacht mit einer komplexen Steifigkeit beschrieben werden kann. Wegen des instabilen Eigensystems eignet sich diese Formulierung aber nur für Frequenzgangberechnungen. Durch Vergleich der Dämpfungskapazitäten sieht man, daß für eine bestimmte Frequenz ein viskoser Dämpfer mit $\varsigma = g/2$ die gleiche Energiedissipation wie bei Materialdämpfung liefert.

Kapitel 4

Systeme mit mehreren Freiheitsgraden

4.1 Diskretisierung des Kontinuums

In den letzten Abschnitten wurden die verschiedenen typischen Problemstellungen der Tragwerksdynamik an Hand des Einmassenschwingers ausführlich besprochen. Der Einmassenschwinger gibt auf der einen Seite viele wertvolle Einblicke in das grundsätzliche Verhalten eines dynamischen Systems. Darüberhinaus kann er manchmal zur Abschätzung der dynamischen Eigenschaften einfacher Systeme verwendet werden. Zur realistischen Beschreibung des dynamischen Verhaltens von komplexeren Tragwerken reicht jedoch eine vereinfachte Darstellung als Einmassenschwinger meistens nicht aus. Man ist daher auf verfeinerte Rechenmodelle angewiesen, welche mit Hilfe von diskretisierenden Verfahren gewonnen werden können.

Denkt man sich ein kontinuierliches Tragwerk in Massenpunkte zerlegt, so ist seine Lage dann vollständig bekannt, wenn die Lage aller Massenpunkte bekannt ist. Da das Tragwerk unendlich viele Massenpunkte enthält, existieren auch unendlich viele Freiheitsgrade. Dementsprechend wird die Bewegung durch eine partielle Differentialgleichung nach den Raumkoordinaten und nach der Zeit zusammen mit den Randbedingungen und den Anfangsbedingungen beschrieben. Alle Tragwerke wie beispielsweise Stabtragwerke, Platten, Schalen, dreidimensionale Tragwerke etc. sind kontinuierliche Systeme.

Mit Hilfe von diskretisierenden Methoden kann das kontinuierliche Tragwerk mit unendlich vielen Freiheitsgraden in ein System mit endlich vielen Freiheitsgraden übergeführt werden. Durch die Verringerung der Anzahl Freiheitsgrade entstehen aber Fehler. Man arbeitet daher bei der Verwendung von diskretisierenden Verfahren grundsätzlich mit Näherungslösungen. Die Güte der Näherungslösung kann aber bei den meisten Methoden durch Verfeinerung der Diskretisierung praktisch beliebig gesteigert werden. Allerdings ist damit auch eine Erhöhung des Rechenaufwands verbunden. Als Ergebnis der Diskretisierung erhält man nicht mehr eine partielle Differentialgleichung sondern eine Matrizengleichung. Diese wird numerisch gelöst und liefert die

Verschiebungen sowie weitere Größen wie Verzerrungen und Spannungen in jedem Punkt des Tragwerks.

Federn-Massen-Dämpfer-Systeme

Zur Diskretisierung stehen eine ganze Reihe verschiedener Verfahren zur Verfügung. Die einfachste Methode ist das Ersetzen des kontinuierlichen Tragwerks durch ein Federn-Massen-Dämpfer-System. Der dadurch entstehende Mehrmassenschwinger ist numerisch meist leicht zu behandeln. Auf der anderen Seite ist die Umsetzung des kontinuierlichen Tragwerks in einen Mehrmassenschwinger oft mit großen Unsicherheiten und Approximationen verbunden. Dies gilt sowohl auf der Seite der Tragwerkseigenschaften wie auch bei der Interpretation der Resultate, insbesondere der Beanspruchungen. Aus diesem Grunde eignen sich die Federn-Massen-Dämpfer-Systeme oft nur zur schnellen Abschätzung der untersten Eigenschwingungen eines Tragwerks. Die Eigenfrequenzen und die zugehörigen Eigenvektoren der untersten Schwingungen sind nämlich — wie in Abschnitt 5.1 noch gezeigt wird — relativ unempfindlich gegenüber Fehlern in der Diskretisierung. Da die entstehenden Systeme sehr kostengünstig lösbar sind, eignen sie sich weiterhin manchmal für Sensitivitätsanalysen oder das Studium von Varianten, bevor eine genaue Berechnung der gewählten Lösung durchgeführt wird.

Beispiel

Zur Illustration zeigt Abb. 4.1.1 einen ebenen Rahmen mit starrem Riegel. Die elastischen Stützen sollen die Fläche F, das Trägheitsmoment I, den Elastizitätsmodul E und die Massendichte ϱ besitzen. Unter der Annahme, daß die Stäbe unzusammendrückbar sind, daß keine Schubverformung stattfindet und daß die Masse in den beiden Knoten konzentriert wurde, läßt sich dieser Rahmen in erster Näherung als ein System mit einem Freiheitsgrad auffassen. Unter einer seitlichen Verschiebung $q(t)$ entsteht eine Rückstellkraft von

$$F = -\frac{12EI}{L^3}q \tag{4.1.1}$$

Die Formänderungsenergie der beiden Stützen entspricht der Arbeit von $-F$ an q

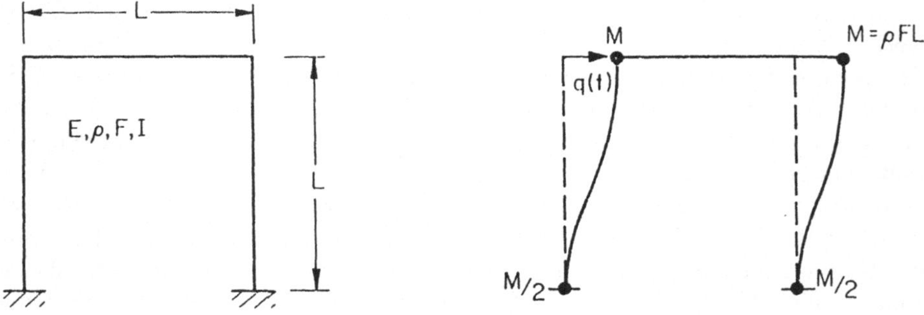

Abb. 4.1.1 Ebener Rahmen und entsprechender Einmassenschwinger

und beträgt demnach

$$U = \frac{1}{2}\left(\frac{24EI}{L^3}\right)q^2 \tag{4.1.2}$$

während die kinetische Energie zu

$$T = \frac{1}{2}(2\rho FL)\dot{q}^2 \tag{4.1.3}$$

wird. Damit erhält man die Bewegungsgleichung

$$\rho FL\ddot{q} + \frac{12EI}{L^3}q = 0 \tag{4.1.4}$$

für die freie Schwingung. Ihre Auflösung liefert eine Eigenkreisfrequenz von

$$\omega_o = \sqrt{\frac{12EI}{\rho FL^4}} = \frac{2\sqrt{3}}{L^2}\sqrt{\frac{EI}{\rho F}} = 3.46410\frac{1}{L^2}\sqrt{\frac{EI}{\rho F}} \tag{4.1.5}$$

Dieser Wert ist ein erster (oberer) Schätzwert für die kleinste Eigenkreisfrequenz des Systems. Die genaue Durchrechnung ergibt

$$\omega_o = 3.20453\frac{1}{L^2}\sqrt{\frac{EI}{\rho F}} \tag{4.1.6}$$

d.h. einen um 7.5% kleineren Wert. Da das Tragwerk auf nur einen Freiheitsgrad reduziert wurde, enthält das diskretisierte System auch nurmehr die Information über eine einzige Eigenschwingung. Alle höheren Eigenfrequenzen sind verloren gegangen.

Differenzenrechnung

Eine weitere Möglichkeit, die Bewegungsgleichungen eines kontinuierlichen Tragwerks in ein diskretisiertes System überzuführen, bietet die Differenzenrechnung. Bei der Differenzenrechnung werden sämtliche in den Differentialgleichungen auftretenden Differentialquotienten durch die entsprechenden Differenzenquotienten mit den zu bestimmenden Stützwerten ersetzt. Im einfachsten Fall einer Funktion von nur einer Variablen führt man die Stützwerte beispielsweise wie in Abb. 4.1.2 gezeigt ein. Die erste und zweite Ableitung

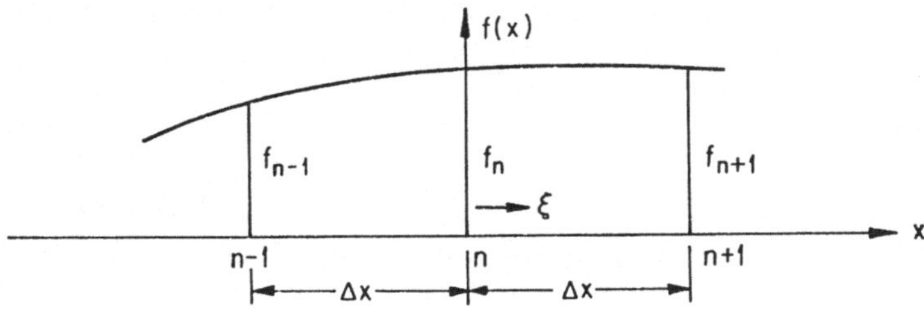

Abb. 4.1.2 Approximation von Ableitungen durch Differenzenausdrücke

kann unter der Voraussetzung einer konstanten Schrittweite Δx mit den Beziehungen

$$f'(x_n) \simeq \frac{1}{2\Delta x}(f_{n+1}-f_{n-1}) \tag{4.1.7}$$

$$f''(x_n) \simeq \frac{1}{\Delta x^2}(f_{n+1}-2f_n+f_{n-1}) \tag{4.1.8}$$

gebildet werden. Ähnliche Ausdrücke lassen sich für Funktionen mehrerer Variablen herleiten. Einsetzen dieser Differenzenausdrücke in die Differentialgleichung sowie entsprechende Approximation der Randbedingungen führt auf ein lineares Gleichungssystem für die unbekannten Stützwerte, welches numerisch gelöst wird. Bei der Anwendung der Differenzenrechnung in dieser Form erhält man wegen der Approximation der Randbedingungen gerne unsymmetrische Gleichungssysteme. Es ist daher besser, die Differenzenausdrücke zur Approximation der Formänderungsenergie und der kinetischen Energie zu verwenden ([17], [28], [66], [93]) und dann mit Hilfe der Lagrangeschen Gleichungen die resultierenden Bewegungsgleichungen zu ermitteln. Die so bestimmten Bewegungsgleichungen sind immer symmetrisch und führen auf sogenannte positiv-definite Matrizen mit sehr guten numerischen Eigenschaften. Da die in den Energieausdrücken vorkommenden Ableitungen von geringerer Ordnung als die in der Differentialgleichung enthaltenen Ableitungen sind, erhöht sich zudem die Genauigkeit der numerischen Lösung.

Die Differenzenrechnung liefert bei verschiedenen Spezialproblemen wie z.B. bei regelmäßig begrenzten ebenen Scheiben, Platten oder Rotationsschalen sehr gute Resultate. Auf der anderen Seite ist die Differenzenrechnung eine mathematische Methode, welche beispielsweise verglichen mit der aus dem Ingenieurbereich kommenden Methode der finiten Elemente eine wesentlich geringere Anschaulichkeit aufweist. Darüberhinaus ist die Modellierung von Übergängen zwischen verschiedenen Tragwerksteilen sowie die Erfassung der Randbedingungen an unregelmäßigen Rändern bei der Differenzenrechnung meist schwieriger als bei anderen Methoden.

Produktansätze

Die Differenzenrechnung läßt sich als eine Methode auffassen, bei welcher für die unbekannten Funktionen ein Produktansatz aus Stützwerten und Ansatzfunktionen gemacht wird. Setzt man nämlich $f(x)$ als eine quadratische Funktion

$$f(x) = a+bx+cx^2 \tag{4.1.9}$$

an und bestimmt die freien Koeffizienten a, b und c aus der Forderung, daß $f(x)$ die Stützwerte f_{n-1}, f_n und f_{n+1} annehmen muß, dann erhält man die Darstellung

$$f(\xi) = f_{n-1}P_1(\xi)+f_nP_2(\xi)+f_{n+1}P_3(\xi) \tag{4.1.10}$$

mit der dimensionslosen Koordinate

$$\xi = \frac{x}{\Delta x} \tag{4.1.11}$$

und den Polynomen

$$\begin{aligned}
P_1(\xi) &= \frac{1}{2}(\xi^2 - \xi) \\
P_2(\xi) &= 1 - \xi^2 \\
P_3(\xi) &= \frac{1}{2}(\xi + \xi^2)
\end{aligned} \tag{4.1.12}$$

wobei ξ von -1 bis $+1$ läuft. Die Bildung der ersten und zweiten Ableitung an der Stelle des mittleren Stützwertes f_n liefert die Differenzenausdrücke Gl. (4.1.7) und Gl. (4.1.8). Mit derartigen Produktansätzen für die Verschiebungen lassen sich eine Reihe weiterer Näherungslösungen für das kontinuierliche Tragwerk gewinnen.

Eine der Möglichkeiten besteht darin, entsprechend dem Prinzip der virtuellen Verschiebungen das Verschiebungsfeld $\{u\}$ wie auch das virtuelle Verschiebungsfeld $\{\delta u\}$ zu approximieren. Dabei wird jede Komponente von $\{u\}$ und $\{\delta u\}$ als eine Summe von Produkten bekannter, nur vom Ort abhängiger Funktionen mit vorerst unbekannten, bei dynamischen Problemen von der Zeit abhängigen Verschiebungsparametern angesetzt. Das wirkliche und das virtuelle Verschiebungsfeld bzw. die verschiedenen Energieausdrücke werden damit durch eine endliche Anzahl von Verschiebungsparametern beschrieben. Man spricht daher auch von einer Diskretisierung des Kontinuums nach dem kinematischen Verfahren. Da das PVV entsprechend den Ergebnissen von Abschnitt 2.1 nur die Gleichgewichtsbedingungen ersetzt und daher meist nicht für die vollständige Problemlösung genügt, müssen noch weitere Bedingungen wie etwa das Materialgesetz und die Verträglichkeitsbedingungen berücksichtigt werden. Diese Ideen führen u.a. auf die klassischen Approximationsverfahren nach Rayleigh-Ritz oder Galerkin. Beide Verfahren liefern eine Matrizengleichung mit symmetrischen Systemmatrizen. Der Nachteil besteht darin, daß die gewählten Ansatzfunktionen normalerweise über das gesamte Tragwerk laufen. Aus diesem Grunde erhält man üblicherweise volle bzw. sehr dicht besetzte Matrizen, welche erheblichen Rechenaufwand bei der Lösung des Problems zur Folge haben.

Finite Elemente

Im Gegensatz zu diesen klassischen Verfahren werden bei der Methode der finiten Elemente (FEM) die ortsabhängigen Ansatzfunktionen elementweise, d.h. über räumlich begrenzte Teile des Kontinuums definiert ([4], [19], [101]). Weiterhin entsprechen die eingeführten Verschiebungsparameter normalerweise nicht verallgemeinerten Parametern, sondern den Verschiebungen und Rotationen der Elementknoten. Allgemein wählt man bei der Methode der finiten Elemente als Parameter diejenigen Verschiebungsgrößen an den Rändern bzw. Knoten eines Elementes, deren kinematische Kontinuität zu den angrenzenden Elementen notwendig ist. So müssen beispielsweise bei ebenen Rahmen die beiden Verschiebungen und die Rotationen der Enden aller in einem Knoten biegesteif angeschlossenen Stabelemente gleich sein. Daher werden an den Stabenden, den Stabknoten, die entsprechenden drei Verschiebungsgrößen als Parameter eingeführt. Durch dieses Vorgehen können die kinematischen Kontinuitätsbedingungen zwischen den Elementen meist einfach erfüllt werden. Die Definition der Ansatzfunktionen für räumlich begrenzte Teile, die finiten Elemente, erlaubt einerseits hohe Flexibilität bei der Bildung von Rechenmodellen und führt andererseits auf meist sehr dünn besetzte Matrizen. Die FEM wird dadurch sowie durch die Wahl der Parameter als Verschiebungsgrößen der Elementknoten zu einer sehr anschaulichen Methode.

Die Methode der finiten Elemente ist wegen ihrer Anschaulichkeit und wegen ihrer numerischen Vorteile heute die wichtigste diskretisierende Methode zur Berechnung von Tragwerken ([8], [35], [44], [86], [114]). Es existieren zudem eine ganze Reihe leistungsfähiger Computerprogramme zum praktischen Einsatz dieser Methode. Für die Elemente gibt es reine Verschiebungsmodelle, reine Kraftmodelle sowie die sogenannten hybriden Modelle. Bei den reinen Verschiebungsmodellen wird nur das Verschiebungsfeld approximiert. Sie sind bei Erfüllung aller Kontinuitätsbedingungen immer steifer als das wirkliche Tragwerk. Bei den reinen Kraftmodellen wird der Spannungsverlauf an einem statisch bestimmten Grundsystem approximiert. Dabei müssen die Gleichgewichtsbedingungen erfüllt sein. Diese Modelle sind stets zu weich. Bei den hybriden Modellen ([78], [79], [106]) wird sowohl für den Verlauf der Spannungen wie auch der Verschiebungen ein Ansatz gemacht. Sie liegen daher zwischen den reinen Verschiebungsmodellen und den reinen Kraftmodellen und haben meist sehr gute Konvergenzeigenschaften. Weiterhin liefern sie wegen des Ansatzes für die Spannungen normalerweise sehr gute Spannungen. Für die grundsätzlichen Überlegungen sind aber Verschiebungsmodelle am einfachsten erfaßbar. Aus diesem Grunde wird im folgenden Abschnitt die FEM auf der Basis von Verschiebungsansätzen eingehender besprochen mit dem Ziel, die grundlegenden Schritte zur Bildung der Elementmatrizen und des globalen Gleichungssystems zusammenzustellen.

Zusammenfassung

Mit Hilfe von diskretisierenden Methoden kann ein kontinuierliches Tragwerk mit unendlich vielen Freiheitsgraden in ein diskretes Modell mit endlich vielen Freiheitsgraden übergeführt werden. Die Größe des Approximationsfehlers hängt vor allem von der Feinheit der Diskretisierung ab. Von den Methoden zur Diskretisierung werden die Feder-Massen-Dämpfer-Systeme, die Differenzenrechnung und die auf Produktansätzen für die Verschiebungen basierenden kinematischen Verfahren besprochen. Die Methode der finiten Elemente ist eine Weiterentwicklung der klassischen kinematischen Methoden und zeichnet sich besonders durch große Vielseitigkeit und Anschaulichkeit aus.

4.2 Methode der finiten Elemente

Wie bereits ausgeführt, ist die Methode der finiten Elemente eine Weiterentwicklung der klassischen Approximationsmethoden nach Galerkin oder Rayleigh-Ritz, wobei die Koordinatenfunktionen nur über beschränkte Teile des Kontinuums, die sogenannten finiten Elemente, laufen. Die Methode beruht im wesentlichen auf den folgenden Schritten:

1. Das Kontinuum wird in eine endliche Anzahl von Elementen zerlegt, welche nur in den Knoten miteinander verbunden sind.

2. Bei rein kinematischen Elementen wird für die Verschiebungen der einzelnen Elemente ein Produktansatz mit endlich vielen Koordinaten gemacht. Dieser Ansatz hat im allgemeinen Fall eines dreidimensionalen Problems die Form

$$
\begin{aligned}
u(x,y,z,t) &= \sum_{i=1}^{n} \varphi_{1,i}(x,y,z)\, q_i(t) \\
v(x,y,z,t) &= \sum_{i=1}^{n} \varphi_{2,i}(x,y,z)\, q_i(t) \\
w(x,y,z,t) &= \sum_{i=1}^{n} \varphi_{3,i}(x,y,z)\, q_i(t)
\end{aligned}
\tag{4.2.1}
$$

Dabei bezeichnen die Funktionen u, v, und w wiederum die Verschiebungen in x-, y- und z-Richtung, die Funktionen $\varphi_{k,i}(x,y,z)$ die Ansatzfunktionen und die Parameter $q_i(t)$ die Unbekannten des Problems. Die Ansatzfunktionen werden auch als Formfunktionen oder Koordinatenfunktionen bezeichnet. Faßt man die unbekannten Parameter zum Vektor $\{q^e\}$ und die Koordinatenfunktionen zur Matrix $[\Phi^e]$ sowie die Verschiebungen u, v und w zum Vektor $\{u^e\}$ zusammen, so erhält man die Darstellung

$$
\{u^e\} = [\Phi^e]\{q^e\}
\tag{4.2.2}
$$

Der Index e soll andeuten, daß es sich um die zum Element e gehörenden Größen handelt. Die Unbekannten $\{q^e\}$ sind normalerweise die Verschiebungen und die Rotationen der Knoten, können aber auch allgemeinere Größen sein. Man beachte, daß die Matrix $[\Phi^e]$ nur vom Ort abhängt, während die Unbekannten $\{q^e\}$ bei dynamischen Problemen eine Funktion der Zeit sind.

3. Für jedes Element werden mit Hilfe der obigen Ansätze die lokalen Beiträge an die kinetische und die potentielle Energie bestimmt. Weiterhin ergeben sich über virtuelle Verschiebungen die verallgemeinerten nichtkonservativen Kräfte (Dämpfungskräfte und zeitabhängige äußere Lasten). Als Ergebnis erhält man für jedes Element die lokalen Matrizen und den lokalen Lastvektor. Da Geometrie und Materialeigenschaften für jedes Element verschieden sein dürfen, bietet die FEM ein hohes Maß an Flexibilität für die Modellbildung.

4. Zusammensetzen der Elemente zum Tragwerk führt auf die globalen Ausdrücke für die kinetische und die potentielle Energie sowie auf den globalen Vektor der nichtkonservativen Kräfte.

5. Nach Elimination aller noch vorhandenen Bindungen können die Bewegungsgleichungen durch Anwendung der Lagrangeschen Gleichungen gewonnen werden. Dies führt auf eine Matrizengleichung für die unbekannten Parameter.

6. Die Bewegungsgleichung wird zusammen mit ihren Anfangsbedingungen entsprechend der Aufgabenstellung numerisch gelöst. Als Ergebnis erhält man die Werte der Parameter und daraus zusammen mit den Ansatzfunktionen die Verschiebungen und Verzerrungen sowie über das Materialgesetz die Spannungen im Inneren der einzelnen Elemente.

Beispiele

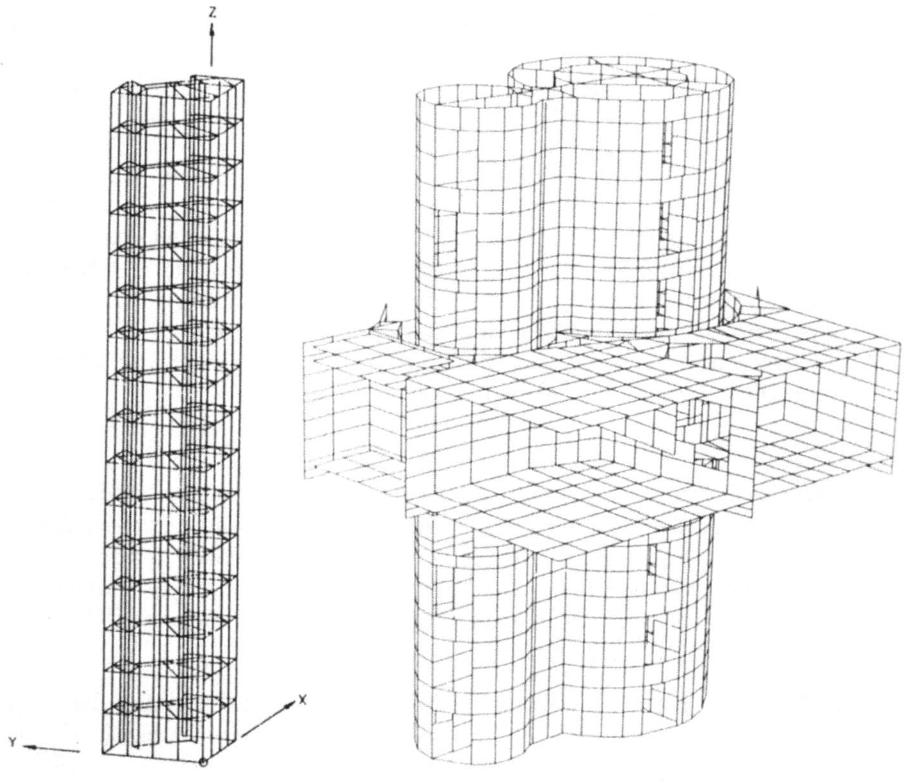

a) Stabmodell eines Turms
   ([107])

b) Schalenmodell eines Hochhauses
   ([68], [84])

Abb. 4.2.1 Beispiele von FE-Modellen

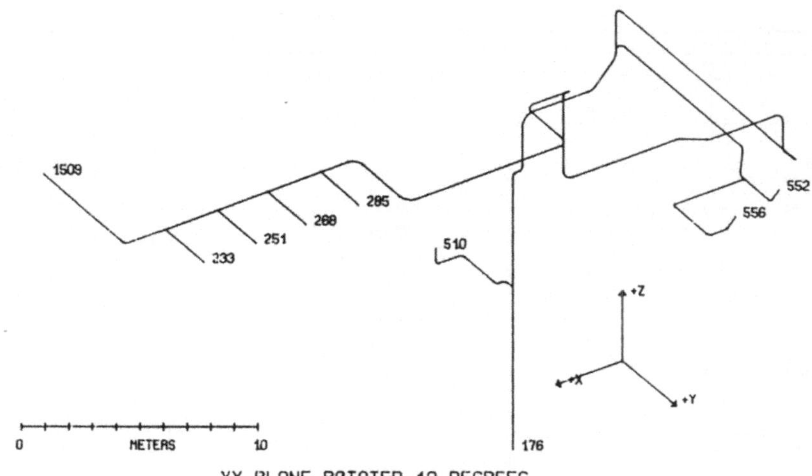

c) Isometrie einer Rohrleitung (Rohrelemente)
(mit freundlicher Genehmigung der Ebasco Engineering Services Inc.,
New York)

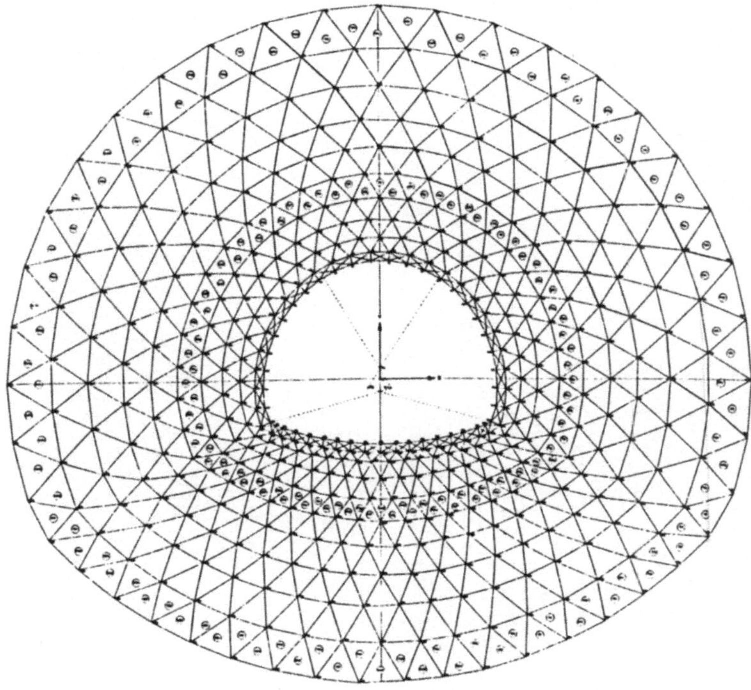

d) Scheibenmodell eines Tunnelprofils ([73])

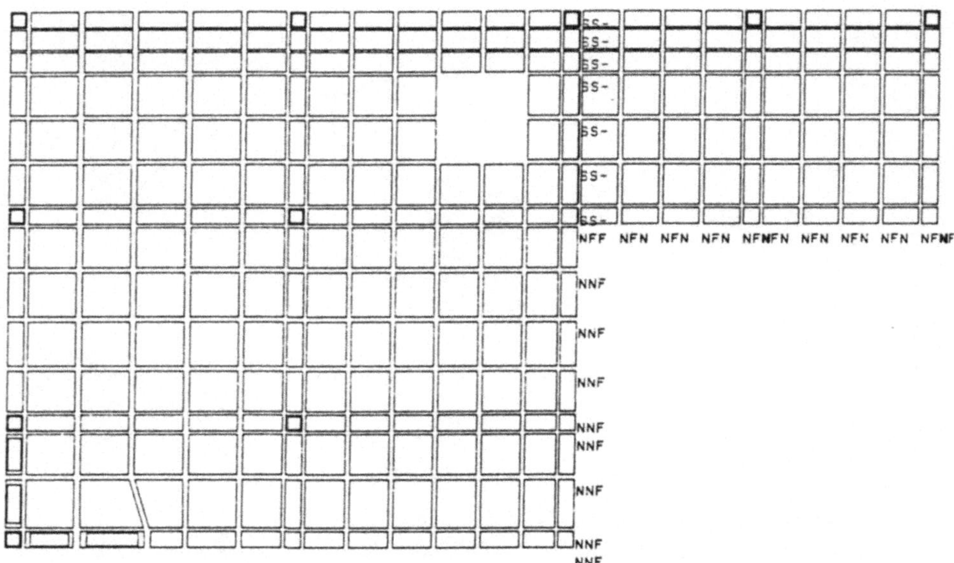

e) Flachdecke (Plattenelemente) : Elementmasche mit geschrumpften Elementen
   und Auflagerbedingungen ([108])

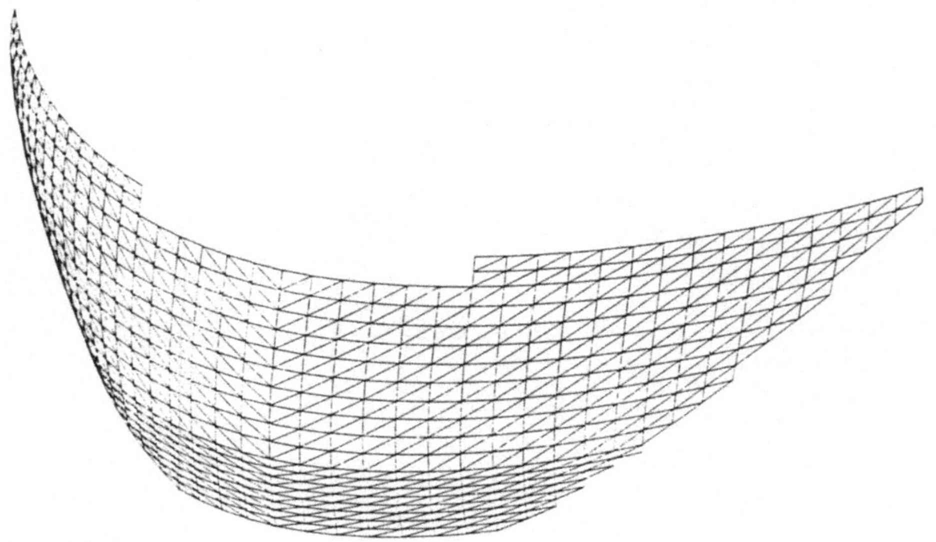

f) Schalenmodell einer Bogenstaumauer
   (mit freundlicher Genehmigung der Elektrowatt Ingenieur-Unternehmung
   AG, Zürich)

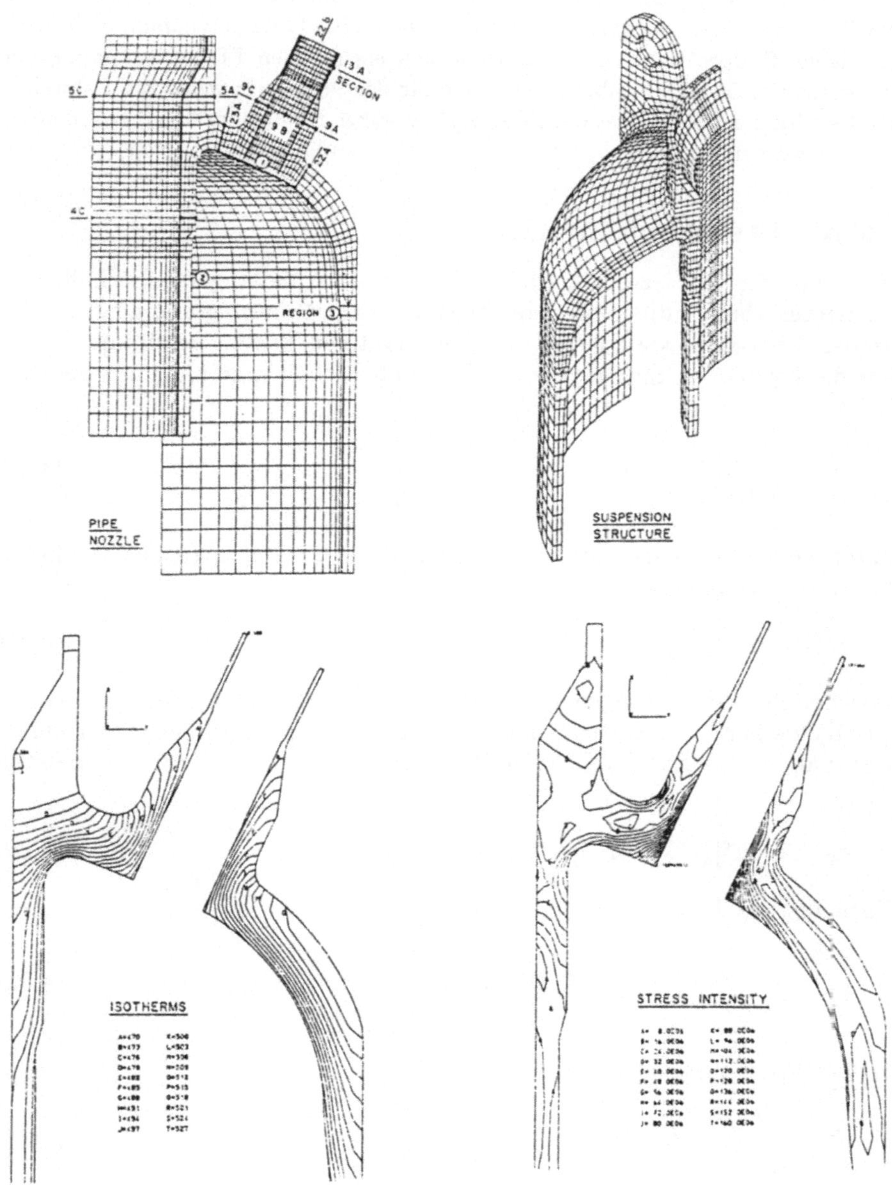

g) Volumenmodell eines Entgasungsstutzens, Isothermen und Spannungsvertei-
lung (mit freundlicher Genehmigung der Motor Columbus Ingenieur-Unternehmung AG, Baden)

In Abb. 4.2.1 sind einige FE-Modelle aus typischen Anwendungsgebieten gezeigt,
welche die Vielseitigkeit der FEM illustrieren. Die Vielfalt der Anwendungen erstreckt sich einmal auf die Tragwerkstypen dank verschiedenster Elemente (Stab-
und Balkenelemente, Rohrelemente, Scheiben-, Platten- und Schalenelemente, Volu-

menelemente, rotationssymmetrische Elemente, Wärmeelemente etc.) wie auch auf die Problemstellungen (lineare Statik und Dynamik, Thermodynamik, nichtlineare Probleme, Feldprobleme etc.). Da neben den eigentlichen FE-Rechenprogrammen heute auch recht komfortable Programme für den Netzaufbau und die Darstellung der Resultate existieren, ist die FEM auch zu einer bequem zu handhabenden Methode geworden.

Lokale Steifigkeitsmatrix

Mit Hilfe des Ansatzes Gl. (4.2.2) für die Verschiebungen innerhalb eines Elementes können die lokalen Beiträge zur Formänderungsenergie, zur kinetischen Energie sowie zu den nichtkonservativen Lasten bestimmt werden. Für die Formänderungsenergie des Elementes erhält man zunächst den Ausdruck

$$U^e = \frac{1}{2} \int_V \{\sigma^e\}^{\mathrm{T}} \{\varepsilon^e\} \, dV \tag{4.2.3}$$

Unter Verwendung der Beziehungen Gl. (2.2.7) erhält man aus Gl. (4.2.2) den Zusammenhang

$$\{\varepsilon^e\} = [D^e]\{q^e\} \tag{4.2.4}$$

zwischen den Verzerrungen $\{\varepsilon^e\}$ und den Parametern $\{q^e\}$. Die Matrix $[D^e]$ enthält die partiellen ersten Ableitungen der Ansatzfunktionen. Mit Hilfe des Materialgesetzes und der Elastizitätsmatrix $[E^e]$ ergibt sich für die Spannungen

$$\{\sigma^e\} = [E^e]\{\varepsilon^e\} = [E^e][D^e]\{q^e\} \tag{4.2.5}$$

Einsetzen in Gl. (4.2.3) liefert

$$U^e = \frac{1}{2}\{q^e\}^{\mathrm{T}} \left(\int_V [D^e]^{\mathrm{T}}[E^e][D^e] \, dV \right)\{q^e\} = \frac{1}{2}\{q^e\}^{\mathrm{T}}[k^e]\{q^e\} \tag{4.2.6}$$

mit der lokalen Steifigkeitsmatrix

$$[k^e] = \int_V [D^e]^{\mathrm{T}}[E^e][D^e] \, dV \tag{4.2.7}$$

Da die Elastizitätsmatrix symmetrisch und das Bildungsgesetz für $[k^e]$ ebenfalls symmetrisch ist, wird auch die lokale Steifigkeitsmatrix symmetrisch. Die Formänderungsenergie ist immer ≥ 0. Sie wird dann zu null, wenn die Bewegung des Elementes einer Starrkörperverschiebung entspricht. Die Steifigkeitsmatrix $[k^e]$ ist daher eine positiv-semidefinite Matrix. Physikalisch entspricht das Element k_{ij} von $[k^e]$ der verallgemeinerten Knotenkraft, welche am Freiheitsgrad q_i unter einer Einheitsverschiebung $q_j = 1$ und allen anderen $q_k = 0$ entsteht. Weiterhin stellt man fest, daß für die Bildung von

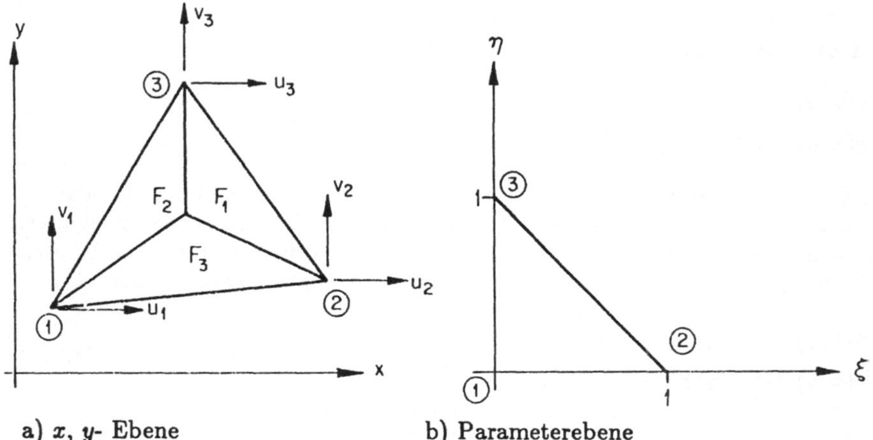

a) x, y- Ebene   b) Parameterebene

Abb. 4.2.2 Dreieckselement in der x, y-Ebene und in der Parameterebene ξ, η

$[k^e]$ die partiellen ersten Ableitungen der Ansatzfunktionen nach den Ortskoordinaten gebildet werden müssen. Durch die Differentiation geht aber Genauigkeit verloren. Die Integration nach Gl. (4.2.7) über das Element ist in einigen Fällen analytisch möglich. Viel öfters muß aber numerisch integriert werden.

Aus der Bedingung der Invarianz der Formänderungsenergie erhält man beim Übergang von einem Satz von Lagekoordinaten $\{q^e\}$ zu einem neuen Satz von Lagekoordinaten $\{u^e\}$ mit einer linearen Transformation

$$\{q^e\} = [T]\{u^e\} \tag{4.2.8}$$

die Transformation

$$[k_u^e] = [T]^{\mathrm{T}}[k_q^e][T] \tag{4.2.9}$$

für die Steifigkeitsmatrix. Dies ist eine sogenannte Kongruenz-Transformation, bei welcher die Symmetrie der Steifigkeitsmatrix erhalten bleibt.

Beispiel

Zur Illustration sollen für ein dreieckiges Scheibenelement die entsprechenden Beziehungen zur Herleitung der Steifigkeitsmatrix angegeben werden. Wie in Abb. 4.2.2 a) gezeigt, weist das Element die 6 Knotenverschiebungen $u_1, u_2, u_3, v_1, v_2, v_3$ als Parameter auf, welche zum Vektor

$$\{q^e\} = \left\{ \begin{array}{c} u_1 \\ v_1 \\ u_2 \\ v_2 \\ u_3 \\ v_3 \end{array} \right\} \tag{4.2.10}$$

zusammengefaßt werden.

Für das Verschiebungsfeld macht man den linearen Ansatz

$$\begin{aligned} u(x,y) &= a_1 + a_2 x + a_3 y \\ v(x,y) &= b_1 + b_2 x + b_3 y \end{aligned} \qquad (4.2.11)$$

Setzt man für x und y sukzessive die Koordinaten der Eckpunkte ein und berücksichtigt, daß die Verschiebungen dann mit den entsprechenden Knotenverschiebungen übereinstimmen müssen, lassen sich die Koeffizienten a_i und b_i durch die Knotenkoordinaten und die Parameter $\{q^e\}$ ausdrücken. Als Ergebnis erhält man

$$\begin{aligned} u(x,y) &= u_1 P_1(x,y) + u_2 P_2(x,y) + u_3 P_3(x,y) \\ v(x,y) &= v_1 P_1(x,y) + v_2 P_2(x,y) + v_3 P_3(x,y) \end{aligned} \qquad (4.2.12)$$

mit

$$\begin{aligned} P_1(x,y) &= \frac{1}{2F}[x_2 y_3 - x_3 y_2 + (y_2 - y_3)x + (x_3 - x_2)y] \\ P_2(x,y) &= \frac{1}{2F}[x_3 y_1 - x_1 y_3 + (y_3 - y_1)x + (x_1 - x_3)y] \\ P_3(x,y) &= \frac{1}{2F}[x_1 y_2 - x_2 y_1 + (y_1 - y_2)x + (x_2 - x_1)y] \end{aligned} \qquad (4.2.13)$$

wobei

$$F = \frac{1}{2}(x_1 y_2 - x_2 y_1 + x_2 y_3 - x_3 y_2 + x_3 y_1 - x_1 y_3) \qquad (4.2.14)$$

die Dreiecksfläche bezeichnet. Damit wird Gl. (4.2.2) zu

$$\{u^e\} = \left\{ \begin{array}{c} u \\ v \end{array} \right\} = [\Phi^e]\{q^e\} \qquad (4.2.15)$$

mit

$$[\Phi^e] = \begin{bmatrix} P_1 & 0 & P_2 & 0 & P_3 & 0 \\ 0 & P_1 & 0 & P_2 & 0 & P_3 \end{bmatrix} \qquad (4.2.16)$$

Die Verzerrungen sind als erste Ableitungen der Verschiebungen für dieses Element konstant. Man erhält

$$\begin{aligned} \varepsilon_x &= \frac{\partial u}{\partial x} &&= u_1 \frac{\partial P_1}{\partial x} + u_2 \frac{\partial P_2}{\partial x} + u_3 \frac{\partial P_3}{\partial x} \\ \varepsilon_y &= \frac{\partial v}{\partial y} &&= v_1 \frac{\partial P_1}{\partial y} + v_2 \frac{\partial P_2}{\partial y} + v_3 \frac{\partial P_3}{\partial y} \\ \gamma_{xy} &= \frac{\partial u}{\partial y} + \frac{\partial v}{\partial x} &&= u_1 \frac{\partial P_1}{\partial y} + v_1 \frac{\partial P_1}{\partial x} + u_2 \frac{\partial P_2}{\partial y} + v_2 \frac{\partial P_2}{\partial x} + u_3 \frac{\partial P_3}{\partial y} + v_3 \frac{\partial P_3}{\partial x} \end{aligned} \qquad (4.2.17)$$

Ausrechnung der Ableitungen und Anordnen der Terme in der Form der Gl. (4.2.4) liefert

$$\{\varepsilon^e\} = \left\{ \begin{array}{c} \varepsilon_x \\ \varepsilon_y \\ \gamma_{xy} \end{array} \right\} = [D^e]\{q^e\} \qquad (4.2.18)$$

mit

$$[D^e] = \frac{1}{2F} \begin{bmatrix} y_2 - y_3 & 0 & y_3 - y_1 & 0 & y_1 - y_2 & 0 \\ 0 & x_3 - x_2 & 0 & x_1 - x_3 & 0 & x_2 - x_1 \\ x_3 - x_2 & y_2 - y_3 & x_1 - x_3 & y_3 - y_1 & x_2 - x_1 & y_1 - y_2 \end{bmatrix} \quad (4.2.19)$$

Für das Materialgesetz muß man unterscheiden, ob es sich um einen ebenen Spannungszustand oder ebenen Verzerrungszustand handelt. Zunächst gilt allgemein

$$\{\sigma^e\} = \begin{Bmatrix} \sigma_x \\ \sigma_y \\ \tau_{xy} \end{Bmatrix} = [E^e]\{\varepsilon^e\} \quad (4.2.20)$$

mit der 3×3-Matrix $[E^e]$. Für den ebenen Spannungszustand ist $\sigma_z = 0$. Damit erhält man aus Gl. (2.2.15)

$$[E^e] = \frac{E}{2(1 - \nu)^2} \begin{bmatrix} 2 & 2\nu & 0 \\ 2\nu & 2 & 0 \\ 0 & 0 & (1 - \nu) \end{bmatrix} \quad (4.2.21)$$

Für den ebenen Verzerrungszustand gilt mit $\varepsilon = 0$

$$[E^e] = \frac{E}{2(1 + \nu)(1 - 2\nu)} \begin{bmatrix} 2(1 - \nu) & 2\nu & 0 \\ 2\nu & 2(1 - \nu) & 0 \\ 0 & 0 & (1 - 2\nu) \end{bmatrix} \quad (4.2.22)$$

Damit kann Gl. (4.2.7) gebildet werden. Die Integration läßt sich für dieses einfache Element geschlossen durchführen.

Der Vollständigkeit halber sei erwähnt, daß die Bestimmung der lokalen Elementmatrizen besonders einfach gelingt, wenn man das Element zunächst in ein Einheitselement in einer Parameterebene bzw. in einem Parameterraum transformiert und dann die Matrizen auf die ursprünglichen Koordinaten zurücktransformiert. Für das obige Dreieckselement wählt man die in Abb. 4.2.2 b) gezeigte Parameterebene. Die Abbildung ist durch

$$\begin{aligned} x &= x(\xi, \eta) = x_1 p_1(\xi, \eta) + x_2 p_2(\xi, \eta) + x_3 p_3(\xi, \eta) \\ y &= y(\xi, \eta) = y_1 p_1(\xi, \eta) + y_2 p_2(\xi, \eta) + y_3 p_3(\xi, \eta) \end{aligned} \quad (4.2.23)$$

mit den Polynomen

$$\begin{aligned} p_1(\xi, \eta) &= 1 - \xi - \eta \\ p_2(\xi, \eta) &= \xi \\ p_3(\xi, \eta) &= \eta \end{aligned} \quad (4.2.24)$$

gegeben. Löst man Gl. (4.2.23) nach ξ und η auf, so erhält man

$$\xi = \frac{F_2}{F}; \qquad \eta = \frac{F_3}{F} \quad (4.2.25)$$

mit den in Abb. 4.2.2 a) angegebenen Teilflächen

$$\begin{aligned} F_2 &= \frac{1}{2}(x_1 y - x y_1 + x y_3 - x_3 y + x_3 y_1 - x_1 y_3) \\ F_3 &= \frac{1}{2}(x_1 y_2 - x_2 y_1 + x_2 y - x y_2 + x y_1 - x_1 y) \end{aligned} \quad (4.2.26)$$

Man überzeugt sich leicht davon, daß damit Gl. (4.2.12) als

$$u(\xi,\eta) = u_1 p_1(\xi,\eta) + u_2 p_2(\xi,\eta) + u_3 p_3(\xi,\eta)$$
$$v(\xi,\eta) = v_1 p_1(\xi,\eta) + v_2 p_2(\xi,\eta) + v_3 p_3(\xi,\eta) \qquad (4.2.27)$$

mit den Polynomen Gl. (4.2.24) geschrieben werden können. Das Verschiebungsfeld wird also durch die gleichen Koordinatenfunktionen beschrieben wie die Abbildung. Man nennt derartige Elemente allgemein isoparametrische Elemente. Bei der Verwendung von Koordinatenfunktionen höherer Ordnung erhalten isoparametrische Elemente gekrümmte Ränder. Allerdings muß man die Integrationen praktisch ausnahmslos numerisch z.B. mit Gauß-Integration durchführen.

Lokale Massenmatrix

Zur Bestimmung der kinetischen Energie des Elementes ermittelt man zunächst die kinetische Energie eines Volumenelementes dV mit der Massendichte ϱ. Mit der Elementarmasse

$$dM = \varrho^e dV \qquad (4.2.28)$$

und der aus Gl. (4.2.2) folgenden Geschwindigkeit

$$\{\dot{u}^e\} = [\Phi^e]\{\dot{q}^e\} \qquad (4.2.29)$$

folgt für die kinetische Energie des Elementes

$$T^e = \frac{1}{2}\int_V \varrho^e\{\dot{u}^e\}^{\mathrm{T}}\{\dot{u}^e\}\,dV = \frac{1}{2}\{\dot{q}^e\}^{\mathrm{T}}(\int_V \varrho^e[\Phi^e]^{\mathrm{T}}[\Phi^e]\,dV)\{\dot{q}^e\} \qquad (4.2.30)$$

Mit der lokalen Massenmatrix

$$[m^e] = \int_V \varrho^e[\Phi^e]^{\mathrm{T}}[\Phi^e]\,dV \qquad (4.2.31)$$

kann T^e auch in der Form

$$T^e = \frac{1}{2}\{\dot{q}^e\}^{\mathrm{T}}[m^e]\{\dot{q}^e\} \qquad (4.2.32)$$

geschrieben werden. Die Matrix $[m^e]$ heißt konsistente Massenmatrix, da sie aus den gleichen Ansatzfunktionen hergeleitet wurde, welche schon zur Bildung der lokalen Steifigkeitsmatrix $[k^e]$ verwendet wurden. Als Alternative kann man die Massenmatrix auch dadurch bilden, daß man die Gesamtmasse des Elementes gleichmäßig auf die Knoten verteilt. Man erhält damit eine Diagonalmatrix, in welcher nur die translatorischen Massen vertreten sind. Diese vereinfachte Massenmatrix wird als konzentrierte Massenmatrix bezeichnet. Bei Elementen, welche auch Rotationsfreiheitsgrade aufweisen, ist die konzentrierte Massenmatrix singulär.

Aus dem Bildungsgesetz der konsistenten Massenmatrix sieht man, daß es sich hier ebenfalls um eine symmetrische Matrix handelt. Die kinetische Energie eines Elementes ist als quadratischer Ausdruck in den Geschwindigkeiten stets ≥ 0. Der Wert Null wird nur im Zustand der Ruhe angenommen. Die Matrix $[m^e]$ ist daher eine positiv-definite Matrix. Es läßt sich leicht zeigen, daß die Trägheitskräfte in den Knoten, welche den elementaren Trägheitskräften $-\varrho^e\{\ddot{u}^e\}dV$ äquivalent sind, ebenfalls mit Hilfe der Massenmatrix als

$$\{T^e\} = -[m^e]\{\ddot{q}^e\} \tag{4.2.33}$$

dargestellt werden können. Das Element m_{ij} der Massenmatrix läßt sich daher als die negative verallgemeinerte Trägheitskraft am Freiheitsgrad i unter einer Einheitsbeschleunigung $\ddot{q}_i = 1$ und allen weiteren $\ddot{q}_k = 0$ auffassen. Die konsistente Massenmatrix wird direkt mit den Ansatzfunktionen des Elementes gebildet. Ihre Genauigkeit ist aus diesem Grunde normalerweise höher als die Genauigkeit der Steifigkeitsmatrix, da keine Differentiationen der Ansatzfunktionen vorgenommen werden müssen. Schließlich ergibt sich aus der Bedingung der Invarianz der kinetischen Energie die Transformation

$$[m_u^e] = [T]^{\mathrm{T}}[m_q^e][T] \tag{4.2.34}$$

zwischen der Massenmatrix in Freiheitsgraden $\{u^e\}$ und der Massenmatrix in Freiheitsgraden $\{q^e\}$.

Starrkörper-Massenmatrix

Mitunter existieren in einem Tragwerk sehr steife Teile, welche praktisch keinen Beitrag zur Formänderungsenergie, aber einen wesentlichen Beitrag zur kinetischen Energie liefern. Derartige Tragwerksteile können durch ihre sogenannte Starrkörper-Massenmatrix erfaßt werden, ohne sie mit finiten Elementen zu modellieren. Damit lassen sich auch die numerischen Probleme (Genauigkeitsverlust) vermeiden, welche aus großen Steifigkeitsunterschieden im Tragwerk resultieren.

Die Bewegung der in Abb. 4.2.3 dargestellten ausgedehnten Masse ist durch die drei Verschiebungskomponenten u_x, u_y, u_z sowie die drei Rotationskomponenten r_x, r_y, r_z eines beliebigen Punktes P vollständig festgelegt. Der starre Körper im Raum besitzt also 6 Freiheitsgrade, welche zum Vektor

$$\{q\} = \begin{Bmatrix} u_x \\ u_y \\ u_z \\ r_x \\ r_y \\ r_z \end{Bmatrix} \tag{4.2.35}$$

zusammengefaßt werden sollen. Verschiebt man das globale Bezugssystem X, Y, Z parallel in den Punkt P, dann können alle Massenpunkte $dM = \varrho dV$

durch ihre Koordinaten x, y, z in diesem neuen, lokalen System referenziert werden. Für die Geschwindigkeiten

$$\{\dot{u}\} = \left\{ \begin{array}{c} \dot{u} \\ \dot{v} \\ \dot{w} \end{array} \right\}$$

(4.2.36)

des Massenpunktes erhält man

$$\{\dot{u}\} = \left\{ \begin{array}{c} \dot{u}_x + \dot{r}_y z - \dot{r}_z y \\ \dot{u}_y + \dot{r}_z x - \dot{r}_x z \\ \dot{u}_z + \dot{r}_x y - \dot{r}_y x \end{array} \right\}$$

(4.2.37)

Die elementare Trägheitskraft ist

$$\{dT\} = -\varrho\{\ddot{u}\}\, dV$$

(4.2.38)

Diese Trägheitskräfte lassen sich auf den Punkt P zu einer resultierenden Kraft und einem resultierenden Moment reduzieren. Mit dem Vektor

$$\{T\} = \left\{ \begin{array}{c} T_x \\ T_y \\ T_z \\ R_x \\ R_y \\ R_z \end{array} \right\}$$

(4.2.39)

der Resultierenden liefert die Reduktion unter Verwendung von Gl. (4.2.35) und Gl. (4.2.37)

$$\{T\} = -[M]\{\ddot{q}\}$$

(4.2.40)

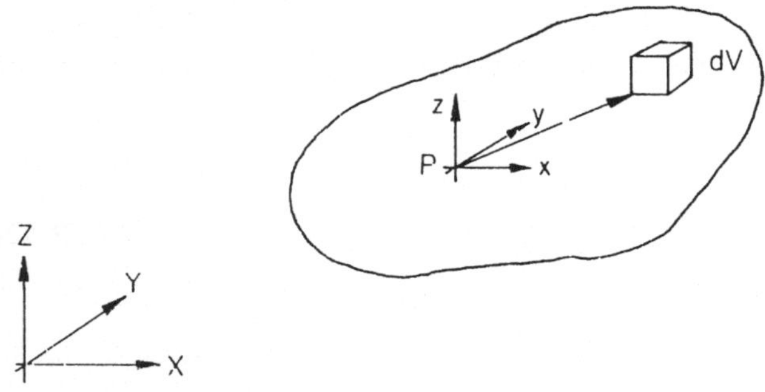

Abb. 4.2.3 Starre ausgedehnte Masse

mit der symmetrischen Starrkörper-Massenmatrix

$$[M] = \left[\begin{array}{ccc|ccc} M & 0 & 0 & 0 & S_z & -S_y \\ 0 & M & 0 & -S_z & 0 & S_x \\ 0 & 0 & M & S_y & -S_x & 0 \\ \hline 0 & -S_z & S_y & \Theta_x & -C_{xy} & -C_{xz} \\ S_z & 0 & -S_x & -C_{yx} & \Theta_y & -C_{yz} \\ -S_y & S_x & 0 & -C_{zx} & -C_{zy} & \Theta_z \end{array}\right] \qquad (4.2.41)$$

Dabei bedeuten

$$M = \int\limits_V \varrho\, dV \qquad (4.2.42)$$

die Gesamtmasse,

$$\begin{aligned} S_x &= \int\limits_V x\varrho\, dV \\ S_y &= \int\limits_V y\varrho\, dV \\ S_z &= \int\limits_V z\varrho\, dV \end{aligned} \qquad (4.2.43)$$

die statischen Momente,

$$\begin{aligned} \Theta_x &= \int\limits_V (y^2 + z^2)\varrho\, dV \\ \Theta_y &= \int\limits_V (z^2 + x^2)\varrho\, dV \\ \Theta_z &= \int\limits_V (x^2 + y^2)\varrho\, dV \end{aligned} \qquad (4.2.44)$$

die Massenträgheitsmomente und

$$\begin{aligned} C_{xy} &= C_{yx} = \int\limits_V xy\varrho\, dV \\ C_{xz} &= C_{zx} = \int\limits_V xz\varrho\, dV \\ C_{yz} &= C_{zy} = \int\limits_V yz\varrho\, dV \end{aligned} \qquad (4.2.45)$$

die Massen-Deviationsmomente oder Deviationsträgheitsmomente. Falls P der Schwerpunkt ist, verschwinden die statischen Momente S_x, S_y und S_z. Weiterhin existiert ein ausgezeichnetes Koordinatensystem, das Hauptachsensystem, in welchem die Massen-Deviationsmomente verschwinden und die

Massenträgheitsmomente extremal werden. Man sieht, daß $[M]$ in den Haupt-schwerachsen dann zu einer Diagonalmatrix wird.

Greifen an der starren Masse Kräfte an, so lassen sich auch diese auf eine resultierende Kraft und ein resultierendes Moment in P reduzieren. Da sich die inneren Kräfte dabei aufheben, müssen nur die äußeren Kräfte berücksichtigt werden. Die Resultierende der äußeren Kräfte kann zum Vektor

$$\{F\} = \begin{Bmatrix} F_x \\ F_y \\ F_z \\ M_x \\ M_y \\ M_z \end{Bmatrix} \tag{4.2.46}$$

zusammengefaßt werden. Das Prinzip von d'Alembert liefert mit Gl. (4.2.40)

$$\{F\} + \{T\} = \{F\} - [M]\{\ddot{q}\} = 0 \tag{4.2.47}$$

bzw.

$$[M]\{\ddot{q}\} = \{F\} \tag{4.2.48}$$

Da

$$[M]\{\ddot{q}\} = \frac{d}{dt}([M]\{\dot{q}\}) \tag{4.2.49}$$

gilt, entsprechen die drei ersten Gleichungen von Gl. (4.2.48) dem Impulssatz und die restlichen Gleichungen dem Drallsatz der klassischen Mechanik.

Die Bildung der Starrkörper-Massenmatrix kann auch für das elastische FE-Modell eines Tragwerks ohne dynamische Berechnung sinnvoll sein, da damit sofort die Gesamtmasse, die Lage des Schwerpunkts sowie die Lage der Hauptachsen bekannt sind. Damit lassen sich einige wichtige Kontrollen des Modells durchführen.

Beispiel

Für den prismatischen Balken der Abb. 3.1.2 soll die Starrkörper-Massenmatrix bestimmt werden. Da das Bezugssystem den Hauptschwerachsen entspricht, verschwinden die statischen Momente und die Massen-Deviationsmomente. Die einzigen von Null verschiedenen Elemente der Matrix sind

$$M = \varrho F \ell \tag{4.2.50}$$

und

$$\Theta_x = \int\limits_{-\ell/2}^{\ell/2} \int\limits_{-b/2}^{b/2} \int\limits_{-h/2}^{h/2} \varrho(y^2 + z^2)\, dx\, dy\, dz = \frac{\varrho\ell}{12}(hb^3 + bh^3) \tag{4.2.51}$$

$$\Theta_y = \int\limits_{-\ell/2}^{\ell/2} \int\limits_{-b/2}^{b/2} \int\limits_{-h/2}^{h/2} \varrho(z^2+x^2)\, dx\, dy\, dz = \frac{\varrho b}{12}(\ell h^3 + h\ell^3) \tag{4.2.52}$$

$$\Theta_z = \int\limits_{-\ell/2}^{\ell/2} \int\limits_{-b/2}^{b/2} \int\limits_{-h/2}^{h/2} \varrho(x^2+y^2)\, dx\, dy\, dz = \frac{\varrho h}{12}(b\ell^3 + \ell b^3) \tag{4.2.53}$$

wobei b die Breite, h die Höhe und $F = bh$ die Fläche des Balkens bezeichnen.

Lokale Dämpfungsmatrizen

Dämpfungskräfte sind nichtkonservative Kräfte. Man muß hier zwischen Dämpfungskräften aus Materialdämpfung und Dämpfungskräften aus viskoser Dämpfung unterscheiden. Für die Dämpfungskräfte aus Materialdämpfung (innere Dämpfung) gilt von früher:

$$Q^e_{D,j} = ig^e F^e_j = -ig\frac{\partial U^e}{\partial q_j} \tag{4.2.54}$$

wobei i die imaginäre Einheit, g^e den Verlustfaktor des Elements, F^e_j die elastische Rückstellkraft am Freiheitsgrad j und U^e die Formänderungsenergie bezeichnen. Für jedes Element ist die Formänderungsenergie durch Gl. (4.2.6) gegeben. Man erhält daraus die Beziehung

$$\{Q^e_D\} = -ig^e[k^e]\{q^e\} = -i[s^e]\{q^e\} \tag{4.2.55}$$

mit der lokalen Dämpfungsmatrix der Materialdämpfung

$$[s^e] = g^e[k^e] \tag{4.2.56}$$

Der Verlustfaktor g^e kann von Element zu Element verschieden sein. Da die Dämpfungsmatrix $[s^e]$ proportional zur lokalen Steifigkeitsmatrix $[k^e]$ ist, folgt sie beim Übergang von einem Satz von Lagekoordinaten auf einen anderen ebenfalls der Transformation Gl. (4.2.9).

Die Formulierung der Materialdämpfung in der obigen Form ist nur für Frequenzgangberechnungen geeignet. Der Grund dafür liegt wie beim Einmassenschwinger in der Tatsache, daß die homogene Bewegungsgleichung instabile Wurzeln aufweist. Um auch bei transienten Problemen die Materialdämpfung erfassen zu können, führt man eine äquivalente viskose, d.h. geschwindigkeitsabhängige Dämpfung ein. Für eine harmonische Bewegung

$$\{q^e\} = \{q^e_o\}e^{i\omega t} \tag{4.2.57}$$

der Frequenz ω erhält man für die Geschwindigkeit

$$\{\dot{q}^e\} = i\omega\{q^e_o\}e^{i\omega t} = i\omega\{q^e\} \tag{4.2.58}$$

Daraus folgt

$$i\{q^e\} = \frac{1}{\omega}\{\dot{q}^e\} \tag{4.2.59}$$

Durch Einsetzen in Gl. (4.2.55) erhält man die gesuchte geschwindigkeitsproportionale Darstellung

$$\{Q_D^e\} = -\frac{1}{\omega}[s^e]\{\dot{q}^e\} \tag{4.2.60}$$

der Dämpfungskräfte aus Materialdämpfung. Diese Beziehung gilt streng nur für die Frequenz ω. Man wird daher in der Anwendungspraxis die Bezugsfrequenz ω so wählen, daß sie innerhalb des interessierenden Frequenzbereiches liegt.

Nimmt man für die Dämpfungskräfte aus viskoser Dämpfung eine Dämpfungskonstante $c^e(x, y, z)$ pro Volumeneinheit an, dann wird die Dämpfungskraft pro Volumenelement dV zu

$$\{dQ_D\} = -c^e\{\dot{q}^e\}dV \tag{4.2.61}$$

Mit Hilfe virtueller Verschiebungen erhält man für die äquivalenten Knotenkräfte

$$\{Q_D^e\} = -(\int_V c^e[\Phi^e]^{\mathrm{T}}[\Phi^e]\,dV)\{\dot{q}^e\} = -[c^e]\{\dot{q}^e\} \tag{4.2.62}$$

wobei mit

$$[c^e] = \int_V c^e[\Phi^e]^{\mathrm{T}}[\Phi^e]\,dV \tag{4.2.63}$$

die lokale viskose Dämpfungsmatrix eingeführt wurde. Man sieht, daß das Bildungsgesetz der viskosen Dämpfungsmatrix analog zum Bildungsgesetz Gl. (4.2.31) der lokalen Massenmatrix ist. Insbesondere ist $[c^e]$ symmetrisch. Da die Dämpfungskonstante $c^e(x, y, z)$ aber sowohl positive wie negative Werte annehmen kann, ist keine Aussage über die Definitheit von $[c^e]$ möglich. Physikalisch entspricht das Element c_{ij} von $[c^e]$ der verallgemeinerten negativen Dämpfungskraft am Freiheitsgrad i unter einer Einheitsgeschwindigkeit $\dot{q}_j = 1$ am Freiheitsgrad j, während alle anderen Geschwindigkeiten null sind. Beim Übergang auf neue Lagekoordinaten transformiert sich die viskose Dämpfungsmatrix ebenfalls in der bekannten Form

$$[c_u^e] = [T]^{\mathrm{T}}[c_q^e][T] \tag{4.2.64}$$

Aus Gl. (4.2.62) erhält man schließlich den Beitrag des Elementes zur Dissipationsfunktion R nach Gl. (2.2.55) zu

$$R^e = -\frac{1}{2}\{\dot{q}^e\}^{\mathrm{T}}\{Q_D^e\} = \frac{1}{2}\{\dot{q}^e\}^{\mathrm{T}}[c^e]\{\dot{q}^e\} \tag{4.2.65}$$

Lasten

Die zeitabhängigen äußeren Lasten sind definitionsgemäß ebenfalls nichtkonservative Kräfte. Man muß hier zwischen konzentrierten Knotenlasten und über das Element verteilten Lasten (Flächen- oder Volumenlasten) unterscheiden. Die konzentrierten Knotenlasten, welche aus Kräften und Momenten bestehen können, werden — eventuell nach einer Transformation auf die aktuellen Lagekoordinaten — direkt in den Lastvektor addiert. Eine Transformation ist beispielsweise dann nötig, wenn die Richtungen des für die Beschreibung der Kräfte gewählten Koordinatensystems nicht mit den Richtungen der Lagekoordinaten übereinstimmen. Bezeichnet man mit $\{p\}$, $\{q\}$ die Kräfte und Verschiebungen im globalen und mit $\{f\}$, $\{u\}$ die Kräfte und Verschiebungen im lokalen System, so gilt zunächst wiederum eine kinematische Beziehung

$$\{u\} = [T]\{q\} \tag{4.2.66}$$

Durch Gleichsetzen der virtuellen Arbeiten $\{\delta u\}^{\mathrm{T}}\{f\} = \{\delta q\}^{\mathrm{T}}[T]^{\mathrm{T}}\{f\}$ und $\{\delta q\}^{\mathrm{T}}\{p\}$ erhält man die statische Beziehung

$$\{p\} = [T]^{\mathrm{T}}\{f\} \tag{4.2.67}$$

welche den Gleichgewichtsbedingungen entspricht. Damit können die Kräfte transformiert werden. Gl. (4.2.27) kann auch zur Herleitung der Transformationsgleichung Gl. (4.2.9) für $[k^e]$ durch direkte Transformation der Knotenkräfte verwendet werden. Das Gleiche gilt auch für die Transformationen von $[m^e]$, $[s^e]$ und $[c^e]$.

Die verteilten Lasten werden zunächst für die einzelnen Elemente mit Hilfe virtueller Verschiebungen in äquivalente Knotenlasten umgewandelt. So erhält man z.B. für eine Volumenbelastung

$$\{p_v\} = \left\{ \begin{array}{l} p_x(x,y,z,t) \\ p_y(x,y,z,t) \\ p_z(x,y,z,t) \end{array} \right\} \tag{4.2.68}$$

die äquivalenten Knotenlasten

$$\{p^e\} = \int\limits_V [\Phi^e]^{\mathrm{T}}\{p_v\}\, dV \tag{4.2.69}$$

Analog wird für beliebige andere Belastungen im Inneren des Elementes vorgegangen. Da die über das Element verteilten Belastungen durch äquivalente Knotenlasten ausgedrückt werden, geht der sogenannte Null-Zustand im Inneren der Elemente verloren. Darunter versteht man den Spannungszustand des vollständig festgehaltenen Elementes. Der dadurch verursachte Fehler wird aber mit Verfeinerung der Netzeinteilung immer kleiner. Eine ähnliche Bemerkung gilt übrigens auch für die Trägheitskräfte oder die Dämpfungskräfte im Inneren des Elementes, welche über die Massenmatrix bzw. Dämpfungsmatrix in äquivalente Knotenkräfte umgesetzt werden.

Globale Matrizen

Aus den lokalen Beiträgen der Elemente zur Formänderungsenergie, zur kinetischen Energie und zu den nichtkonservativen Kräften können nun die entsprechenden globalen Größen für das gesamte Tragwerk aufgebaut werden.

Dazu faßt man zunächst einmal die Lagekoordinaten des gesamten Tragwerks zum Vektor $\{q\}$ zusammen. Wie aus Abb. 4.2.4 ersichtlich, besteht zwischen den lokalen Lagekoordinaten $\{q^e\}$ eines Elementes e und den globalen Lagekoordinaten $\{q\}$ ein Zusammenhang der Form

$$\{q^e\} = [a^e]\{q\} \tag{4.2.70}$$

Die Matrix $[a^e]$ ist eine Topologiematrix mit ebensovielen Zeilen, wie das Element lokale Freiheitsgrade aufweist. Die Anzahl der Kolonnen ist gleich der Anzahl der globalen Freiheitsgrade. In einfachen Fällen, bei denen die Richtungen der lokalen und globalen Lagekoordinaten übereinstimmen, besteht $[a^e]$ nur aus den Ziffern 1 und 0. Sind die lokalen und globalen Koordinaten dagegen verdreht, so enthält $[a^e]$ die entsprechenden Winkelfunktionen. Die Topologiematrix wird für die weiteren Überlegungen als zeitunabhängig vorausgesetzt. Mit Hilfe von Gl. (4.2.70) können sämtliche lokalen Beiträge der Elemente auf die globalen Lagekoordinaten transformiert werden. In der Berechnungspraxis wird $[a^e]$ fast nie explizit aufgestellt. Die Topologiematrix erlaubt aber im folgenden den formal einfachen Aufbau der globalen Ausdrücke für das gesamte Tragwerk.

Durch Summation der Formänderungsenergien U^e der einzelnen Elemente erhält man für die Formänderungsenergie U des gesamten Tragwerks

$$U = \sum_e U^e = \frac{1}{2}\{q\}^T\left(\sum_e [a^e]^T[k^e][a^e]\right)\{q\} = \frac{1}{2}\{q\}^T[K]\{q\} \tag{4.2.71}$$

mit der globalen Steifigkeitsmatrix

$$[K] = \sum_e [a^e]^T[k^e][a^e] \tag{4.2.72}$$

$[K]$ ist symmetrisch und positiv-semidefinit. Schaltet man die Starrkörperverschiebungen des Tragwerks durch Einführen entsprechender Auflagerbedingungen aus, so wird $[K]$ positiv-definit. Üblicherweise ist $[K]$ eine sehr dünn besetzte Matrix, welche aber im Laufe der Berechnungen auffüllen kann.

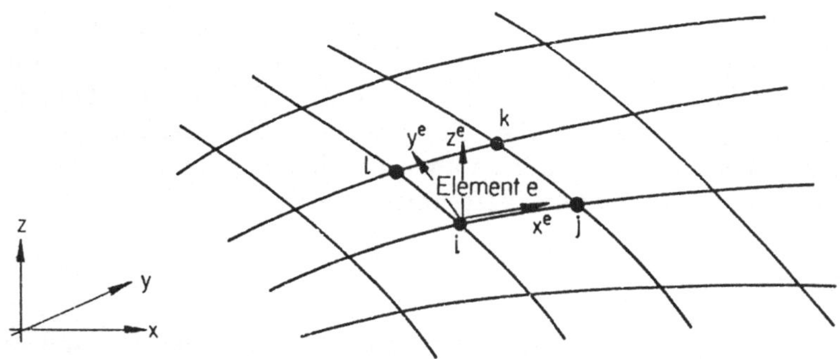

Abb. 4.2.4 Elementnetz mit lokalen und globalen Koordinaten

Zwischen den Geschwindigkeiten $\{\dot{q}^e\}$ des Elementes und den globalen Geschwindigkeiten $\{\dot{q}\}$ besteht die Beziehung

$$\{\dot{q}^e\} = [a^e]\{\dot{q}\} \tag{4.2.73}$$

Damit erhält man für die kinetische Energie T des gesamten Tragwerks

$$T = \sum_e T^e = \frac{1}{2}\{\dot{q}\}^{\mathrm{T}}\left(\sum_e [a^e]^{\mathrm{T}}[m^e][a^e]\right)\{\dot{q}\} = \frac{1}{2}\{\dot{q}\}^{\mathrm{T}}[M]\{\dot{q}\} \tag{4.2.74}$$

wobei

$$[M] = \sum_e [a^e]^{\mathrm{T}}[m^e][a^e] \tag{4.2.75}$$

die globale Massenmatrix des Tragwerks bezeichnet. $[M]$ ist eine symmetrische und positiv-definite Matrix. Ihre Besetzung ist analog zur Besetzung der Steifigkeitsmatrix. Falls neben den Elementmassen auch konzentrierte Massen vorhanden sind, so werden diese in die globale Massenmatrix mit hineinaddiert.

Für die globalen Dämpfungskräfte erhält man zunächst bei Materialdämpfung den Ausdruck

$$\{Q_D\} = \sum_e \{Q_D^e\} = -i\left(\sum_e [a^e]^{\mathrm{T}}[s^e][a^e]\right)\{q\} = -i[S]\{q\} \tag{4.2.76}$$

mit der globalen Dämpfungsmatrix

$$[S] = \sum_e [a^e]^{\mathrm{T}}[s^e][a^e] = \sum_e g^e [a^e]^{\mathrm{T}}[k^e][a^e] \tag{4.2.77}$$

für innere Reibung. Falls der Verlustfaktor g^e für alle Elemente konstant ist, reduziert sich die Dämpfungsmatrix auf

$$[S] = g[K] \tag{4.2.78}$$

$[S]$ ist symmetrisch und gleich besetzt wie die globale Steifigkeitsmatrix $[K]$. Im Falle viskoser Dämpfung werden die globalen Dämpfungskräfte zu

$$\{Q_D\} = \sum_e \{Q_D^e\} = -\left(\sum_e [a^e]^{\mathrm{T}}[c^e][a^e]\right)\{\dot{q}\} = -[C]\{\dot{q}\} \tag{4.2.79}$$

mit der globalen viskosen Dämpfungsmatrix

$$[C] = \sum_e [a^e]^{\mathrm{T}}[c^e][a^e] \tag{4.2.80}$$

Auch $[C]$ ist eine symmetrische Matrix. Ihre Besetzung ist ebenfalls analog zur Besetzung der Steifigkeitsmatrix.

Schließlich bildet man den globalen Lastvektor durch Summation der Knotenlasten der einzelnen Elemente. Man erhält damit

$$\{p\} = \sum_e [a^e]^{\mathrm{T}}\{p^e\} + \{\bar{p}\} \tag{4.2.81}$$

wobei $\{\bar{p}\}$ den Vektor der konzentrierten Knotenkräfte und Knotenmomente bezeichnet. Der Lastvektor ist eine Funktion der Zeit. Er wird bei der numerischen Lösung der Bewegungsgleichung in tabellarischer Form für verschiedene Zeiten t_i gespeichert.

Zusammenfassung

In diesem Abschnitt werden die grundsätzlichen Überlegungen besprochen, die der Methode der finiten Elemente zugrunde liegen. Es wird gezeigt, wie aus einem Ansatz für die Verschiebungen die lokalen Matrizen der Elemente (Steifigkeitsmatrix, Massenmatrix und Dämpfungsmatrix) sowie der lokale Lastvektor gewonnen werden. Sehr steife aber massenreiche Teile eines Tragwerks lassen sich ohne Modellierung durch die entsprechende Starrkörper-Massenmatrix erfassen. Aus den lokalen Beiträgen der Elemente werden die globalen Systemmatrizen und der globale Lastvektor des Tragwerks aufgebaut. Es zeigt sich, daß wegen der Herleitung über Energieausdrücke alle lokalen und globalen Matrizen symmetrisch werden.

4.3　Bewegungsgleichungen

Zur Herleitung der Bewegungsgleichungen soll angenommen werden, daß das Tragwerk durch ein auf der Approximation der Energieausdrücke beruhendes Verfahren wie beispielsweise mit finiten Elementen oder mit Differenzenrechnung und Approximation der Energieausdrücke diskretisiert worden sei. Für die gesamte kinetische Energie des Tragwerks erhält man dann

$$T = \frac{1}{2}\{\dot{q}\}^{\mathrm{T}}[M]\{\dot{q}\} \tag{4.3.1}$$

wobei die $\{\dot{q}\}$ die ersten zeitlichen Ableitungen der Lagekoordinaten und $[M]$ die symmetrische globale Massenmatrix des Systems bezeichnen. Die Formänderungsenergie wird zu

$$U = \frac{1}{2}\{q\}^{\mathrm{T}}[K]\{q\} \tag{4.3.2}$$

mit der ebenfalls symmetrischen globalen Steifigkeitsmatrix $[K]$. Die Dämpfungskräfte erscheinen bei Dämpfung durch innere Reibung in der Form

$$\{Q_D\} = -i[S]\{q\} \tag{4.3.3}$$

bzw. bei viskoser Dämpfung als

$$\{Q_D\} = -[C]\{\dot{q}\} \tag{4.3.4}$$

mit den symmetrischen globalen Dämpfungsmatrizen $[S]$ bzw. $[C]$. Die Dissipationsfunktion R der viskosen Dämpfungskräfte wird damit analog zu Gl. (2.2.55) zu

$$R = \frac{1}{2}\{\dot{q}\}^{\mathrm{T}}[C]\{\dot{q}\} \tag{4.3.5}$$

Schließlich lassen sich die zeitabhängigen äußeren Lasten zum globalen Lastvektor $\{p\}$ zusammenfassen.

Für eine statische Berechnung ist es nötig, daß mit Hilfe von Auflagerbedingungen wenigstens die Starrkörperbewegungen des Tragwerks ausgeschaltet werden. Andernfalls erhält man eine singuläre Steifigkeitsmatrix, welche keine Lösung erlaubt. Im Falle der Dynamik sind dagegen auch bindungsfreie Systeme möglich. Beispiele dafür sind Flugzeuge oder Raumfahrzeuge. Es ist aus diesem Grunde sinnvoll, zunächst einmal die Bewegungsgleichungen für das Tragwerk mit Starrkörperbewegungen aufzustellen.

Anwendung der Lagrangeschen Gleichungen Gl. (2.3.19) liefert für den Fall eines Tragwerks mit Materialdämpfung

$$[M]\{\ddot{q}\}+[K]\{q\} = \{p\}-i[S]\{q\} \tag{4.3.6}$$

Daraus erhält man die Bewegungsgleichung

$$[M]\{\ddot{q}\}+([K]+i[S])\{q\} = \{p\} \tag{4.3.7}$$

Ist der Verlustfaktor g für das gesamte Tragwerk konstant, so vereinfacht sich die Bewegungsgleichung gemäß Gl. (4.2.78) zu

$$[M]\{\ddot{q}\}+(1+ig)[K]\{q\} = \{p\} \tag{4.3.8}$$

Im Falle eines viskos gedämpften Tragwerks erhält man aus den Lagrangeschen Gleichungen

$$[M]\{\ddot{q}\}+[C]\{\dot{q}\}+[K]\{q\} = \{p\} \tag{4.3.9}$$

Beide Bewegungsgleichungen sind lineare Differentialgleichungen 2. Ordnung in der Zeit. Aus diesem Grunde können zwei Anfangsbedingungen beispielsweise in der Form

$$\{q(0)\} = \{q_o\} \tag{4.3.10}$$

$$\{\dot{q}(0)\} = \{\dot{q}_o\} \tag{4.3.11}$$

befriedigt werden.

Man sieht, daß die Bewegungsgleichungen des diskretisierten Systems auch wieder analog zur Bewegungsgleichung Gl. (2.1.16) bzw. Gl. (3.4.22) des Einmassenschwingers aufgebaut sind. Statt der skalaren Größen des Einmassenschwingers erhält man nun aber Matrizen und Vektoren. Unterdrückt man die von der Zeit und von der Dämpfung abhängigen Anteile, so reduzieren sich beide Bewegungsgleichungen auf die Form

$$[K]\{q\} = \{p\} \tag{4.3.12}$$

d.h. die Bedingung für statisches Gleichgewicht. Nimmt man auf der anderen Seite die Trägheitskräfte und die Dämpfungskräfte auf die Lastseite, so lassen sich die Bewegungsgleichungen als Gleichgewichtsbedingungen sämtlicher Kräfte d.h. der inneren und äußeren Kräfte, der Dämpfungskräfte und der Trägheitskräfte zu jeder Zeit t interpretieren. In der obigen Form der Bewegungsgleichungen wurde der Lastvektor als ein Vektor unter zeitabhängigen

Belastungen erhalten. Besteht die Anregung wie im Falle einer Erdbebenanregung aus Bodenverschiebungen bzw. Bodenbeschleunigungen, dann erhält man einen anderen Lastvektor. Seine Herleitung erfolgt im Abschnitt 6.4. Schließlich stellt man fest, daß die Bewegungsgleichung bei Materialdämpfung eine komplexe Gleichung ist. Ebenso wie beim Einmassenschwinger hat diese Gleichung für das Eigensystem instabile Wurzeln. Sie ist aus diesem Grunde nur für stationäre Bewegungen unter harmonischen oder periodischen Belastungen brauchbar. Für transiente Vorgänge muß man die Materialdämpfung durch eine äquivalente viskose Dämpfung ersetzen.

Auflagerbedingungen

Die obigen Gleichungen gelten zunächst für das System ohne Bindungen. Existieren Auflagerbedingungen, so müssen die Gleichungen noch modifiziert werden. Die einfachste Form von Auflagerbedingungen ist die Forderung, daß bestimmte Lagekoordinaten q_i zu null werden:

$$q_i = 0 \qquad\qquad i = 1, \ldots r \tag{4.3.13}$$

Aus den quadratischen Ausdrücken für T und U sowie aus den Ausdrücken für die Dämpfungskräfte und die Belastungen sieht man, daß derartige Bindungen zur Elimination der entsprechenden Zeilen und Kolonnen in den Bewegungsgleichungen führen. In der numerischen Rechnung ist es aber wesentlich einfacher, keine Elimination durchzuführen, sondern zu den entsprechenden Diagonalelementen der Steifigkeitsmatrix einen sehr großen Wert wie beispielsweise 10^{20} zu addieren. Dies entspricht einer Festhaltung mit einer sehr steifen Feder. Damit wird ein Umordnen der Systemmatrizen vermieden. Besteht eine Auflagerbedingung nicht aus einer festen, sondern aus einer elastischen Festhaltung, so schaltet man eine Feder zwischen dem betroffenen Tragwerkspunkt und dem Untergrund ein. Für den festgehaltenen Freiheitsgrad auf dem Untergrund gilt dann wieder Gl. (4.3.13). Schließlich existiert auch der Fall einer festen, zeitunabhängigen Knotenverschiebung wie beispielsweise durch Stützensenkung. Dies führt auf einen entsprechenden Lastvektor. Derartige Knotenverschiebungen liefern nur einen statischen Anteil. Sie werden daher in der dynamischen Rechnung nicht berücksichtigt. Durch das Einführen der Auflagerbedingungen wird die zunächst singuläre globale Steifigkeitsmatrix $[K]$ positiv-definit.

Für jeden festgehaltenen Freiheitsgrad entsteht am Tragwerk eine Reaktion, welche die Erfüllung der kinematischen Bindungsbedingung sicherstellt. Nimmt man die Trägheitskräfte und die Dämpfungskräfte auf die rechte Seite der Bewegungsgleichung und faßt sie mit den Lasten $\{p\}$ zu einem neuen Lastvektor $\{P\}$ zusammen, so läßt sich das Gleichungssystem in der Form

$$\left[\begin{array}{c|c} K_{nn} & K_{nr} \\ \hline K_{nr}^{\mathrm{T}} & K_{rr} \end{array}\right] \left\{\begin{array}{c} q_n \\ \hline q_r \end{array}\right\} = \left\{\begin{array}{c} P_n \\ \hline P_r \end{array}\right\} + \left\{\begin{array}{c} 0 \\ \hline R \end{array}\right\} \tag{4.3.14}$$

schreiben. Dabei wurden die Lagekoordinaten in die freien Lagekoordinaten $\{q_n\}$ sowie die festgehaltenen Lagekoordinaten $\{q_r\}$ aufgespalten. Zu den

Lasten wurde auf der rechten Seite ebenfalls der Vektor der zunächst unbekannten Reaktionen addiert. Mit den Auflagerbedingungen

$$\{q_r\} = \{0\} \tag{4.3.15}$$

liefert der untere Teil von Gl. (4.3.14) die Beziehung

$$[K_{nr}]^{\mathrm{T}}\{q_n\} = \{P_r\} + \{R\} \tag{4.3.16}$$

aus welcher sofort die unbekannten Reaktionen $\{R\}$ ermittelt werden können:

$$\{R\} = [K_{nr}]^{\mathrm{T}}\{q_n\} - \{P_r\} \tag{4.3.17}$$

Hat man auf die Elimination der den Bindungen entsprechenden Zeilen und Kolonnen der Matrizen durch Addition einer großen Steifigkeit verzichtet, wird die Berechnung der Auflagerreaktionen bei statischen Problemen noch einfacher. Man erhält dann nämlich die Reaktionen aus den neuen Diagonalelementen der reduzierten Steifigkeitsmatrix des Systems durch Multiplikation mit der ursprünglich addierten großen Steifigkeit.

Lineare Bindungsgleichungen

Eine allgemeinere Art von Bindungen sind die sogenannten linearen Bindungsgleichungen. Im allgemeinen Fall erscheinen sie in der Form

$$\sum_{j=1}^{n} b_{ij}q_j = 0 \qquad i = 1, \ldots r \tag{4.3.18}$$

wobei die b_{ij} bekannte Bindungskoeffizienten darstellen. Die Auflagerbedingungen Gl. (4.3.13) sind ein Spezialfall dieser Gleichungen. In Matrixform lassen sich die Gleichungen (4.3.18) auch als

$$[B]\{q\} = \{0\} \tag{4.3.19}$$

schreiben. Die Bindungsmatrix $[B]$ ist normalerweise eine rechteckige, d.h. singuläre Matrix. Derartige lineare Bindungsgleichungen können für verschiedenste Anwendungen verwendet werden. Eine davon ist das Ersetzen eines sehr steifen Elementes durch entsprechende starre Bindungen zwischen den Knotenpunkten. Damit werden numerische Probleme durch hohe Steifigkeitsunterschiede vermieden. Eine weitere Anwendung ist die Formulierung der Bedingungen der Polarsymmetrie.

Durch Aufspalten von $[B]$ in einen quadratischen und einen rechteckigen Anteil

$$[B_m \ B_s] \left\{ \begin{array}{c} q_m \\ q_s \end{array} \right\} = \{0\} \tag{4.3.20}$$

wobei der quadratische Anteil mit $[B_s]$ bezeichnet wurde, lassen sich die Freiheitsgrade $\{q_s\}$ mit

$$\{q_s\} = -[B_s]^{-1}[B_m]\{q_m\} \tag{4.3.21}$$

eliminieren. Man bezeichnet die eliminierten Freiheitsgrade auch als „Slave"-Freiheitsgrade, während die unabhängigen Freiheitsgrade $\{q_m\}$ die „Master"-Freiheitsgrade sind. Bei der Aufspaltung von $[B]$ verfügt man über gewisse Freiheiten, da normalerweise mehrere Möglichkeiten zur Bildung der quadratischen Matrix $[B_s]$ bestehen. Aus Gl. (4.3.21) folgt die Transformationsbeziehung

$$\{q\} = [T]\{q_m\} \tag{4.3.22}$$

zwischen den gesamten globalen Freiheitsgraden $\{q\}$ und den Master-Freiheitsgraden $\{q_m\}$ mit der Transformationsmatrix

$$[T] = \left[\begin{array}{c} [I] \\ \hline -[B_s]^{-1}[B_m] \end{array} \right] \tag{4.3.23}$$

wobei $[I]$ die Einheitsmatrix bezeichnet. Durch Anwendung der in Abschnitt 4.2 auf der Stufe der lokalen Größen angegebenen Transformationsbeziehungen für die kinetische Energie, die Formänderungsenergie, die Dämpfungskräfte und die äußeren Lasten können analog die globalen Größen reduziert werden.

Auch lineare Bindungsgleichungen erfordern auf der statischen Seite zu ihrer Erfüllung Bindungskräfte. Diese Bindungskräfte sind jetzt aber nicht Kräfte oder Momente an einzelnen Freiheitsgraden, sondern verteilen sich entsprechend den Bindungskoeffizienten auf die in der Gleichung enthaltenen Freiheitsgrade ([56], [69]). Man kann demzufolge lineare Bindungsgleichungen auch zur Verteilung von konzentrierten Kräften auf verschiedene Freiheitsgrade verwenden.

Steifigkeitsreduktion

Die Lösung der dynamischen Gleichungen ist für die verschiedenen Aufgabenstellungen der Tragwerksdynamik normalerweise wesentlich aufwendiger als die Lösung des entsprechenden statischen Problems. Auf der anderen Seite genügen für viele dynamische Untersuchungen gröbere Modelle, da die dynamischen Lasten oft nur einen beschränkten Frequenzbereich des Tragwerks anregen. Aus diesem Grunde ist man daran interessiert, die Anzahl der Lagekoordinaten des dynamischen Systems zu beschränken. Dies gelingt einmal durch Aufbau eines relativ groben Modells. Da in der Berechnungspraxis aber fast immer zunächst eine statische Rechnung durchgeführt wird, ist man daran interessiert, das meistens fein modellierte statische Berechnungsmodell auch für die Dynamik zu verwenden. In solchen Fällen läßt sich die Anzahl der Lagekoordinaten des Rechenmodells mit Hilfe der Steifigkeitsreduktion oder Guyan-Reduktion ([38], [55], [56], [63]) nachträglich verringern. Die Methode kann auch in der Statik zur Elimination unerwünschter Freiheitsgrade wie beispielsweise innerer Freiheitsgrade eines Elementes verwendet werden. Man spricht dann auch von statischer Kondensation.

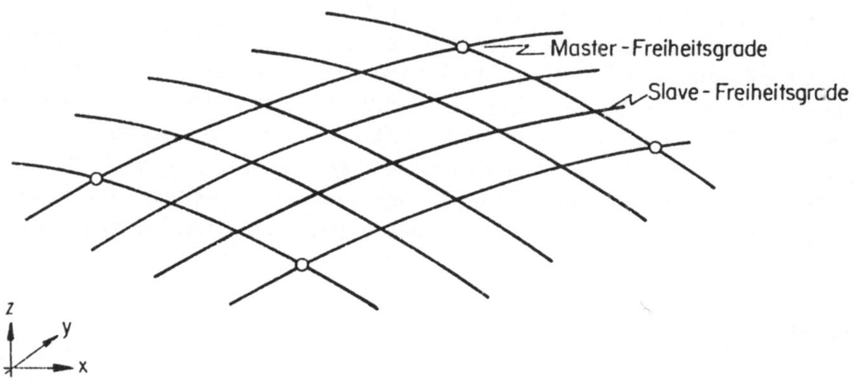

Abb. 4.3.1 Freiheitsgrade bei der Steifigkeitsreduktion

Die Grundidee der Steifigkeitsreduktion besteht darin, wie in Abb. 4.3.1 gezeigt aus den vorhandenen Lagekoordinaten eine bestimmte Anzahl als unabhängige Freiheitsgrade (Master-Freiheitsgrade) auszuwählen und die übrigen Freiheitsgrade (Slave-Freiheitsgrade) derart zu koppeln, daß die durch die Steifigkeitsmatrix beschriebene elastische Fläche erhalten bleibt. Bringt man wiederum die Trägheits- und Dämpfungskräfte auf die rechte Seite, so läßt sich das System der Bewegungsgleichungen in der Form

$$\left[\begin{array}{c|c} K_{mm} & K_{ms} \\ \hline K_{ms}^{\mathrm{T}} & K_{ss} \end{array}\right] \left\{\frac{q_m}{q_s}\right\} = \left\{\frac{P_m}{P_s}\right\} \tag{4.3.24}$$

schreiben. Fordert man nun, daß an den abhängigen Freiheitsgraden die resultierende Kraft $\{P_s\}$ zu null werden soll, dann erhält man aus Gl. (4.3.24) die Bindungsgleichung

$$[K_{ms}]^{\mathrm{T}}\{q_m\}+[K_{ss}]\{q_s\} = \{0\} \tag{4.3.25}$$

mit der quadratischen und nicht-singulären Matrix $[K_{ss}]$. Diese Gleichung läßt sich gemäß

$$\{q_s\} = -[K_{ss}]^{-1}[K_{ms}]^{\mathrm{T}}\{q_m\} \tag{4.3.26}$$

nach den $\{q_s\}$ auflösen und führt auf eine Transformationsmatrix von der Form der Gl. (4.3.23). Damit können die Matrizen der Bewegungsgleichung auf die Master-Freiheitsgrade transformiert werden. In der Berechnungspraxis löst man Gl. (4.3.25) nicht durch Bildung der inversen Matrix $[K_{ss}]^{-1}$ sondern über eine Dreieckszerlegung (s. Anhang) auf.

Bei der Anwendung der Steifigkeitsreduktion ist zu beachten, daß die Transformation der Systemmatrizen normalerweise auf voll besetzte Matrizen führt. Dies hat einen direkten Einfluß auf die benötigte Rechenzeit zur Lösung dieser Gleichungen. Da die Transformationen selber ebenfalls aufwendig sind, lohnt sich die Steifigkeitsreduktion nur dann, wenn die Anzahl der

Lagekoordinaten massiv, d.h. auf etwa 5−10% der ursprünglichen Anzahl der
Lagekoordinaten reduziert wird. Weiterhin ist zu beachten, daß die Master-
Freiheitsgrade gleichmäßig über das Tragwerk verteilt und daß an Punkten
mit konzentrierten äußeren Lasten oder mit konzentrierten Massen ebenfalls Master-Freiheitsgrade eingeführt werden. Andernfalls werden die konzentrierten Größen entsprechend den Bindungen Gl. (4.3.25) verteilt. Nach
der Lösung der Bewegungsgleichung in den Master-Freiheitsgraden müssen
mit Hilfe der obigen Transformationsbeziehungen noch die abhängigen Slave-
Freiheitsgrade bestimmt werden.

Beispiel

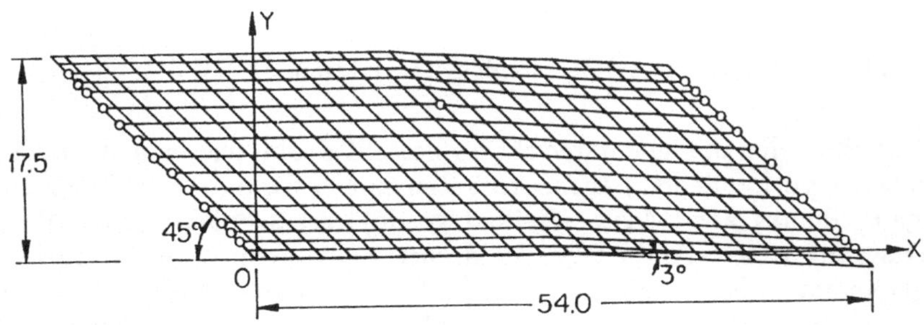

a) Abmessungen und Auflagerpunkte

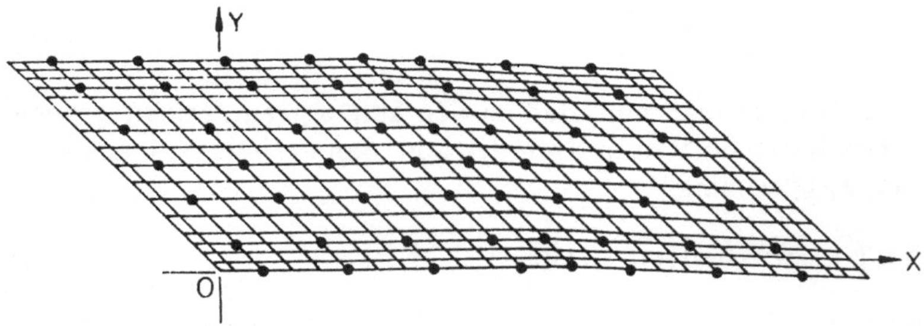

b) Knotenpunkte der Master-Freiheitsgrade

Abb. 4.3.2 Schiefwinklige zweifeldrige Plattenbrücke

Zur Illustration der Genauigkeitsverhältnisse und der möglichen Einsparung an Rechenzeit bei der Steifigkeitsreduktion wurden für die in Abb. 4.3.2 dargestellte schiefwinklige Plattenbrücke die Eigenfrequenzen zwischen 0 und 20 Hz für das volle und
das reduzierte System berechnet. Bei einem Plattenproblem besitzt jeder Knoten
drei Freiheitsgrade, nämlich die vertikale Durchbiegung sowie die zwei Rotationen
um die x- bzw. y-Achse. Nach Elimination der Auflagerbedingungen erhält man
1221 Freiheitsgrade für das unreduzierte System. Für das reduzierte System wurden
die vertikalen Verschiebungen der Master-Knotenpunkte als unabhängige Freiheitsgrade gewählt. Dies liefert 56 Freiheitsgrade oder 4.6% der ursprünglichen Anzahl.
Die Eigenwertberechnung wurde mit konsistenter Massenmatrix durchgeführt.

Tabelle 4.3.1 zeigt die numerischen Werte der Eigenfrequenzen für beide Systeme sowie den prozentualen Fehler. Man sieht, daß die Genauigkeit der Ergebnisse des reduzierten Systems insbesondere für die unteren Frequenzen sehr gut ist. Einer der Gründe dafür liegt darin, daß bei derartigen Plattenproblemen die durch die Knotenrotationen gelieferte kinetische Energie normalerweise klein ist im Vergleich zur kinetischen Energie unter Translationen. Die Unterdrückung der Rotationen bringt also nur einen kleinen Fehler. Weiterhin kann durch das gleichmäßige Raster der Master-Freiheitsgrade die kinetische Energie wie auch die Formänderungsenergie der Platte gut erfaßt werden. Ein Vergleich der Rechenzeiten zeigte, daß für die Eigenwertberechnung des reduzierten Systems nur 17% der Rechenzeit der Eigenwertberechnung des unreduzierten Systems erforderlich waren.

Nr.	Unreduziertes System	Reduziertes System	Fehler (%)
1	2.41795	2.41877	0.03
2	3.41569	3.41798	0.07
3	4.42398	4.42880	0.11
4	5.63764	5.64625	0.15
5	7.33843	7.36370	0.34
6	9.82873	9.89370	0.66
7	10.79736	10.86705	0.65
8	12.56576	12.66155	0.76
9	13.99721	14.17043	1.24
10	15.35760	15.57142	1.39
11	16.68006	16.94240	1.57
12	17.42296	17.78866	2.10

Tab. 4.3.1 Eigenfrequenzen zwischen 0 und 20 Hz

Als Ergebnis der Einführung von Bindungsgleichungen durch lineare Bindungen oder durch Steifigkeitsreduktion erhält man die Bewegungsgleichungen des Tragwerks formal wiederum in der Form der Gl. (4.3.7) bzw. der Gl. (4.3.9). Allerdings bezeichnet $\{q\}$ nun die unabhängigen Koordinaten nach Elimination sämtlicher Bindungen. Auch hier sind wiederum zwei Anfangsbedingungen beispielsweise in der Form der Gl. (4.3.10) und Gl. (4.3.11) zu befriedigen.

Zusammenfassung

Ausgehend von den gobalen Ausdrücken für die Formänderungsenergie, die kinetische Energie, die Dämpfungskräfte und die äußeren Lasten des diskretisierten Tragwerks liefern die Lagrangeschen Gleichungen die Bewegungsgleichungen. Sie sind analog zur Bewegungsgleichung des Einmassenschwingers aufgebaut. Als Spezialfall erhält man die statischen Gleichgewichtsbedingungen. Dynamische Systeme können ohne äußere Festhaltungen sein oder aber durch Auflagerbedingungen oder lineare Bindungsgleichungen in ihrer Bewegung eingeschränkt werden. Da die Lösung dynamischer Probleme normalerweise viel aufwendiger ist als die Lösung des entsprechenden statischen Problems, ist man an Verfahren zur Verkleinerung des Modells ohne großen Genauigkeitsverlust interessiert. Die Steifigkeitsreduktion ist eine der Methoden, um die Anzahl der Freiheitsgrade eines dynamischen Problems wesentlich zu reduzieren und dadurch den Rechenaufwand zu senken. Es wird gezeigt, daß die Steifigkeitsreduktion ein spezieller Fall linearer Bindungsgleichungen ist.

Kapitel 5

Das Eigenwertproblem

5.1 Eigenschwingungen ideal-elastischer Tragwerke

Unter Eigenschwingungen versteht man die freien Schwingungen eines Tragwerks ohne äußere Belastung nach einer initialen Anregung. Daher sollen auch keine äußeren Dämpfungskräfte wirken. Ein ideal-elastisches Tragwerk ist durch ein lineares Spannungs-Dehnungsdiagramm ohne innere Dämpfung charakterisiert. Demzufolge sind Eigenschwingungen ideal-elastischer Tragwerke die freien Schwingungen ungedämpfter Systeme. In Wirklichkeit gibt es keine ganz ungedämpften Tragwerke. Trotzdem spielen die ungedämpften Eigenschwingungen in der linearen Dynamik eine große Rolle wegen der mit ihnen möglichen Vereinfachungen. Die Eigenfrequenzen des ungedämpften Systems stimmen zudem bei kleiner Dämpfung sehr gut mit den Frequenzen des gedämpften Systems überein bzw. erlauben deren einfache Bestimmung. Bei Resonanzproblemen ist vor allem die Lage der Eigenfrequenzen wesentlich. Die Bestimmung der Frequenzen des ungedämpften Tragwerks besitzt daher auch aus diesem Grunde eine große praktische Bedeutung.

Ein Kontinuum besitzt wie schon ausgeführt unendlich viele Freiheitsgrade. Daher existieren auch unendlich viele Eigenschwingungen. Führt man ein kontinuierliches Tragwerk durch Diskretisierung in ein Rechenmodell mit nur endlich vielen Freiheitsgraden über, so erhält man auch nur eine endliche Anzahl von Eigenschwingungen. Es stellt sich sofort die Frage, welche Eigenfrequenzen im diskretisierten Modell erhalten bleiben und welche Frequenzen verlorengehen. Allgemein kann man sagen, daß normalerweise das untere Ende des Spektrums der Frequenzen gut approximiert wird. Dies hängt damit zusammen, daß die Form der zugehörigen Eigenvektoren mit dem Rechenmodell meistens gut dargestellt werden kann. Allerdings müssen auch die entsprechenden Massen vorhanden sein. So erhält man beispielsweise die Torsionsschwingungen eines Stabes nur dann, wenn auch die Massenträgheitsmomente für Torsionsbewegungen eingeführt wurden.

Allgemeines und spezielles Eigenwertproblem

Unterdrückt man in den Bewegungsgleichungen Gl. (4.3.7) bzw. Gl. (4.3.9) die Dämpfungskräfte und die äußeren Lasten, so erhält man als Bewegungsgleichung der freien Schwingungen

$$[M]\{\ddot{q}\}+[K]\{q\} = \{0\} \tag{5.1.1}$$

Physikalisch bedeutet dies, daß zu jeder Zeit die Summe aus Trägheitskräften und inneren Kräften verschwinden muß. Man bezeichnet eine Gleichung mit verschwindender rechten Seite als homogen. Gl. (5.1.1) ist demnach eine homogene Differentialgleichung 2. Ordnung in der Zeit für die unabhängigen Variablen $\{q\}$.

Zur Lösung dieses Systems macht man analog zum Einmassenschwinger den harmonischen Ansatz

$$\{q(t)\} = \{q_o\}e^{i\omega t} \tag{5.1.2}$$

mit einem zeitunabhängigen Vektor $\{q_o\}$ und der Eigenkreisfrequenz ω. Setzt man diesen Ansatz in Gl. (5.1.1) ein und kürzt den gemeinsamen Faktor $e^{i\omega t}$, dann kommt

$$([K]-\omega^2[M])\{q_o\} = \{0\} \tag{5.1.3}$$

bzw.

$$[K]\{q_o\} = \omega^2[M]\{q_o\} \tag{5.1.4}$$

Dies ist das sogenannte allgemeine Eigenwertproblem. Die Matrix $[K]$ ist symmetrisch und bei einem Tragwerk ohne Bindungen positiv-semidefinit bzw. bei einem Tragwerk mit Bindungen positiv-definit. $[M]$ ist symmetrisch und bei konsistenter Massenmatrix positiv-definit. Der Vektor $\{q_o\}$ wird als der Eigenvektor bezeichnet. Das Quadrat der Eigenkreisfrequenz ω ist der Eigenwert:

$$\lambda = \omega^2 \tag{5.1.5}$$

Aus der Eigenkreisfrequenz erhält man wie beim Einmassenschwinger nach Gl. (3.1.23) die Eigenfrequenz f oder die Periode T.

Das allgemeine Eigenwertproblem zeichnet sich dadurch aus, daß $[M]$ keine Einheitsmatrix ist. Dies ist in der Tragwerksdynamik meistens der Fall. Man kann das allgemeine Eigenwertproblem aber jederzeit auf das spezielle Eigenwertproblem mit $[M] = [I]$ transformieren. Um diese Transformation in symmetrischer Form durchzuführen, zerlegt man die Massenmatrix mit einer Choleski-Zerlegung (siehe Anhang) in ihre Dreiecksfaktoren

$$[M] = [O]^T[O] \tag{5.1.6}$$

Mit der Koordinatentransformation

$$\{q_o\} = [O]^{-1}\{w_o\} \tag{5.1.7}$$

und der neuen Systemmatrix

$$[A] = [O]^{-1,\mathrm{T}}[K][O]^{-1} \tag{5.1.8}$$

erhält man aus Gl. (5.1.4) das spezielle Eigenwertproblem

$$[A]\{w_o\} = \omega^2\{w_o\} \tag{5.1.9}$$

Falls $[M]$ nicht positiv-definit ist, wie das beispielsweise bei Verwendung von konzentrierten Massenmatrizen ohne Massenträgheitsmomente fast immer der Fall ist, dann müssen vorgängig die massenlosen Freiheitsgrade mit Hilfe einer Guyan-Reduktion entfernt werden. Es sei noch angemerkt, daß auch außerhalb der Tragwerksdynamik viele Aufgaben in der Physik und Technik, darunter insbesondere Extremalaufgaben, auf allgemeine oder spezielle Eigenwertprobleme führen.

Beispiel

Zur Illustration soll das Eigenwertproblem zur Bestimmung der Hauptspannungen eines allgemeinen Spannungszustandes hergeleitet werden. Schneidet man (Abb. 5.1.1) aus dem Elementarwürfel ein Tetraeder heraus, so lassen sich mit Hilfe der Gleichgewichtsbedingungen die Komponenten $\bar\sigma_x$, $\bar\sigma_y$ und $\bar\sigma_z$ der resultierenden Spannung $\{\bar\sigma\}$ am Flächenelement mit dem Normalenvektor

$$\{n\} = \left\{ \begin{array}{c} n_x \\ n_y \\ n_z \end{array} \right\} \tag{5.1.10}$$

bestimmen. Die Komponenten des Normalenvektors sind die Richtungs-cosini zu den Achsen des Koordinatensystems. Man erhält

$$\begin{array}{rcccccc}
\bar\sigma_x &=& \sigma_x n_x &+& \tau_{xy} n_y &+& \tau_{xz} n_z \\
\bar\sigma_y &=& \tau_{yx} n_x &+& \sigma_y n_y &+& \tau_{yz} n_z \\
\bar\sigma_z &=& \tau_{zx} n_x &+& \tau_{zy} n_y &+& \sigma_z n_z
\end{array} \tag{5.1.11}$$

Mit

$$\{\bar\sigma\} = \left\{ \begin{array}{c} \bar\sigma_x \\ \bar\sigma_y \\ \bar\sigma_z \end{array} \right\} \tag{5.1.12}$$

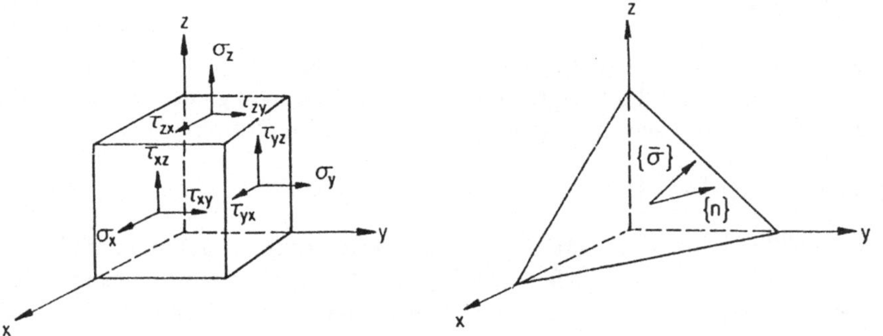

Abb. 5.1.1 Spannungszustand

wird die Normalspannung an diesem Flächenelement zu

$$\sigma_n = \{\overline{\sigma}\}^{\mathrm{T}}\{n\} = \begin{array}{ccc} \sigma_x n_x^2 & + \ \tau_{xy} n_x n_y & + \ \tau_{xz} n_x n_z \\ + \ \tau_{yx} n_y n_x & + \ \sigma_y n_y^2 & + \ \tau_{yz} n_y n_z \\ + \ \tau_{zx} n_z n_x & + \ \tau_{zy} n_z n_y & + \ \sigma_z n_z^2 \end{array} \qquad (5.1.13)$$

d.h. eine quadratische Form in den Komponenten des Normalenvektors. Mit der Matrix

$$[s] = \begin{bmatrix} \sigma_x & \tau_{xy} & \tau_{xz} \\ \tau_{yx} & \sigma_y & \tau_{yz} \\ \tau_{zx} & \tau_{zy} & \sigma_z \end{bmatrix} \qquad (5.1.14)$$

der Spannungskomponenten läßt sich Gl. (5.1.13) auch als

$$\sigma_n = \{n\}^{\mathrm{T}}[s]\{n\} \qquad (5.1.15)$$

schreiben. Die Hauptspannungen sind die Extrema von σ_n, wobei aber die Komponenten von $\{n\}$ als Einheitsvektor die Nebenbedingung

$$\{n\}^{\mathrm{T}}\{n\} - 1 = n_x^2 + n_y^2 + n_z^2 - 1 = 0 \qquad (5.1.16)$$

erfüllen müssen. Aus der Lagrangeschen Hauptfunktion

$$H = \{n\}^{\mathrm{T}}[s]\{n\} - \lambda(\{n\}^{\mathrm{T}}\{n\} - 1) \qquad (5.1.17)$$

mit einem Multiplikator λ erhält man die Extremalbedingungen

$$\frac{\partial H}{\partial n_x} = 2(\sigma_x n_x + \tau_{xy} n_y + \tau_{xz} n_z - \lambda n_x) = 0$$

$$\frac{\partial H}{\partial n_y} = 2(\tau_{yx} n_x + \sigma_y n_y + \tau_{yz} n_z - \lambda n_y) = 0 \qquad (5.1.18)$$

$$\frac{\partial H}{\partial n_z} = 2(\tau_{zx} n_x + \tau_{zy} n_y + \sigma_z n_z - \lambda n_z) = 0$$

während die Ableitung nach λ wieder die Nebenbedingung Gl. (5.1.16) liefert. Diese Bedingungen lassen sich nach Kürzen des Faktors 2 als

$$[s]\{n\} = \lambda\{n\} \qquad (5.1.19)$$

schreiben. Dies ist das spezielle Eigenwertproblem. Faßt man Gl. (5.1.15) als Fläche 2. Grades auf, dann sind die Hauptachsen durch die Bedingung charakterisiert, daß der Gradient als Normalenvektor gleichgerichtet mit dem Ortvektor ist:

$$\mathrm{grad}\ \sigma_n = [s]\{n\} = \lambda\{n\} \qquad (5.1.20)$$

Gl. (5.1.19) läßt sich also auch als die Ausgangsgleichung zur Bestimmung der Hauptachsen auffassen. Ihre Lösung liefert drei Eigenvektoren, die Hauptrichtungen, und drei Eigenwerte λ_1, λ_2 und λ_3, welche den Längen der Hauptachsen bzw. der Größe der Hauptspannungen σ_1, σ_2 und σ_3 entsprechen. Wie beim Spannungszustand existieren auch für den Verzerrungszustand Hauptachsen.

Frequenzengleichung

Analog zum Einmassenschwinger kann man auch für die Bewegungsgleichung
des Tragwerks mit endlich vielen Freiheitsgraden eine Impedanz definieren.
Sie ist nun aber nicht mehr eine skalare Größe, sondern eine Matrix. Aus einer
Laplace-Transformation erhält man für die Bewegungsgleichung Gl. (5.1.1)
die Impedanz

$$[Z(s)] = s^2[M]+[K] \tag{5.1.21}$$

Der Vergleich mit Gl. (5.1.3) zeigt, daß sich das Eigenwertproblem auch in
der Form

$$[Z(i\omega)]\{q_o\} = 0 \tag{5.1.22}$$

schreiben läßt. Als homogene Gleichung besitzt Gl. (5.1.22) nur dann Lösungen, wenn $[Z(i\omega)]$ singulär wird. Also muß für nichttriviale Lösungen die
Determinante $\|[Z(i\omega)]\|$ der Impedanz verschwinden. Diese Bedingung führt
auf die Gleichung

$$\|[Z(i\omega)]\|=\|[K]-\lambda[M]\|= P(\lambda) = 0 \tag{5.1.23}$$

zur Bestimmung von λ. Man nennt das entstehende Polynom in λ das charakteristische Polynom, die charakteristische Gleichung oder auch die Frequenzengleichung des Eigenwertproblems. Weist die Matrix $[M]$ den Grad n
auf, so entsteht ein Polynom n-ten Grades in λ. Dies gilt allerdings nur, wenn
alle Diagonalterme der Massenmatrix besetzt sind. Nach dem Fundamentalsatz der Algebra[1] existieren dann genau n reelle oder komplexe Nullstellen,
wobei mehrfache Wurzeln möglich sind. Da das charakteristische Polynom
als Determinante der Summe zweier reeller Matrizen $[K]$ und $[M]$ auch reelle Koeffizienten besitzt, treten die komplexen Wurzeln stets in konjugiert-
komplexen Paaren auf. Man schließt daraus, daß für ein mit n Freiheitsgraden
diskretisiertes Tragwerk genau n Eigenfrequenzen existieren, falls alle Diagonalterme der Massenmatrix besetzt sind. Ist dies nicht der Fall, reduziert
sich der Grad des charakteristischen Polynoms und damit auch die Anzahl
der Eigenwerte des diskretisierten Tragwerks entsprechend. Allgemein läßt
sich daher sagen, daß die Anzahl der Eigenfrequenzen des Tragwerksmodells
gleich ist der Anzahl der von Null verschiedenen Diagonalterme bzw. gleich
dem Rang der Massenmatrix. Aus Gl. (5.1.23) sieht man ebenfalls, daß die Ei-
genwertbedingung im Falle einer singulären Steifigkeitsmatrix $[K]$ für $\lambda = 0$
erfüllt ist. Wenn $[K]$ singulär ist, liegen Starrkörperverschiebungen vor. Die
Starrkörperbewegungen entsprechen also verschwindenden Eigenwerten.

Beispiel

Für das Eigenwertproblem Gl. (5.1.19) zur Bestimmung der drei Hauptspannungen erhält man das charakteristische Polynom aus

$$P(\lambda) = \left\|\begin{bmatrix} \sigma_x - \lambda & \tau_{xy} & \tau_{xz} \\ \tau_{yx} & \sigma_y - \lambda & \tau_{yz} \\ \tau_{zx} & \tau_{zy} & \sigma_z - \lambda \end{bmatrix}\right\| \tag{5.1.24}$$

---

[1]Der Fundamentalsatz der Algebra wurde 1799 von C. F. Gauß (1777 − 1855) in seiner
Dissertation erstmalig vollständig bewiesen.

Die Matrix $[M]$ ist hier die Einheitsmatrix. Da alle Diagonalterme besetzt sind, entsteht ein Polynom dritten Grades. Auswertung der Determinante liefert

$$P(\lambda) = -\lambda^3 + I_1\lambda^2 + I_2\lambda + I_3 \tag{5.1.25}$$

mit

$$
\begin{aligned}
I_1 &= \sigma_x + \sigma_y + \sigma_z \\
I_2 &= \tau_{xy}\tau_{yx} + \tau_{yz}\tau_{zy} + \tau_{xz}\tau_{zx} - \sigma_x\sigma_y - \sigma_y\sigma_z - \sigma_z\sigma_x \\
    &= \tau_{xy}^2 + \tau_{yz}^2 + \tau_{xz}^2 - \sigma_x\sigma_y - \sigma_y\sigma_z - \sigma_z\sigma_x \\
I_3 &= \sigma_x(\sigma_y\sigma_z - \tau_{yz}\tau_{zy}) - \tau_{xy}(\tau_{yx}\sigma_z - \tau_{yz}\tau_{zx}) + \tau_{xz}(\tau_{yx}\tau_{zy} - \sigma_y\tau_{zx}) \\
    &= \sigma_x\sigma_y\sigma_z - \sigma_x\tau_{yz}^2 - \sigma_y\tau_{xz}^2 - \sigma_z\tau_{xy}^2 + 2\tau_{xy}\tau_{yz}\tau_{zx}
\end{aligned} \tag{5.1.26}
$$

wobei die Symmetrie der Schubspannungen ausgenützt wurde. Nach Kehren des Vorzeichens wird damit die Frequenzengleichung zu

$$\lambda^3 - I_1\lambda^2 - I_2\lambda - I_3 = 0 \tag{5.1.27}$$

Ihre Lösung liefert die drei Eigenwerte bzw. Hauptspannungen. Da die Größe der Hauptspannungen unabhängig vom gewählten Bezugssystem ist, muß Gl. (5.1.27) in jedem Bezugssystem gleich sein. Die Polynomkoeffizienten I_1, I_2 und I_3 sind demnach invariant gegenüber Koordinatentransformationen und werden deshalb als die drei Invarianten des Spannungszustandes bezeichnet.

Eigenschaften der Eigenwerte

Unter der Voraussetzung, daß $[K]$ eine reelle, symmetrische und positiv-semidefinite bzw. positiv-definite Matrix sowie $[M]$ eine reelle, symmetrische und positiv-definite Matrix ist, sind alle Eigenwerte reell und ≥ 0. Bildet man nämlich mit

$$R(\{x\}) = \frac{\{\overline{x}\}^{\mathrm{T}}[K]\{x\}}{\{\overline{x}\}^{\mathrm{T}}[M]\{x\}} \tag{5.1.28}$$

den sogenannten Rayleigh-Quotienten des allgemeinen Eigenwertproblems, wobei $\{x\}$ ein beliebiger komplexer Vektor und $\{\overline{x}\}$ der dazugehörige konjugiert-komplexe Vektor ist, so läßt sich zeigen, daß $R(\{x\})$ immer reell und ≥ 0 ist. Mit

$$\{x\} = \{u\} + i\{v\} \tag{5.1.29}$$

und

$$\{\overline{x}\} = \{u\} - i\{v\} \tag{5.1.30}$$

folgt nämlich für den Zähler

$$(\{u\}^{\mathrm{T}} - i\{v\}^{\mathrm{T}})[K](\{u\} + i\{v\}) = \{u\}^{\mathrm{T}}[K]\{u\} + \{v\}^{\mathrm{T}}[K]\{v\} \geq 0 \tag{5.1.31}$$

sowie für den Nenner

$$(\{u\}^\mathrm{T} - i\{v\}^\mathrm{T})[M](\{u\} + i\{v\}) = \{u\}^\mathrm{T}[M]\{u\} + \{v\}^\mathrm{T}[M]\{v\} > 0 \qquad (5.1.32)$$

Wegen der Symmetrie von $[K]$ und $[M]$ fallen die gemischten Terme jeweils heraus. Multipliziert man andererseits Gl. (5.1.3) mit $\{q_o\}^\mathrm{T}$ vor und löst nach ω^2 auf, so erhält man

$$\omega^2 = \lambda = \frac{\{q_o\}^\mathrm{T}[K]\{q_o\}}{\{q_o\}^\mathrm{T}[M]\{q_o\}} = R(\{q_o\}) \geq 0 \qquad (5.1.33)$$

d.h. den Rayleigh-Quotienten für den Eigenvektor $\{q_o\}$. Damit ist gezeigt, daß die Eigenwerte tatsächlich reell und ≥ 0 sind. Der Eigenwert wird nur dann zu null, wenn die Steifigkeitsmatrix $[K]$ singulär ist, wenn also Starrkörperverschiebungen vorliegen. Der Rayleigh-Quotient steht in enger Beziehung zur Formänderungsenergie nach Gl. (4.2.71) und zur kinetischen Energie nach Gl. (4.2.74). Insbesondere kann $R(\{q_o\})$ auch aus der Bedingung hergeleitet werden, daß in einer Eigenschwingung $U + T = 0$ gilt.

Der Rayleigh-Quotient ist eine Funktion des Vektors $\{x\}$. Man kann sich die Frage stellen, für welche Vektoren der Quotient seine Extremwerte annimmt. Leitet man $R(\{x\})$ nach $\{x\}$ ab und setzt diese Ableitungen zu null, so erhält man

$$\frac{\partial R}{\partial \{x\}} = 2\frac{[K]\{x\}(\{\overline{x}\}^\mathrm{T}[M]\{x\}) - [M]\{x\}(\{\overline{x}\}^\mathrm{T}[K]\{x\})}{(\{\overline{x}\}^\mathrm{T}[M]\{x\})^2} = 0 \qquad (5.1.34)$$

Diese Gleichung ist erfüllt, wenn der Zähler verschwindet. Daraus folgt

$$[K]\{x\} - R(x)[M]\{x\} = 0 \qquad (5.1.35)$$

mit dem Rayleigh-Quotienten nach Gl. (5.1.28). Diese Gleichung entspricht dem allgemeinen Eigenwertproblem Gl. (5.1.3) mit den Eigenvektoren $\{x\} = \{q_i\}$ als Lösungen und den Werten $R(\{q_i\}) = \omega_i^2 = \lambda_i$ für die Eigenwerte. Man sieht daraus, daß der Rayleigh-Quotient für die Eigenvektoren stationär wird und die Werte ω_i^2 annimmt. Wegen dieser Extremaleigenschaft sowie der Tatsache, daß die quadratischen Ausdrücke in $R(\{x\})$ gegen kleine Fehler unempfindlich sind, sind die Eigenwerte des allgemeinen Eigenwertproblems mit reellen symmetrischen Matrizen sehr stabil.

Aus den obigen Überlegungen ergibt sich eine einfache Näherungsmethode zur Bestimmung von Eigenwerten. Diese besteht darin, daß man die Form eines Eigenvektors schätzt und damit den Rayleigh-Quotienten bildet. Besonders geeignet sind dabei diejenigen Formen, welche unter den zu den Massen proportionalen Kräften entstehen. Damit erhält man eine — meist sehr gute — Näherungslösung für den entsprechenden Eigenwert. Das Verfahren ist insbesondere sehr geeignet zur schnellen Abschätzung des untersten Eigenwertes, da die erste Eigenform normalerweise einfach angegeben werden kann.

Sturmsche Kette

Aus Gl. (5.1.23) erhält man neben dem charakteristischen Polynom weitere
Polynome niedrigerer Ordnung, wenn man aus dem Tragwerksmodell Freiheitsgrade entfernt und damit die entsprechenden Zeilen und Kolonnen von
$[Z(i\omega)]$ eliminiert. Führt man diese Reduktion der Freiheitsgrade sukzessive
von 1 bis $n - 1$ durch, wobei n die gesamte Anzahl der Freiheitsgrade be-
zeichnet, so ergeben sich insgesamt n Polynome $P_1(\lambda)$, $P_2(\lambda) \ldots P_n(\lambda)$ sowie
ein konstantes Glied P_o. Diese Polynome entsprechen den Haupt-Unterdeter-
minanten von $[Z(i\omega)]$. Man kann zeigen (siehe z.B. [8]), daß die Polynome
eine sogenannte Sturmsche[1] Kette bilden. Dies bedeutet, daß die Nullstellen
von $P_{i-1}(\lambda)$ stets zwischen den Nullstellen des Polynoms $P_i(\lambda)$ liegen. Daraus
folgt sofort, daß bei einer Verringerung der Freiheitsgrade der kleinste Eigenwert stets größer und der größte Eigenwert stets kleiner wird. Beim Übergang
vom kontinuierlichen Tragwerk zum diskretisierten Berechnungsmodell werden durch die Diskretisierung ebenfalls immer Freiheitsgrade unterdrückt.
Daraus schließt man, daß bei korrekter Diskretisierung die aus dem Modell
gewonnene kleinste Eigenfrequenz eine obere Grenze für die kleinste Frequenz
des kontinuierlichen Tragwerks darstellt.

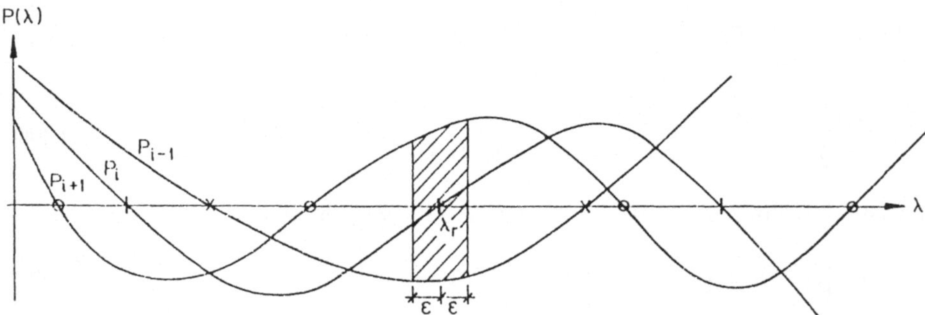

Abb. 5.1.2 Verlauf der inneren Polynome einer Sturmschen Kette

Unter der Voraussetzung einer positiv-definiten Steifigkeitsmatrix $[K]$ haben
alle Polynome der Sturmschen Kette für $\lambda = 0$ positive Werte. Betrachtet
man nun (Abb. 5.1.2) die drei inneren Polynome $P_{i+1}(\lambda)$, $P_i(\lambda)$ und $P_{i-1}(\lambda)$,
so sieht man, daß $P_{i+1}(\lambda)$ und $P_{i-1}(\lambda)$ in der Umgebung einer Nullstelle
λ_r von $P_i(\lambda)$ immer entgegengesetztes Vorzeichen haben. Zählt man nun
die Anzahl der Vorzeichenwechsel zwischen diesen drei aufeinanderfolgen-
den Polynomen jeweils an den Stellen $\lambda_r - \varepsilon$, λ_r und $\lambda_r + \varepsilon$, so stellt man
fest, daß diese gleich eins ist. Dabei wird für die Nullstelle λ_r des Polynoms
$P_i(\lambda)$ festgelegt, daß $P_i(\lambda_r)$ das umgekehrte Vorzeichen wie $P_{i-1}(\lambda_r)$ haben
soll. Allgemein gilt, daß die Anzahl der Vorzeichenwechsel für die inneren
Funktionen der Kette invariant ist. Diese Anzahl kann sich also nur bei den

---

[1]Ch. F. Sturm (1803 - 55), Schweizer Mathematiker, Prof. an der École Polytechnique
in Paris, trug mit bedeutenden Arbeiten zur Entwicklung der Algebra und der Theorie der
Differentialgleichungen bei.

äußeren Funktionen $P_n(\lambda)$ und P_o verändern. Da P_o konstant ist, kann eine Veränderung der Anzahl Vorzeichenwechsel zwischen den Werten aufeinanderfolgender Polynome nur durch $P_n(\lambda)$ entstehen. Daraus folgt, daß sich die Anzahl der Vorzeichenwechsel beim Durchgang durch eine Nullstelle von $P_n(\lambda)$ in positiver λ-Richtung um eins erhöht.

Sturmscher Test

Diese Überlegungen führen auf den sogenannten Sturmschen Test zur Überprüfung der Vollständigkeit eines Eigensystems. Führt man nämlich für einen festen Wert $\lambda = \lambda_o$ eine Dreieckszerlegung von $[K] - \lambda_o[M]$ in der Form

$$[K]-\lambda_o[M] = [O]^{\mathrm{T}}[D][O] \tag{5.1.36}$$

mit der Diagonalmatrix $[D]$ der Diagonalterme durch, so wird die Anzahl der Vorzeichenwechsel von $P_i(\lambda)$ durch die Vorzeichen der Terme von $[D]$ bestimmt. Daraus läßt sich die Aussage des Sturmschen Tests gewinnen, der besagt, daß die Anzahl der negativen Terme in $[D]$ gleich der Anzahl der Eigenwerte unterhalb von λ_o ist. Zum Beweis dieser Aussage (siehe auch z.B. [8], [9]) verbindet man die entsprechenden Nullstellen der nun separat gezeichneten reduzierten Polynome mit Geraden (Abb. 5.1.3). Die bei λ_o eingezeichnete Vertikale schneidet diejenigen Geraden, welche zu Wurzeln von $P(\lambda)$ unterhalb von λ_o gehören. Aus Abb. 5.1.3 sieht man aber, daß jeder dieser Schnittpunkte einem negativen Diagonalelement entsprechen muß, da die oberhalb und unterhalb des Schnittpunktes gelegenen reduzierten Polynome an der Stelle λ_o verschiedenes Vorzeichen haben. Die gleichen Überlegungen gelten auch für mehrfache Eigenwerte.

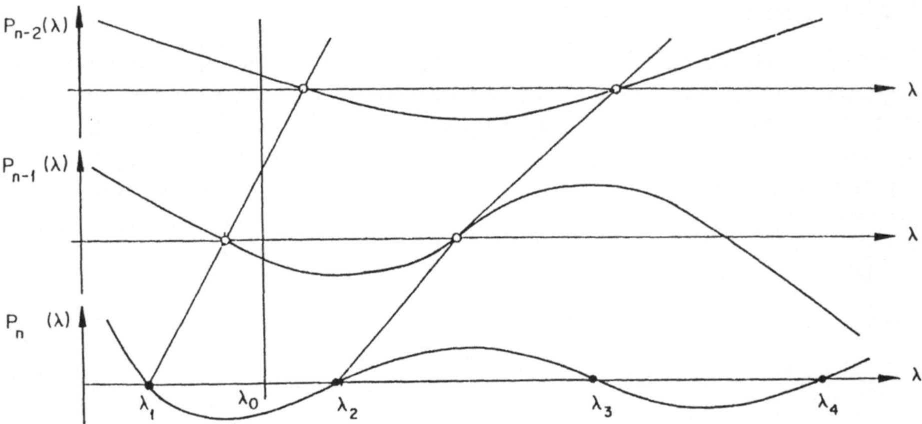

Abb. 5.1.3 Sturmscher Test

Der Sturmsche Test ist ein ausgezeichnetes Hilfsmittel, um die Vollständigkeit der berechneten Frequenzen zu überprüfen. Führt man den Test für zwei verschiedene Werte λ_1 und λ_2 durch, so ergibt sich die Anzahl der Frequenzen in diesem Intervall aus der Differenz der Anzahl der negativen Diagonalterme der entsprechenden Dreiecksfaktoren.

Lineare Unabhängigkeit der Eigenvektoren mehrfacher Eigenwerte

Zu jedem der n Eigenwerte λ_i gehört ein Eigenvektor $\{q_i\}$. Bei einer d-fachen Nullstelle bilden die zugehörigen Eigenvektoren d linear unabhängige Vektoren. Daß dies so ist, sieht man folgendermaßen ein. Zunächst einmal folgt aus der Tatsache reeller Eigenwerte, daß auch die Eigenvektoren als Lösungen des homogenen linearen Gleichungssystems

$$([K]-\lambda_i[M])\{q_i\} = 0 \tag{5.1.37}$$

reell sind. Die Matrix

$$[A] = [K]-\lambda_i[M] \tag{5.1.38}$$

ist singulär. Ihr Rangabfall entspricht der Vielfachheit des Eigenwertes λ_i. Dies bedeutet, daß bei einem einfachen Eigenwert der Rangabfall gleich 1 und bei einem d-fachen Eigenwert der Rangabfall gleich d ist. Führt man nun für die Matrix $[A]$ eine Dreieckszerlegung durch, so entstehen d Pivot-Elemente, welche zu null werden. Bei der Rückwärts-Substitution (siehe Anhang) zur Berechnung eines Eigenvektors kann man somit d Terme frei vorwählen. Dies ist auf d verschiedene, linear unabhängige Arten möglich. Daraus folgt, daß bei einer d-fachen Wurzel insgesamt d linear unabhängige Eigenvektoren existieren.

Orthogonalitätsrelationen

Die Eigenvektoren des allgemeinen Eigenwertproblems erfüllen weiterhin die sogenannten Orthogonalitätsrelationen bezüglich der Steifigkeitsmatrix $[K]$ und der Massenmatrix $[M]$. Zur Herleitung dieser Beziehungen betrachtet man zwei verschiedene Eigenfrequenzen ω_r und ω_s mit den dazugehörigen Eigenvektoren $\{q_r\}$ und $\{q_s\}$. Diese erfüllen als Lösungen des Eigenwertproblems die Gleichungen

$$[K]\{q_r\} = \omega_r^2[M]\{q_r\} \tag{5.1.39}$$

und

$$[K]\{q_s\} = \omega_s^2[M]\{q_s\} \tag{5.1.40}$$

Multipliziert man Gl. (5.1.39) mit $\{q_s\}^{\mathrm{T}}$ vor, so erhält man

$$\{q_s\}^{\mathrm{T}}[K]\{q_r\} = \omega_r^2\{q_s\}^{\mathrm{T}}[M]\{q_r\} \tag{5.1.41}$$

Analog ergibt sich durch Vormultiplikation von Gl. (5.1.40) mit $\{q_r\}^{\mathrm{T}}$

$$\{q_r\}^{\mathrm{T}}[K]\{q_s\} = \omega_s^2\{q_r\}^{\mathrm{T}}[M]\{q_s\} \tag{5.1.42}$$

Da $[K]$ und $[M]$ symmetrisch sind, lassen sich die Terme der Gl. (5.1.42) transponieren, ohne daß sich etwas ändert. Subtrahiert man nun Gl. (5.1.42) von Gl. (5.1.41), so ergibt sich

$$(\omega_r^2 - \omega_s^2)\{q_r\}^T [M]\{q_s\} = 0 \tag{5.1.43}$$

Für zwei verschiedene Frequenzen ω_r und ω_s folgt daraus

$$\{q_r\}^T [M]\{q_s\} = 0 \qquad r \neq s \tag{5.1.44}$$

Für $\omega_r = \omega_s$ ist Gl. (5.1.43) erfüllt. Es gilt dann

$$\{q_r\}^T [M]\{q_r\} = M_r \tag{5.1.45}$$

Man bezeichnet M_r als die verallgemeinerte Masse für den r-ten Eigenvektor. Aus Gl. (5.1.44) und Gl. (5.1.45) folgt durch Einsetzen in die Gl. (5.1.41)

$$\{q_r\}^T [K]\{q_s\} = 0 \qquad r \neq s \tag{5.1.46}$$

und

$$K_r = \omega_r^2 \, M_r \tag{5.1.47}$$

Dabei bezeichnet

$$K_r = \{q_r\}^T [K]\{q_r\} \tag{5.1.48}$$

die verallgemeinerte Steifigkeit des Systems in der r-ten Eigenschwingung. Man sieht durch Vergleich von Gl. (5.1.47) mit Gl. (3.1.3), daß in der r-ten Eigenschwingung zwischen der verallgemeinerten Masse, der verallgemeinerten Steifigkeit und der Kreisfrequenz ω_r der gleiche Zusammenhang wie zwischen den entsprechenden Größen des Einmassenschwingers besteht.

Die obigen Beziehungen werden als die Orthogonalitätsrelationen der Eigenvektoren bezeichnet. Sie entsprechen einem verallgemeinerten Orthogonalitätsbegriff, in dem statt der direkten Bildung des Skalarproduktes noch eine Matrix, nämlich die Steifigkeits- bzw. Massenmatrix, in das Produkt mit eingeht. Ist die Massenmatrix eine Einheitsmatrix, so entsprechen die Orthogonalitätsrelationen der Bedingung geometrisch senkrechter Vektoren in einem n-dimensionalen Raum. So stehen beispielsweise die Hauptachsen eines Spannungszustands als die Eigenvektoren eines speziellen Eigenwertproblems immer senkrecht aufeinander. Die Orthogonalitätsrelationen gelten auch für die zu mehrfachen Eigenwerten gehörenden Eigenvektoren, da die freien Konstanten stets entsprechend gewählt werden können. Weiterhin sieht man leicht, daß auch die Matrix $[M]([M]^{-1}[K])^i$ für beliebige ganzzahlige i den Orthogonalitätsbedingungen genügt. Für $i = 0$ und $i = 1$ erhält man die obigen Beziehungen.

Lineare Unabhängigkeit des gesamten Eigensystems

Aus den Orthogonalitätsrelationen folgt sofort die lineare Unabhängigkeit des gesamten Eigensystems. Würde nämlich zwischen den Eigenvektoren eine lineare Beziehung der Form

$$\{q_r\} = \sum_{j=1}^{n} c_j \{q_j\} \tag{5.1.49}$$

bestehen, folgt durch sukzessive Vormultiplikation mit den Eigenvektoren $\{q_j\}^\mathrm{T}$ und der Massenmatrix

$$\{q_j\}^\mathrm{T}[M]\{q_r\} = c_j M_j = 0 \qquad j = 1,\ldots n \tag{5.1.50}$$

Daraus sieht man, daß sämtliche Koeffizienten c_j null sein müssen und somit das Eigensystem linear unabhängig ist. Dies gilt wegen der obigen Ergebnisse für die Eigenvektoren mehrfacher Nullstellen allgemein.

Normierung

Die Eigenvektoren sind als die Lösungen eines homogenen Gleichungsystems nur bis auf einen Faktor bestimmt. Man kann sie daher entsprechend einer Normierungsbedingung skalieren. Gebräuchlich ist einmal die Normierung auf maximale Komponente. Dabei wird die größte Komponente des Eigenvektors zu eins gesetzt. Eine weitere Möglichkeit besteht darin, die verallgemeinerten Massen M_i auf eins zu normieren:

$$M_i = 1 \qquad i = 1,\ldots n \tag{5.1.51}$$

Man spricht in diesem Falle von einem massennormierten Eigensystem.

Alle hier besprochenen Eigenschaften des Eigensystems diskretisierter Tragwerke gelten analog auch für das Eigensystem eines Kontinuums. Statt der endlich vielen Eigenvektoren erhält man unendlich viele Eigenfunktionen. Die Skalarprodukte und Matrizenprodukte gehen im kontinuierlichen Fall in Integrationen über. So lassen sich beispielsweise die Orthogonalitätsrelationen Gl. (3.2.43) bis Gl. (3.2.45) der trigonometrischen Funktionen physikalisch als die Orthogonalitätsrelationen des Eigensystems eines prismatischen Balkens unter bestimmten Auflagerbedingungen interpretieren.

Zusammenfassung

Eigenschwingungen ideal-elastischer Tragwerke sind die freien Schwingungen des ungedämpften und unbelasteten Tragwerks. Die resultierende Bewegungsgleichung ist homogen und führt mit einem harmonischen Ansatz auf das allgemeine oder — nach einer Transformation — das spezielle Eigenwertproblem. Die Eigenfrequenzen erhält man aus der Frequenzgleichung, welche sich aus der Bedingung verschwindender Determinante der Impedanz $[Z(i\omega)]$ ergibt. Die Anzahl der Eigenfrequenzen ist gleich der Anzahl der besetzten

Diagonalterme der Massenmatrix. Alle Eigenfrequenzen sind reell und ≥ 0. Da die Eigenwerte den Extremwerten des Rayleigh-Quotienten entsprechen und zudem über quadratische Ausdrücke gewonnen werden können, sind sie numerisch sehr stabile Größen. Mit Hilfe des Sturmschen Tests kann die Vollständigkeit des Eigensystems überprüft werden. Die Eigenvektoren sind ebenfalls reell und erfüllen die sogenannten Orthogonalitätsrelationen. Zu jedem Eigenvektor gehört eine verallgemeinerte Steifigkeit und eine verallgemeinerte Masse. Da Eigenvektoren nur bis auf einen Faktor bestimmt sind, müssen sie normiert werden. Gebräuchlich ist die Normierung auf maximale Komponente oder die Massennormierung.

5.2 Eigenwertmethoden

5.2.1 Aufspürmethoden

Der im letzten Abschnitt behandelte Rayleigh-Quotient liefert eine einfache Näherungsmethode zur Bestimmung der Eigenwerte aus geschätzten Eigenvektoren. Er eignet sich meist gut zur raschen Abschätzung des kleinsten Eigenwerts. In der Berechnungspraxis sind aber normalerweise mehrere Eigenwerte gesucht. Dazu kommt, daß die Berechnungsmodelle häufig recht groß sind, so daß man an effizienten numerischen Methoden zur Bestimmung des Eigensystems oder eines Teils davon interessiert ist. Im folgenden sollen daher die Grundzüge der wichtigsten numerischen Methoden zur Lösung des Eigenwertproblems behandelt werden. Praktisch alle dieser Methoden existieren in zahlreichen Varianten. Sie alle darzustellen würde den Rahmen dieses Abschnitts bei weitem sprengen. Es werden daher für jede Methode bewußt nur die grundsätzlichen Überlegungen sowie die wesentlichsten Vor- und Nachteile besprochen. Für weitergehendere Darstellungen muß auf die Literatur (z.B. [9], [111]) verwiesen werden.

Die Bestimmung der Eigenfrequenzen eines elastischen Tragwerks erfordert die Lösung der Frequenzengleichung, d.h. die Berechnung der Nullstellen des charakteristischen Polynoms. Diese Nullstellen sind im allgemeinen rationale Zahlen, welche daher nur mit beschränkter numerischer Genauigkeit berechnet werden können. Daraus folgt, daß die Bestimmung von Eigenfrequenzen grundsätzlich ein iterativer Prozeß sein muß.

Bei den numerischen Methoden unterscheidet man zwischen zwei verschiedenen Klassen. Die eine Art der Verfahren ist darauf zugeschnitten, eine begrenzte Anzahl von Eigenwerten und Eigenvektoren des Systems zu bestimmen. Diese Verfahren werden als Aufspürmethoden (Tracking-Methoden) bezeichnet. Zu ihnen gehören die Determinantenmethode, die inverse Vektoriteration, die Subspace-Iteration sowie das Verfahren von Lanczos-Crandall. Die zweite Klasse sind die Verfahren, welche sämtliche Eigenwerte und alle dazugehörigen Eigenvektoren bestimmen. Man spricht hier von Transformationsmethoden. Dazu gehören das Verfahren von Jacobi sowie die Methoden von Givens und Householder. Die Transformationsmethoden eignen sich wegen des damit verbundenen Rechenaufwandes nur für kleine Eigenwertprobleme. Mit den Aufspürmethoden kann dagegen auch bei sehr großen Systemen ein kleiner Satz von Eigenwerten und Eigenvektoren effizient bestimmt werden.

Determinantenmethode

Bei der Determinantenmethode berechnet man sukzessive die Nullstellen des charakteristischen Polynoms. Stellt man nämlich die Frequenzengleichung Gl. (5.1.23) mit den einfachen oder mehrfachen Nullstellen λ_i nach dem Zerlegungssatz in der Form

$$\|[K]-\lambda[M]\| = c(\lambda-\lambda_1)^{d_1}(\lambda-\lambda_2)^{d_2}\cdots(\lambda-\lambda_n)^{d_n} \tag{5.2.1.1}$$

dar, dann lassen sich die Nullstellen wie in Abb. 5.2.1 gezeigt nacheinander iterativ bestimmen. Man legt dazu zunächst drei Startwerte λ_{k-1}, λ_k und λ_{k+1} fest und wertet die Determinante der entsprechenden Matrix $[K]-\lambda[M]$ über eine Dreieckszerlegung aus. Mit den drei Startwerten läßt sich durch quadratische Interpolation ein erster Näherungswert für die Nullstelle gewinnen. Dieser Näherungswert kann dann in weiteren Interpolationen als Stützwert verwendet werden, um die Nullstelle bis zur gewünschten Rechengenauigkeit zu verbessern. Gefundene Nullstellen werden von der Determinante durch

$$\|[K]-\lambda[M]\|_{reduz.} = \frac{\|[K]-\lambda[M]\|}{(\lambda-\lambda_1)^{r_1}(\lambda-\lambda_2)^{r_2}\cdots(\lambda-\lambda_p)^{r_p}} \tag{5.2.1.2}$$

abgespalten. Damit wird vermieden, daß der Iterationsprozeß gegen eine der schon berechneten Wurzeln konvergiert. Hat man alle interessierenden Eigenwerte gefunden, so lassen sich die dazugehörigen Eigenvektoren durch eine Dreieckszerlegung von $[K]-\lambda_i[M]$ und Rückwärts-Substitution mit einem vorgewählten Element bestimmen.

Die Determinantenmethode ist numerisch sehr stabil. Wenn zur Bestimmung der Nullstellen quadratisch interpoliert wird, ist auch die Konvergenz für einfache Nullstellen quadratisch. Bei mehrfachen Nullstellen wird allerdings die Konvergenz schlechter. Der Nachteil der Determinantenmethode liegt in der Tatsache, daß für jeden Wert der Determinante eine Dreieckszerlegung durchgeführt werden muß. Bei größeren Gleichungssystemen ist dies aufwendig. Die Determinantenmethode kommt daher aus Gründen der numerischen Effizienz praktisch nur bei sehr kleinen Systemen bzw. bei Systemen mit schmalen Bandmatrizen in Frage.

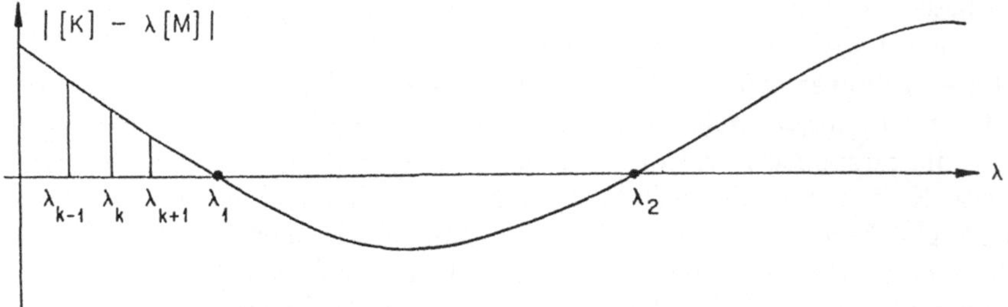

Abb. 5.2.1 Bestimmung der Nullstellen bei der Determinantenmethode

Inverse Vektoriteration

Für die inverse Vektoriteration wird das Eigenwertproblem nach Gl. (5.1.3) zunächst in der Form

$$\frac{1}{\omega^2}[K]\{q\} = [M]\{q\} \tag{5.2.1.3}$$

geschrieben, wobei $\{q\}$ den Eigenvektor bezeichnet. Daraus gewinnt man die Iterationsvorschrift

$$\frac{1}{\omega^2}[K]\{q\}_{k+1} = [M]\{q\}_k \tag{5.2.1.4}$$

Um das Verfahren zu starten, wählt man einen Startvektor $\{q\}_1$ frei vor und berechnet daraus in einem ersten Iterationsschritt $\{q\}_2$ durch Dreieckszerlegung von $[K]$ und Vorwärts-Rückwärts-Substitution. Sodann normiert man den Vektor $\{q\}_2$ und setzt ihn als neuen Startvektor auf die rechte Seite. In weiteren Iterationsschritten wird $\{q\}_k$ solange verbessert, bis die Änderungen unterhalb einer vorgegebenen Konvergenzschranke liegen. Als Maß für die Konvergenz kann man beispielsweise die Länge des Differenzvektors zwischen zwei iterierten Vektoren oder auch die relative Änderung des zugehörigen Eigenwertes zwischen zwei Iterationen verwenden.

Das Verfahren konvergiert gegen den zum kleinsten Eigenwert λ_1 gehörenden Eigenvektor. Um dies einzusehen, entwickelt man den k-ten Iterationsvektor $\{q\}_k$ nach den Eigenschwingungen

$$\{q\}_k = \{q_1\}\eta_1 + \{q_2\}\eta_2 + \cdots + \{q_n\}\eta_n \tag{5.2.1.5}$$

Die Größen η_i werden als Normalkoordinaten oder auch als modale Koordinaten bezeichnet. Sie sind die Amplituden der Eigenvektoren $\{q_i\}$, mit welcher diese zum darzustellenden Vektor $\{q\}_k$ beitragen. Faßt man die Eigenvektoren zur Modalmatrix

$$[\Phi] = [\{q_1\}\{q_2\} \cdots \{q_n\}] \tag{5.2.1.6}$$

zusammen, dann läßt sich Gl. (5.2.1.5) auch als

$$\{q\}_k = [\Phi]\{\eta\}_k \tag{5.2.1.7}$$

mit dem Vektor der Normalkoordinaten in der k-ten Iteration

$$\{\eta\}_k = \left\{ \begin{array}{c} \eta_1 \\ \vdots \\ \eta_n \end{array} \right\}_k \tag{5.2.1.8}$$

schreiben. Setzt man nun Gl. (5.2.1.7) in Gl. (5.2.1.4) ein und multipliziert mit $[\Phi]^{\mathrm{T}}$ vor, so kommt

$$\frac{1}{\omega^2}[\Phi]^{\mathrm{T}}[K][\Phi]\{\eta\}_{k+1} = [\Phi]^{\mathrm{T}}[M][\Phi]\{\eta\}_k \tag{5.2.1.9}$$

Wegen der Orthogonalitätsrelationen reduzieren sich die Produkte aus Modalmatrix und Steifigkeitsmatrix bzw. Modalmatrix und Massenmatrix auf je eine Diagonalmatrix der verallgemeinerten Steifigkeiten und der verallgemeinerten Massen:

$$[K_r] = [\Phi]^{\mathrm{T}}[K][\Phi] \tag{5.2.1.10}$$

$$[M_r] = [\Phi]^{\mathrm{T}}[M][\Phi] \tag{5.2.1.11}$$

Mit diesem Ergebnis vereinfacht sich Gl. (5.2.1.9) auf

$$\frac{1}{\omega^2}[K_r]\{\eta\}_{k+1} = [M_r]\{\eta\}_k \tag{5.2.1.12}$$

d.h. auf n Beziehungen zwischen Einmassenschwingern. Greift man nun die r-te Gleichung heraus, so folgt für die r-te Normalkoordinate η_r während zweier Iterationsschritte k und $k+1$ der Zusammenhang

$$\frac{\eta_{r,k+1}}{\eta_{r,k}} = \omega^2 \frac{M_r}{K_r} = \frac{\omega^2}{\omega_r^2} \tag{5.2.1.13}$$

wobei ω_r die Eigenkreisfrequenz der r-ten Eigenschwingung ist. Man sieht daraus, daß der Beitrag des r-ten Eigenvektors mit $1/\omega_r^2$ gegen null geht. Dies zeigt, daß schon nach wenigen Iterationen der Beitrag des zum kleinsten Eigenwert gehörenden Eigenvektors dominiert. Damit ist die Konvergenz gegen den zum kleinsten Eigenwert gehörenden Eigenvektor gezeigt.

Man kann das Verfahren auch gegen den zum größten Eigenwert gehörenden Eigenvektor konvergieren lassen, indem man die Iterationsvorschrift Gl. (5.2.1.4) auf die Form

$$\omega^2[M]\{q\}_{k+1} = [K]\{q\}_k \tag{5.2.1.14}$$

bringt. Normalerweise ist aber der kleinste Eigenwert wesentlich interessanter als der durch die Diskretisierung ohnehin meist stark verfälschte größte Eigenwert.

Ein Nachteil der inversen Vektoriteration besteht darin, daß jeder beliebige Startvektor nach wenigen Iterationsschritten gegen den zum kleinsten Eigenwert gehörenden Eigenvektor konvergiert. In den Anwendungen ist man aber meistens nicht nur am kleinsten Eigenwert sondern am gesamten Spektrum in einem bestimmten Frequenzbereich interessiert. Man kann die Konvergenz gegen andere Eigenvektoren durch die Einführung von sogenannten Shift-Punkten und durch Orthogonalisierung der gefundenen Eigenvektoren erreichen. In Abb. 5.2.2 ist die Achse der Eigenwerte mit $\lambda = \omega^2$ gezeigt. Mit dem Shift-Punkt λ_o kann der Ursprung dieser Achse verschoben werden. Dabei gilt die Transformation

$$\lambda = \lambda_o + \overline{\lambda} \tag{5.2.1.15}$$

zwischen den ursprünglichen Eigenwerten λ und den verschobenen Eigenwerten $\overline{\lambda}$. Setzt man diese Beziehung in Gl. (5.2.1.3) ein, so erhält man

$$[K]\{q\} = (\lambda_o + \overline{\lambda})[M]\{q\} \tag{5.2.1.16}$$

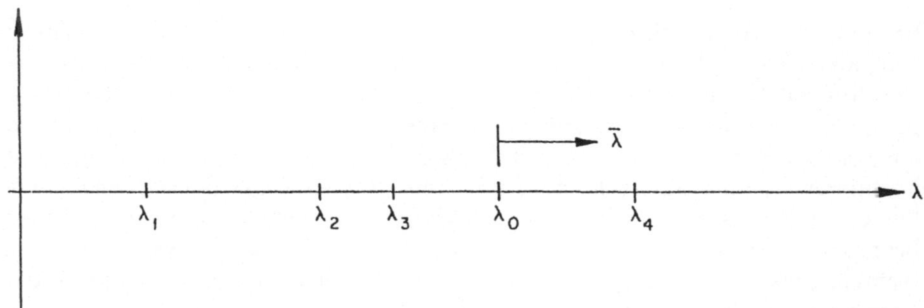

Abb. 5.2.2 Verschiebung des Nullpunktes der Eigenwertachse

Diese Gleichung läßt sich sofort in der gewohnten Form

$$\frac{1}{\bar{\lambda}}[\overline{K}]\{q\} = [M]\{q\} \tag{5.2.1.17}$$

schreiben, wobei die verschobene Steifigkeitsmatrix

$$[\overline{K}] = [K] - \lambda_o[M] \tag{5.2.1.18}$$

eingeführt wurde. Die Iterationsvorschrift zur Gewinnung des Eigenvektors führt jetzt auf

$$\frac{1}{\bar{\lambda}}[\overline{K}]\{q\}_{k+1} = [M]\{q\}_k \tag{5.2.1.19}$$

Es läßt sich wie oben wiederum leicht zeigen, daß die iterierten Vektoren im Falle des verschobenen Problems gegen den Eigenvektor desjenigen Eigenwerts konvergieren, welcher dem Shift-Punkt λ_o am nächsten liegt. Weiterhin sieht man, daß die neue Steifigkeitsmatrix $[\overline{K}]$ als Summe der ursprünglichen Steifigkeitsmatrix und der Massenmatrix normalerweise regulär ist. Man hat damit ein Verfahren an der Hand, um auch im Falle einer singulären Steifigkeitsmatrix, bei welcher noch Starrkörperverschiebungen vorhanden sind, eine reguläre Matrix zu erhalten. Dies ist unerläßlich, um den Iterationsprozeß numerisch durchführen zu können.

Für die praktische Rechnung faßt man die rechte Seite der Gl. (5.2.1.19) zum Vektor

$$\{y\}_k = [M]\{q\}_k \tag{5.2.1.20}$$

zusammen. Die Iterationsvorschrift läßt sich dann durch eine Dreieckszerlegung von $[\overline{K}]$ in

$$[\overline{K}] = [O]^{\mathrm{T}}[O] \tag{5.2.1.21}$$

auch auf die Form

$$[O]^{\mathrm{T}}[O]\{q\}_{k+1} = \{y\}_k \tag{5.2.1.22}$$

bringen. Der neue Vektor $\{q\}_{k+1}$ enthält zunächst den unbekannten Eigenwert als Faktor. Gl. (5.2.1.22) wird durch eine Vorwärts-Rückwärts-Substitution aufgelöst. Sie liefert einen verbesserten Eigenvektor, welcher aber noch nicht normiert ist. Aus der Normierungsbedingung ergibt sich $\{y\}_{k+1}$ sowie ein verbesserter Wert für den zugehörigen Eigenwert λ_{k+1}. Statt $\{q\}_{k+1}$ zu normieren, kann man auch mit Hilfe eines Rayleigh-Quotienten einen verbesserten Eigenwert erhalten. Der Rayleigh-Quotient ist, wie schon früher besprochen, als Quotient zweier quadratischer Ausdrücke und wegen der Extremaleigenschaft der Eigenwerte sehr stabil. Er liefert daher im allgemeinen ausgezeichnete Werte für den zugehörigen Eigenwert.

Für jeden neuen Shift-Punkt muß auch eine neue Dreieckszerlegung der verschobenen Steifigkeitsmatrix $[\overline{K}]$ durchgeführt werden. Die Dreieckszerlegung kann aber bezüglich der Rechenzeit aufwendig sein. Man ist daher daran interessiert, für einen bestehenden Shift-Punkt mehrere Eigenvektoren und die dazugehörigen Eigenwerte erhalten zu können, um die Dreieckszerlegung nur einmal durchführen zu müssen. Dies gelingt durch Orthogonalisierung der bereits gefundenen Eigenvektoren. Dazu soll angenommen werden, daß bereits p Vektoren $\{q_1\}$, $\{q_2\}$, $\ldots \{q_p\}$ gefunden wurden. Ein neuer Eigenvektor $\{q_k\}$ muß nun die Orthogonalitätsrelationen

$$\{q_i\}^{\mathrm{T}}[M]\{q_k\} = 0 \qquad\qquad i = 1, \ldots p \qquad\qquad (5.2.1.23)$$

erfüllen. Dies ist normalerweise nicht der Fall. Der neue Vektor $\{q_k\}$ wird vielmehr auch Komponenten in Richtung der bereits gefundenen Vektoren $\{q_i\}$, $i = 1, \ldots p$, aufweisen. Man kann daher $\{q_k\}$ als

$$\{q_k\} = \sum_{j=1}^{p} a_j\{q_j\} + \{\overline{q}_k\} \qquad\qquad\qquad (5.2.1.24)$$

mit unbekannten Faktoren a_j ansetzen. Der Vektor $\{\overline{q}_k\}$ ist der orthogonalisierte Anteil, d.h. der zu allen früheren Vektoren im Sinne der Orthogonalitätsrelationen senkrecht stehende Vektor. Da $\{\overline{q}_k\}$ die Orthogonalitätsrelationen exakt erfüllen muß, gilt

$$\{q_i\}^{\mathrm{T}}[M]\{\overline{q}_k\} = 0 \qquad\qquad i = 1, \ldots p \qquad\qquad (5.2.1.25)$$

Setzt man nun

$$\{\overline{q}_k\} = \{q_k\} - \sum_{j=1}^{p} a_j\{q_j\} \qquad\qquad\qquad (5.2.1.26)$$

in Gl. (5.2.1.25) ein, so folgt

$$\{q_i\}^{\mathrm{T}}[M]\{q_k\} - \{q_i\}^{\mathrm{T}} \sum_{j=1}^{p} a_j[M]\{q_j\} = 0 \qquad\qquad (5.2.1.27)$$

Da die schon gefundenen Vektoren aber orthogonal sein sollen, gilt

$$\{q_i\}^{\mathrm{T}} \sum_{j=1}^{p} a_j[M]\{q_j\} = a_i M_i \qquad\qquad i = 1, \ldots p \qquad\qquad (5.2.1.28)$$

mit der verallgemeinerten Masse M_i der i-ten Eigenschwingung. Daraus ergibt sich aus Gl. (5.2.1.27)

$$a_i = \frac{1}{M_i}\{q_i\}^T[M]\{q_k\} \qquad\qquad i = 1,\ldots p \qquad\qquad (5.2.1.29)$$

Dies ist der gesuchte Anteil des neuen Vektors $\{q_k\}$ in Richtung des schon früher gefundenen Vektors $\{q_i\}$. Gl. (5.2.1.26) liefert nun den orthogonalisierten Anteil $\{\overline{q}_k\}$. Das obige Verfahren wird auch als Gram-Schmidt Orthogonalisierung bezeichnet.

Mit Hilfe der Orthogonalisierung läßt sich erreichen, daß die Iterationen stets gegen neue Eigenvektoren streben. Allerdings muß die Orthogonalisierung in jedem Iterationsschritt durchgeführt werden. Da sich die Konvergenz verschlechtert, je weiter der zum aktuellen Iterationsvektor gehörende Eigenwert vom Shift-Punkt entfernt liegt, ist es zweckmäßig, von Zeit zu Zeit den Shift-Punkt zu wechseln. In der Berechnungspraxis wird man daher beispielsweise das Intervall der gesuchten Frequenzen in mehrere Shift-Punkte unterteilen und dann durch sukzessives Wechseln dieser Shift-Punkte sämtliche gesuchten Eigenwerte und Eigenvektoren bestimmen. Die Vollständigkeit des gefundenen Eigensystems wird mit dem Sturmschen Test überprüft.

Simultane Vektoriteration

Es ist naheliegend, die obige Iterationsvorschrift statt nur mit einem Vektor simultan mit einer ganzen Reihe von Iterationsvektoren durchzuführen. Dadurch läßt sich der Rechenaufwand weiter reduzieren. Diese Überlegungen führen auf das Verfahren der simultanen Vektoriteration oder Subspace-Iteration ([7], [9], [93]). Sucht man von einem System die untersten n Eigenvektoren, so startet man den Iterationsprozeß mit $p > n$ Versuchsvektoren. Dabei soll angenommen werden, daß die Anzahl n der gesuchten Vektoren wesentlich kleiner als die Anzahl der Freiheitsgrade des Tragwerks ist. Die Iterationsvorschrift gemäß Gl. (5.2.1.4) führt nun auf die Bedingung

$$[K][X]_{k+1} = [M][Q]_k \qquad\qquad (5.2.1.30)$$

wobei

$$[Q]_k = [\{q\}_1\{q\}_2 \cdots \{q\}_p]_k \qquad\qquad (5.2.1.31)$$

die Matrix der Iterationsvektoren für die k-te Iteration darstellt. Die Matrix

$$[X]_{k+1} = [Q]_{k+1}\begin{bmatrix}\ddots & \\ & \dfrac{1}{\lambda} \\ & & \ddots\end{bmatrix} \qquad\qquad (5.2.1.32)$$

enthält die unbekannten Vektoren für die $k+1$-te Iteration. Dabei wurden die inversen Eigenwerte als Faktoren in diese Vektoren eingebaut. Gl. (5.2.1.30) läßt sich durch eine Dreieckszerlegung von $[K]$ und anschließende simultane

Vorwärts-Rückwärts-Substitution auflösen. Die zu den einzelnen Vektoren gehörenden Eigenwerte erhält man ebenfalls wieder aus der Normierungsbedingung oder mit Hilfe eines Rayleigh-Quotienten. Auch hier läßt sich die Konvergenz dadurch verbessern, daß man einen Shift-Punkt beispielsweise in der Mitte des interessierenden Frequenzenintervalls einführt.

Falls man den durch Gl. (5.2.1.30) gegebenen Iterationsprozeß ohne weitere Eingriffe sich selbst überläßt, konvergieren sämtliche p Versuchsvektoren gegen den zum kleinsten Eigenwert gehörenden Eigenvektor. Um dies zu verhindern, muß man die Kolonnenvektoren von $[Q]$ orthogonalisieren. Weiterhin müssen die Vektoren nach jedem Iterationsschritt normiert werden, um die Zahlengrößen in vernünftigen Bereichen zu halten und um die zugehörigen Eigenwerte zu bestimmen. Beide Aufgaben lassen sich durch den Übergang auf eine neue Basis mit der Dimension p und anschließende Lösung des auf diese Basis transformierten Eigenwertproblems lösen.

Um aus den in der k-ten Iteration gewonnen Eigenvektoren $[X]_{k+1}$ eine neue, orthonormale Basis $[Q]_{k+1}$ zu gewinnen, macht man den Ansatz

$$[Q]_{k+1} = [X]_{k+1}[Z]_{k+1} \qquad (5.2.1.33)$$

Die zunächst unbekannten Vektoren $[Z]_{k+1}$ stellen die Beiträge der Vektoren der alten Basis $[X]_{k+1}$ in Richtung der neuen Basis $[Q]_{k+1}$ dar. Man transformiert nun zunächst die Steifigkeitsmatrix und die Massenmatrix auf die Basis $[X]_{k+1}$ und erhält

$$[K]_{k+1} = [X]_{k+1}^{T}[K][X]_{k+1} \qquad (5.2.1.34)$$

$$[M]_{k+1} = [X]_{k+1}^{T}[M][X]_{k+1} \qquad (5.2.1.35)$$

Die Matrizen $[K]_{k+1}$ und $[M]_{k+1}$ sind symmetrisch und im allgemeinen voll besetzt. Ihre Dimension entspricht allerdings nur mehr der Anzahl p der für die Iteration gewählten Vektoren. Für das projizierte System wird das Eigenwertproblem zu

$$[K]_{k+1}[Z]_{k+1} = [M]_{k+1}[Z]_{k+1} \begin{bmatrix} \ddots & & \\ & \lambda & \\ & & \ddots \end{bmatrix}_{k+1} \qquad (5.2.1.36)$$

mit den Eigenvektoren $[Z]_{k+1}$. Für dieses Eigenwertproblem werden sämtliche Eigenwerte und Eigenvektoren bestimmt. Da es sich hier normalerweise um ein kleines Problem handelt, setzt man dazu eine der im folgenden noch zu besprechenden Transformationsmethoden ein. Die Eigenvektoren $[Z]_{k+1}$ werden dabei massennormiert, d.h. ihre verallgemeinerten Massen werden zu eins. Mit Hilfe dieser Eigenvektoren wird nun über Gl. (5.2.1.33) die neue Basis $[Q]_{k+1}$ aufgebaut. Man überzeugt sich leicht davon, daß die Kolonnen von $[Q]_{k+1}$ zur Massenmatrix orthonormal sind. Die Transformation der Massenmatrix wie auch der Steifigkeitsmatrix auf $[Q]_{k+1}$ führt nämlich sofort auf die Orthogonalitätsbedingungen, welche für das Eigenwertproblem Gl. (5.2.1.36) erfüllt sind. Weiterhin läßt sich mit Hilfe des Rayleigh-Quotienten zeigen, daß die Eigenwerte des reduzierten Systems mit den Eigenwerten des ursprünglichen Systems identisch sind. Die Transformation auf ein reduziertes Eigenwertproblem hat damit tatsächlich in einem Schritt die Aufgabe der Orthogonalisierung und der Normierung gelöst.

Die simultane inverse Vektoriteration konvergiert normalerweise gegen die p untersten Eigenvektoren $\{q_i\}$ bzw. die dazugehörigen Eigenwerte λ_i. Die Konvergenzrate ist durch λ_i/λ_p gegeben. Die Konvergenz ist daher umso besser, je größer die Anzahl p der iterierten Vektoren gewählt wird. Gebräuchlich ist $p = \min(2n, n+8)$, wobei n wiederum die Anzahl der gesuchten Eigenvektoren bezeichnet [9]. Allerdings ist mit zunehmendem p auch zunehmender Rechenaufwand verbunden. Das Verfahren wird gestartet durch die Auswahl von p linear unabhängigen Startvektoren. Diese können beispielsweise mit Hilfe eines Zufallsgenerators erzeugt werden. Die Startvektoren dürfen nicht orthogonal zu den gesuchten Vektoren liegen. Auch bei der simultanen Vektoriteration kann die Vollständigkeit des gefundenen Eigensystems in einem bestimmten Frequenzbereich mit Hilfe eines Sturmschen Tests überprüft werden.

Lanczos-Crandall

Bei der Subspace-Iteration entstehen beim Übergang auf die reduzierte Basis normalerweise voll besetzte Matrizen $[K]_{k+1}$ und $[M]_{k+1}$. Dadurch wird der Rechenaufwand für die Auflösung des reduzierten Eigenwertproblems mitunter erheblich. Man kann nun versuchen, durch Wahl anderer Transformationsvektoren die entstehenden Matrizen bereits auf eine spezielle Form zu bringen. Dies ist die Idee des Verfahrens von Lanczos-Crandall. Bei dieser Methode wird die Steifigkeitsmatrix in eine Tridiagonalmatrix und die Massenmatrix in eine Diagonalmatrix übergeführt. Unter einer Tridiagonalmatrix versteht man eine Matrix, bei der nur je ein Element neben der Hauptdiagonalen besetzt ist (Abb. 5.2.3). Die Tridiagonalmatrix ist diejenige Matrix, welche der Diagonalform am nächsten kommt und in endlich vielen Schritten aus einer allgemeinen Matrix gewonnen werden kann. Das Verfahren von Lanczos-Crandall läßt sich direkt auf das allgemeine Eigenwertproblem anwenden [80]. Der Übersichtlichkeit halber soll es aber hier in seiner Form für das spezielle Eigenwertproblem behandelt werden. Man hat daher in einem ersten Schritt das allgemeine Eigenwertproblem beispielsweise mit der früher

$$
\begin{bmatrix}
\times & \times & & & & & \\
\times & \times & \times & & & & \\
& \times & \times & \times & & & \\
& & \times & \times & \times & & \\
& & & \times & \times & \times & \\
& & & & \times & \times & \times \\
& & & & & \times & \times
\end{bmatrix}
$$

Abb. 5.2.3 Besetzung einer Tridiagonalmatrix

besprochenen symmetrischen Transformation auf das spezielle Eigenwertproblem

$$[K]\{q\} = \omega^2\{q\} \tag{5.2.1.37}$$

zu transformieren.

Der Aufbau des reduzierten, tridiagonalen Systems geschieht nun mit der Transformation

$$\{q\} = [V]\{x\} \tag{5.2.1.38}$$

Die Matrix $[V]$ enthält p Vektoren, wobei p wie bei der simultanen Vektoriteration größer als die Anzahl der gesuchten Eigenwerte aber wesentlich kleiner als die Anzahl der Freiheitsgrade des Systems gewählt wird. $[V]$ wird Vektor für Vektor nach dem Lanczos-Algorithmus [50] aufgebaut:

$$a_i = \{v\}_i^{\mathrm{T}}[K]\{v\}_i \qquad\qquad i = 1,\ldots p \tag{5.2.1.39}$$

$$b_i = \{v\}_{i-1}^{\mathrm{T}}[K]\{v\}_i \qquad\qquad i = 1,\ldots p \tag{5.2.1.40}$$

$$\{\bar{v}\}_{i+1} = [K]\{v\}_i - a_i\{v\}_i - b_i\{v\}_{i-1} \tag{5.2.1.41}$$

$$\{v\}_{i+1} = \frac{\{\bar{v}\}_{i+1}}{\sqrt{\{\bar{v}\}_{i+1}^{\mathrm{T}}\{\bar{v}\}_{i+1}}} \tag{5.2.1.42}$$

Der Algorithmus wird gestartet durch Vorgabe von $\{v\}_1$ beispielsweise durch Zufallszahlen. Weiterhin wird $\{v\}_0$ zu null gesetzt d.h. $b_1 = 0$. Für $[V]$ gilt

$$[V]^{\mathrm{T}}[V] = [I] \tag{5.2.1.43}$$

Die Transformation von $[K]$ auf diese neue Basis mit

$$[\overline{K}] = [V]^{\mathrm{T}}[K][V] \tag{5.2.1.44}$$

liefert eine tridiagonale Matrix $[\overline{K}]$. Die Lösungen des tridiagonalen Eigenwertproblems können nun mit Hilfe spezieller Algorithmen wie beispielsweise der QR-Iteration oder durch Einschachtelung (s. z.B. [9], [111]) sehr schnell gefunden werden.

Bei der simultanen Vektoriteration wird die Transformation auf die reduzierte Basis in jedem Iterationsschritt wiederholt. Im Gegensatz dazu wird beim Verfahren von Lanczos-Crandall die Transformation auf die neue Basis nur einmal durchgeführt. Die iterative Bestimmung des Eigensystems erfolgt hier auf der Stufe des tridiagonalen Systems. Aus diesem Grunde ist das Verfahren von Lanczos-Crandall normalerweise auch wesentlich effizienter als die simultane Vektoriteration. Als Nachteil der Methode ist allerdings zu erwähnen, daß die nach den obigen Rekursionsformeln bestimmten Vektoren $\{v\}_i$ wegen Rundungsfehlern die Orthogonalitätsrelationen verletzen können. In diesem Falle wird eine Reorthogonalisierung nötig. Weiterhin muß die Vollständigkeit des gefundenen Eigensystems mit Hilfe eines Sturmschen Tests überprüft werden.

5.2.2 Transformationsmethoden

Orthogonale Transformationen

Die Grundidee der Transformationsmethoden besteht darin, das Eigenwertproblem Gl. (5.1.3) durch sukzessive Transformation mit Rotationsmatrizen auf Diagonalform zu bringen. Da dies der Bestimmung der Nullstellen des charakteristischen Polynoms entspricht, sind dazu wie bereits festgestellt unendlich viele Rotationen nötig. Für die Rotationen werden orthonormale Matrizen verwendet. Dies sind Matrizen, welche die Bedingung

$$[T]^{\mathrm{T}}[T] = [I] \tag{5.2.2.1}$$

mit der Einheitsmatrix $[I]$ erfüllen. Multipliziert man die Eigenwertgleichung Gl. (5.1.3) mit $[T]^{\mathrm{T}}$ vor und setzt $\{q\} = [T]\{\bar{q}\}$, dann ergibt sich

$$[T]^{\mathrm{T}}([K]-\lambda[M])[T]\{\bar{q}\} = \{0\} \tag{5.2.2.2}$$

Dabei bezeichnet $\lambda = \omega^2$ wiederum den Eigenwert. Bildet man nun die Frequenzengleichung, so erhält man unter Verwendung von Gl. (5.2.2.1) und der Tatsache, daß die Determinante der Einheitsmatrix gleich eins ist, die Beziehung

$$\begin{aligned} P(\lambda) &= |[T]^{\mathrm{T}}| \, |([K] - \lambda[M])| \, |[T]| = \\ &|[T]^{\mathrm{T}}| \, |[T]| \, |([K] - \lambda[M])| = |([K] - \lambda[M])| = 0 \end{aligned} \tag{5.2.2.3}$$

Das charakteristische Polynom bleibt also unter orthogonalen Transformationen invariant. Damit bleiben auch die Eigenwerte erhalten. Man überzeugt sich leicht davon, daß die Invarianz der Eigenwerte auch für sämtliche sogenannte Kongruenztransformationen

$$[T]^{-1}([K]-\lambda[M])[T]\{\bar{q}\} = \{0\} \tag{5.2.2.4}$$

gilt.

Hauptachsentransformation

Die Lösung des Eigenwertproblems wird mitunter auch mit einem aus der Geometrie entlehnten Begriff als Hauptachsentransformation bezeichnet. Eine Fläche zweiten Grades ist nämlich analog zu Gl. (5.1.15) durch die quadratische Gleichung

$$\{x\}^{\mathrm{T}}[A]\{x\} = Q \tag{5.2.2.5}$$

mit dem Vektor der Variablen

$$\{x\} = \left\{ \begin{array}{c} x_1 \\ \vdots \\ x_n \end{array} \right\} \tag{5.2.2.6}$$

und einer Konstanten Q gegeben. Die Matrix $[A]$ soll symmetrisch sein. Im dreidimensionalen Raum beschreibt Gl. (5.2.2.5) ein Ellipsoid, ein Paraboloid oder ein Hyperboloid. Die Hauptachsen der Fläche sind dadurch ausgezeichnet, daß der vom Nullpunkt ausgehende Ortsvektor zum Durchstoßpunkt der Hauptachse mit der Fläche mit dem Normalenvektor gleichgerichtet ist. Der Normalenvektor ist als Gradient der Fläche durch

$$\operatorname{grad} Q = [A]\{x\} \tag{5.2.2.7}$$

gegeben. Demnach wird die Bedingung für die Hauptachsen zu

$$[A]\{x\} = \lambda\{x\} \tag{5.2.2.8}$$

wobei λ einen zunächst unbekannten Skalierungsfaktor darstellt. Diese Gleichung ist das spezielle Eigenwertproblem. Das allgemeine Eigenwertproblem ist geometrisch dadurch gekennzeichnet, daß der über eine weitere Matrix abgebildete Ortsvektor in die gleiche Richtung wie der Normalenvektor zeigt. Die Lösung liefert mit den Eigenvektoren die Richtungen und mit den Eigenwerten die Längen der Hauptachsen.

Für die folgenden Überlegungen wird angenommen, daß das Eigenwertproblem in seiner speziellen Form vorliegt. Dies ist jederzeit durch eine der früher angegebenen Transformationen möglich. Es sei aber angemerkt, daß von den Transformationsmethoden die Methode von Jacobi in modifizierter Form auch zur direkten Behandlung des allgemeinen Eigenwertproblems verwendet werden kann, während die Givens- und Householder-Transformation das spezielle Eigenwertproblem voraussetzen.

Jacobi-Transformation

Die älteste Transformationsmethode zur Bestimmung sämtlicher Eigenwerte und Eigenvektoren eines Eigenwertproblems ist das Verfahren von Jacobi [47]. Für die Transformationen werden orthogonale Rotationsmatrizen, wie sie in Abb. 5.2.4 dargestellt sind, verwendet. Man spricht hier auch von Rotationsmatrizen in der i-j-Ebene. Die Matrix $[A]$ des Eigenwertproblems Gl. (5.2.2.8) wird nun durch sukzessive Vor- und Nachmultiplikation mit diesen Rotationsmatrizen auf Diagonalform gebracht. Man erhält damit die Iterationsvorschrift

$$[A]_{k+1} = [T]_k^{\mathrm{T}}[A]_k[T]_k \tag{5.2.2.9}$$

In Abb. 5.2.4 sind ebenfalls die durch die Transformation veränderten Elemente von $[A]$ angegeben. Aus der Figur liest man das Bildungsgesetz

$$a_{ij,k+1} = a_{ji,k+1} = (a_{jj,k} - a_{ii,k})\sin\theta\cos\theta + a_{ij,k}(\cos^2\theta - \sin^2\theta) \tag{5.2.2.10}$$

für die neuen Elemente ab. Die Forderung, daß die neuen Elemente außerhalb der Diagonalen zu null werden, d.h. daß $a_{ij,k+1} = a_{ji,k+1} = 0$ gilt, führt mit

$$\sin\theta\cos\theta = \frac{1}{2}\sin 2\theta \tag{5.2.2.11}$$

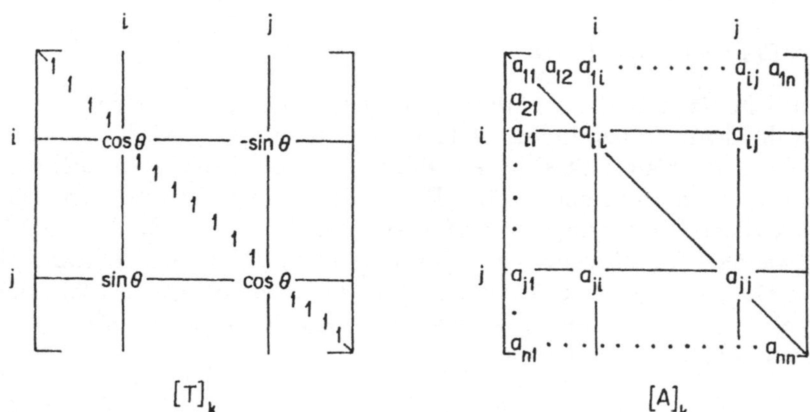

Abb. 5.2.4 Transformation nach Jacobi

und

$$\cos^2\theta - \sin^2\theta = \cos 2\theta \tag{5.2.2.12}$$

auf die Beziehung

$$\tan 2\theta = \frac{2a_{ij,k}}{a_{ii,k} - a_{jj,k}} \tag{5.2.2.13}$$

zur Bestimmung des Rotationswinkels θ. Der Winkel wird in der Berechnungspraxis gemäß $|\theta| \le \pi/4$ bestimmt. Für $a_{ii,k} = a_{jj,k}$ setzt man $\theta = \pi/4$. Man inkrementiert nun j um eins und führt die nächste Transformation durch. Aus Abb. 5.2.4 sieht man sofort, daß bei dieser neuen Transformation normalerweise das zu null gesetzte Element wieder von null verschieden wird. Trotzdem läßt sich zeigen (s. z.B. [111]), daß die Jacobische Iterationsvorschrift gegen eine Diagonalmatrix konvergiert. Man muß dazu allerdings $[A]$ in mehreren Durchgängen überarbeiten. Das Verfahren wird abgebrochen, wenn alle Terme außerhalb der Hauptdiagonalen betragsmäßig kleiner als eine vorgegebene Schranke sind.

Für die einmalige Überarbeitung von $[A]$ sind beim Verfahren von Jacobi ca. $2n^3$ Multiplikationen nötig, wobei n die Anzahl Freiheitsgrade des Eigenwertproblems bezeichnet. Üblicherweise muß die Matrix fünf bis zehn Mal überarbeitet werden, damit die Elemente außerhalb der Diagonalen genügend klein werden. Der damit verbundene Rechenaufwand kann daher für größere Eigenwertprobleme erheblich sein. Als Ergebnis erhält man nach r Iterationen

$$[T]_r^{\mathrm{T}}[T]_{r-1}^{\mathrm{T}} \cdots [T]_1^{\mathrm{T}}[A][T]_1 \cdots [T]_{r-1}[T]_r \simeq [\,\lambda\,] \tag{5.2.2.14}$$

wobei $[\,\lambda\,]$ die Diagonalmatrix der Eigenwerte bezeichnet. Faßt man die Produkte der Rotationsmatrizen mit

$$[\Phi] = [T]_1 \cdots [T]_{r-1}[T]_r \tag{5.2.2.15}$$

zusammen, so sieht man, daß $[\Phi]$ ebenfalls eine orthogonale Matrix ist. Ihre Kolonnen sind die Eigenvektoren des Problems. $[\Phi]$ ist daher die Modalmatrix.

Givens-Transformation

Der wesentliche Nachteil des Verfahrens von Jacobi besteht darin, daß die erzeugten Null-Elemente bereits im nächsten Iterationsschritt wieder zerstört werden. Dieses Problem läßt sich vermeiden, wenn die Rotationen nicht in der i-j-Ebene, sondern in der $i+1$, j-Ebene durchgeführt werden. Dies ist die grundsätzliche Überlegung des Verfahrens von Givens [36]. In Abb. 5.2.5 ist die verwendete Rotationsmatrix sowie ihr Einfluß auf die Zeilen und Kolonnen der Matrix $[A]$ gezeigt. Führt man nun entsprechend Gl. (5.2.2.9) die Rotationen für $j > i + 1$ durch, so liest man aus der Figur für die neuen Elemente außerhalb der Diagonalen

$$a_{ij,k+1} = a_{ji,k+1} = -a_{i\,i+1,k} \sin\theta + a_{ij,k} \cos\theta \qquad (5.2.2.16)$$

ab. Damit diese Elemente verschwinden, muß

$$\tan\theta = \frac{a_{ij,k}}{a_{i\,i+1,k}} \qquad (5.2.2.17)$$

gelten. Man sieht, daß durch diese Transformationen $[A]$ in endlich vielen Schritten in eine Tridiagonalmatrix übergeführt wird. Dazu sind etwa $(4/3)n^3$ Multiplikationen nötig. Die Eigenwerte des tridiagonalen Problems lassen sich nun wiederum mit speziellen Verfahren wie bei Lanczos-Crandall berechnen. Weiterhin ist die Bestimmung des Rotationswinkels beim Verfahren von Givens etwas einfacher als beim Verfahren von Jacobi. Da die Tridiagonalisierung von $[A]$ in einem einzigen Durchgang erreicht wird und zudem die Bestimmung der Eigenwerte des tridiagonalen Systems sehr effizient möglich ist, kann das Verfahren von Givens um Faktoren schneller sein als die Jacobi-Transformation.

Die Berechnung der Eigenvektoren des tridiagonalen Problems läßt sich grundsätzlich ebenfalls sehr einfach durchführen. Da jede Gleichung nämlich nur aus drei Termen besteht, die erste und die letzte Gleichung aber nur zwei Terme enthält, wäre eine direkte Bestimmung der Eigenvektoren nach Vorwahl einer Komponente möglich. Leider zeigt es sich aber, daß dieser Weg auf

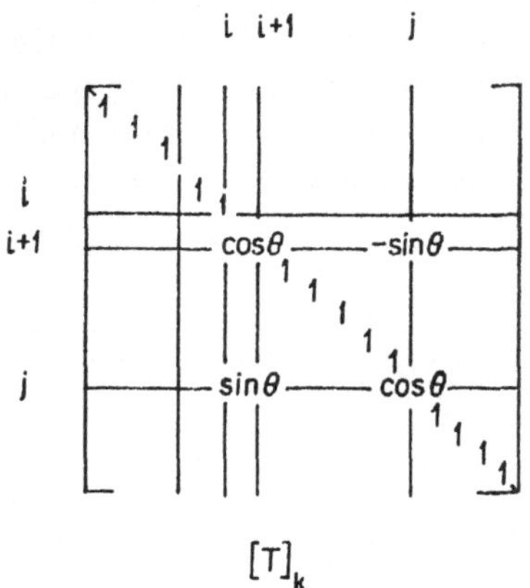

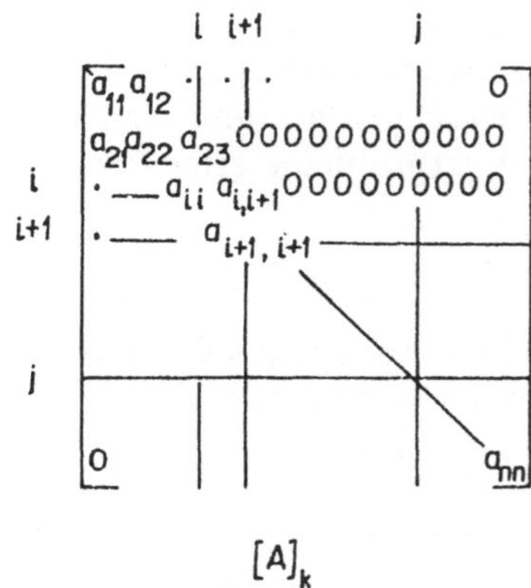

Abb. 5.2.5 Transformation nach Givens

numerische Schwierigkeiten stößt. Dies hat zur Folge, daß selbst bei numerisch gut bestimmten Eigenwerten die dazugehörenden Eigenvektoren große Fehler aufweisen können. Numerisch besser ist es, eine Dreieckszerlegung mit Pivot-Suche der für den i-ten Eigenwert entstehenden Systemmatrix gemäß

$$[A] - \lambda_i[I] = [O]^{\mathrm{T}}[O] \tag{5.2.2.18}$$

durchzuführen. Das letzte, theoretisch verschwindende Pivot-Element wird durch eine geeignet gewählte kleine Zahl ersetzt. Aus

$$[O]\{q_i\}_1 = \{e\} \tag{5.2.2.19}$$

mit einem nur mit Einsen besetzten Vektor $\{e\}$ erhält man durch Rückwärts-Substitution eine erste Approximation für den Eigenvektor $\{q_i\}$. Die anschließende Vektoriteration mit der Vorwärts-Substitution

$$[O]^{\mathrm{T}}\{y\}_k = \{q_i\}_k \tag{5.2.2.20}$$

und der Rückwärts-Substitution

$$[O]\{q_i\}_{k+1} = \{y\}_k \tag{5.2.2.21}$$

konvergiert normalerweise in zwei Schritten gegen den gesuchten Eigenvektor.

Householder-Transformation

Eine weitere Reduktion des Rechenaufwands für die Tridiagonalisierung ist dadurch möglich, daß man die Terme außerhalb der zweiten Diagonalen in einem einzigen Schritt zu null setzt. Dies ist die Idee des 1958 von Householder vorgeschlagenen Transformationsverfahrens ([39], [40], [41]). Die Transformationsmatrix wird dabei durch

$$[T]_k = [I] - 2\{v\}_k\{v\}_k^{\mathrm{T}} \tag{5.2.2.22}$$

mit der Einheitsmatrix $[I]$ und dem sogenannten dyadischen Produkt mit einem Vektor $\{v\}_k$ gebildet. Beim dyadischen Produkt entsteht eine symmetrische Matrix. Der Vektor $\{v\}_k$ ist ein Einheitsvektor, dessen erste r Komponenten gleich null sind. Dementsprechend ist $[T]_k$ auch nur in den Elementen für $i > k$ außerhalb der Diagonalen besetzt. $[T]_k$ ist wiederum eine orthogonale Matrix.

Transformiert man nun die k-te Zeile bzw. k-te Kolonne von $[A]$ mit dieser Matrix, so entsteht

$$\{\bar{a}\}_k = ([I] - 2\{v\}_k\{v\}_k^{\mathrm{T}})\{a\}_k \tag{5.2.2.23}$$

wobei $\{a\}_k$ gemäß Abb. 5.2.6 den Vektor der Elemente außerhalb der Hauptdiagonalen der k-ten Zeile oder Kolonne bezeichnet. Der Vektor $\{v\}_k$ läßt

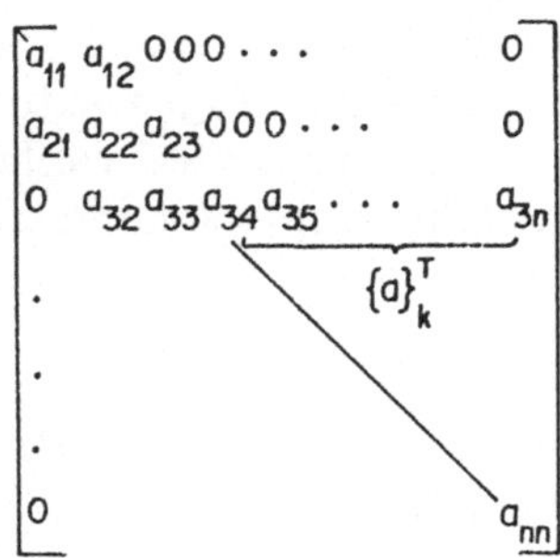

Abb. 5.2.6 Transformation nach Householder

sich rekursiv Schritt für Schritt aufbauen. Dazu berechnet man zunächst die Länge von $\{a\}_k$ aus

$$S_k = \sqrt{\{a\}_k^T\{a\}_k} \tag{5.2.2.24}$$

Damit läßt sich ein Hilfsvektor $\{u\}_k$ gemäß den Beziehungen

$$u_{k+1} = a_{k,k+1} \pm S_k \tag{5.2.2.25}$$

$$u_j = a_{k,j} \qquad j = k+2,\ldots n \tag{5.2.2.26}$$

bestimmen. Das Vorzeichen von S_k in Gl. (5.2.2.25) wird gleich dem Vorzeichen von $a_{k,k+1}$ gewählt. Der gesuchte Vektor $\{v\}_k$ ergibt sich aus

$$\{v\}_k = \frac{1}{2K_k}\{u\}_k \tag{5.2.2.27}$$

Die Konstante K_k erhält man aus

$$2K_k^2 = S_k^2 \pm a_{k,k+1}S_k \tag{5.2.2.28}$$

Man überzeugt sich leicht davon, daß damit eine Transformationsmatrix gefunden wurde, welche alle Elemente $a_{k,j}$, $j = k+2,\ldots n$ zu null setzt. Zählt man die Anzahl der benötigten Operationen, so stellt sich heraus, daß mit dem Verfahren von Householder die Tridiagonalisierung in etwa der Hälfte der Rechenschritte als beim Verfahren von Givens durchgeführt werden kann. Nach Vorliegen der tridiagonalisierten Matrix verläuft die weitere Rechnung so wie beim Verfahren von Givens.

Zusammenfassung

Bei den Eigenwertmethoden unterscheidet man zwischen den Aufspürmethoden, welche eine beschränkte Zahl der untersten Frequenzen und die dazugehörigen Eigenvektoren bestimmen und den Transformationsmethoden zur Berechnung des gesamten Eigensystems. Von den Aufspürmethoden werden die Determinantenmethode, der inverse und die simultane inverse Vektoriteration sowie die Methode von Lanczos-Crandall besprochen. Die Transformationsmethoden führen das Eigenwertproblem durch sukzessive Rotationen auf Diagonalform über. Es werden die Jacobi-Transformation sowie die Verfahren von Givens und Householder behandelt. Es zeigt sich, daß bei den Aufspürmethoden das Verfahren von Lanczos-Grandall und bei den Transformationsmethoden die Householder-Transformation besonders leistungsfähig sind.

Das Gebiet der numerischen Bestimmung der Eigenwerte und Eigenvektoren großer Systeme ist nach wie vor in Entwicklung. Insbesondere werden in der Berechnungspraxis die hier angegebenen Methoden mit verschiedenen Modifikationen eingesetzt. Es ist zu erwarten, daß insbesondere auf dem Gebiet der Aufspürmethoden noch weitere Verbesserungen der rechnerischen Effizienz erzielt werden können.

5.3 Normalkoordinaten

Hat man von einem Eigenwertproblem einzelne oder sämtliche Eigenwerte und Eigenvektoren gefunden, dann läßt sich ein allgemeiner Vektor $\{q(t)\}$ gemäß Gl. (5.2.1.5) als Linearkombination der Eigenvektoren mit entsprechenden Koordinaten η_i darstellen. Die Eigenvektoren werden wiederum zur Modalmatrix $[\Phi]$ zusammengefaßt. Damit erhält man die Beziehung

$$\{q(t)\} = [\Phi]\{\eta(t)\} \tag{5.3.1}$$

mit dem Vektor $\{\eta(t)\}$ der Normalkoordinaten oder modalen Koordinaten. Die Normalkoordinaten bestimmen die Amplituden, mit welchen die einzelnen Eigenvektoren an der Darstellung von $\{q(t)\}$ teilnehmen.

Hat man sämtliche Eigenvektoren eines Eigenwertproblems bestimmt, so ist $[\Phi]$ eine quadratische und wegen der linearen Unabhängigkeit der Eigenvektoren auch reguläre Matrix. Man kann daher Gl. (5.3.1) eindeutig nach den Normalkoordinaten auflösen. Daraus folgt, daß jede beliebige Bewegung vollständig durch Normalkoordinaten dargestellt werden kann. Die Darstellungen in Normalkoordinaten $\{\eta\}$ oder in physikalischen Koordinaten $\{q\}$ sind gleichwertig.

Anders verhält es sich, wenn die Anzahl der Eigenvektoren kleiner als die Anzahl der Freiheitsgrade des Systems ist. In diesem Falle ist die Modalmatrix $[\Phi]$ rechteckig. Es existiert keine inverse Beziehung, d.h. es gibt auch keine exakte Darstellung von $\{q(t)\}$ durch die Normalkoordinaten. Man erhält vielmehr eine Approximation der Bewegung, bei welcher aber die Genauigkeit im Bereich der berücksichtigten Eigenvektoren voll erhalten bleibt. Die Approximation wird um so besser sein, je weniger die nicht berücksichtigten Eigenschwingungen an der wirklichen Bewegung teilnehmen.

Transformation der Energieausdrücke

Gl. (5.3.1) ist eine Transformationsbeziehung zwischen Normalkoordinaten $\{\eta\}$ und physikalischen Koordinaten $\{q\}$. Man kann damit die Ausdrücke für die Formänderungsenergie und für die kinetische Energie transformieren. Für die Formänderungsenergie erhält man unter Berücksichtigung der Orthogonalitätsrelationen Gl. (5.1.44) bis Gl. (5.1.48)

$$U = \frac{1}{2}\{q\}^{\mathrm{T}}[K]\{q\} = \frac{1}{2}\{\eta\}^{\mathrm{T}}[\Phi]^{\mathrm{T}}[K][\Phi]\{\eta\} = \frac{1}{2}\{\eta\}^{\mathrm{T}}[K_r]\{\eta\} \tag{5.3.2}$$

mit der Diagonalmatrix $[K_r]$ nach Gl. (5.2.1.10) der verallgemeinerten Steifigkeiten K_r. In ausgeschriebener Form wird U damit zu

$$U = \frac{1}{2}(K_1\eta_1^2 + \cdots + K_n\eta_n^2) \tag{5.3.3}$$

Man sieht, daß die Formänderungsenergie beim Übergang auf Normalkoordinaten entkoppelt. Analog erhält man für die kinetische Energie

$$T = \frac{1}{2}\{\dot{q}\}^{\mathrm{T}}[M]\{\dot{q}\} = \frac{1}{2}\{\dot{\eta}\}^{\mathrm{T}}[\Phi]^{\mathrm{T}}[M][\Phi]\{\dot{\eta}\} = \frac{1}{2}\{\dot{\eta}\}^{\mathrm{T}}[M_r]\{\dot{\eta}\} \tag{5.3.4}$$

mit der Diagonalmatrix $[M_r]$ nach Gl. (5.2.1.11) der verallgemeinerten Massen M_r. Ausgeschrieben ergibt sich

$$T = \frac{1}{2}(M_1\dot{\eta}_1^2 + \cdots + M_n\dot{\eta}_n^2) \tag{5.3.5}$$

Somit entkoppelt auch die kinetische Energie.

Entkopplung der Bewegungsgleichung

Der Übergang auf Normalkoordinaten ist dann besonders vorteilhaft, wenn die Dämpfungsmatrix des Systems eine Linearkombination aus Massen- und Steifigkeitsmatrix darstellt oder allgemein, wenn die Dämpfungsmatrix bei der Transformation auf Normalkoordinaten ebenfalls zu einer Diagonalmatrix wird. Man spricht dann von proportionaler Dämpfung. Mit den Parametern a_0 und a_1 wird die Dämpfungsmatrix im einfachsten Fall zu

$$[C] = a_o[M] + a_1[K] \tag{5.3.6}$$

Man spricht hier auch von Rayleigh-Dämpfung. Allgemein folgt aus den in Abschnitt 5.1 gewonnenen Ergebnissen für die Orthogonalitätsrelationen, daß eine Dämpfungsmatrix in der Form

$$[C] = [M]\sum_i a_i([M]^{-1}[K])^i \tag{5.3.7}$$

mit beliebig vielen Termen immer entkoppelt. Gl. (5.3.6) ist ein Spezialfall von Gl. (5.3.7) mit den Termen für $i = 0$ und $i = 1$. Beschränkt man sich auf die einfache Formulierung Gl. (5.3.6), so schreibt sich die Bewegungsgleichung Gl. (4.3.9) des viskos gedämpften Tragwerks als

$$[M]\{\ddot{q}\}+(a_o[M]+a_1[K])\{\dot{q}\}+[K]\{q\} = \{p\} \tag{5.3.8}$$

Transformiert man nun diese Gleichung mit Gl. (5.3.1) auf Normalkoordinaten, so erhält man mit der Diagonalmatrix

$$[C_r] = a_o[M_r]+a_1[K_r] \tag{5.3.9}$$

die Beziehung

$$[M_r]\{\ddot{\eta}\}+[C_r]\{\dot{\eta}\}+[K_r]\{\eta\} = [\Phi]^T\{p\} \tag{5.3.10}$$

Dies sind n entkoppelte Einmassenschwingergleichungen für die Normalkoordinaten. Die r-te Gleichung erscheint als

$$M_r\ddot{\eta}_r+C_r\dot{\eta}_r+K_r\eta_r = p_r \qquad r = 1,\dots n \tag{5.3.11}$$

mit

$$p_r = \{q_r\}^T\{p\} \tag{5.3.12}$$

Die Koeffizienten der r-ten Einmassenschwingergleichung sind die verallgemeinerte Masse M_r, die verallgemeinerte Steifigkeit K_r und der verallgemeinerte Dämpfungskoeffizient C_r.

Bei Materialdämpfung entsteht dann eine proportionale Dämpfungsmatrix, wenn der Verlustfaktor g für sämtliche Teile des Tragwerks konstant ist. Die Dämpfungsmatrix wird dann gemäß Gl. (4.2.78) proportional zur globalen Steifigkeitsmatrix. Transformiert man nun die entsprechende Bewegungsgleichung Gl. (4.3.8) auf Normalkoordinaten, so kommt

$$[M_r]\{\ddot{\eta}\}+(1+ig)[K_r]\{\eta\} = [\Phi]^T\{p\} \tag{5.3.13}$$

Auch diese Beziehung stellt wiederum n Einmassenschwingergleichungen der Form

$$M_r\ddot{\eta}_r+(1+ig)K_r\eta_r = p_r \qquad r = 1,\dots n \tag{5.3.14}$$

mit der verallgemeinerten Masse M_r und der verallgemeinerten Steifigkeit K_r dar. Der modale Belastungsterm wird gemäß Gl. (5.3.12) gebildet. Da diese Einmassenschwingergleichungen nach den früheren Ergebnissen aber Lösungen mit positiven Realteilen aufweisen, bestätigt sich, daß die Formulierung der Materialdämpfung in der obigen Form auf instabile Lösungen für das Eigensystem führt. Daher läßt sich diese Formulierung nur für Frequenzgangberechnungen verwenden.

Die r-te Einmassenschwingergleichung kann sofort gebildet werden, sobald die r-te Eigenschwingung bekannt ist. Da die obigen Gleichungen voneinander unabhängig sind, kann die Lösung nachträglich durch Hinzunahme weiterer Eigenschwingungen sukzessive verbessert werden, ohne daß die vorhergehenden Ergebnisse unbrauchbar werden. Dies ist eine direkte Folge der Orthogonalitätsrelationen für die Eigenvektoren.

Beispiel

Der in Abb. 5.3.1 dargestellte prismatische ebene Balken besitzt die Länge ℓ, die Fläche F, die Biegesteifigkeit EI und die Massendichte ρ. Unterdrückt man die Verschiebungen in x-Richtung, so existieren pro Knoten zwei Freiheitsgrade, nämlich die vertikale Verschiebung w_i und die Rotation θ_i, welche für den Knoten 2 angegeben wurden. Die Eigenwertberechnung des FE-Modells mit einer Unterteilung in 4 gleichlange Elemente liefert die in Tabelle 5.1.3 angegebenen untersten drei Eigenfrequenzen für die Biegeschwingungen. Dabei wurde $\ell = 1$ gewählt sowie die Werte für EI und F so angesetzt, daß EI/F zu eins wird. Ebenfalls angegeben sind die analytischen Werte nach Gl. (3.1.35) sowie der prozentuale Fehler. Man sieht, daß der Fehler mit steigender Frequenz zunimmt. Weiterhin bestätigt sich, daß die aus dem FE-Modell gewonnene kleinste Eigenfrequenz eine obere Grenze für die kleinste Frequenz des kontinuierlichen Tragwerks darstellt.

Nr.	FE-Modell	Analytisch	Fehler (%)
1	1.001	1.0	0.10
2	4.047	4.0	1.18
3	9.990	9.0	11.00

Tab. 5.3.1 Eigenkreisfrequenzen der Biegeschwingungen (Faktor $\frac{\pi^2}{\ell^2}\sqrt{\frac{EI}{\rho F}}$)

Die Eigenvektoren wurden massennormiert und liefern die Modalmatrix

$$[\Phi] = \begin{bmatrix}
0 & 0 & 0 \\
0.00854 & 0.01553 & 0.02066 \\
0.00192 & 0.00247 & 0.00158 \\
0.00604 & 0 & -0.01461 \\
0.00270 & 0 & -0.00223 \\
0 & -0.01553 & 0 \\
0.00192 & -0.00247 & 0.00158 \\
-0.00604 & 0 & 0.01461 \\
0 & 0 & 0 \\
-0.00854 & 0.01553 & -0.02066
\end{bmatrix} \qquad (5.3.15)$$

Dabei wurden die Freiheitsgrade w_i und θ_i pro Knoten in der Reihenfolge der Knoten (Abb. 5.3.1) angeordnet. Demnach ist die erste und dritte Biegeschwingung symme-

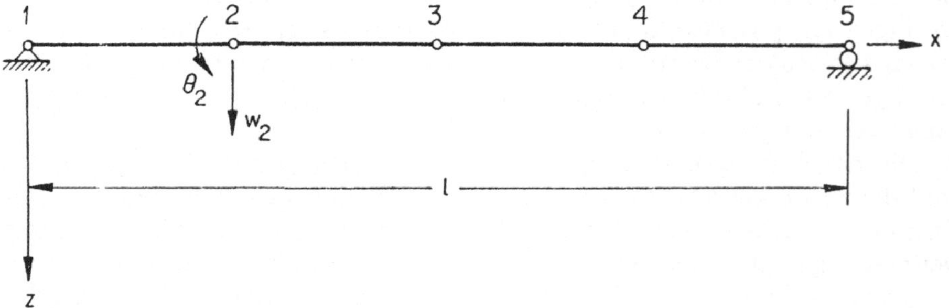

Abb. 5.3.1 Prismatischer ebener Balken

trisch und die zweite antimetrisch. Die Matrix $[M_r]$ wird wegen der Normierung zur Einheitsmatrix. Für $[K_r]$ erhält man

$$[K_r] = \begin{bmatrix} \omega_1^2 = 1.002 & & \\ & \omega_2^2 = 16.378 & \\ & & \omega_3^2 = 99.800 \end{bmatrix} \qquad (5.3.16)$$

Damit können die Einmassenschwingergleichungen aufgebaut werden. Man kann auf der Stufe der modalen Gleichungen zusätzlich noch einen viskosen Dämpfungsterm c_r mit

$$c_r = 2\varsigma_r\,\omega_r \qquad (5.3.17)$$

einführen, wobei ς_r die Dämpfungsrate in der r-ten Eigenschwingung bezeichnet.

Der Partizipationsfaktor

Die zeitabhängige Anregung $\{p(t)\}$ kann oftmals als

$$\{p(t)\} = \{p_o\}f(t) \qquad (5.3.18)$$

mit einem ortsabhängigen Anteil $\{p_o\}$ und einer Zeitfunktion $f(t)$ dargestellt werden. Allgemein läßt sich jeder zeitabhängige Lastvektor als eine Linearkombination derartiger Anteile aufbauen. Für diese Darstellung wird die modale Belastung nach Gl. (5.3.12) zu

$$p_r(t) = \{q_r\}^{\mathrm{T}}\{p_o\}f(t) = \Gamma_r f(t) \qquad (5.3.19)$$

Dabei bezeichnet

$$\Gamma_r = \{q_r\}^{\mathrm{T}}\{p_o\} \qquad (5.3.20)$$

den sogenannten Partizipationsfaktor für die r-te Eigenschwingung. Als Skalarprodukt der räumlichen Lastverteilung mit dem r-ten Eigenvektor entspricht er geometrisch der Koordinate der Last in Richtung der r-ten Eigenschwingung. Der Partizipationsfaktor ist daher ein Maß für den Beitrag der räumlichen Verteilung der Anregung zur Belastung in der r-ten Eigenschwingung. Normalerweise liefern globale Belastungen wie beispielsweise gleichmäßige Beschleunigung der Auflagerpunkte vor allem Partizipationsfaktoren für die unteren Eigenschwingungen. Im Gegensatz dazu führen die lokalen Belastungen (z.B. Einzellasten) meist auf größere Partizipationsfaktoren für die höheren Eigenschwingungen. Dies hängt damit zusammen, daß die unteren Eigenschwingungen meistens globale Bewegungen des Tragwerks beschreiben, während die höheren Eigenschwingungen vermehrt lokalen Charakter haben.

Zur Beantwortung der Frage, welche Eigenschwingungen durch die Belastung angeregt werden, müssen also immer zwei Bestimmungsstücke betrachtet werden. Erstens ist vom zeitlichen Verlauf der Anregung her der Frequenzeninhalt der Funktion $f(t)$ wesentlich. Diesen erhält man durch eine Fourier-Zerlegung. Mit Hilfe der Parsevalschen Gleichung können die Beiträge der einzelnen Frequenzen beurteilt werden. Zweitens bestimmt die Größe der Partizipationsfaktoren, in welchem Masse die r-te Eigenschwingung durch die räumliche Verteilung des Lastvektors angeregt wird. Mit Hilfe der Fourier-Zerlegung und der Partizipationsfaktoren einer dynamischen Belastung kann bestimmt werden, bis zu welcher Frequenz die Eigenschwingungen für die Berechnung berücksichtigt werden müssen.

Anfangsbedingungen

Für die Berechnung der erzwungenen Schwingung unter zeitabhängigen Belastungen sind neben der Bewegungsgleichung auch die beiden Anfangsbedingungen zu erfüllen. Arbeitet man mit Normalkoordinaten, so müssen die Anfangsbedingungen auf die Normalkoordinaten transformiert werden. Sind die Verschiebungen und die Geschwindigkeiten zur Zeit $t = 0$ vorgegeben, dann müssen die Bedingungen

$$\{q(0)\} = [\Phi]\{\eta(0)\} \tag{5.3.21}$$

$$\{\dot{q}(0)\} = [\Phi]\{\dot{\eta}(0)\} \tag{5.3.22}$$

erfüllt sein. Diese beiden Gleichungen sind nur dann nach den Normalkoordinaten auflösbar, wenn $[\Phi]$ eine quadratische Matrix ist, d.h. wenn sämtliche Eigenschwingungen berücksichtigt werden. Dies ist normalerweise aber nicht der Fall. Mit Hilfe der Orthogonalitätsrelationen lassen sich aber auch für eine rechteckige Matrix $[\Phi]$ die obigen Gleichungen auflösen. Multipliziert man nämlich beide Gleichungen mit $[\Phi]^{T}[M]$ vor, so erhält man

$$[\Phi]^{T}[M]\{q(0)\} = [\Phi]^{T}[M][\Phi]\{\eta(0)\} = [M_r]\{\eta(0)\} \tag{5.3.23}$$

$$[\Phi]^{T}[M]\{\dot{q}(0)\} = [\Phi]^{T}[M][\Phi]\{\dot{\eta}(0)\} = [M_r]\{\dot{\eta}(0)\} \tag{5.3.24}$$

Daraus folgen nun sofort die Anfangsbedingungen in den Normalkoordinaten:

$$\eta_r(0) = \frac{1}{M_r}\{q_r\}^{T}[M]\{q_r(0)\} \qquad r = 1,\ldots n \tag{5.3.25}$$

$$\dot{\eta}_r(0) = \frac{1}{M_r}\{q_r\}^{T}[M]\{\dot{q}_r(0)\} \qquad r = 1,\ldots n \tag{5.3.26}$$

Dabei bezeichnet M_r wiederum die r-te verallgemeinerte Masse. Die gleiche Transformation ließe sich auch mit Hilfe der Steifigkeitsmatrix durchführen. Die Massenmatrix führt aber auf genauere Ergebnisse.

Beispiel

Der Balken von Abb. 5.3.1 soll durch einen vertikalen Schlag in Knoten 3 dynamisch angeregt werden. Die Anfangsbedingungen können so formuliert werden, daß alle Verschiebungen und Geschwindigkeiten der Knoten zur Zeit $t = 0$ null sind mit Ausnahme von $\dot{w}_3$. In modalen Koordinaten erhält man nun aus Gl. (5.3.15)

$$
\begin{aligned}
\eta_1(0) &= 0\,; & \dot{\eta}_1(0) &= 0.00270\,m_{33}\,\dot{w}_3 \\
\eta_2(0) &= 0\,; & \dot{\eta}_2(0) &= 0 \\
\eta_3(0) &= 0\,; & \dot{\eta}_3(0) &= -0.00233\,m_{33}\,\dot{w}_3
\end{aligned}
\qquad (5.3.27)
$$

Dabei bezeichnet m_{33} das der vertikalen Verschiebung des Knotens 3 zugeordnete Element der Massenmatrix. Bei Verwendung einer konzentrierten Massenmatrix entspricht m_{33} genau der Masse eines Balkenelements.

Nichtproportionale Dämpfung

Entkoppelt die Dämpfungsmatrix beim Übergang auf Normalkoordinaten nicht, dann erhält man auch keinen Satz von Einmassenschwingergleichungen. Vielmehr wird die Dämpfungsmatrix nach der Transformation zu einer normalerweise vollbesetzten Matrix, während die Steifigkeits- und Massenmatrix aber immer noch entkoppeln. Diese außerhalb der Diagonalen besetzte Dämpfungsmatrix hat zur Folge, daß man das gesamte System so integrieren muß, wie wenn es sich um ein voll gekoppeltes System handeln würde. Man spricht in diesem Falle auch von Dämpfungskopplung. Der Übergang auf Normalkoordinaten hat hier den einzigen Vorteil, die Anzahl der Freiheitsgrade des Systems zu reduzieren und dabei aber volle Genauigkeit in den mitgenommenen Eigenschwingungen zu behalten.

Verbesserung der Lösung

Die Lösung der Bewegungsgleichungen in Normalkoordinaten liefert zunächst die Koordinaten $\{\eta\}$. Man muß dann mit Hilfe von Gl. (5.3.1) wieder auf die ursprünglichen physikalischen Freiheitsgrade, d.h. auf den Verschiebungsvektor $\{q\}$ zurückgehen. Aus $\{q\}$ lassen sich dann die Verzerrungen, die Spannungen und die Schnittkräfte an jedem Punkt des Tragwerks in Funktion der Zeit ermitteln. Da beim Arbeiten mit Normalkoordinaten üblicherweise die Beiträge der höheren Frequenzen vernachlässigt werden, enthält der physikalische Verschiebungsvektor $\{q\}$ Fehler. Bei der Berechnung der Verzerrungen und Spannungen können sich wegen der damit verbundenen Differentiationen die Fehler vergrößern. Man ist daher daran interessiert, die Verschiebungen derart zu verbessern, daß die Beiträge der höheren Eigenschwingungen mitberücksichtigt werden. Dies läßt sich auf folgendem Wege erreichen. Schreibt man die Bewegungsgleichung für beispielsweise viskose Dämpfung in der Form

$$
[K]\{q\} = \{p\} - [C]\{\dot{q}\} - [M]\{\ddot{q}\}
\qquad (5.3.28)
$$

dann erscheint $\{q\}$ als die Lösung einer statischen Beziehung, wobei der Lastvektor einmal aus den zeitabhängigen Lasten und zum anderen aus den

Dämpfungskräften und Trägheitskräften gebildet wird. Man kann den Lastvektor als den „statischen" Anteil und die Dämpfungskräfte und Trägheitskräfte als den „dynamischen" Anteil auffassen. Aus der Lösung für die Normalkoordinaten erhält man für die physikalischen Geschwindigkeiten und
Beschleunigungen die Approximationen

$$\{\dot{q}\} \simeq [\Phi]\{\dot{\eta}\} \tag{5.3.29}$$

$$\{\ddot{q}\} \simeq [\Phi]\{\ddot{\eta}\} \tag{5.3.30}$$

Damit wird Gl. (5.3.28) zu

$$[K]\{q\} = \{p\} - [C][\Phi]\{\dot{\eta}\} - [M][\Phi]\{\ddot{\eta}\} \tag{5.3.31}$$

Die Auflösung dieser Gleichung nach $\{q\}$ liefert verbesserte Verschiebungen
und damit auch wesentlich bessere Verzerrungen, Spannungen und Schnittkräfte. Man sieht, daß dabei eine Dreieckszerlegung der Steifigkeitsmatrix
sowie für jeden berücksichtigten Zeitpunkt eine Vorwärts-Rückwärts-Substitution nötig ist. Bei linearen Problemen muß die Dreieckszerlegung aber nur
einmal durchgeführt werden. Trotzdem ist die Methode vom Rechenaufwand
her relativ teuer. Man wird sich daher anhand der modalen Lösung zunächst
einen Überblick verschaffen, zu welchen Zeiten die Ergebnisse interessieren
und dann für diese ausgewählten Zeiten eine verbesserte Lösung nach obiger
Methode bestimmen. Das Verfahren kann in analoger Form auch für die
Bewegungsgleichung mit Materialdämpfung verwendet werden.

Beurteilung der modalen Superposition

Der Übergang auf Normalkoordinaten ist besonders im Falle proportional
gedämpfter Tragwerke zu empfehlen, bei denen eine geringe Anzahl von
Eigenschwingungen zur ausreichend genauen Darstellung des Bewegungs-
verlaufes genügt. Da in vielen praktischen Anwendungen das Eigensystem
ohnehin bestimmt werden muß, ist die Verwendung der modalen Superposition für die Behandlung der erzwungenen Schwingung naheliegend. Auf
der Seite des Rechenaufwands ist zu berücksichtigen, daß die modale Superposition stets zuerst die Lösung des reellen Eigenwertproblems erfordert,
daß die Ergebnisse von den Normalkoordinaten in physikalische Koordinaten
zurücktransformiert werden müssen und daß eventuell die Lösung noch verbessert werden muß. Weiterhin ist zu beachten, daß die genaue Erfassung von
Schnittkräften, welche höheren Ableitungen der Verschiebungen entsprechen
(z.B. Biegemomente oder Querkräfte), wesentlich mehr mitgenommene Eigenschwingungen erfordert als die Darstellung der Verschiebungen. Trotzdem
ist bei proportionaler Dämpfung die Verwendung von Normalkoordinaten in
den meisten Fällen der ökonomischste Weg zur Bestimmung der erzwungenen
Bewegung.

Zusammenfassung

Die Eigenvektoren erlauben bei proportional gedämpften Tragwerken die
Entkoppelung der Bewegungsgleichung. Damit wird die Bestimmung der

erzwungenen Bewegung auf die Lösung von Einmassenschwingergleichungen zurückgeführt. Beschränkt man sich auf eine reduzierte Zahl mitgenommener Eigenschwingungen, dann erhält man eine Approximation der Bewegung. Die Anzahl der zu berücksichtigenden Eigenvektoren ergibt sich einmal aus dem Frequenzeninhalt des zeitlichen Verlaufs der Anregung und zum andern aus der Größe der die räumliche Verteilung charakterisierenden Partizipationsfaktoren. Aus der modalen Lösung muß man den physikalischen Verschiebungsvektor zurückrechnen und daraus die inneren Kräfte bestimmen. Kleine Fehler im Verschiebungsfeld können zu großen Fehlern in den Kräften führen. Zur Verbesserung der Schnittkräfte und Spannungen lassen sich aber die Verschiebungen nachträglich noch verbessern.

5.4 Komplexe Eigenwertprobleme

Eigenschwingungen gedämpfter Tragwerke

Das Eigenwertproblem des ungedämpften Tragwerks schreibt sich als

$$([K]-\lambda[M])\{q_o\} = \{0\} \tag{5.4.1}$$

mit dem Eigenwert $\lambda = \omega^2$ und dem Eigenvektor $\{q_o\}$. Für reelle symmetrische Matrizen $[K]$ und $[M]$ sowie für eine positiv-semidefinite Steifigkeitsmatrix und eine positiv-definite Massenmatrix sind die Eigenwerte und die Eigenvektoren immer reell und ≥ 0. Die Bewegung ist rein harmonisch, wobei die r-te Eigenschwingung durch

$$\{q_r(t)\} = \{q_r\}e^{i\omega_r t} \tag{5.4.2}$$

gegeben ist. Die Form der Schwingung wird durch den Eigenvektor bestimmt. Insbesondere sind die Knoten der Schwingung ortsfest.

Im Gegensatz dazu sind die Eigenschwingungen des gedämpften Tragwerks die Lösungen der aus Gl. (4.3.9) folgenden homogenen Bewegungsgleichung

$$[M]\{\ddot{q}\}+[C]\{\dot{q}\}+[K]\{q\} = \{0\} \tag{5.4.3}$$

Wegen der mit der Formulierung der Materialdämpfung verbundenen instabilen Wurzeln wird dabei angenommen, daß alle Dämpfungskräfte durch äquivalente viskose Dämpfungskräfte ausgedrückt sind.

Für die Lösung dieser Gleichung macht man wiederum einen Exponentialansatz in der Form

$$\{q(t)\} = \{q_o\}e^{\lambda t} \tag{5.4.4}$$

Sowohl der Eigenwert λ als auch der Eigenvektor $\{q_o\}$ können nun aber komplex sein. Setzt man diesen Ansatz in Gl. (5.4.3) ein, so erhält man nach Kürzen des gemeinsamen Faktors $e^{\lambda t}$ die Beziehung

$$(\lambda^2[M]+\lambda[C]+[K])\{q_o\} = \{0\} \tag{5.4.5}$$

Da die Impedanz der Bewegungsgleichung des viskos gedämpften Tragwerks
die Form

$$[Z(s)] = s^2[M] + s[C] + [K] \tag{5.4.6}$$

hat, läßt sich das Eigenwertproblem wiederum als

$$[Z(\lambda)]\{q_o\} = 0 \tag{5.4.7}$$

schreiben. Diese homogene Gleichung hat wie früher nur dann nichttriviale
Lösungen, wenn $[Z]$ singulär wird. Dementsprechend muß die Determinante
verschwinden:

$$\|[Z(\lambda)]\| = P(\lambda) = 0 \tag{5.4.8}$$

Proportionale Dämpfung

Für das weitere Vorgehen ist zu unterscheiden, ob proportionale oder nicht-
proportionale Dämpfung vorliegt. Bei proportionaler Dämpfung läßt sich die
Dämpfungsmatrix im einfachsten Fall der Rayleigh-Dämpfung entsprechend
Gl. (5.3.6) als eine Linearkombination aus Steifigkeitsmatrix und Massenmatrix darstellen. Einsetzen in Gl. (5.4.5) liefert

$$((\lambda^2 + \lambda a_o)[M] + (1 + \lambda a_1)[K])\{q_o\} = \{0\} \tag{5.4.9}$$

Mit der Abkürzung

$$p = -\frac{\lambda^2 + \lambda a_o}{1 + \lambda a_1} \tag{5.4.10}$$

erhält man daraus

$$([K] - p[M])\{q_o\} = \{0\} \tag{5.4.11}$$

d.h. das reelle Eigenwertproblem. Nach den früheren Ergebnissen sind daher
die Eigenwerte p reell, ≥ 0 und numerisch gleich den Eigenkreisfrequenzen
des ungedämpften Systems:

$$p_r = -\frac{\lambda_r^2 + \lambda_r a_o}{1 + \lambda_r a_1} = \omega_{o,r}^2 \qquad r = 1, \dots n \tag{5.4.12}$$

Die Auflösung dieser Beziehung nach λ_r liefert mit der Abkürzung

$$\beta_r = \frac{a_o + a_1 \omega_{o,r}^2}{2} \tag{5.4.13}$$

das Ergebnis

$$\lambda_{r\,1,2} = -\beta_r \pm i\sqrt{\omega_{o,r}^2 - \beta_r^2} = -\beta_r \pm i\omega_r \tag{5.4.14}$$

mit

$$\omega_r = \sqrt{\omega_{o,r}^2 - \beta_r^2} = \omega_{o,r}\sqrt{1 - \zeta_r^2} \tag{5.4.15}$$

Dabei wurde die zu Gl. (3.1.6) analoge Beziehung

$$\beta_r = \zeta_r\,\omega_{o,r} \tag{5.4.16}$$

zwischen β_r und der Dämpfungsrate ζ_r verwendet.

Die Eigenvektoren $\{q_r\}$ entsprechen den Eigenvektoren des ungedämpften Systems und sind insbesondere reell. Damit wird die r-te Eigenschwingung zu

$$\{q_r(t)\} = \{q_r\}e^{-\beta_r t}e^{i\omega_r t} \qquad r = 1,\ldots n \tag{5.4.17}$$

Man sieht, daß im Falle eines Tragwerks mit Rayleigh-Dämpfung die Eigenvektoren identisch mit den Eigenvektoren des ungedämpften Systems sind. Die Eigenwerte sind bei kleiner Dämpfung komplex und treten in konjugiert-komplexen Paaren auf. Demzufolge erhält man eine gedämpfte Schwingung, welche um so rascher gegen null abklingt, je größer β_r ist. Die Eigenkreisfrequenz der gedämpften Schwingung ist etwas kleiner als die Frequenz des ungedämpften Schwingers. Man stellt insbesondere fest, daß die Bewegung in Phase bleibt, d.h. daß die Knoten ortsfest sind. Durch Transformation von Gl. (5.4.5) auf Normalkoordinaten überzeugt man sich leicht davon, daß diese Ergebnisse auch für den allgemeinen Fall einer proportionalen Dämpfungsmatrix nach Gl. (5.3.7) gelten.

Mit Gl. (5.4.16) erhält man aus Gl. (5.4.13)

$$\zeta_r = \frac{1}{2\omega_{o,r}}a_o + \frac{\omega_{o,r}}{2}a_1 \tag{5.4.18}$$

Man sieht daraus, daß die Dämpfungsrate mit dem Faktor a_o umgekehrt proportional zur Kreisfrequenz und mit dem Faktor a_1 proportional zur Kreisfrequenz verläuft. Diese Gleichung kann dazu verwendet werden, die Dämpfungsrate über ein bestimmtes Frequenzenintervall festzulegen. Man wählt dazu die Dämpfungsraten an den zwei Endpunkten des Intervalls, schreibt die entsprechenden Beziehungen nach Gl. (5.4.18) an und löst die beiden Gleichungen nach a_o und a_1 auf. Damit ergibt sich ein interpolierter Verlauf der Dämpfungsraten über das gewählte Frequenzenintervall.

Nichtproportionale Dämpfung

Im Falle nichtproportionaler Dämpfung wird die Matrix $[C]$ in Gl. (5.4.3) beim Übergang auf Normalkoordinaten nicht entkoppeln. Es gelingt aber, Gl. (5.4.3) auf die Form des allgemeinen Eigenwertproblems zu bringen, indem man sie mit der auf den ersten Blick nicht sehr originellen Beziehung

$$[M]\{\dot{q}\} - [M]\{\dot{q}\} = \{0\} \tag{5.4.19}$$

erweitert. Damit erhält man

$$\begin{bmatrix} 0 & | & M \\ \hline M & | & C \end{bmatrix} \begin{Bmatrix} \ddot{q} \\ \hline \dot{q} \end{Bmatrix} + \begin{bmatrix} -M & | & 0 \\ \hline 0 & | & K \end{bmatrix} \begin{Bmatrix} \dot{q} \\ \hline q \end{Bmatrix} = \{0\} \qquad (5.4.20)$$

Mit den Abkürzungen

$$[A] = \begin{bmatrix} 0 & | & M \\ \hline M & | & C \end{bmatrix} \qquad (5.4.21)$$

$$[B] = \begin{bmatrix} -M & | & 0 \\ \hline 0 & | & K \end{bmatrix} \qquad (5.4.22)$$

und

$$\{y\} = \begin{Bmatrix} \dot{q} \\ \hline q \end{Bmatrix} \qquad (5.4.23)$$

wird das Eigenwertproblem zu

$$[A]\{\dot{y}\} + [B]\{y\} = \{0\} \qquad (5.4.24)$$

Die Matrizen $[A]$ und $[B]$ sind zwar symmetrisch aber nicht mehr positiv-definit. Insbesondere ist $[A]$ singulär. Zudem wurde die Größe des Eigenwertproblems von ursprünglich n Freiheitsgraden auf $2n$ verdoppelt.

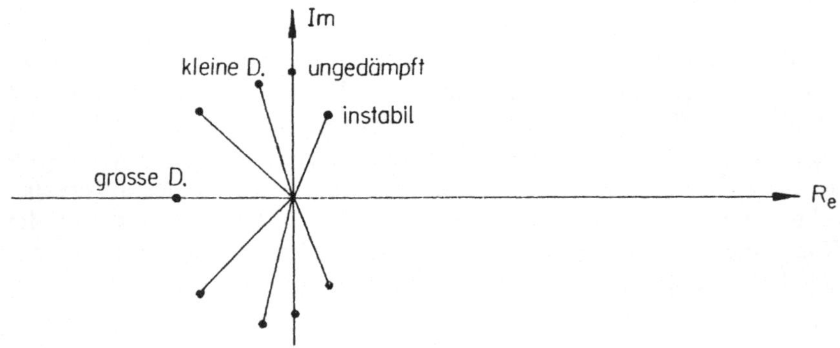

Abb. 5.4.1 Lage der Eigenwerte des komplexen Eigenwertproblems bei nichtproportionaler Dämpfung

Für die Lösung dieser homogenen Gleichung macht man wiederum einen Exponentialansatz in der Form

$$\{y(t)\} = \{y_o\}e^{\lambda t} \qquad (5.4.25)$$

Man erhält durch Einsetzen und nach Kürzen des gemeinsamen exponentiellen Faktors

$$([B]+\lambda[A])\{y_o\} = \{0\} \tag{5.4.26}$$

Auch diese homogene Gleichung hat nur dann eine Lösung, wenn die Determinante der Systemmatrix verschwindet:

$$\|[B]+\lambda[A]\|= P(\lambda) = 0 \tag{5.4.27}$$

Das charakteristische Polynom $P(\lambda)$ ist nun vom Grade $2n$ und besitzt, da $[A]$ und $[B]$ reelle Matrizen sind, reelle Koeffizienten. Die Wurzeln bestehen (Abb. 5.4.1) einerseits aus konjugiert-komplexen Paaren mit negativem Realteil (unterkritisch gedämpfte Eigenschwingungen) und andererseits aus reellen negativen Wurzeln (überkritisch gedämpfte Eigenschwingungen). Im ersteren und in der Praxis häufigsten Fall erhält man wiederum exponentiell gedämpfte harmonische Schwingungen (kleine Dämpfung), im letzteren Fall wird die Bewegung aperiodisch (große Dämpfung) und ist durch eine Exponentialfunktion beschrieben. Dazwischen liegt der aperiodische Grenzfall. Verschwindet der Realteil, so liegt eine ungedämpfte Schwingung vor. Schließlich liefern Wurzeln mit positivem Realteil instabile Schwingungen.

Für komplexe Eigenwerte liefert Gl. (5.4.26) auch komplexe Eigenvektoren. Da die Eigenwerte bei kleiner Dämpfung in konjugiert-komplexen Paaren auftreten, erhält man ebenfalls konjugiert-komplexe Paare für die Eigenvekoren:

$$\{y\} = \{\hat{u}\}+i\{\hat{v}\} \tag{5.4.28}$$

$$\{\bar{y}\} = \{\hat{u}\}-i\{\hat{v}\} \tag{5.4.29}$$

Man sieht aus Gl. (5.4.23), daß damit auch die Verschiebungen $\{q\}$ aus konjugiert-komplexen Paaren bestehen:

$$\{q\} = \{u\}+i\{v\} \tag{5.4.30}$$

$$\{\bar{q}\} = \{u\}-i\{v\} \tag{5.4.31}$$

Für die j-te Verschiebung ergibt sich

$$q_j = u_j+iv_j = |q_j|\, e^{i\varphi_j} \tag{5.4.32}$$

Daraus folgt, daß jede Verschiebungskomponente ihren eigenen Phasenwinkel φ_j aufweist. Man kann nun auch den zur r-ten Eigenschwingung gehörenden Eigenwert in Polarkoordinaten darstellen:

$$\lambda_r = -\beta_r\pm i\omega_r = |\lambda_r|\, e^{\pm i\theta_r} \tag{5.4.33}$$

Beschränkt man sich auf den Anteil mit positivem Imaginärteil, dann ergibt sich für die j-te Verschiebung

$$q_j(t) = |q_j|\, e^{i\varphi_j}e^{-\beta_r t}e^{i\omega_r t} = |q_j|\, e^{-\beta_r t}e^{i(\omega_r t+\varphi_j)} \tag{5.4.34}$$

sowie für die zugehörige Geschwindigkeit

$$\dot{q}_j(t) = |\lambda||q_j|\, e^{-\beta_r t} e^{i(\omega_r t + \varphi_j + \theta_r)} \qquad\qquad (5.4.35)$$

Man sieht, daß die einzelnen Verschiebungskomponenten nunmehr nicht mehr in Phase sind. Demzufolge gibt es auch beim Bewegungsablauf keine festen Knoten. Da die Eigenwerte des gedämpften Systems normalerweise einen negativen Realteil aufweisen, ist der Phasenwinkel θ_r der Eigenwerte in diesem Falle größer als 90°. Daraus folgt, daß die Geschwindigkeiten gegenüber den Verschiebungen einen Phasenwinkel von mehr als 90° aufweisen. Die einzelnen Verschiebungskomponenten schwingen aber alle mit der gleichen Kreisfrequenz und besitzen den gleichen Dämpfungsfaktor $e^{-\beta_r t}$. Wird der Realteil eines Eigenwertes positiv, so liegt negative Dämpfung, d.h. Energiezufuhr vor. Die zugehörige Eigenschwingung ist instabil und kann, falls sie angeregt wird, zum Kollaps des Tragwerks führen. Für ungedämpfte Systeme liegen die Eigenwerte auf der imaginären Achse (Abb. 5.4.1) und haben damit den Phasenwinkel $\theta_r = \pi/2$. Schließlich gilt auch für die komplexen Eigenvektoren, daß sie zunächst nur bis auf einen Faktor bestimmt sind. Die Faktoren können aus Normierungsbedingungen gewonnen werden. Dementsprechend sind aus der Lösung des Eigenwertproblems nur die relativen Amplituden sowie die Differenzen der Phasenwinkel bekannt.

Orthogonalitätsrelationen

Mit den gleichen Überlegungen wie bei den Eigenvektoren des reellen Eigenwertproblems läßt sich auch hier zeigen, daß die Eigenvektoren $\{y\}$ die Orthogonalitätsrelationen bezüglich der Matrizen $[A]$ und $[B]$ erfüllen. Die Orthogonalitätsrelationen gelten auch für die einem konjugiert-komplexen Wertepaar des Eigenwertes zugeordneten konjugiert-komplexen Vektoren. Sind alle Eigenschwingungen unterkritisch gedämpft, dann entstehen nur Paare von konjugiert-komplexen Eigenwerten und Eigenvektoren. Man kann für diesen Fall mit Hilfe von Gl. (5.4.28) und Gl. (5.4.29) sofort zeigen, daß auch der Realteil $\{u\}$ und der Imaginärteil $\{v\}$ jeweils die Orthogonalitätsrelationen erfüllt. Schließlich sei noch angemerkt, daß die Vektoren $\{y\}$ ebenfalls zur Entkopplung des Eigenwertproblems der Ordnung $2n$ verwendet werden können. Da man durch Bildung der Summe und der Differenz der Lösungen in $\{y\}$ und $\{\bar{y}\}$ jeweils eine reelle Lösung erhalten kann, gelingt damit die Bestimmung der vollständigen Lösung des nichtproportional gedämpften Systems in modalen Koordinaten. In der Berechnungspraxis sind normalerweise die Dämpfungseigenschaften der Tragwerke nur unvollständig bekannt. Aus diesem Grunde begnügt man sich auch meistens mit der Einführung von proportionaler Dämpfung. Die hier aufgezeigte Möglichkeit, auch nichtproportional gedämpfte Tragwerke über Normalkoordinaten zu entkoppeln, hat daher nur geringe praktische Bedeutung.

Zusammenfassung

Die Bewegungsgleichung der freien Schwingung des viskos gedämpften Tragwerks enthält einen geschwindigkeitsproportionalen Dämpfungsterm. Für die Lösung des zugehörigen Eigenwertproblems muß man zwischen proportionaler und nichtproportionaler Dämpfung unterscheiden. Es zeigt sich, daß bei proportionaler Dämpfung zwar komplexe Eigenwerte, aber dieselben Eigenvektoren wie beim ungedämpften Tragwerk entstehen. Bei nichtproportionaler Dämpfung kann das Eigenwertproblem durch eine Verdoppelung der Dimension auf die Standardform des allgemeinen Eigenwertproblems gebracht werden. Sowohl Eigenwerte wie auch Eigenvektoren werden nun aber komplex. Komplexe Eigenvektoren bedeuten physikalisch das Vorhandensein von Phasenwinkeln in den einzelnen Komponenten. Es gibt daher keine feststehenden Knoten. Wie beim reellen Eigenwertproblem erfüllen auch die komplexen Eigenvektoren die Orthogonalitätsrelationen.

Kapitel 6

Erzwungene Schwingungen

6.1 Bewegung unter zeitabhängigen Lasten

Unter einem zeitabhängigen Lastvektor $\{p(t)\}$ führt das Tragwerk eine erzwungene Schwingung aus. Die Bewegung des diskretisierten Berechnungsmodells wird im Falle viskoser Dämpfung durch die in Abschnitt 4.3 hergeleitete inhomogene Differentialgleichung

$$[M]\{\ddot{q}\}+[C]\{\dot{q}\}+[K]\{q\} = \{p\} \tag{6.1.1}$$

beschrieben. Bei Vorliegen von Materialdämpfung gilt hingegen die Bewegungsgleichung

$$[M]\{\ddot{q}\}+([K]+i[S])\{q\} = \{p\} \tag{6.1.2}$$

Die Belastung $\{p\}$ soll die dynamische Anregung vollständig charakterisieren. Man bezeichnet derartige Anregungen auch als Fremderregung im Gegensatz zur sogenannten Selbsterregung, bei der die Anregung nach Auslösung der Bewegung durch Änderung der Systemmatrizen entsteht. Im folgenden werden ausschließlich Fremderregungen behandelt.

Neben der Bewegungsdifferentialgleichung müssen zusätzlich die Anfangsbedingungen erfüllt werden. Diese erscheinen beispielsweise in der Form

$$\{q(0)\} = \{q_o\} \tag{6.1.3}$$

$$\{\dot{q}(0)\} = \{\dot{q}_o\} \tag{6.1.4}$$

In den obigen Beziehungen soll der Verschiebungsvektor $\{q\}$ die Lagekoordinaten, d.h. die nach der Elimination sämtlicher Bindungen verbleibenden Koordinaten des Tragwerks bezeichnen.

Der Lastvektor $\{p\}$ wird in diesem Kapitel als eine deterministische und somit vollständig bekannte Funktion der Zeit angenommen. Diese Annahme ist oftmals nur eine grobe Näherung der tatsächlichen Verhältnisse. In Wirklichkeit ist es nämlich nur selten möglich, eine präzise Zeitabhängigkeit der Belastung anzugeben. Vielmehr weisen viele dynamische Lasten wie beipielsweise aus Wind, Verkehr oder Erdbeben statistische Eigenschaften mit Mittelwerten und Streuungen auf. Die Annahme deterministischer Größen wurde

übrigens bisher auch immer stillschweigend für die Tragswerkseigenschaften
wie z.B. die Steifigkeitskoeffizienten oder die Elemente der Massenmatrix
gemacht.

Typen der Belastung

Die Belastung läßt sich in verschiedener Hinsicht spezialisieren. Der einfachste Fall ist die rein harmonische Belastung in der Form

$$\{p(t)\} = \{p_o\}e^{i\Omega t} \tag{6.1.5}$$

Etwas allgemeiner ist die periodische Belastung. Sie ist dadurch gekennzeichnet, daß sich die Last nach der Periode T wiederholt:

$$\{p(t+T)\} = \{p(t)\} \tag{6.1.6}$$

Da jedes Element des Lastvektors die gleiche Periode aufweist, läßt sich $\{p(t)\}$
entsprechend Gl. (3.2.64) in die Fourier-Reihe

$$\{p(t)\} = \frac{1}{T} \sum_{k=-n}^{n} \{P(\Omega_k)\}e^{i\Omega_k t} \qquad \Omega_k = k\frac{2\pi}{T} \tag{6.1.7}$$

entwickeln. Dabei wurden die Fourier-Koeffizienten der einzelnen Elemente
zum Vektor

$$\{P(\Omega_k)\} = \int_{o}^{T} \{p(t)\}e^{-i\Omega_k t}dt \tag{6.1.8}$$

zusammengefaßt. Die Reihe wird nach n Termen abgebrochen. Schließlich
wird eine allgemeine zeitabhängige Belastung für die numerische Rechnung
normalerweise in tabellarischer Form dargestellt. Damit erhält man den Lastvektor in Form einer Matrix

$$[p(t)] = [\{p(t_1)\} \{p(t_2)\} \dots \{p(t_n)\}] \tag{6.1.9}$$

deren Kolonnen die Lasten zu bestimmten Zeiten t_i darstellen. Dazwischen
wird $\{p(t)\}$ durch Interpolation bestimmt.

Für eine Tabelle mit dem konstanten Zeitschritt Δt beträgt die Auflösung
im Frequenzbereich

$$f_N = \frac{1}{2\,\Delta t} \tag{6.1.10}$$

Die Frequenz f_N wird nach dem amerikanischen Ingenieur Harry Nyquist als
die Nyquist-Frequenz bezeichnet. Die Nyquist-Frequenz ist die höchste Frequenz, welche von der Tabelle dargestellt werden kann. Aus diesem Grunde
ist es auch in der numerischen Rechnung nicht sinnvoll, auf der Lastseite
Frequenzen oberhalb der Nyquist-Frequenz mit zu berücksichtigen. Umgekehrt darf bei vorgegebener oberer Schranke f_{max} für die Frequenzen der
Tabellierungsschritt nicht größer als $1/2f_{max}$ gewählt werden.

Bei einer ganzen Reihe praktisch wichtiger Anwendungen hat man es mit Anregungen zu tun, welche durch eine bestimmte Zeitfunktion $f(t)$ mit verschiedenen Ankunftszeiten charakterisiert sind. Beispiele dafür sind Lasten aus Druckwellen oder Tragwerke unter fahrenden Lasten. Das i-te Element des Lastvektors läßt sich in solchen Fällen in der Form

$$p_i(t) = p_{i,o} f(t - \tau_i) \tag{6.1.11}$$

darstellen. Mit

$$\tau_i = \frac{d_i}{c} \tag{6.1.12}$$

wurde die Ankunftszeit der Störung bezeichnet, welche sich als Quotient aus Distanz d_i und Wellenausbreitungsgeschwindigkeit c errechnet.

Aufbau der Lösung

Die Bewegungsgleichungen Gl. (6.1.1) bzw. Gl. (6.1.2) sind lineare Differentialgleichungen zweiter Ordnung in der Zeit. Ihre allgemeine Lösung setzt sich demnach aus der vollständigen homogenen Lösung, d.h. der Lösung des komplexen Eigenwertproblems, sowie einem partikulären Integral der inhomogenen Gleichung zusammen. Da die Bewegungsgleichung Gl. (6.1.2) auf ein instabiles Eigensystem führt, ist ihre Anwendung auf diejenigen Probleme beschränkt, bei denen das Eigensystem keine Rolle spielt.

Bei den verschiedenen Lösungsanteilen unterscheidet man zwischen transienten und stationären Anteilen. Transiente Anteile, auch Transienten genannt, dämpfen aus der Lösung heraus. Bei gedämpften Tragwerken ist der homogene Anteil, das Eigensystem, stets transient. Stationäre Anteile sind hingegen die verbleibenden Bewegungen nach dem Herausdämpfen aller Transienten. Stationäre Anteile entstehen nur unter harmonischen oder periodischen Belastungen. Ihre Bestimmung ist wie schon beim Einmassenschwinger Aufgabe der Frequenzgangberechnung. Diese stationären Anteile stellen hier die eigentliche gesuchte Lösung dar und sind das partikuläre Integral der Bewegungsgleichung. Unter allgemeinen, nichtperiodischen Belastungen gibt es keine stationären Anteile. Das partikuläre Integral ist in diesem Falle transient.

Direkte und modale Lösungsmethode

Bei der Lösung der Bewegungsgleichung sind zwei grundsätzlich verschiedene Lösungsmethoden zu unterscheiden. Die erste Methode ist die direkte Integration. Hier wird die Bewegungsgleichung direkt in den physikalischen Freiheitsgraden $\{q\}$ numerisch integriert. Da der Rechenaufwand bei der direkten Integration normalerweise hoch ist, wird mitunter das System mit Hilfe einer Steifigkeitsreduktion verkleinert. Der Vorteil der direkten Integration besteht einmal darin, daß bei genügend klein gewählten Integrationszeitschritten sämtliche für die Bewegung wichtigen Frequenzen berücksichtigt werden.

Weiterhin lassen sich die Anfangsbedingungen vollumfänglich erfüllen. Man verfügt zudem in jedem Zeitschritt über den Verschiebungsvektor $\{q\}$ und kann damit direkt die Verzerrungen, Spannungen und Schnittkräfte bestimmen. Die direkte Integration ist besonders dann zu empfehlen, wenn die Anregung aus kurzen Schocks besteht, bei welchen viele Tragwerksfrequenzen angeregt werden, der Verlauf der Bewegung aber nur über kurze Zeit von Interesse ist. Schließlich eignet sich die direkte Integration zur Behandlung von nichtlinearen dynamischen Problemen, da die Abhängigkeit der Systemmatrizen und/oder der Lasten vom aktuellen Zustand zu jeder Zeit berücksichtigt werden kann.

Die zweite Methode zur Lösung der Bewegungsgleichung besteht in der modalen Superposition. Dabei wird die Gleichung zunächst auf Normalkoordinaten transformiert. Bei proportionaler Dämpfung erhält man, wie in Abschnitt 5.3 ausgeführt, n entkoppelte Einmassenschwingergleichungen, wobei n normalerweise wesentlich kleiner als die Anzahl der Freiheitsgrade des Rechenmodells des Tragwerks gewählt werden kann. Ist die Dämpfung nichtproportional, dann entkoppelt das Gleichungssystem nicht. Man muß dann die Integration des reduzierten Systems mit direkter Integration durchführen, hat aber den Vorteil der verkleinerten Anzahl von Freiheitsgraden. Der Übergang auf eine beschränkte Anzahl von Normalkoordinaten läßt sich als das Einführen eines Satzes von Bindungsgleichungen auffassen, welche die höheren Eigenschwingungen ausschalten. Dafür bleibt in den mitgenommenen Eigenschwingungen die Genauigkeit voll erhalten. Die modale Superposition hat dann Vorteile, wenn man bereits über das Eigensystem verfügt und wenn man sich auf wenige Eigenschwingungen beschränken kann. Als Nachteil ist einmal die Tatsache zu nennen, daß die Anfangsbedingungen nur zum Teil erfüllt werden können und daß die Berechnung der Spannungen und Schnittkräfte aus der modalen Lösung wegen der vernachlässigten höheren Eigenschwingungen zu Fehlern führen kann. Hier muß gegebenenfalls die Lösung verbessert werden. Damit geht aber der Vorteil der rechnerischen Effizienz der modalen Superposition zum Teil wieder verloren. Die modale Superposition ist wegen der Verwendung des Superpositionsprinzips zudem grundsätzlich eine lineare Methode.

Zusammenfassung

Die Bewegungsgleichung des diskretisierten Tragwerks unter zeitabhängiger Belastung enthält eine von null verschiedene rechte Seite und ist damit inhomogen. Spezialfälle der Anregung sind die harmonischen und die periodischen Lasten. Die allgemeine Lösung läßt sich als Superposition eines partikulären Integrals der inhomogenen Gleichung mit der vollständigen homogenen Lösung, dem Eigensystem, auffassen. Bei gedämpften Tragwerken ist das Eigensystem transient. Es spielt daher bei der Frequenzgangberechnung keine Rolle, da hier nur der stationäre Zustand gesucht wird. Als Lösungsmethoden stehen einmal die direkte Methode in den physikalischen Freiheitsgraden und zum anderen die modale Superposition zur Verfügung. Dabei weist jede dieser Methoden Vor- und Nachteile auf.

6.2 Frequenzgang

Bei der Berechnung des Frequenzgangs wird der stationäre Anteil der Lösung, d.h. das partikuläre Integral der inhomogenen Bewegungsgleichung unter einer harmonischen oder periodischen Anregung gesucht. Im einfachster Fall ist die Anregung rein harmonisch entsprechend Gl. (6.1.5). Für die stationäre Bewegung macht man wie früher beim Einmassenschwinger den ebenfalls harmonischen Ansatz

$$\{q(t)\} = \{q_o\}e^{i\Omega t} \tag{6.2.1}$$

mit dem zeitunabhängigen Vektor $\{q_o\}$. Setzt man Gl. (6.1.5) und Gl. (6.2.1) in die Bewegungsgleichung Gl. (6.1.1) ein und kürzt den gemeinsamen harmonischen Faktor $e^{i\Omega t}$, so erhält man die Matrizengleichung

$$(-\Omega^2[M]+i\Omega[C]+[K])\{q_o\} = \{p_o\} \tag{6.2.2}$$

Mit der Impedanz Gl. (5.4.6) läßt sich diese Beziehung auch als

$$[Z(i\Omega)]\{q_o\} = \{p_o\} \tag{6.2.3}$$

schreiben. Wie beim Einmassenschwinger zeigt sich auch hier, daß $[Z(i\Omega)]$ physikalisch der scheinbaren Steifigkeit des Tragwerks bei einer Anregung in der Frequenz Ω entspricht. Für das mit Materialdämpfung gedämpfte Tragwerk wird die Impedanz entsprechend der Bewegungsgleichung Gl. (6.1.2) zu

$$[Z(s)] = s^2[M]+[K]+i[S] \tag{6.2.4}$$

Man überzeugt sich leicht davon, daß Gl. (6.2.3) auch für die Bestimmung der stationären Lösung des durch Materialdämpfung gedämpften Tragwerks Gültigkeit hat. Dabei ist nun aber die Impedanz nach Gl. (6.2.4) zu verwenden.

Die Bestimmung der stationären Bewegung unter einer harmonischen Belastung führt somit auf die zeitunabhängige komplexe Matrizengleichung Gl. (6.2.3). $[Z(i\Omega)]$ ist eine symmetrische Matrix. Ihr Imaginärteil ist durch die Dämpfungsmatrix bestimmt. Nur im Falle eines ungedämpften Tragwerks wird $[Z(i\Omega)]$ reell.

Frequenzgangberechnung in physikalischen Freiheitsgraden

Arbeitet man mit den ursprünglichen, physikalischen Freiheitsgraden $\{q\}$ (direkte Methode), dann läßt sich die Lösung von Gl. (6.2.3) formal mit

$$\{q_o\} = [Z(i\Omega)]^{-1}\{p_o\} = [H(\Omega)]\{p_o\} \tag{6.2.5}$$

angeben. Die Matrix

$$[H(\Omega)] = [Z(i\Omega)]^{-1} \tag{6.2.6}$$

bezeichnet auch hier beim System mit mehreren Freiheitsgraden analog zum Einmassenschwinger den (komplexen) Frequenzgang. Der Frequenzgang ist nun aber eine symmetrische und bei gedämpften Tragwerken komplexe Matrix. Er entspricht physikalisch einer scheinbaren Flexibilitätsmatrix unter einer harmonischen Anregung mit der Frequenz Ω. Zusammen mit dem Ansatz Gl. (6.2.1) erhält man für die stationäre Bewegung

$$\{q(t)\} = [H(\Omega)]\{p_o\}e^{i\Omega t} \tag{6.2.7}$$

Das Element $H_{k\ell}$ des Frequenzganges verknüpft die k-te Verschiebung mit der l-ten Anregung:

$$q_k(t) = H_{k\ell}(\Omega)p_\ell\, e^{i\Omega t} = |H_{k\ell}(\Omega)|\, p_\ell\, e^{i(\Omega t - \theta_{k\ell})} \tag{6.2.8}$$

Man sieht aus der Darstellung in Polarkoordinaten, daß $H_{k\ell}$ mit seinem absoluten Betrag die Amplitudenvergrößerung bzw. Amplitudenverkleinerung und mit seinem Phasenwinkel die Phasenverschiebung zwischen der stationären Bewegung am Freiheitsgrad k unter einer harmonischen Anregung am Freiheitsgrad ℓ beschreibt. Zeichnet man den absoluten Betrag $|H_{k\ell}(\Omega)|$ in Funktion der Kreisfrequenz auf, so erhält man qualitativ den in Abb. 6.2.1 gezeigten Verlauf. Die Extrema liegen bei gedämpften Tragwerken etwas unterhalb der Eigenkreisfrequenzen. Da der Frequenzgang eine symmetrische Matrix ist, gilt für die Verschiebungen und die Anregungen das Reziprozitätsgesetz. Dies bedeutet, daß die Verschiebung am Freiheitsgrad k bei einer harmonischen Einheitsanregung am Freiheitsgrad ℓ gleich ist der Verschiebung am Freiheitsgrad ℓ unter einer harmonischen Einheitsanregung in k. Für $\Omega = 0$ reduziert sich Gl. (6.2.3) auf die statische Gleichgewichtsbedingung

$$[K]\{q_o\} = \{p_o\} \tag{6.2.9}$$

Die Frequenzgangberechnung liefert also für die Anregungsfrequenz Null die statische Lösung. Damit gilt aber auch das Reziprozitätsgesetz für die statische Lösung. Dies ist der bekannte Satz von Maxwell-Betti.

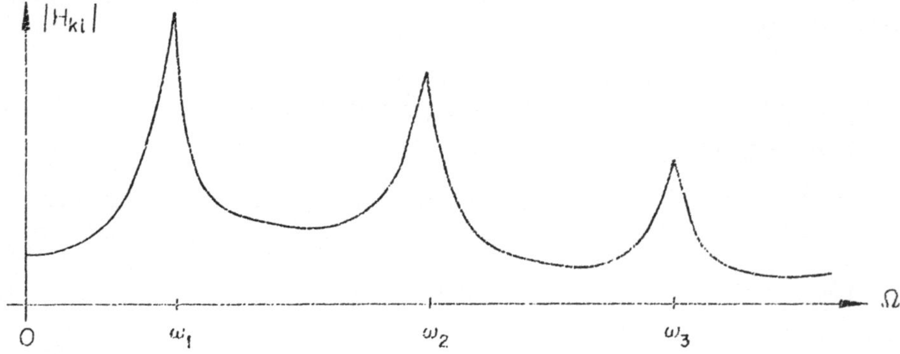

Abb. 6.2.1 Qualitativer Verlauf von $|H_{k\ell}|$

Beispiel

Für den Zweimassenschwinger von Abb. 2.3.2 erhält man mit den Matrizen nach
Gl. (2.3.39), Gl. (2.3.40) und Gl. (2.3.41) für die Impedanz

$$[Z(i\Omega)] = \left[\begin{array}{c|c} -\Omega^2 m_1 + k_1 + k_2 + i\Omega(c_1 + c_2) & -k_2 - i\Omega c_2 \\ \hline -k_2 - i\Omega c_2 & -\Omega^2 m_2 + k_2 + i\Omega c_2 \end{array} \right]$$

$$(6.2.10)$$

Mit den Elementen

$$Z_{11} = k_1 + k_2 - \Omega^2 m_1 + i\Omega(c_1 + c_2)$$
$$Z_{12} = Z_{21} = -k_2 - i\Omega c_2 \qquad\qquad (6.2.11)$$
$$Z_{22} = k_2 - \Omega^2 m_2 + i\Omega c_2$$

wird der Frequenzgang zu

$$[H(\Omega)] = \frac{1}{D} \left[\begin{array}{cc} Z_{22} & -Z_{12} \\ -Z_{12} & Z_{11} \end{array} \right] \qquad\qquad (6.2.12)$$

wobei

$$D = Z_{11} Z_{22} - Z_{12}^2 \qquad\qquad (6.2.13)$$

die Determinante von $[Z(i\Omega)]$ bezeichnet. Man sieht, daß die Darstellung der Elemente von $[H(\Omega)]$ in den Systemparametern k_1, k_2 etc. schon bei diesem einfachen System die Umformung umfangreicher Ausdrücke erfordert.

Der Zweimassenschwinger unter harmonischer Anregung läßt sich zur Festlegung der dynamischen Eigenschaften von Schwingungstilgern verwenden. Dabei spielt der eine Schwinger die Rolle des Tragwerks (Hauptsystem) und der zweite die Rolle des Tilgers. Durch Abstimmung des Tilgers auf das Tragwerk können erhebliche Reduktionen der Schwingungsamplituden des Hauptsystems erreicht werden.

In der Berechnungspraxis wird der Frequenzgang $[H(\Omega)]$ nicht in allgemeiner Form als inverse Impedanz aufgestellt. Vielmehr berechnet man $\{q_o\}$ an bestimmten ausgewählten Frequenzen durch eine Dreieckszerlegung von $[Z(i\Omega)]$ und nachfolgende Vorwärts-Rückwärtssubstitution. Da $[Z(i\Omega)]$ eine Funktion von Ω ist, muß die Dreieckszerlegung für jede Frequenz neu durchgeführt werden. Dies kann insbesondere im Falle gedämpfter Tragwerke eine rechenintensive Aufgabe sein, da dann die Zerlegung einer komplexen Matrix durchgeführt werden muß. Man wird sich daher bei der Bestimmung der Lösungen $\{q_o\}$ auf die interessierenden Frequenzen beschränken. Diese liegen normalerweise an der Stelle oder in der Nähe der Eigenfrequenzen, da dadurch die maximale Systemantwort bestimmt ist. Aus dem Verschiebungsvektor Gl. (6.2.7) können dann in jedem Punkt des Tragwerks die inneren Kräfte und die Spannungen ermittelt werden. Zusätzlich erhält man die Geschwindigkeiten $\{\dot{q}\}$ aus

$$\{\dot{q}(t)\} = i\Omega\{q_o\}e^{i\Omega t} \qquad\qquad (6.2.14)$$

sowie die Beschleunigungen $\{\ddot{q}\}$ aus

$$\{\ddot{q}(t)\} = -\Omega^2\{q_o\}e^{i\Omega t} \tag{6.2.15}$$

Frequenzgangberechnung in modalen Koordinaten

Als Alternative kann die Frequenzgangberechnung auch in Normalkoordinaten (modale Methode) durchgeführt werden. Bei proportional gedämpften Tragwerken erhält man nach der Transformation gemäß Abschnitt 5.3 bei viskoser Dämpfung die Einmassenschwingergleichungen

$$M_r\ddot{\eta}_r + C_r\dot{\eta}_r + K_r\eta_r = p_{o,r}\,e^{i\Omega t} \qquad r = 1,\ldots n \tag{6.2.16}$$

bzw. bei Materialdämpfung

$$M_r\ddot{\eta}_r + (1+ig_r)K_r\eta_r = p_{o,r}\,e^{i\Omega t} \qquad r = 1,\ldots n \tag{6.2.17}$$

Den Belastungsterm $p_{o,r}$ in der r-ten Eigenschwingung erhält man wiederum als Skalarprodukt des r-ten Eigenvektors mit dem ortsabhängigen Anteil der Belastung:

$$p_{o,r} = \{q_r\}^{\mathrm{T}}\{p_o\} \qquad r = 1,\ldots n \tag{6.2.18}$$

Er entspricht damit dem in Gl. (5.3.20) definierten Partizipationsfaktor. Die Lösung dieser Einmassenschwingergleichungen erfolgt wie früher über einen harmonischen Ansatz. Mit dem Frequenzgang

$$H_r(\Omega) = \frac{1}{Z_r(i\Omega)} \qquad r = 1,\ldots n \tag{6.2.19}$$

wobei $Z_r(i\Omega)$ die Impedanz der r-ten Eigenschwingung bezeichnet, erhält man

$$\eta_r(t) = H_r(\Omega)p_{o,r}\,e^{i\Omega t} \qquad r = 1,\ldots n \tag{6.2.20}$$

Damit können über Gl. (5.3.1) die physikalischen Verschiebungen $\{q(t)\}$ aufgebaut werden. Man sieht, daß bei proportionaler Dämpfung die Frequenzgangberechnung in modalen Koordinaten auf die Bildung des Kehrwerts der komplexen Zahl $Z_r(i\Omega)$ hinausläuft. Die modale Lösung ist damit numerisch wesentlich effizienter als die Lösung der gekoppelten Gleichungen. Allerdings müssen die entsprechenden Transformationen durchgeführt und gegebenenfalls auch noch die Verschiebungen zur Bestimmung zuverlässiger Spannungen verbessert werden.

Periodische Belastung

Um die stationäre Lösung unter einer periodischen Belastung mit der Periode T zu finden, entwickelt man die Last gemäß Gl. (6.1.7) in eine Fourier-Reihe. Damit ist $\{p(t)\}$ auf eine Summe harmonischer Anregungen zurückgeführt.

Für die Bewegung kann man nun analog die Lösung durch Superposition der stationären Lösungen für die einzelnen harmonischen Anregungen erhalten. Dies gilt allerdings nur unter der Voraussetzung linearen Tragverhaltens. Für die k-te Anregung

$$\{p_k(t)\} = \frac{1}{T}\{P(\Omega_k)\}\, e^{i\Omega_k t} \tag{6.2.21}$$

erhält man aus Gl. (6.2.7)

$$\{q_k(t)\} = \frac{1}{T}[H(\Omega_k)]\{P(\Omega_k)\}\, e^{i\Omega_k t} \tag{6.2.22}$$

Die vollständige stationäre Lösung unter der gesamten Anregung ergibt sich durch Superposition:

$$\{q(t)\} = \frac{1}{T}\sum_{k=-n}^{n}[H(\Omega_k)]\{P(\Omega_k)\}\, e^{i\Omega_k t} \tag{6.2.23}$$

Bei der Superposition der einzelnen Terme gehen die Frequenzen Ω_k über den harmonischen Faktor $e^{i\Omega_k t}$ explizit ein. Die resultierende Bewegung kann deshalb sehr komplexe Gestalt annehmen. Auch bei der Bestimmung der stationären Lösung unter periodischen Lasten kann alternativ mit modaler Superposition gearbeitet werden. Das Vorgehen entspricht den beim Einmassenschwinger besprochenen Schritten.

Nichtperiodische Belastung

Auch beim System mit endlich vielen Freiheitsgraden kann der Grenzübergang von der periodischen Belastung zur allgemeinen, nichtperiodischen Belastung durchgeführt werden. Läßt man wie früher die Periode T über alle Grenzen wachsen, so ergibt sich schließlich die nunmehr transiente Bewegung unter einer nichtperiodischen Anregung. Aus den Beziehungen Gl. (3.2.75), Gl. (3.2.76) und Gl. (3.2.77) folgt $\Delta\Omega \to 0$ für $T \to \infty$. Die diskreten Frequenzen Ω_k streben gegen eine kontinuierlich verteilte Belegung der Frequenzenachse Ω. Für die Fourier-Koeffizienten Gl. (6.1.8) erhält man zunächst beim Grenzübergang den Ausdruck

$$\{P(\Omega)\} = \int_{0}^{\infty} \{p(t)\}\, e^{-i\Omega t}dt \tag{6.2.24}$$

Dies ist die Fourier-Transformierte des Lastvektors $\{p(t)\}$. Für die stationäre Lösung Gl. (6.2.23) kommt unter Verwendung von Gl. (3.2.77)

$$\{q(t)\} = \frac{1}{2\pi}\int_{-\infty}^{\infty}[H(\Omega)]\{P(\Omega)\}\, e^{i\Omega t}d\Omega \tag{6.2.25}$$

Damit hat man die allgemeine, transiente Lösung unter der zeitabhängigen Belastung $\{p(t)\}$ erhalten. Man überzeugt sich leicht davon, daß die Lösung Gl. (6.2.25) den Anfangsbedingungen $\{q(0)\} = \{\dot{q}(0)\} = \{0\}$ genügt. Für den Fall, daß das Tragwerk aus der Ruhe angeregt wird, ist demnach die vollständige Lösung gefunden.

Für die r-te Komponente $q_r(t)$ der Bewegung unter der s-ten Komponente $p_s(t)$ der Anregung liefert Gl. (6.2.25) den Zusammenhang

$$q_r(t) = \frac{1}{2\pi} \int\limits_{-\infty}^{\infty} H_{rs}(\Omega) P_s(\Omega)\, e^{i\Omega t} d\Omega \qquad (6.2.26)$$

Vergleicht man diese Beziehung mit der analogen Gl. (3.2.88) für den Einmassenschwinger, so sieht man zusammen mit Gl. (3.3.20), daß $H_{rs}(\Omega)$ die Fourier-Transformierte der Bewegung $h_{rs}(t)$ am Freiheitsgrad r unter einem Dirac-Stoß im Freiheitsgrad s sein muß:

$$H_{rs}(\Omega) = \int\limits_{o}^{\infty} h_{rs}(t)\, e^{-i\Omega t} dt \qquad (6.2.27)$$

Da $[H(\Omega)]$ eine symmetrische Matrix ist, folgt daraus aber auch die Symmetrie der Bewegungen unter Dirac-Stößen:

$$h_{ij}(t) = h_{ji}(t) \qquad (6.2.28)$$

Für die freien Bewegungen unter Dirac-Stößen gilt somit ebenfalls das Reziprozitätsgesetz.

Für ein aus der Ruhelage angeregtes Tragwerk liefert Gl. (6.2.25) die vollständige Lösung. Andernfalls muß noch das Eigensystem superponiert und die gesamte Lösung an die Anfangsbedingungen angepaßt werden. In Gl. (6.2.25) sind die dynamischen Eigenschaften des Tragwerks durch den Frequenzgang $[H(\Omega)]$ beschrieben. Der Frequenzgang charakterisiert somit vollständig das dynamische Verhalten eines linearen Tragwerks. Physikalisch entsprechen die Elemente des Frequenzganges den stationären Bewegungen an den Freiheitsgraden unter harmonischen Einheitsanregungen an den einzelnen Freiheitsgraden. Da aber die Elemente des Frequenzganges auch als die Fourier-Transformierten der freien Bewegungen unter Dirac-Stößen gewonnen werden können, folgt, daß auch die Bewegungen unter Dirac-Stößen das dynamische Verhalten eines linearen Tragwerks vollständig charakterisieren. Man sieht aus diesen Überlegungen, daß ein mit n Freiheitsgraden diskretisiertes lineares Tragwerk bezüglich seiner dynamischen Eigenschaften entweder durch seine stationären Bewegungen unter n harmonischen Anregungen oder durch seine freien Schwingungen unter n Dirac-Stößen oder durch seine n Eigenschwingungen vollständig bestimmt ist.

Zusammenfassung

Die Bestimmung der stationären Lösung unter harmonischen oder periodischen Anregungen ist Aufgabe der Frequenzgangberechnung. Für eine harmonische Belastung führt dies auf die Lösung eines bei gedämpften Tragwerken komplexen linearen Gleichungssystems mit der Impedanz $[Z(i\Omega)]$ als Systemmatrix. Die Lösung kann direkt oder modal bestimmt werden. Eine periodische Belastung läßt sich über eine Fourier-Entwicklung auf eine Summe harmonischer Anregungen zurückführen. Läßt man die Periode der Anregung über alle Grenzen wachsen, erhält man schließlich auch die Lösung für eine allgemeine nichtperiodische Last. Es zeigt sich dabei, daß das dynamische Verhalten eines diskretisierten Tragwerks mit n Freiheitsgraden entweder durch die n Eigenschwingungen oder durch die stationären Bewegungen unter n harmonischen Anregungen oder aber durch die freien Schwingungen unter n Dirac-Stößen vollständig bestimmt ist.

6.3 Integration der Bewegungsgleichung

Besteht die rechte Seite der Bewegungsgleichung aus einer allgemeinen, zeitabhängigen Belastung $\{p(t)\}$, dann muß die Gleichung durch numerische Integration über die Zeit gelöst werden. Dabei sind die zwei grundsätzlich verschiedenen Fälle der gekoppelten und der entkoppelten Gleichungen zu unterscheiden. Der erste Fall liegt dann vor, wenn die Bewegungsgleichung ohne weitere Transformation direkt in den physikalischen Unbekannten $\{q\}$ integriert wird, oder aber beim Übergang auf Normalkoordinaten bei nichtentkoppelnder Dämpfungsmatrix. Im Gegensatz dazu entstehen bei Tragwerken mit proportionaler Dämpfung bei der Transformation auf Normalkoordinaten entkoppelte Einmassenschwingergleichungen. Diese können numerisch sehr effizient gelöst werden.

Da die vollständige zeitabhängige Lösung der Bewegungsgleichung unter allgemeiner Belastung die transienten Anteile des Eigensystems enthält, ist nur die Formulierung mit viskoser Dämpfung sinnvoll. Man hat daher Gl. (6.1.1) zusammen mit den Anfangsbedingungen zu lösen. Diese sollen in der Form der Gl. (6.1.3) und Gl. (6.1.4) vorgegeben sein. Die Bewegungsgleichung entspricht einem Tragwerk, das bezüglich des Raumes diskretisiert wurde, das aber bezüglich der Zeit noch kontinuierlich ist. Für die numerische Lösung wird man daher auch bezüglich der Zeit diskretisieren.

Diskretisierung in der Zeit

Für die zeitliche Diskretisierung bestehen verschiedene Möglichkeiten. Eine davon ist, die Geschwindigkeiten und Beschleunigungen als Differenzengleichungen der Verschiebungen unter Wahl einer Schrittweite Δt anzusetzen. Setzt man diese Differenzenausdrücke in die Bewegungsgleichung ein, so erhält man ein lineares Gleichungssystem für die unbekannten Stützwerte. Berücksichtigt man zusätzlich die Anfangsbedingungen, so bleiben als Unbekannte nur die Stützwerte zu einer einzigen Zeit t_n übrig. Damit läßt sich das Gleichungssystem auflösen. Unter Verwendung der so gefundenen Lösung kann rekursiv Stützwert nach Stützwert bestimmt werden. Eine weitere Möglichkeit der Diskretisierung liegt in der Entwicklung von finiten Ele-

menten in der Zeit. Dabei kann analog wie bei der räumlichen Diskretisierung
vorgegangen werden.

Bei der Entwicklung derartiger Integrationsalgorithmen muß man die
Stabilität und die Genauigkeit des Verfahrens überprüfen. Stabilität bedeutet, daß die Lösung nicht über alle Grenzen wächst. Die Verhältnisse sind
besonders durchsichtig beim Einmassenschwinger: bei einem stabilen Integrationsalgorithmus bleibt die Lösung stets beschränkt, auch wenn mit sehr
großen Integrationsschritten gearbeitet wird. Bei einem instabilen Algorithmus hingegen existiert ein kritischer Wert für den Zeitschritt Δt, oberhalb
welchem die Lösung instabil wird. Man spricht dann auch von numerischer
Instabilität. Von ebenso großer Bedeutung ist die Frage nach der Genauigkeit. Um den Rechenaufwand für die Integration niedrig zu halten, ist man
vor allem an Algorithmen interessiert, welche stabil bleiben und auch für
große Zeitschritte genaue Resultate liefern.

Denkt man sich die Bewegung eines linearen Tragwerks aus den Bewegungen in den Eigenschwingungen aufgebaut, so sieht man sofort, daß ein fest
gewählter Integrationszeitschritt Δt relativ zu den Perioden der Eigenschwingungen für die höheren Frequenzen d.h. für die kleineren Perioden immer
größer wird. Die Genauigkeit der Integration auf der Stufe eines Einmassenschwingers hängt aber vom Verhältnis zwischen Integrationszeitschritt und
Periode ab. Aus dieser Überlegung folgt, daß der Integrationszeitschritt als
ein Bruchteil der Periode der Eigenschwingung mit der kleinsten noch interessierenden Periode gewählt werden muß. Alle Eigenschwingungen mit
größeren Perioden werden dann genauer integriert, da der Zeitschritt relativ
zur Periode kleiner wird. Umgekehrt werden Eigenschwingungen mit kleineren Perioden weniger genau integriert. Arbeitet man mit einem unbedingt
stabilen Algorithmus, dann bleiben die Beiträge dieser Schwingungen aber
stabil und zerstören die Lösung nicht.

Es ist möglich, unbedingt stabile Integrationsalgorithmen zu entwickeln.
Dies gelingt in vielen Fällen durch das Einführen von freien Parametern in
den Algorithmus, welche dann nach Stabilitätskriterien angepaßt werden.
Man gewinnt diese Kriterien durch Anwendung des Integrationsalgorithmus
auf die freie Schwingung des Einmassenschwingers der Periode T. Die daraus
resultierende rekursive Beziehung zwischen den Stützwerten zur Zeit t_n und
zur Zeit t_{n+1} muß für alle Verhältnisse $\Delta t/T$ beschränkt bleiben (s. auch
z.B. [8], [10], [44]). Der Einmassenschwinger erlaubt ebenfalls einfach die
Diskussion der Genauigkeitsverhältnisse. Bekannte, unbedingt stabile Algorithmen sind die β-Methode von Newmark, die Methode von Houbolt und
die θ-Methode von Wilson. Im folgenden soll als Beispiel die Wilsonsche θ-
Methode eingehender erläutert werden.

θ-Methode von Wilson

Bei der θ-Methode macht man für die Beschleunigungen $\{\ddot{q}\}$ einen linearen
Ansatz über den verlängerten Zeitschritt $\theta \, \Delta t$. In der lokalen Variablen τ

(Abb. 6.3.1) erhält man damit

$$\{\ddot{q}(t_n+\tau)\} = \{\ddot{q}\}_n + \frac{\tau}{\theta\,\Delta t}(\{\ddot{q}\}_{n+1}-\{\ddot{q}\}_n) \tag{6.3.1}$$

wobei die Abkürzungen

$$\{\ddot{q}\}_n = \{\ddot{q}(t_n)\} \tag{6.3.2}$$

$$\{\ddot{q}\}_{n+1} = \{\ddot{q}(t_n+\theta\,\Delta t)\} \tag{6.3.3}$$

eingeführt wurden. Integriert man diese Gleichung über τ, so erhält man für die Geschwindigkeiten

$$\{\dot{q}(t_n+\tau)\} = \{\dot{q}\}_n + \tau\{\ddot{q}\}_n + \frac{\tau^2}{2\theta\,\Delta t}(\{\ddot{q}\}_{n+1}-\{\ddot{q}\}_n) \tag{6.3.4}$$

Eine nochmalige Integration liefert die Verschiebungen

$$\{q(t_n+\tau)\} = \{q\}_n + \tau\{\dot{q}\}_n + \frac{\tau^2}{2}\{\ddot{q}\}_n + \frac{\tau^3}{6\theta\,\Delta t}(\{\ddot{q}\}_{n+1}-\{\ddot{q}\}_n) \tag{6.3.5}$$

Setzt man $\tau = \theta\,\Delta t$, so erhält man für die Geschwindigkeiten an der oberen Stützstelle

$$\{\dot{q}\}_{n+1} = \{\dot{q}\}_n + \frac{\theta\,\Delta t}{2}(\{\ddot{q}\}_n + \{\ddot{q}\}_{n+1}) \tag{6.3.6}$$

und für die Verschiebungen

$$\{q\}_{n+1} = \{q\}_n + \theta\,\Delta t\{\dot{q}\}_n + \frac{\theta^2\,\Delta t^2}{6}(2\{\ddot{q}\}_n + \{\ddot{q}\}_{n+1}) \tag{6.3.7}$$

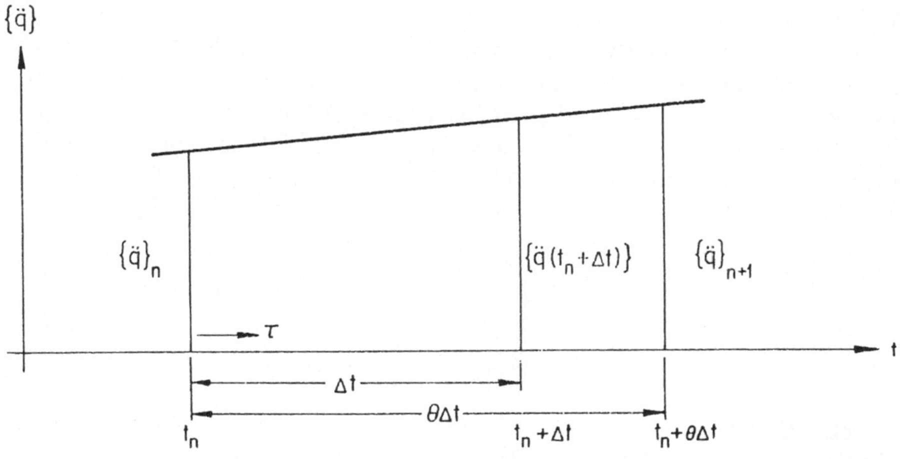

Abb. 6.3.1 Ansatz für die Beschleunigungen bei der θ-Methode von Wilson

Als Unbekannte sollen in der Bewegungsgleichung die Verschiebungen $\{q\}_{n+1}$ erscheinen. Aus der letzten Gleichung erhält man

$$\{\ddot{q}\}_{n+1} = \frac{6}{\theta^2\,\Delta t^2}(\{q\}_{n+1}-\{q\}_n)-\frac{6}{\theta\,\Delta t}\{\dot{q}\}_n-2\{\ddot{q}\}_n \tag{6.3.8}$$

Einsetzen in Gl. (6.3.6) liefert

$$\{\dot{q}\}_{n+1} = \frac{3}{\theta\,\Delta t}(\{q\}_{n+1}-\{q\}_n)-2\{\dot{q}\}_n-\frac{\theta\,\Delta t}{2}\{\ddot{q}\}_n \tag{6.3.9}$$

Die Belastung wird ebenfalls über den verlängerten Zeitschritt linearisiert:

$$\{p\}_{n+1} = \{p(t_n)\}+\theta\big(\{p(t_n+\Delta t)\}-\{p(t_n)\}\big) \tag{6.3.10}$$

Für das dynamische Gleichgewicht zur Zeit $t_n + \theta\,\Delta t$ liefert die Bewegungsgleichung Gl. (6.1.1)

$$[M]\{\ddot{q}\}_{n+1}+[C]\{\dot{q}\}_{n+1}+[K]\{q\}_{n+1} = \{p\}_{n+1} \tag{6.3.11}$$

Setzt man nun in diese Beziehung die diskretisierten Werte der obigen Gleichungen ein, so erhält man die Matrizengleichung

$$[\overline{K}]\{q\}_{n+1} = \{\overline{p}\}_{n+1} \tag{6.3.12}$$

für die unbekannten Verschiebungen $\{q\}_{n+1}$. $[\overline{K}]$ ist die sogenannte effektive Steifigkeitsmatrix und hat die Form

$$[\overline{K}] = \frac{6}{\theta^2\,\Delta t^2}[M]+\frac{3}{\theta\,\Delta t}[C]+[K] \tag{6.3.13}$$

Man sieht, daß $[\overline{K}]$ als Linearkombination der drei symmetrischen Systemmatrizen $[M]$, $[C]$ und $[K]$ ebenfalls symmetrisch ist und vom Zeitschritt Δt sowie dem Stabilisierungsparameter θ abhängt. Bei linearen dynamischen Problemen bleiben die Systemmatrizen konstant. Man sieht daraus, daß sich $[\overline{K}]$ nur bei einer Änderung des Zeitschritts ändert, da θ üblicherweise konstant gehalten wird. $[\overline{K}]$ wird auch bei singulärer Steifigkeitsmatrix $[K]$ normalerweise regulär. Daraus folgt, daß mit dem Algorithmus auch die zeitliche Integration von Tragwerken mit Starrkörperverschiebungen möglich ist. Für den effektiven Lastvektor $\{\overline{p}\}$ erhält man zusammen mit Gl. (6.3.10)

$$\begin{aligned}\{\overline{p}\}_{n+1} = \ &\{p\}_{n+1} + [M](\frac{6}{\theta^2\,\Delta t^2}\{q\}_n + \frac{6}{\theta\,\Delta t}\{\dot{q}\}_n + 2\{\ddot{q}\}_n)+\\ &[C](\frac{3}{\theta\,\Delta t}\{q\}_n + 2\{\dot{q}\}_n + \frac{\theta\,\Delta t}{2}\{\ddot{q}\}_n)\end{aligned} \tag{6.3.14}$$

Der effektive Lastvektor setzt sich also aus den Stützwerten der äußeren Belastung sowie den Beiträgen der Anfangsbedingungen zur Zeit t_n zu den Trägheits- und Dämpfungskräften zusammen.

Die Auflösung von Gl. (6.3.12) liefert die Verschiebungen zur Zeit $t = t_n + \theta\,\Delta t$. Damit folgen aus Gl. (6.3.8) die Beschleunigungen $\{\ddot{q}\}_{n+1}$. Aus Gl. (6.3.5) erhält man mit $\tau = \Delta t$ die Verschiebungen zur Zeit $t_n + \Delta t$ sowie aus Gl. (6.3.4) und Gl. (6.3.1) die zugehörigen Geschwindigkeiten und Beschleunigungen. Mit diesen neuen Startwerten wird die Integration über den nächsten Zeitschritt durchgeführt. Wendet man den Integrationsalgorithmus auf die freie Schwingung eines Einmassenschwingers an, so kann man die Bedingungen der Stabilität formulieren. Diese Diskussion zeigt [8], daß der Algorithmus bei linearen Systemen für $\theta \geq 1.37$ unbedingt stabil ist.

Die Lösung von Gl. (6.3.12) erfordert eine Dreieckszerlegung von $[\overline{K}]$ sowie eine Vorwärts-Rückwärtssubstitution. Solange sich der Zeitschritt nicht ändert und das System linear bleibt, kann der gleiche Dreiecksfaktor verwendet werden. Bei einer Änderung der Systemmatrizen bzw. des Zeitschritts muß $[\overline{K}]$ neu gebildet und neu zerlegt werden. Der Rechenaufwand entspricht damit für den ersten Zeitschritt dem Aufwand für eine vollständige statische Lösung und dann für jeden weiteren Zeitschritt dem Aufwand für einen zusätzlichen statischen Lastfall, d.h. etwa 10% des Rechenaufwands für die Dreieckszerlegung. Dieser Prozentsatz hängt im Einzelfall natürlich von der Besetzung von $[\overline{K}]$ und $\{\overline{p}\}$ sowie von der Effizienz des verwendeten Programmes ab. Da in der Dynamik mehrere Hundert bis einige Tausend Integrationsschritte durchaus normal sind, kann der Aufwand beträchtlich werden.

Die Matrix $[\overline{K}]$ ist keine Diagonalmatrix und muß daher in ihre Dreiecksfaktoren zerlegt werden. Man spricht hier auch von einem sogenannten impliziten Integrationsalgorithmus. Im Gegensatz dazu existieren explizite Algorithmen, bei welchen die Integration auf der Basis einer diagonalförmigen Massenmatrix und gegebenenfalls auch diagonalförmigen Dämpfungsmatrix durchgeführt wird. Explizite Integrationsalgorithmen haben den Vorteil, daß die Lösung rascher bestimmt werden kann als bei impliziten Algorithmen. Sie haben aber den Nachteil der beschränkten Stabilität.

Modifizierte Euler-Integration

Ein Beispiel für einen expliziten Integrationsalgorithmus ist die modifizierte Euler-Integration. Aus einer Taylor-Entwicklung von $\{q(\tau)\}$ um die Stützstelle $\{q\}_n = \{q(t_n)\}$ erhält man

$$\{q\}_{n+1} = \{q\}_n + \Delta t\{\dot{q}\}_n + \frac{\Delta t^2}{2}\{\ddot{q}\}_n \qquad (6.3.15)$$

mit $\{q\}_{n+1} = \{q(t_n + \Delta t)\}$ und dem Integrationsschritt Δt. Die Reihe wird nach dem quadratischen Glied abgebrochen. Approximation von $\{\ddot{q}\}_n = \{\ddot{q}(t_n)\}$ durch den einfachen Differenzenausdruck

$$\{\ddot{q}\}_n = \frac{1}{\Delta t}(\{\dot{q}\}_{n+1} - \{\dot{q}\}_n) \qquad (6.3.16)$$

mit $\{\dot{q}\}_{n+1} = \{\dot{q}(t_n + \Delta t)\}$ und Einsetzen in Gl. (6.3.15) liefert

$$\{q\}_{n+1} = \{q\}_n + \frac{\Delta t}{2}(\{\dot{q}\}_n + \{\dot{q}\}_{n+1}) \tag{6.3.17}$$

Gleiches Vorgehen für die Geschwindigkeiten führt auf die analoge Gleichung

$$\{\dot{q}\}_{n+1} = \{\dot{q}\}_n + \frac{\Delta t}{2}(\{\ddot{q}\}_n + \{\ddot{q}\}_{n+1}) \tag{6.3.18}$$

mit $\{\ddot{q}\}_{n+1} = \{\ddot{q}(t_n + \Delta t)\}$. Es wird nun angenommen, daß $\{q\}_n$ und $\{\dot{q}\}_n$ entweder vom vorhergehenden Integrationsschritt oder aus den Anfangsbedingungen bekannt und $\{\ddot{q}\}_n, \{q\}_{n+1}, \{\dot{q}\}_{n+1}$ und $\{\ddot{q}\}_{n+1}$ unbekannt sind. Aus der Bewegungsgleichung Gl. (6.1.1) erhält man für $t = t_n$ die Beziehung

$$[M]\{\ddot{q}\}_n = \{p\}_n - [C]\{\dot{q}\}_n - [K]\{q\}_n \tag{6.3.19}$$

welche bei diagonaler Massenmatrix sofort nach $\{\ddot{q}\}_n$ aufgelöst werden kann. Damit und mit Gl. (6.3.16) in der Form

$$\{\dot{q}\}_{n+1} = \{\dot{q}\}_n + \Delta t\{\ddot{q}\}_n \tag{6.3.20}$$

erhält man einen Schätzwert für die Geschwindigkeiten $\{\dot{q}\}_{n+1}$. Aus der zu Gl. (6.3.19) analogen Gleichung

$$[M]\{\ddot{q}\}_{n+1} = \{p\}_{n+1} - [C]\{\dot{q}\}_{n+1} - [K]\{q\}_{n+1} \tag{6.3.21}$$

folgt nun ein Schätzwert für die Beschleunigungen $\{\ddot{q}\}_{n+1}$, wobei $\{q\}_{n+1}$ nach Gl. (6.3.15) verwendet wird. Einsetzen dieser Schätzwerte in Gl. (6.3.17), Gl. (6.3.18) und Gl. (6.3.21) liefert korrigierte Werte $\{q\}_{n+1}$, $\{\dot{q}\}_{n+1}$ und $\{\ddot{q}\}_{n+1}$, welche als Startwerte für den nächsten Integrationsschritt dienen.

Der modifizierte Euler-Algorithmus ist ein Beispiel für die sogenannten Prädiktor-Korrektor-Methoden, welche die Lösung durch Schätzung und anschließende Korrektur bestimmen. Wie alle expliziten Verfahren ist die Methode nur bedingt stabil. Der Zeitschritt muß deshalb als Bruchteil der kleinsten im numerischen Modell enthaltenen Periode gewählt werden. Dies kann auf sehr kleine Integrationszeitschritte und damit trotz der trivialen Gleichungslösung auf hohen Rechenaufwand führen. Man wählt aus diesem Grunde die explizite Integration meist nur bei kurzen schockartigen Belastungen, welche die hochfrequenten Schwingungsanteile im Tragwerk anregen, bei denen aber die Bewegung nur über kurze Zeiten berechnet werden muß.

Bestimmung des Integrationszeitschrittes

Zur Festlegung des Integrationszeitschrittes bei einem unbedingt stabilen Integrationsalgorithmus bestimmt man zunächst die höchste Frequenz f_{max}, welche von Interesse ist. Dabei wird vorausgesetzt, daß das diskretisierte Modell die von der dynamischen Belastung angeregten Eigenschwingungen

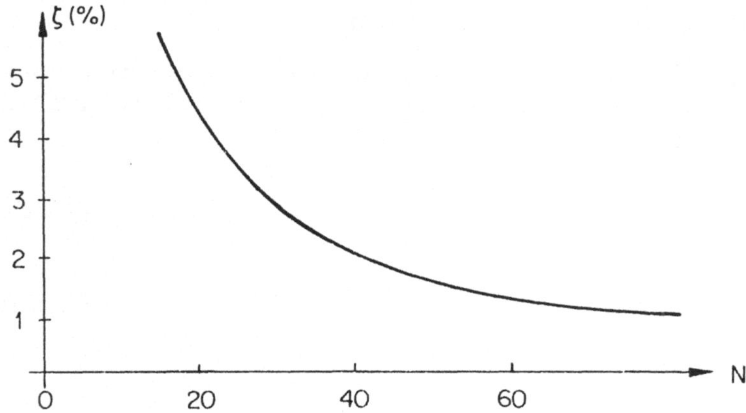

Abb. 6.3.2 Qualitativer Verlauf der Dämpfungsrate bei numerischer Dämpfung

ausreichend genau darstellen kann. Da auch oberhalb von f_{max} Frequenzen angeregt werden, berechnet man die minimale Periode aus

$$T_{min} = \frac{1}{4 f_{max}} \tag{6.3.22}$$

Aus Abb. 3.2.2 sieht man, daß ein Einmassenschwinger unter einer harmonischen Anregung mit $\kappa = 1/4 = 0.25$ praktisch nur mehr statisch reagiert. Die Beiträge der Eigenschwingungen mit $T \leq T_{min}$ zur dynamischen Lösung des Tragwerks können daher vernachlässigt werden. Der Integrationszeitschritt ergibt sich aus

$$\Delta t = \frac{T_{min}}{N} \tag{6.3.23}$$

wobei N eine ganze Zahl mit $N \geq 20$ sein soll. Die Diskussion der Genauigkeitsverhältnisse anhand des Einmassenschwingers zeigt, daß durch die numerische Integration die Amplitude verkleinert und die Periode verlängert wird. Dies entspricht einer zusätzlichen Dämpfung. Man spricht deshalb auch von numerischer Dämpfung, welche durch den Algorithmus in das System eingeführt wird. Abb. 6.3.2 zeigt qualitativ die Abhängigkeit der numerischen Dämpfung in Funktion der Anzahl Unterteilungen N über eine Periode. Dieser Verlauf kann mit guter Näherung für die θ-Methode sowie für die β-Methode von Newmark verwendet werden. Man sieht, daß für $N = 20$ eine numerische Dämpfungsrate von ca. 4% in der Eigenschwingung mit T_{min} resultiert. Schwingungen mit größeren Perioden sind entsprechend geringer gedämpft. Der Integrationszeitschritt sollte so gewählt werden, daß die eingeführte numerische Dämpfung kleiner als die tatsächliche Dämpfung ist. In einigen Fällen genügt es sogar, die Dämpfung ausschließlich über die numerische Dämpfung zu erfassen.

Integration in Normalkoordinaten

Beim Übergang auf Normalkoordinaten erhält man für Tragwerke mit proportionaler Dämpfung die n Einmassenschwingergleichungen der Gl. (5.3.11). Mit den Abkürzungen

$$\beta_r = \frac{C_r}{2M_r} \tag{6.3.24}$$

$$\omega_{o,r}^2 = \frac{K_r}{M_r} \tag{6.3.25}$$

und der mit

$$p_r = p_{o,r}\, f_r(t) \tag{6.3.26}$$

in einen räumlichen und einen zeitlichen Anteil aufgespaltenen modalen Belastung läßt sich diese Gleichung auch als

$$\ddot{\eta}_r + 2\beta_r\dot{\eta}_r + \omega_{o,r}^2\eta_r = \frac{p_{o,r}}{M_r} f_r(t) \qquad\qquad r = 1,\ldots n \tag{6.3.27}$$

schreiben. Die Anfangsbedingungen können ebenfalls auf Normalkoordinaten transformiert werden. Sie erscheinen dann in der Form

$$\eta_r(0) = \eta_{o,r} \tag{6.3.28}$$

$$\dot{\eta}_r(0) = \dot{\eta}_{o,r} \tag{6.3.29}$$

Grundsätzlich läßt sich die Bewegungsgleichung des Einmassenschwingers mit sämtlichen Integrationsmethoden, welche für die direkte Integration geeignet sind, lösen. Numerisch effizienter ist es aber, spezielle Rekursionsformeln herzuleiten, welche die besondere Einfachheit dieser Gleichung ausnützen. Unterdrückt man den Index r, so lautet die allgemeine Lösung der Einmassenschwingergleichung gemäß Gl. (3.1.42) und Gl. (3.3.16)

$$\eta(t) = \eta(0)v(t) + \dot{\eta}(0)g(t) + \frac{p_o}{M}\int_o^t f(\tau)g(t-\tau)d\tau \tag{6.3.30}$$

Die beiden ersten Terme entsprechen den Eigenschwingungen während der dritte Term das Faltungsintegral darstellt. Die Funktionen $v(t)$ und $g(t)$ sind die freien Bewegungen unter einer Einheitsverschiebung bzw. einer Einheitsgeschwindigkeit. Für kleine Dämpfung gilt

$$v(t) = e^{-\beta t}\left(\cos \omega t + \frac{\beta}{\omega}\sin \omega t\right) \tag{6.3.31}$$

$$g(t) = \frac{1}{\omega}e^{-\beta t}\sin \omega t \tag{6.3.32}$$

wobei ω die Kreisfrequenz der gedämpften Schwingung nach Gl. (3.1.39) bezeichnet. Ist die Lösung zur Zeit t_n bekannt, dann liefert Gl. (6.3.30) für die spätere Zeit t

$$\eta(t) = \eta(t_n)v(t-t_n) + \dot{\eta}(t_n)g(t-t_n) + \frac{p_o}{M} \int_{t_n}^{t} f(\tau)g(t-\tau)d\tau \qquad (6.3.33)$$

Mit dieser Rekursionsbeziehung können sukzessive die Werte von η zu den Zeiten t_i bestimmt werden, falls die Auswertung des Faltungsintegrals gelingt. Dies ist analytisch möglich, wenn der zeitliche Anteil $f(\tau)$ der Belastung über das Zeitintervall

$$\Delta t = t_{n+1} - t_n \qquad (6.3.34)$$

polynomial interpoliert wird. Damit gelingt es, Rekursionsformeln aufzustellen, welche die Lösung zur Zeit t_n sowie die Stützwerte der Belastung zu entsprechenden Zeiten enthalten. Die Koeffizienten der Rekursionsformeln hängen vom gewählten Zeitschritt sowie von der Größe der Dämpfung des Einmassenschwingers ab. Insbesondere erhält man unterschiedliche Beziehungen für über- und unterkritisch gedämpfte Eigenschwingungen. Aus Gl. (6.3.33) kann ebenfalls die erste und aus Gl. (6.3.27) die zweite zeitliche Ableitung von η bestimmt werden.

Im einfachsten Fall interpoliert man die Belastung linear. Die Rekursionsformeln erscheinen dann in der Form

$$\eta_{n+1} = a_1\eta_n + a_2\dot{\eta}_n + a_3 f_n + a_4 f_{n+1} \qquad (6.3.35)$$

$$\dot{\eta}_{n+1} = b_1\eta_n + b_2\dot{\eta}_n + b_3 f_n + b_4 f_{n+1} \qquad (6.3.36)$$

mit den Abkürzungen

$$\begin{aligned}
\eta_{n+1} &= \eta(t_n + \Delta t) \\
\dot{\eta}_{n+1} &= \dot{\eta}(t_n + \Delta t) \\
\eta_n &= \eta(t_n) \\
\dot{\eta}_n &= \dot{\eta}(t_n) \\
f_n &= f(t_n) \\
f_{n+1} &= f(t_n + \Delta t)
\end{aligned} \qquad (6.3.37)$$

Für die Koeffizienten erhält man im unterkritisch gedämpften Fall

$$a_1 = e^{-\beta \Delta t}(\cos \omega \Delta t + \frac{\beta}{\omega} \sin \omega \Delta t)$$

$$a_2 = \frac{1}{\omega} e^{-\beta \Delta t} \sin \omega \Delta t$$

$$a_3 = \frac{p_o}{K \omega \Delta t} \left[e^{-\beta \Delta t} [(\frac{\omega^2 - \beta^2}{\omega_o^2} - \beta \Delta t) \sin \omega \Delta t \right.$$
$$\left. - (\frac{2\omega \beta}{\omega_o^2} + \omega \Delta t) \cos \omega \Delta t] + \frac{2\beta \omega}{\omega_o^2} \right]$$

$$a_4 = \frac{p_o}{K \omega \Delta t} \left[e^{-\beta \Delta t} [-(\frac{\omega^2 - \beta^2}{\omega_o^2}) \sin \omega \Delta t \right.$$
$$\left. + \frac{2\omega \beta}{\omega_o^2} \cos \omega \Delta t] + \omega \Delta t - \frac{2\beta \omega}{\omega_o^2} \right]$$

$$(6.3.38)$$

sowie

$$b_1 = -\frac{\omega_o^2}{\omega} e^{-\beta \Delta t} \sin \omega \Delta t$$

$$b_2 = e^{-\beta \Delta t}(\cos \omega \Delta t - \frac{\beta}{\omega} \sin \omega \Delta t)$$

$$b_3 = \frac{p_o}{K \omega \Delta t} \left[e^{-\beta \Delta t} [(\beta + \omega_o^2 \Delta t) \sin \omega \Delta t + \omega \cos \omega \Delta t] - \omega \right]$$

$$b_4 = \frac{p_o}{K \omega \Delta t} \left[-e^{-\beta \Delta t}(\beta \sin \omega \Delta t + \omega \cos \omega \Delta t) + \omega \right]$$

$$(6.3.39)$$

Ähnliche Beziehungen entstehen für den Fall mit kritischer oder überkritischer Dämpfung.

Derartige Integrationsalgorithmen haben den großen Vorteil, daß die einzige Approximation auf der Stufe der polynomialen Darstellung der modalen Belastung entsteht. Die Integration der Bewegungsgleichung ist hingegen exakt. Falls sich die Belastung mit großen Zeitschritten darstellen läßt, kann auch die Integration mit großen Zeitschritten durchgeführt werden, ohne daß dabei Genauigkeit verloren geht.

Zusammenfassung

Bei der Integration der Bewegungsgleichung muß auf die Stabilität und auf die Genauigkeit des Algorithmus geachtet werden. Bei den sogenannten impliziten Algorithmen kann unbedingte Stabilität durch das Einführen freier Parameter erreicht werden. Als Beispiel wird die Wilsonsche θ-Methode besprochen. Implizite Algorithmen erfordern eine Dreieckszerlegung der entstehenden effektiven Steifigkeitsmatrix und sind daher von der Rechenzeit her gesehen relativ aufwendig. Bei diagonalförmiger Massenmatrix und gegebenenfalls auch diagonalförmiger Dämpfungsmatrix kann man mit expliziten Algorithmen die Dreieckszerlegung vermeiden. Ein Beispiel einer expliziten

Prädiktor-Korrektor-Methode ist die modifizierte Euler-Integration. Explizite Algorithmen sind zwar numerisch effizient, aber nur bedingt stabil. Die Wahl des Zeitschritts hängt vom verwendeten Integrationsalgorithmus sowie von der größten zu berücksichtigenden Frequenz des Berechnungsmodells ab. Für die Lösung der entkoppelten Bewegungsgleichungen durch modale Superposition können spezielle auf dem Faltungsintegral beruhende Integrationsalgorithmen entwickelt werden.

6.4 Erdbeben

Im Gegensatz zu den alltäglichen dynamischen Anregungen unserer Tragwerke wie beispielsweise durch Verkehrslasten oder Wind gehören starke Erdbeben zu den Extrembelastungen. Entsprechend katastrophal sind daher meist auch ihre Folgen mit Todesopfern und Sachschäden. Neben den Primärschäden treten zusätzlich häufig erhebliche Sekundärschäden auf. Dazu gehören Dammbrüche, Erdrutsche, Brüche von Gasleitungen mit nachfolgenden Explosionen, Ausbruch von Feuer, Kurzschlüsse, Freisetzung radioaktiver Stoffe, Zerstörungen durch Flutwellen und dergleichen mehr. Wegen des hohen Schadenspotentials zählt daher in seismisch aktiven Zonen die Sicherung der Tragwerke gegen Schäden durch Erdbeben zu den wichtigsten Aufgaben des Ingenieurs.

Die Lösung dieser Aufgabe stellt höchste Ansprüche an die Ingenieurkunst. Einmal besteht nämlich hohe Unsicherheit in der zu erwartenden seismischen Anregung. Dies betrifft die Häufigkeit, die Stärke, die Dauer sowie den charakteristischen Verlauf eines Bebens für einen bestimmten Standort. Weiterhin bestehen aber auch Unsicherheiten über das Tragverhalten des Bauwerks, insbesondere im nichtlinearen Bereich. Schließlich ist der Begriff der Sicherheit keine absolute Größe. Vielmehr muß hier stets ein Kompromiß zwischen der Wirtschaftlichkeit und einem vertretbaren Risiko gefunden werden. Absolute Sicherheit gegen alle nur denkbaren Risiken ist technisch praktisch nie möglich und auch wirtschaftlich nicht vertretbar. Ein möglicher Sicherheitsstandpunkt für die Behandlung von Erdbeben besteht darin, das Tragwerk so zu dimensionieren, daß für ein mittleres Erwartungsbeben am gewählten Standort keine besonderen Schäden auftreten. Darüberhinaus erfolgt die Dimensionierung derart, daß unter einem Extrembeben zwar signifikante Beschädigungen auftreten können, aber kein Kollaps und auch keine teilweise Unbrauchbarkeit des Tragsystems, wodurch Menschenleben gefährdet werden könnten.

Ursachen von Erdbeben

Erdbeben können im wesentlichen drei verschiedene Ursachen haben. Sie entstehen einmal im Zusammenhang mit Vulkanausbrüchen. Derartige vulkanische Beben stellen etwa 5% aller Beben dar. Eine zweite Klasse sind die sogenannten Einsturzbeben, welche durch den Einsturz größerer Hohlräume

beispielsweise in Gips- oder Kalkablagerungen ausgelöst werden. Einsturzbeben entsprechen ebenfalls etwa 5% aller Beben. Die weitaus häufigste Ursache
für Erdbeben sind aber Verschiebungen der Platten der Erdkruste, welche
tektonische Beben auslösen. Man bezeichnet die momentane Rißstelle an
den Bruchrändern als den Herd des Bebens. Die Rißstelle wandert normalerweise dem Bruch entlang und löst seismische Wellen aus. Abb. 6.4.1 zeigt
die wichtigsten Platten der Erdkruste. Die seismisch aktiven Zonen liegen
vor allem entlang den Rändern dieser Platten. Hier schieben sich die Platten
übereinander oder driften auseinander, wobei seismische Wellen entstehen.

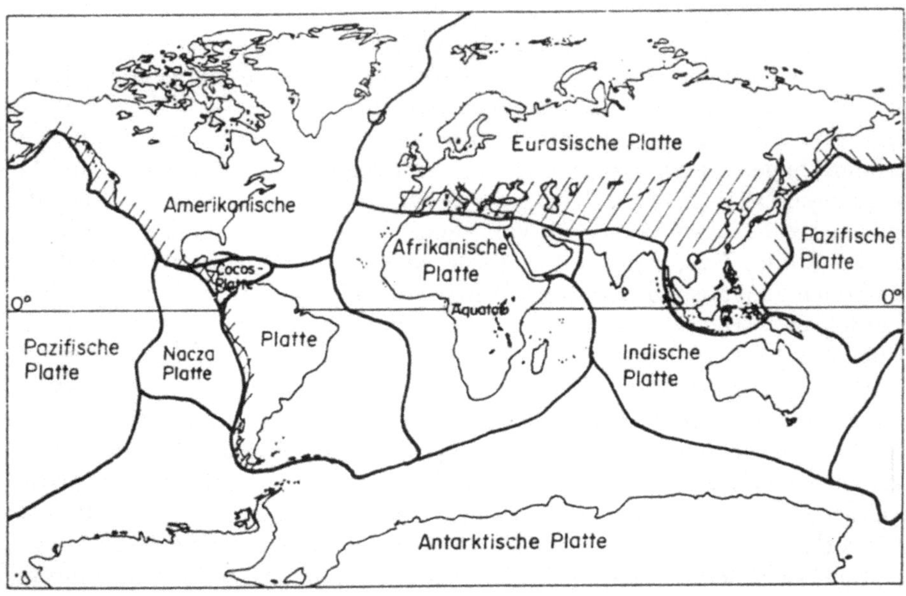

Abb. 6.4.1 Plattentektonik und Erdbebengürtel

In Abb. 6.4.1 lassen sich vereinfachend drei große Erdbebengürtel feststel-
len. Der pazifische Gürtel wird durch die Umrandung des Pazifiks gebildet.
Seine Ursache liegt darin, daß sich das gesamte pazifische Becken im Gegen-
uhrzeigersinn bewegt. Zum pazifischen Gürtel gehört auch die San Andreas-
Verwerfung in Kalifornien. An dieser Stelle reißt der östliche Teil Kalifor-
niens vom Festland ab und driftet langsam in den Pazifik. Die größte Anzahl der Beben entsteht im pazifischen Gürtel. Der zweite Erdbebengürtel
ist der Mittelmeer-transasiatische Gürtel. Er erstreckt sich vom Mittelmeer-
gebiet über die Türkei und Persien bis in den Himalaya. Dieser Gürtel ist
für die meisten Beben in Mitteleuropa verantwortlich. Schließlich erkennt
man auf dem Bild die ozeanischen Rücken, zu denen auch der mittelatlan-
tische Rücken gehört. Entlang dieser Bruchstelle reißt der Atlantik auf. Für
ingenieurmäßige Zwecke besitzen die ozeanischen Rücken keine direkte Bedeutung.

Typen von seismischen Wellen

Bei einem Beben entstehen seismische Wellen. Man unterscheidet zwischen den schnellen Primärwellen (P-Wellen) und den etwas langsameren Sekundärwellen (S-Wellen). P-Wellen sind Longitudinalwellen. Sie werden durch Normalkräfte übertragen. S-Wellen sind dagegen Transversalwellen, welche sich über Schubkräfte ausbreiten. Seismische Wellen werden von den Bodenschichten gebrochen und reflektiert. Man kann aus den Reflektionen Rückschlüsse auf die Beschaffenheit der Erdkruste ziehen. Seismische Wellen enthalten entsprechend dem chaotischen Entstehungsprozeß zunächst ein breites Spektrum an Frequenzen. Durch die Erdkruste und insbesondere durch die obere Bodenschicht werden dann aber normalerweise viele dieser Frequenzen herausgefiltert. Die an der Erdoberfläche eintreffende seismische Anregung ist daher ein mit den dynamischen Eigenschaften des Bodens gefiltertes Signal. Neben den P- und S-Wellen gibt es zusätzlich die sogenannten Oberflächenwellen (Rayleigh- und Love-Wellen). Es handelt sich dabei um ebene Wellen, welche ihre Energie wesentlich länger behalten als die dreidimensionalen Wellen.

Erdbeben treten in verschiedenen Typen mit allen ihren Zwischenformen auf. Auf der einen Seite existieren Beben, welche im wesentlichen aus einem einzigen kurzen Schock bestehen. Beispiele dafür sind Agadir 1960, Skopje 1963 oder San Salvador 1965. Derartige Schockbeben entstehen auf festem Boden mit hochliegendem Zentrum. Auf der anderen Seite gibt es sehr lange Beben mit dominierenden Frequenzen. Ein Beispiel für diese Art der seismischen Anregung ist das Beben von Mexiko City 1964, welches über 100 Sekunden dauerte. Dabei wird die seismische Anregung durch die obersten Bodenschichten stark gefiltert. Zwischen diesen beiden Extremen liegen die mittellangen, sehr unregelmäßigen Beben wie beispielsweise das Beben von El Centro im Jahre 1940, mit einer Dauer von ca. 30 Sekunden. Typisch für diese Art der Beben ist das tiefe Zentrum und fester Boden. Die Energie wird ziemlich gleichmäßig in einem Band von Frequenzen zwischen Null und etwa 50 Hertz übertragen. Fast alle Beben des pazifischen Gürtels auf festem Boden sind von diesem Typ. Die mittellangen, extrem unregelmäßigen Beben sind für die analytische Behandlung besonders geeignet.

Charakterisierung seismischer Anregungen

Zur genaueren Charakterisierung seismischer Anregungen müssen weitere Begriffe eingeführt werden. Von Bedeutung ist zunächst einmal der Herd oder das Hypozentrum. Wie bereits erwähnt versteht man darunter den ersten Entstehungspunkt der seismischen Wellen. Da dieser Punkt im Laufe des Bebens oftmals über viele Kilometer wandert, ist der Begriff des Herdes aber nicht besonders aussagekräftig. Unter Herdtiefe versteht man die Tiefe des Herdes unter der Erdoberfläche. Bei normalen Beben geht die Herdtiefe bis zu 70 Kilometer. Mitteltiefe Beben entstehen zwischen 70 und 300 Kilometern, Tiefherdbeben liegen bei 300 bis etwa 720 Kilometern. Projiziert man den Herd vertikal auf die Erdoberfläche, so erhält man das Epizentrum. Das

Epizentrum ist meistens die Stelle der größten Zerstörungen. Bei Beben mit wandernder Bruchstelle ist der Abstand von der Bruchlinie aussagekräftiger als das Epizentrum. Das Schüttergebiet ist definiert als das Gebiet, in welchem ein Beben ohne Seismographen wahrgenommen werden kann. Es kann große Ausmaße wie beispielsweise die Fläche Europas annehmen.

Um die Auswirkungen eines Bebens an einem bestimmten Ort durch qualitative, ortsabhängige Aussagen beschreiben zu können, wurden die Intensitätsskalen geschaffen. Intensitätsskalen ordnen die Beben in zehn bis zwölf verschiedene Klassen ein. Gebräuchlich sind die Rossi-Forel-Skala, die MSK-Skala (Medvedef, Sponheuer, Karnik) sowie die modifizierte Mercalli-Skala (s. auch [43], [61], [89], [88]) Mit Hilfe einer Intensitätsskala ist die qualitative Beschreibung der Auswirkungen eines Bebens möglich. Die Intensität eines Bebens ist aber eine ortsabhängige Größe. Man bezeichnet insbesondere die Kurven gleicher Intensität als Isoseisten. Die Isoseisten umschließen das Epizentrum.

Im Gegensatz zur Intensität ist die Stärke oder Magnitude eine ortsunabhängige Größe. Die Magnitude gibt direkt einen Anhaltspunkt über die bei einem Beben freigesetzte Energie. Sie ist daher geeignet, die Zerstörungskraft eines Bebens in ortsunabhängiger Form zu beschreiben. Für die Stärke wird heute ausschließlich die Richter-Skala benützt. Die Stärke auf der Richter-Skala wurde definiert als der Zehnerlogarithmus des maximalen Ausschlages in Mikrometern eines Wood-Anderson Torsions-Seismographen der Verstärkung 2800, einer Eigenperiode von 0.8 Sekunden und 80% Dämpfung im Abstand von 100 Kilometern vom Epizentrum auf festem Untergrund. Theoretisch gibt es keine obere Grenze für die Richter-Skala. Da die Gesteine aber eine Grenzfestigkeit aufweisen, liegt die praktische obere Grenze etwa bei der Stärke 10. Erfahrungsgemäß richten Beben unterhalb der Stärke 5 meist keine oder nur geringe Schäden an Bauwerken an.

Zwischen der Magnitude M auf der Richter-Skala und der bei einem Beben freigesetzten Energie E besteht näherungsweise der empirische Zusammenhang

$$\log_{10} E = 11.8 + 1.5 M \tag{6.4.1}$$

Dabei bedeutet E die Energie in *erg*. Aus dieser logarithmischen Beziehung folgt, daß bei der Zunahme der Magnitude um einen Grad die freigesetzte Energie um einen Faktor $10^{1.5} = 31.6$ zunimmt. Weiterhin existieren verschiedene empirische Beziehungen zur Herleitung der maximalen Beschleunigung, Geschwindigkeit und Verschiebung aus der Magnitude. Bezeichnet man mit R den Abstand in Kilometern vom Epizentrum, dann gilt für die maximale Beschleunigung a in *cm/sec²* approximativ

$$a = 1230 \, e^{0.8M} (R+25)^{-2} \tag{6.4.2}$$

Für die maximale Geschwindigkeit v in *cm/sec* gilt

$$v = 15 \, e^{M} (R+0.17 e^{0.59M})^{-1.7} \tag{6.4.3}$$

Schließlich läßt sich die maximale Verschiebung d in cm aus

$$\frac{ad}{v^2} = 1 + \frac{400}{R^{0.6}} \tag{6.4.4}$$

bestimmen. Mit diesen Größen kann ein Beben grob charakterisiert werden.

Neben der Magnitude oder den daraus abgeleiteten Maximalwerten für Beschleunigung, Geschwindigkeit und Verschiebung sind für das Schadenspotential eines Erdbebens vor allem die Dauer und der Frequenzengehalt wichtig. Beide Größen werden durch die Magnitude nicht erfaßt. Zur dynamischen Berechnung von Tragwerken unter seismischen Belastungen sind deshalb genauere Beschreibungen der Anregung nötig. Die vollständigste Beschreibung eines Bebens ist durch sein Akzelerogramm gegeben. Das Akzelerogramm liefert den Beschleunigungsverlauf in Funktion der Zeit. Man erhält es entweder aus einer durch Seismographen gemessenen Funktion oder aber auch durch künstliche Generierung auf einem Computer. Zur vollständigen Beschreibung eines Bebens müssen die Akzelerogramme für die drei Raumrichtungen gegeben sein. Leider ist die Anzahl der gemessenen Akzelerogramme vor dem Hintergrund der Vielfalt der Standorte unserer Bauwerke und einer Lebensdauer von 50 bis 100 Jahren noch sehr gering. Ein globales Netz von seismischen Stationen mit instrumentierten Bauwerken ist erst im Aufbau. Aus diesem Grunde verwendet man für die praktische Durchrechnung von Tragwerken oft ein bekanntes Akzelerogramm und skaliert es entsprechend der zu erwartenden seismischen Aktivität des Standorts. Als Alternative bietet sich die Generierung von Akzelerogrammen auf dem Computer auf der Basis von Kenngrößen wie Anregungsdauer, Bodenfrequenz, Frequenzeninhalt, Aufbau und Abbau usw. an. Die Generierung hat zudem den Vorteil, daß man mit Hilfe von Zufallsprozessen mehrere typische Seismogramme für die vorgegebenen Parameter erzeugen kann. Man hat damit die Möglichkeit, die statistische Streuung der Anregung mit zu berücksichtigen.

Antwortspektren

Eine weitere Möglichkeit zur Charakterisierung eines Bebens sind die Antwortspektren. Ein Antwortspektrum liefert den maximalen Ausschlag eines Einmassenschwingers für verschiedene Werte der Dämpfungsrate ς und der Eigenfrequenz ω unter der betrachteten Anregung. Allerdings geht der Zeitpunkt des maximalen Ausschlags verloren. Die Bewegungsgleichung des Einmassenschwingers unter einer Auflagerverschiebung (Abb. 2.1.5) ist durch Gl. (2.1.26) gegeben. Die Lagekoordinate q bezeichnet die Relativverschiebung zwischen Massenpunkt und Auflager. Die Belastung $p(t)_{eff} = -m\ddot{x}(t)$ ist direkt proportional zur Auflagerbeschleunigung.

Unter der Annahme, daß der Einmassenschwinger aus der Ruhelage angeregt wird, d.h. daß $q(0) = \dot{q}(0) = 0$ gilt, ist die allgemeine Lösung gemäß Gl. (3.3.16) durch das Faltungsintegral in der Form

$$q(t) = \frac{1}{\omega} \int_0^t -\ddot{x}(\tau) e^{-\beta(t-\tau)} \sin \omega(t-\tau)\, d\tau \tag{6.4.5}$$

gegeben. Dabei bezeichnet ω die Eigenkreisfrequenz der gedämpften Schwingung nach Gl. (3.1.39) und β die Dämpfungskonstante nach Gl. (3.1.6). Man definiert nun das Pseudo-Geschwindigkeitsspektrum $S_v(\omega,\beta)$ als den betragsmäßig größten Wert des Integrals

$$S_v(\omega,\beta) = |\int\limits_0^t \ddot{x}(\tau)e^{-\beta(t-\tau)} \sin\omega(t-\tau)d\tau|_{max} \qquad (6.4.6)$$

Es ist leicht zu sehen, daß $S_v(\omega,\beta)$ tatsächlich die Dimension einer Geschwindigkeit besitzt. Durch Vergleich mit Gl. (6.4.5) erhält man für die maximale Relativverschiebung

$$S_d(\omega,\beta) = \frac{1}{\omega}S_v(\omega,\beta) \qquad (6.4.7)$$

$S_d(\omega,\beta)$ wird als das Antwortspektrum oder Verschiebungsspektrum der Anregung bezeichnet. Es liefert für eine Kreisfrequenz ω und für die Dämpfungskonstante β die zugehörige maximale Relativverschiebung. Weiterhin wird die Größe

$$S_a(\omega,\beta) = \omega^2 S_d(\omega,\beta) = \omega S_v(\omega,\beta) \qquad (6.4.8)$$

als das Beschleunigungsspektrum definiert. Selbstverständlich lassen sich diese Spektren auch als Funktionen der Frequenz f oder der Periode T sowie als Funktionen der Dämpfungsrate ς angeben. In analoger Weise wie für Auflagerbeschleunigungen können die Antwortspektren für zeitabhängige äußere Lasten gewonnen werden.

Wegen des einfachen Zusammenhangs der drei Spektren eignet sich für die graphische Darstellung besonders ein Nomogramm mit logarithmischen Skalen. Man wählt dabei die Dämpfungsrate als Parameter der Kurvenscharen. Zur Illustration zeigt Abb. 6.4.2 das Pseudo-Geschwindigkeitsspektrum der NS-Komponente des El Centro-Bebens vom 18. Mai 1940 in Funktion der Periode und der Dämpfungsrate sowie die Darstellung von Antwortspektrum, Pseudo-Geschwindigkeitsspektrum und Beschleunigungsspektrum in einem logarithmischen Nomogramm.

Aus den obigen Darstellungen ist ersichtlich, daß die Antwortspektren spezifischer Beben sehr unregelmäßige Verläufe haben können. Für die praktischen Anwendungen ist dies unerwünscht. Man entwickelt daher sogenannte Bemessungsspektren durch Mittelung, Normierung und Glättung der Spektren verschiedener für den Standort typischer seismischer Anregungen. Bekannt sind beispielsweise die Bemessungsspektren von Housner (Abb. 6.4.3), welche aus mehreren Beben gewonnen wurden.

Durch Ableitung von Gl. (6.4.5) erhält man für die wirkliche Geschwindigkeit und die wirkliche Beschleunigung die Beziehungen

$$\dot{q}(t) = -\int\limits_0^t \ddot{x}(\tau)e^{-\beta(t-\tau)} \cos\omega(t-\tau)d\tau + \frac{\beta}{\omega}\int\limits_0^t \ddot{x}(\tau)e^{-\beta(t-\tau)} \sin\omega(t-\tau)d\tau \qquad (6.4.9)$$

$$\ddot{q}(t) = -\ddot{x}(t) - 2\beta \int\limits_{o}^{t} \ddot{x}(\tau)e^{-\beta(t-\tau)} \cos\omega(t-\tau)d\tau + (\beta^2 - \omega^2)q(t) \qquad (6.4.10)$$

Man sieht daraus, daß die Pseudo-Geschwindigkeit keinen direkten Zusammenhang mit der wirklichen Geschwindigkeit besitzt. Vielmehr handelt es sich bei S_v um die skalierte Verschiebung. Bei gedämpften Tragwerken stimmt das Beschleunigungsspektrum ebenfalls nicht mit der wirklichen Beschleunigung überein. Man überzeugt sich aber leicht davon, daß für ungedämpfte Tragwerke das Beschleunigungsspektrum dem Spektrum der absoluten Beschleunigung $\ddot{q} + \ddot{x}$ des Massenpunktes entspricht.

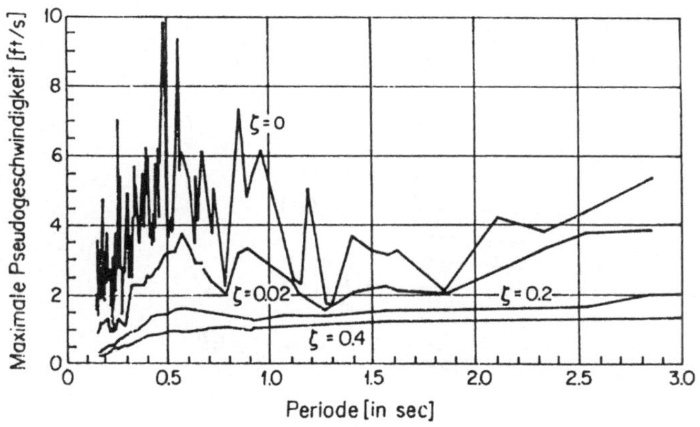

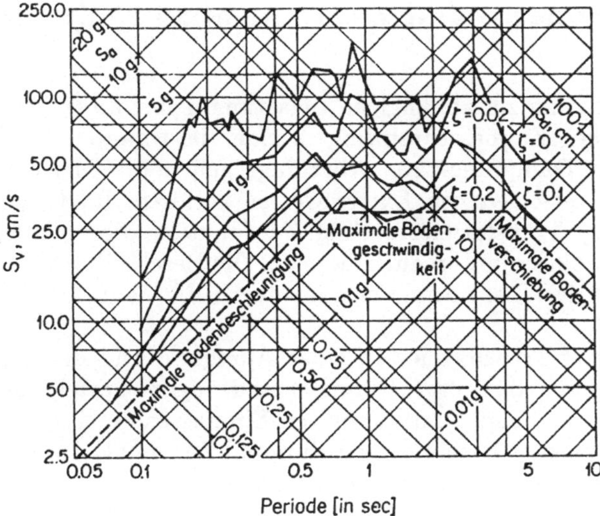

Abb. 6.4.2 Antwortspektren des El Centro-Bebens
(nach Blume, Newmark and Corning [11])

Zur Beurteilung der dynamischen Beanspruchung von Einbauten in einem

Bauwerk (z.B. Rohrleitungen) sind die aus der Anregung an den Fundamenten bestimmten Spektren normalerweise nicht geeignet. Man arbeitet vielmehr mit sogenannten Stockwerks-Antwortspektren, welche aus den Zeitverläufen der Verschiebungen bzw. Beschleunigungen an den Fußpunkten der Einbauten im Tragwerk gewonnen werden. Diese Zeitverläufe erhält man aus einer dynamischen Durchrechnung des Tragwerks unter der entsprechenden Anregung an den Fundamenten. Diese mitunter aufwendige Bestimmung von Stockwerks-Antwortspektren im Zeitbereich kann unter der Annahme stationärer stochastischer Anregungen umgangen und sehr effizient im Frequenzbereich durchgeführt werden ([70], [74]).

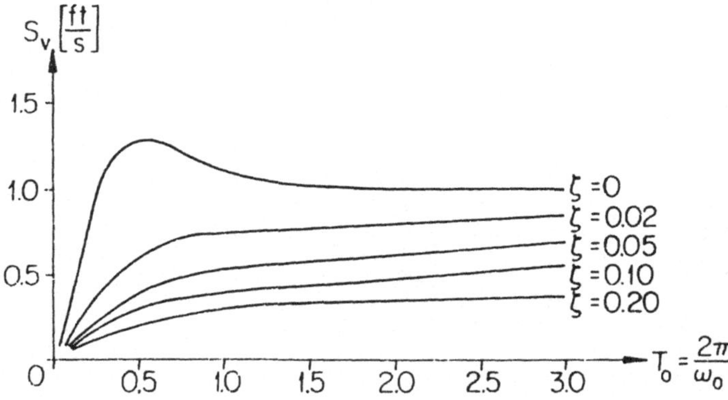

Abb. 6.4.3 Bemessungsspektren (nach Housner [42])

Fourier-Transformierte und Zusammenhang mit der Energie

Das Antwortspektrum einer zeitabhängigen Belastung liefert direkt den maximalen Ausschlag eines Einmassenschwingers einer bestimmten Frequenz und einer bestimmten Dämpfungsrate. Allerdings gehen die Phasenbeziehungen zwischen den verschiedenen Extremwerten verloren. Im Gegensatz dazu liefert die Fourier-Transformierte einer Zeitfunktion die vollständige Beschreibung dieser Funktion im Frequenzbereich. Die Beschreibung der Anregung durch ihre Fourier-Transformierte oder durch die Zeitfunktion sind gleichwertig.

Zwischen der Fourier-Transformierten einer Anregung und der Energie des damit angeregten ungedämpften Einmassenschwingers besteht ein direkter Zusammenhang. Für einen ungedämpften Einmassenschwinger erhält man für die gesamte Energie E zu einer bestimmten Zeit t_1 als Summe aus Formänderungsenergie und kinetischer Energie den Ausdruck

$$E = U + T = \frac{1}{2}kq(t_1)^2 + \frac{1}{2}m\dot{q}(t_1)^2 \tag{6.4.11}$$

Zwischen der Steifigkeit k, der Masse m und der Eigenkreisfrequenz $\omega_o = \Omega$ besteht aber der Zusammenhang

$$k = \omega_o^2 m = \Omega^2 m \tag{6.4.12}$$

Damit wird die auf die Masse bezogene doppelte Energie zu

$$\frac{2E}{m} = \Omega^2 q(t_1)^2 + \dot{q}(t_1)^2 \tag{6.4.13}$$

Nimmt man an, daß die Anregung nur bis zur Zeit t_1 dauert, so erhält man für die Fourier-Transformierte einer Auflagerbeschleunigung $\ddot{x}$

$$X(\Omega) = \int\limits_0^{t_1} \ddot{x}(t)e^{-i\Omega t}\,dt = \int\limits_0^{t_1} \ddot{x}(t)\cos\Omega t\,dt - i\int\limits_0^{t_1} \ddot{x}(t)\sin\Omega t\,dt \tag{6.4.14}$$

Daraus folgt für das Quadrat des absoluten Betrags der Transformierten

$$|X(\Omega)|^2 = \left(\int\limits_0^{t_1} \ddot{x}(t)\cos\Omega t\,dt\right)^2 + \left(\int\limits_0^{t_1} \ddot{x}(t)\sin\Omega t\,dt\right)^2 \tag{6.4.15}$$

Für den ungedämpften Schwinger erhält man auf der anderen Seite für die Bewegung zur Zeit t_1 aus Gl. (6.4.5) mit $\beta = 0$ und $\omega = \omega_o = \Omega$

$$q(t_1) = -\frac{1}{\Omega} \int\limits_0^{t_1} \ddot{x}(\tau)\sin\Omega(t-\tau)\,d\tau \tag{6.4.16}$$

Die Zeit t_1 kann stets derart oberhalb der Anregungsdauer gewählt werden, daß

$$t_1 = n\,2\pi \tag{6.4.17}$$

Damit vereinfacht sich Gl. (6.4.16) zu

$$q(t_1) = -\frac{1}{\Omega} \int\limits_0^{t_1} \ddot{x}(\tau)\sin\Omega\tau\,d\tau = -\frac{1}{\Omega} \int\limits_0^{t_1} \ddot{x}(t)\sin\Omega t\,dt \tag{6.4.18}$$

Daraus folgt

$$q(t_1)^2 = \frac{1}{\Omega^2}\left(\int\limits_0^{t_1} \ddot{x}(t)\sin\Omega t\,dt\right)^2 \tag{6.4.19}$$

Analog erhält man für das Quadrat der Geschwindigkeit zur Zeit t_1:

$$\dot{q}(t_1)^2 = \left(\int\limits_0^{t_1} \ddot{x}(t)\cos\Omega t\,dt\right)^2 \tag{6.4.20}$$

Vergleicht man diese Beziehungen mit den Gleichungen Gl. (6.4.13) und Gl. (6.4.15), so erhält man

$$\frac{2E}{m} = |X(\Omega)|^2 \tag{6.4.21}$$

Es zeigt sich also, daß das Quadrat des Betrags der Fourier-Transformierten der doppelten bezogenen Energie eines Einmassenschwingers der Frequenz Ω am Ende der Anregung entspricht.

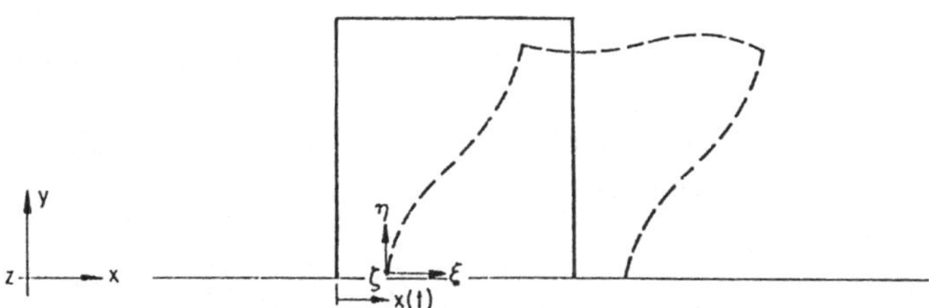

Abb. 6.4.4 Tragwerk unter gleichförmiger Bodenverschiebung $x(t)$

Bewegungsgleichung für gleichförmige Anregung

Für die Berechnung der Beanspruchungen eines Tragwerks unter seismischer Anregung muß zunächst einmal die am Standort zu erwartende Anregung definiert werden. Die Beschreibung der Anregung kann dabei entweder durch ein Antwortspektrum, durch ein Akzelerogramm oder durch die Fourier-Transformierte der Anregung gegeben werden. Die Tragwerksberechnung erfolgt dann dementsprechend entweder nach der Methode der Antwortspektren, durch Zeitintegration oder durch Arbeiten im Frequenzbereich. Der letztere Fall spielt vor allem bei der Behandlung stochastischer Anregungen eine Rolle.

Zur Herleitung der Bewegungsgleichung soll zunächst angenommen werden, daß die seismische Anregung nur aus translatorischen Komponenten besteht. Weiterhin soll an allen Auflagerpunkten die gleiche Anregung wirken. Diese Annahme ist bei Tragwerken mit starren Fundamentplatten gerechtfertigt. Sie ist hingegen nicht oder nur schlecht bei langen Brücken, Dämmen oder größeren Rohrleitungssystemen erfüllt. Weiterhin wird angenommen, daß sich das Tragwerk linear verhält, daß die Belastungen deterministisch sind und daß die Interaktion zwischen Boden und Tragwerk vernachlässigt wird.

Das in Abb. 6.4.4 skizzierte Tragwerk ist auf ein Inertialsystem x, y, z bezogen. Zusätzlich wird dem Tragwerk ein mitbewegtes System ξ, η, ς zugeordnet. Bezeichnet man die absoluten Verschiebungen im x, y, z-System mit $\{u\}$, die relativen Verschiebungen im ξ, η, ς-System mit $\{q\}$ und mit $\{a\}$ einen Topologievektor, welcher die starren Verschiebungen unter einer Auflagerverschiebung $x = 1$ beschreibt, so gilt

$$\{u\} = \{q\}+\{a\}x \tag{6.4.22}$$

Die Formänderungsenergie U des Tragwerks hängt nur von den Relativverschiebungen $\{q\}$ ab. Sie läßt sich daher mit der Steifigkeitsmatrix $[K]$ als

$$U = \frac{1}{2}\{q\}^{\mathrm{T}}[K]\{q\} \tag{6.4.23}$$

anschreiben. Die kinetische Energie T wird dagegen durch die absoluten Geschwindigkeiten bestimmt. Mit der Massenmatrix $[M]$ wird sie zu

$$T = \frac{1}{2}\{\dot{u}\}^{\mathrm{T}}[M]\{\dot{u}\} \tag{6.4.24}$$

Werden die Dämpfungskräfte durch viskose Dämpfer erzeugt, so hängen diese Kräfte ebenfalls nur von den relativen Bewegungen ab. Mit einer Dämpfungsmatrix $[C]$ lassen sie sich mit

$$\{Q_D\} = -[C]\{\dot{q}\} \tag{6.4.25}$$

darstellen.

Die Lagekoordinaten des Tragwerks sollen die relativen Verschiebungen $\{q\}$ sein. Verzichtet man auf die Einführung der Dissipationsfunktion, dann werden die Lagrangeschen Gleichungen gemäß Gl. (2.3.16) bzw. Gl. (2.3.19) zu

$$\frac{d}{dt}\left(\frac{\partial T}{\partial\{\dot{q}\}}\right)+\frac{\partial U}{\partial\{q\}} = \{Q_D\} \tag{6.4.26}$$

wobei die Lagekoordinaten q_k gerade zum Vektor $\{q\}$ zusammengefaßt wurden. Als einzige nichtkonservative Belastung steht auf der rechten Seite der Vektor der Dämpfungskräfte. Für den ersten Term folgt aus Gl. (6.4.24) unter Verwendung von Gl. (6.4.22)

$$\frac{d}{dt}\left(\frac{\partial T}{\partial\{\dot{q}\}}\right) = [M](\{\ddot{q}\}+\{a\}\ddot{x}) \tag{6.4.27}$$

Der zweite Term wird zu

$$\frac{\partial U}{\partial\{q\}} = [K]\{q\} \tag{6.4.28}$$

Einsetzen in Gl. (6.4.26) und Umordnen der Terme liefert

$$[M]\{\ddot{q}\}+[C]\{\dot{q}\}+[K]\{q\} = -[M]\{a\}\ddot{x} \tag{6.4.29}$$

Diese Gleichung stimmt mit der früher gewonnenen Bewegungsgleichung Gl. (4.3.9) überein, wobei nun aber die Belastung durch einen aus Massenmatrix und Bodenbeschleunigung gebildeten effektiven Lastvektor

$$\{p\}_{e\!f\!f} = -[M]\{a\}\ddot{x} \tag{6.4.30}$$

gebildet wird. Erfolgt die Anregung aus mehreren Raumrichtungen, so wird der effektive Lastvektor zu

$$\{p\}_{e\!f\!f} = -[M](\{a_x\}\ddot{x}+\{a_y\}\ddot{y}+\{a_z\}\ddot{z}) \tag{6.4.31}$$

wobei $\{a_x\}$, $\{a_y\}$ und $\{a_z\}$ die Topologievektoren unter Einheitsauflagerverschiebungen in x, y und z-Richtung bezeichnen. Für ein System mit nur einem Freiheitsgrad reduziert sich Gl. (6.4.29) auf Gl. (2.1.26). Mit Hilfe von Gl. (6.4.22) läßt sich Gl. (6.4.29) auch in absoluten Verschiebungen $\{u\}$ formulieren. Die resultierende Bewegungsgleichung geht für ein System mit einem Freiheitsgrad in Gl. (2.1.29) über.

Seismische Anregungen übertragen Energie nur in einem beschränkten Frequenzbereich. Aus diesem Grunde ist es sinnvoll, bei linearem Tragwerksverhalten die Bewegungsgleichung Gl. (6.4.29) durch modale Superposition zu lösen. Mit der Transformationsbeziehung Gl. (5.3.1) und unter der Annahme proportionaler Dämpfung erhält man die entkoppelten Gleichungen

$$M_r\ddot{\eta}_r + C_r\dot{\eta}_r + K_r\eta_r = L_{x,r}\ddot{x} + L_{y,r}\ddot{y} + L_{z,r}\ddot{z} \qquad r = 1,\ldots n \qquad (6.4.32)$$

Dabei bezeichnen M_r, C_r und K_r die verallgemeinerte Masse, Dämpfungskonstante und Steifigkeit in der r-ten Eigenschwingung. Auf der rechten Seite ist die modale Belastung durch die Massen-Partizipationsfaktoren

$$\begin{aligned}
L_{x,r} &= -\{q_r\}^\mathrm{T}[M]\{a_x\}\\
L_{y,r} &= -\{q_r\}^\mathrm{T}[M]\{a_y\}\\
L_{z,r} &= -\{q_r\}^\mathrm{T}[M]\{a_z\}
\end{aligned} \qquad\qquad (6.4.33)$$

sowie die Bodenbeschleunigungen in x, y und z-Richtung gegeben. Die Einmassenschwingergleichungen können mit Hilfe der früher beschriebenen Verfahren integriert werden. Durch Superposition der modalen Beiträge erhält man die physikalischen Verschiebungen $\{q(t)\}$ und daraus dann die Verzerrungen, Spannungen und Schnittkräfte.

Lösung mit der Methode der Antwortspektren

In vielen Fällen ist die Bodenanregung nicht durch Akzelerogramme, sondern durch Antwortspektren gegeben. Man löst dann die Bewegungsgleichung mit der Methode der Antwortspektren. Beschränkt man sich auf eine Bodenbeschleunigung $\ddot{x}$, dann ist die allgemeine Lösung der modalen Gleichung Gl. (6.4.32) durch das Duhamel-Integral gegeben:

$$\eta_r(t) = \frac{L_r}{M_r\,\omega_r} \int_0^t -\ddot{x}(\tau)\,e^{-\beta_r(t-\tau)}\,\sin\omega_r(t-\tau)\,d\tau \qquad (6.4.34)$$

Dabei bezeichnet

$$\beta_r = \frac{C_r}{2M_r} = \varsigma_r\,\omega_{o,r} \qquad\qquad (6.4.35)$$

die modale Dämpfungskonstante sowie

$$\omega_r = \sqrt{\frac{K_r}{M_r}}\sqrt{1 - \varsigma_r^2} = \omega_{o,r}\sqrt{1 - \varsigma_r^2} \qquad\qquad (6.4.36)$$

die Kreisfrequenz der gedämpften r-ten Eigenschwingung. Um den betragsmäßig größten Wert der modalen Koordinate $\eta_r(t)$ zu erhalten, muß man den betragsmäßig größten Wert des Integrals finden. Durch Vergleich mit Gl. (6.4.6) sieht man, daß dieser Wert gerade durch den Wert des Pseudo-Geschwindigkeitsspektrums gegeben ist. Damit erhält man

$$\eta_{r,max} = \frac{L_r}{M_r\,\omega_r} S_v(\omega_r, \beta_r) \tag{6.4.37}$$

Die maximalen physikalischen Verschiebungen in der r-ten Eigenschwingung werden damit zu

$$\{q\}_{r,max} = \{q_r\}\eta_{r,max} \tag{6.4.38}$$

wobei $\{q_r\}$ den r-ten Eigenvektor bezeichnet.

Für jede berücksichtigte Eigenschwingung lassen sich auf diese Weise die maximalen Verschiebungen ermitteln. Diese Maxima werden aber nicht gleichzeitig auftreten. Aus diesem Grunde ist die Superposition mit den absoluten Beträgen nicht sinnvoll. Dies würde praktisch immer zu einer Überschätzung der Tragwerksbeanspruchungen führen. Es ist offensichtlich, daß die Superposition mit absoluten Beträgen eine obere Grenze der Verschiebungen und der Beanspruchungen liefert. Sinnvoller ist es, die modalen Beiträge mit der Wurzel aus der Summe der Quadrate (SRSS-Methode) zu superponieren. Für die i-te Verschiebung erhält man bei n mitgenommenen Eigenschwingungen

$$q_i = \sqrt{q_{i\,1}^2 + q_{i\,2}^2 + \cdots + q_{i\,n}^2} = \left(\sum_{k=1}^{n} q_{ik}^2\right)^{1/2} \tag{6.4.39}$$

In gleicher Weise werden auch die übrigen Tragwerksgrößen wie Spannungen und Schnittkräfte aus den modalen Beiträgen gebildet. Man beachte, daß die Superposition auf der Stufe der modalen Beiträge erfolgen muß und nicht etwa aus den superponierten Verschiebungen anschließend die Kräfte berechnet werden können. Diese Art der Superposition berücksichtigt, daß die einzelnen Maxima nicht gleichzeitig auftreten. Sie liefert dann gute Ergebnisse, wenn die einzelnen Eigenschwingungen sich gegenseitig nicht beeinflussen. Dies ist dann der Fall, wenn die dazugehörigen Eigenfrequenzen gut getrennt sind. Im Falle nahe zusammenliegender Eigenfrequenzen muß man das Superpositionsgesetz abändern. Gebräuchlich ist beispielsweise eine Superposition nach

$$q_i = \left(\sum_{j} q_{ij}^2\right)^{1/2} + \sum_{k} |q_{ik}| \tag{6.4.40}$$

bei der die Beiträge der nahe zusammenliegenden Frequenzen mit dem absoluten Betrag in die Überlagerung eingehen. Eine weitere Verfeinerung besteht in der Einführung von Kopplungskoeffizienten. Die Superposition wird dann nach

$$q_i = \left(\sum_{r=1}^{n'} \sum_{s=1}^{n} \varepsilon_{rs}\, q_{ir}\, q_{is}\right)^{1/2} \tag{6.4.41}$$

durchgeführt, wobei q_{ir}, q_{is} wiederum die modalen Beiträge der Eigenschwingungen r und s zur Lagekoordinate q_i bezeichnen. Der Kopplungskoeffizient ε_{rs} kann beispielsweise als

$$\varepsilon_{rs} = \frac{4(\varsigma_r + \varsigma_s)(\varsigma_r + \kappa_{rs}\varsigma_s)}{(1 - \kappa_{rs}^2)^2 + 4\kappa_{rs}^2(\varsigma_r + \varsigma_s)^2} \tag{6.4.42}$$

genommen werden [70]. Dabei bezeichnen ς_r und ς_s die modalen Dämpfungsraten und

$$\kappa_{rs} = \frac{\omega_r}{\omega_s} \qquad \omega_s \geq \omega_r \tag{6.4.43}$$

das Frequenzenverhältnis der Eigenschwingungen r und s. Für gut getrennte Eigenfrequenzen geht ε_{rs} gegen null. Damit reduziert sich Gl. (6.4.41) auf Gl. (6.4.39).

Man sieht, daß die Methode der Antwortspektren eine vereinfachte Lösungsmethode auf der Stufe der modalen Gleichungen ist. Sie liefert direkt die maximalen Verschiebungen und die maximalen Beanspruchungen des Tragwerks. Da keine Zeitintegration durchgeführt wird, ist der Rechenaufwand der Methode gering. Auf der anderen Seite kann die Methode wegen der vorgenommenen Vereinfachungen aber auch zu fehlerhaften Resultaten verglichen mit einer direkten oder modalen Zeitintegration führen.

Die Bewegungsgleichung Gl. (6.4.29) gilt für ein Tragwerk auf starrer Fundation unter translatorischer Anregung. Man kann diese Bewegungsgleichung sofort auch auf rotatorische Bodenbeschleunigung erweitern. In diesem Falle stellt der Topologievektor $\{a\}$ die Starrkörperbewegung unter einer Einheits-Rotation dar. Um die durch die Knotenrotationen gegebenen Beiträge zur kinetischen Energie richtig zu erfassen, müssen dabei in der Massenmatrix auch die Rotationsträgheitsmomente enthalten sein.

Bewegungsgleichung für ungleichförmige Anregung

Für langgestreckte Tragwerke mit unzusammenhängenden Fundationen ist die Annahme einer gleichförmigen Auflagerbeschleunigung nicht mehr gerechtfertigt. Man muß vielmehr die unterschiedlichen Bewegungen der Auflagerpunkte berücksichtigen. Da nun aber unter einer Auflagerbewegung keine starre Verschiebung des gesamten Tragwerks erfolgt, entstehen statische Zwängungskräfte. Zur Herleitung der entsprechenden Bewegungsgleichung wird das Tragwerk wie in Abb. 6.4.5 gezeigt wiederum auf ein kartesisches Inertialsystem x, y, z bezogen. Die Verschiebung des r-ten Auflagerfreiheitsgrades wird mit $x_r(t)$ bezeichnet. Im Gegensatz zum Fall des Tragwerks mit gleichförmiger Bodenbeschleunigung sollen nun aber als Lagekoordinaten die absoluten Verschiebungen $\{u\}$ im Inertialsystem gewählt werden. Der Vektor $\{u\}$ soll sämtliche Freiheitsgrade außer den angeregten Auflagerfreiheitsgraden enthalten.

Wird nur der Freiheitsgrad r angeregt, so erhält man für die kinetische Energie

$$T = \frac{1}{2}\{\dot{u}\}^{\mathrm{T}}[M]\{\dot{u}\} + \dot{x}_r\{m_r\}^{\mathrm{T}}\{\dot{u}\} + \frac{1}{2}m_{rr}\dot{x}_r^2 \tag{6.4.44}$$

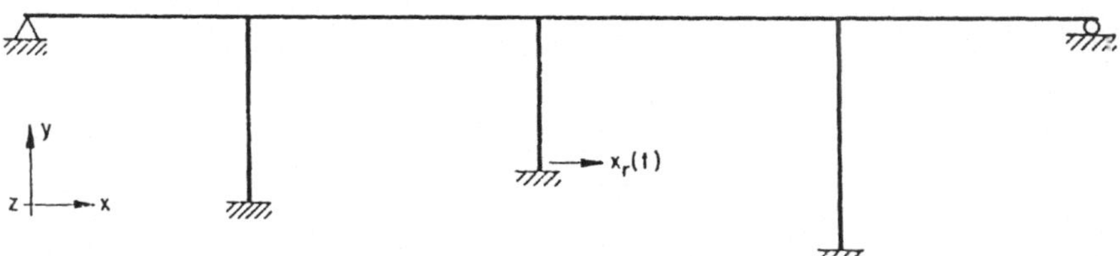

Abb. 6.4.5 Tragwerk unter ungleichförmiger Auflageranregung

Dabei bezeichnet $\{m_r\}$ die r-te Kolonne der Massenmatrix vor Elimination der Auflagerfreiheitsgrade, wobei der Diagonalkoeffizient m_{rr} separat geführt wurde. Er erscheint als dritter Term in Gl. (6.4.44). Damit ergibt sich aus den Lagrangeschen Gleichungen der Beitrag

$$\frac{d}{dt}\left(\frac{\partial T}{\partial\{\dot{u}\}}\right) = [M](\{\ddot{u}\}+\{m_r\}\ddot{x}_r) \tag{6.4.45}$$

der kinetischen Energie zur Bewegungsgleichung des Tragwerks. Für die Anteile der Dämpfungskräfte und der Formänderungsenergie entstehen analoge Ausdrücke. Die Bewegungsgleichung wird damit zu

$$[M]\{\ddot{u}\}+[C]\{\dot{u}\}+[K]\{u\} = -\{m_r\}\ddot{x}_r-\{c_r\}\dot{x}_r-\{k_r\}x_r \tag{6.4.46}$$

Die rechte Seite baut sich demnach aus den Trägheitskräften, den Dämpfungskräften und den inneren Kräften unter Einheitsbewegungen am angeregten Freiheitsgrad auf. Bei mehreren Anregungen erhält man entsprechende weitere Terme. Gl. (6.4.46) kann nun ebenfalls mit den früher besprochenen Methoden der direkten Integration, der modalen Superposition oder der Methode der Antwortspektren gelöst werden.

Zusammenfassung

Für die Charakterisierung eines Erdbebens sind zur dynamischen Berechnung von Tragwerken detailliertere Angaben als die Intensität oder die Magnitude nötig. Eine der möglichen Beschreibungen sind die Antwortspektren. Sie liefern direkt die maximale modale Verschiebung an einer bestimmten Frequenz für eine bestimmte Dämpfungsrate. Neben den Antwortspektren können Beben durch ihr Akzelerogramm oder die Fourier-Transformierte des Akzelerogramms beschrieben werden. Zur Tragwerksberechnung stehen die Methode der Antwortspektren, die modale Superposition, die direkte Integration sowie die Lösung mit Fourier-Transformation im Frequenzbereich zur Verfügung. Die Bewegungsgleichung wird je nachdem, ob es sich um gleichförmige oder um ungleichförmige Anregung handelt, in relativen oder absoluten Koordinaten formuliert und unterscheidet sich von der Bewegungsgleichung unter äußeren Lasten nur durch die rechte Seite.

Kapitel 7

Stochastische Lasten

7.1 Zufallsvariable und Wahrscheinlichkeit

Für eine ganze Reihe von dynamischen Lasten ist die deterministische Betrachtungsweise unzureichend. Dazu gehören beispielsweise die Windlasten, die Belastungen aus Wellen bei Bauten im Meer sowie seismische Anregungen. Diese Belastungen haben ausgeprägte probabilistische Eigenschaften. Strenggenommen sind auch die Tragwerkseigenschaften keine deterministischen Größen. Sie bestehen vielmehr ebenfalls aus Mittelwerten und Streuungen. Die Streuungen der Tragwerkseigenschaften sind aber normalerweise wesentlich kleiner als die Streuungen der Lasten. Aus diesem Grunde sollen die folgenden Betrachtungen im wesentlichen auf Tragwerke mit deterministischen Tragwerkseigenschaften beschränkt bleiben. Dabei ist aber im Auge zu behalten, daß in besonderen Fällen die Streuungen der Tragwerkseigenschaften einen starken Einfluß auf die Versagenswahrscheinlichkeit haben können. Weiterhin wird lineares Verhalten des Tragwerks vorausgesetzt.

Zufallsexperiment

Unter einem stochastischen Experiment oder Zufallsexperiment versteht man ein Experiment, welches verschiedene zufallsgesteuerte Ausgänge hat. Die möglichen Ausgänge sind die Zufallsereignisse. So stellt beispielsweise das Werfen einer Münze ein stochastisches Experiment mit zwei möglichen Ausgängen, nämlich Kopf und Zahl, dar. Das Werfen eines Würfels ist ein Zufallsexperiment mit sechs Zufallsereignissen, nämlich dem Auftreten der Zahlen 1 bis 6. Man bezeichnet diese Zufallsereignisse beispielsweise mit X_1 bis X_6. Ein weiteres Beispiel eines Zufallsexperiments ist die Bestimmung der Bruchfestigkeiten einer Stichprobe von Armierungsstählen. Auch hier wird man verschiedene Werte erhalten. Man kann diese Werte dadurch klassifizieren, daß man als i-tes Zufallsereignis X_i das Auftreten einer Bruchspannung zwischen σ_i und $\sigma_i + \Delta\sigma$ bezeichnet.

Jedem Zufallsereignis X_i läßt sich willkürlich ein Zahlenwert x_i zuordnen. Dieser Zahlenwert wird als die Zufallsvariable oder stochastische Variable bezeichnet. Die Gesamtheit der möglichen Zufallsereignisse eines Experiments

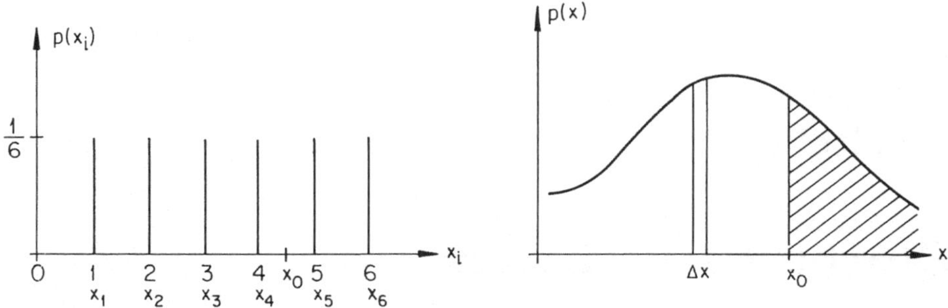

Abb. 7.1.1 Diskrete und kontinuierliche Zufallsvariable

ist der sogenannte Zufallsraum. Die Zufallsvariable kann diskret oder kontinuierlich sein. Eine diskrete Zufallsvariable nimmt nur diskrete und normalerweise nur ganzzahlige Werte an. So ist beispielsweise die Zufallsvariable beim Würfelversuch eine diskrete Variable, der man, wie in Abb. 7.1.1 gezeigt, die Werte 1 bis 6 zuordnet. Die Bruchfestigkeiten einer Stichprobe von Armierungsstählen stellen hingegen eine kontinuierliche Zufallsvariable dar. Hier kann die stochastische Veränderliche alle reellen Zahlen in einem bestimmten Intervall annehmen. Im allgemeinen Fall geht dieses Intervall von $-\infty$ bis $+\infty$.

Definition der Wahrscheinlichkeit

Führt man ein Zufallsexperiment mit der diskreten stochastischen Variablen x_i N-mal durch, wobei N eine große Zahl sein soll, dann wird das zu x_i gehörende Zufallsereignis n_i-mal eintreten. Man bezeichnet den Quotienten aus der Anzahl n_i eingetretener Ereignisse x_i und der Anzahl N der Versuche als die Wahrscheinlichkeit $p(x_i)$ von x_i:

$$p(x_i) = \frac{n_i}{N} \qquad N \to \infty \tag{7.1.1}$$

Wird x_i eine kontinuierliche stochastische Variable x, dann bestimmt man die Anzahl n der Treffer zwischen x und $x + \Delta x$. Die Wahrscheinlichkeit ist dann durch

$$p(x)\,\Delta x = \frac{n}{N} \qquad N \to \infty \tag{7.1.2}$$

gegeben. Aus dieser Definition folgt sofort, daß die Wahrscheinlichkeit immer positiv sein muß. Im Falle des Würfelversuchs ergibt sich für einen vollkommen regelmäßigen Würfel für das einzelne Ereignis eine Wahrscheinlichkeit von 1/6. Diese Wahrscheinlichkeiten wurden in Abb. 7.1.1 eingetragen. Für eine kontinuierliche stochastische Variable erhält man eine kontinuierliche Verteilung der Wahrscheinlichkeit, eine Wahrscheinlichkeitsdichte. Sie folgt aus Gl. (7.1.2) für $\Delta x \to 0$.

Bezeichnet man bei einem Zufallsexperiment mit einer diskreten Zufallsvariablen die Gesamtheit der Zufallsereignisse mit z, so folgt aus Gl. (7.1.1) sofort

$$\sum_{i=1}^{z} p(x_i) = 1 \tag{7.1.3}$$

Analog erhält man für eine kontinuierliche Variable

$$\int_{-\infty}^{\infty} p(x)\, dx = 1 \tag{7.1.4}$$

Man nennt die über der stochastischen Variablen aufgetragenen Wahrscheinlichkeiten (Abb. 7.1.1) auch die Wahrscheinlichkeitsverteilung. Aus dem Bild sieht man, daß die Wahrscheinlichkeit für das Eintreten von Werten der stochastischen Variablen oberhalb eines festen Wertes x_o gleich der Summe der Wahrscheinlichkeiten von $x_i \geq x_o$ ist. Bei einer kontinuierlichen Variablen entspricht dies der Fläche der Wahrscheinlichkeitsdichte oberhalb von x_o. Für eine kontinuierliche Variable gilt weiterhin, daß die Wahrscheinlichkeit für $x = x_o$ null ist.

Jeder Wahrscheinlichkeitsverteilung läßt sich die kumulative Verteilungsfunktion $P(x)$ zuordnen. Sie ist für eine diskrete stochastische Variable durch

$$P(x) = \sum_{x_i \leq x} p(x_i) \tag{7.1.5}$$

und für eine kontinuierliche stochastische Variable durch

$$P(x) = \int_{-\infty}^{x} p(x)\, dx \tag{7.1.6}$$

definiert. Abb. 7.1.2 zeigt die typischen Verläufe der Verteilungsfunktion für eine diskrete und eine kontinuierliche stochastische Variable.

Ein stochastisches Experiment mit vorhersagbarem Ausgang besitzt die Wahrscheinlichkeit

$$p(x) = 1 \tag{7.1.7}$$

Man spricht hier von einem sicheren Ereignis. Deterministische Ereignisse sind demnach sichere Ereignisse. Auf der anderen Seite ist ein unmögliches Ereignis durch die Wahrscheinlichkeit

$$p(x) = 0 \tag{7.1.8}$$

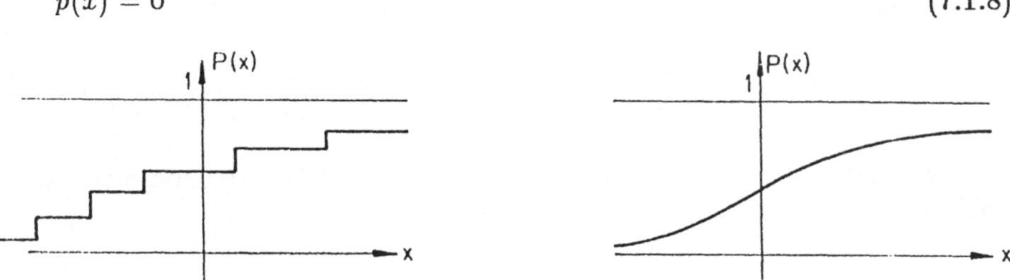

Abb. 7.1.2 Verteilungsfunktion für diskrete und kontinuierliche Variable

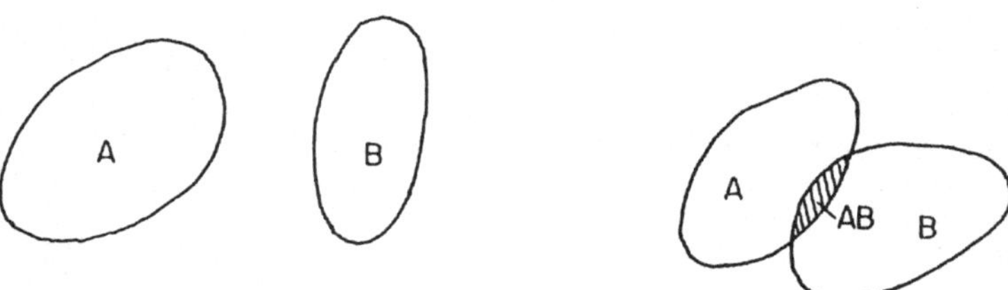

Abb. 7.1.3 Venn-Diagramme von fremden und sich überdeckenden Ereignissen

charakterisiert. Ereignisse sind fremd, wenn sie sich gegenseitig ausschließen. So sind beispielsweise das gleichzeitige Werfen einer 3 und einer 6 beim Würfelversuch fremde Ereignisse. Im Gegensatz dazu bezeichnet man stochastische Ereignisse, welche ganz oder teilweise gleichzeitig eintreten können, als sich überdeckende Ereignisse. So wären beim Würfelversuch das Werfen einer Zahl > 2 und das Werfen einer ungeraden Zahl zwei sich überdeckende Ereignisse. Faßt man die zu den einzelnen stochastischen Ereignissen gehörenden Wahrscheinlichkeiten als Wahrscheinlichkeitsmassen auf, so lassen sich diese Beziehungen sehr einfach in sogenannten Venn-Diagrammen (Abb. 7.1.3) darstellen. Im linken Teil des Bildes wurden zwei fremde Ereignisse A und B und rechts zwei sich überdeckende Ereignisse A und B dargestellt.

Mittelwert

Wahrscheinlichkeitsverteilungen lassen sich durch verschiedene Kenngrößen charakterisieren. Von Bedeutung ist zunächst einmal der Mittelwert einer Verteilung. Für die allgemeine Definition des Mittelwerts oder Erwartungswerts soll angenommen werden, daß dem Wert x_i einer diskreten stochastischen Variablen eindeutig ein Funktionswert $f(x_i)$ zugeordnet ist. Damit ist $f(x_i)$ ebenfalls eine Zufallsvariable. Macht man nun N Versuche, so wird x_i und damit auch $f(x_i)$

$$n_i = N p(x_i) \tag{7.1.9}$$

mal auftreten. Der Mittelwert von $f(x)$ ist als der Durchschnittswert für $N \to \infty$ definiert:

$$\mu_f = E[f(x)] = \lim_{N \to \infty} \frac{1}{N} \sum_i n_i f(x_i) = \sum_i f(x_i) p(x_i) \tag{7.1.10}$$

Die Summation erstreckt sich dabei auf alle x_i. Für eine kontinuierliche stochastische Variable erhält man analog

$$\mu_f = \int_{-\infty}^{\infty} f(x) p(x)\, dx \tag{7.1.11}$$

Der Spezialfall

$$f(x) = x \tag{7.1.12}$$

liefert die Mittelwerte

$$\mu_x = \sum_i x_i p(x_i) \tag{7.1.13}$$

bzw.

$$\mu_x = \int\limits_{-\infty}^{\infty} x p(x)\, dx \tag{7.1.14}$$

der stochastischen Variablen. Deutet man die Wahrscheinlichkeitsverteilung als eine Gewichtsfunktion mit dem Gesamtgewicht eins, so entspricht der Mittelwert der Abszisse des Schwerpunkts.

Varianz und Streuung

Die Varianz ist ein Maß für die Breitenausdehnung einer Verteilung. Sie ist als der Erwartungswert der quadrierten Abweichung von $f(x)$ vom Mittelwert definiert:

$$\sigma_f^2 = E[(f(x)-\mu_f)^2] \tag{7.1.15}$$

Das Vorzeichen der Abweichung fällt damit heraus. Aus dieser Definition ergibt sich für eine diskrete Variable

$$\sigma_f^2 = \sum_i (f(x_i)-\mu_f)^2 p(x_i) \tag{7.1.16}$$

und für eine kontinuierliche Variable

$$\sigma_f^2 = \int\limits_{-\infty}^{\infty} (f(x)-\mu_f)^2 p(x)\, dx \tag{7.1.17}$$

Ist $f(x) = x$, dann reduzieren sich diese Beziehungen auf

$$\sigma_x^2 = \sum_i (x_i-\mu_x)^2 p(x_i) \tag{7.1.18}$$

sowie

$$\sigma_x^2 = \int\limits_{-\infty}^{\infty} (x-\mu_x)^2 p(x)\, dx \tag{7.1.19}$$

Mechanisch entspricht σ_x^2 dem Trägheitsmoment der Wahrscheinlichkeitsdichte bezüglich ihres Schwerpunkts. Für eine Verteilung mit dem Mittelwert null erhält man für die Varianz einer diskreten stochastischen Variablen

$$\bar{x}^2 = \sum_i x_i^2 p(x_i) \tag{7.1.20}$$

sowie für eine kontinuierliche Variable

$$\overline{x}^2 = \int_{-\infty}^{\infty} x^2 p(x)\, dx \tag{7.1.21}$$

Man überzeugt sich leicht davon, daß für eine Verteilung mit von null verschiedenen Mittelwerten die Beziehung

$$\sigma_x^2 = \overline{x}^2 - \mu_x^2 \tag{7.1.22}$$

gilt. Die Wurzel σ_x der Varianz wird als Streuung oder Standardabweichung bezeichnet.

Weitere Maßzahlen

Von den weiteren Maßzahlen zur Charakterisierung einer Wahrscheinlichkeitsverteilung ist einmal der Modalwert $\hat{x}$ zu nennen. Er ist der häufigste Wert der Verteilung. Unter dem Median versteht man den mittleren Wert der nach Größe geordneten Werte der stochastischen Variablen. Der Variationskoeffizient ist als

$$v = \frac{\sigma_x}{\mu_x} \tag{7.1.23}$$

definiert. Er wird meistens in Prozent angegeben. Schließlich kann man auch für die Schiefe einer Verteilung ein Maß angeben. Es ist für diskrete Verteilungen durch

$$g = \frac{1}{\sigma_x^3} \sum_i (x_i - \mu_x)^3 p(x_i) \tag{7.1.24}$$

und für kontinuierliche Verteilungen durch

$$g = \frac{1}{\sigma_x^3} \int_{-\infty}^{\infty} (x - \mu_x)^3 p(x)\, dx \tag{7.1.25}$$

definiert. Abb. 7.1.4 zeigt qualitativ den Zusammenhang zwischen den Werten von g und der Schiefe einer Verteilung.

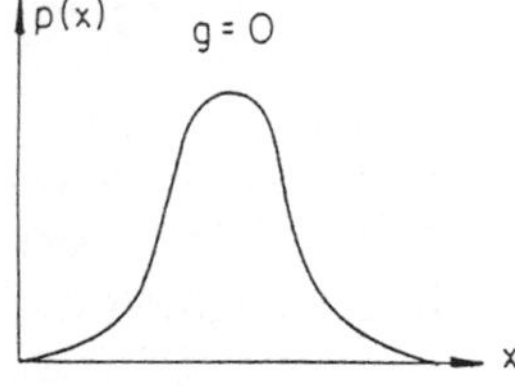

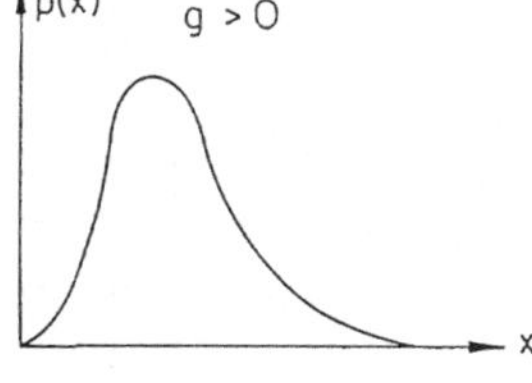

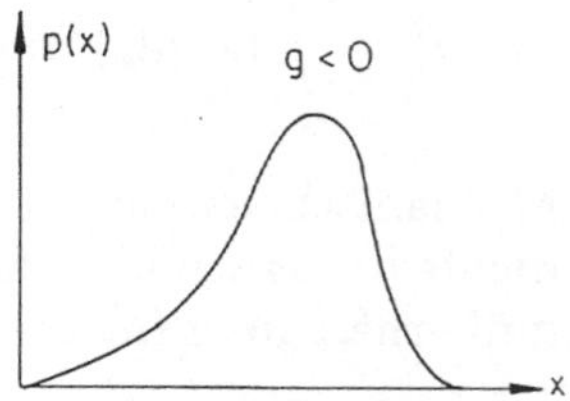

Abb. 7.1.4 Schiefe einer Verteilung

Normalverteilung

Viele der in Physik und Technik vorkommenden Wahrscheinlichkeitsverteilungen lassen sich durch analytisch gegebene Verteilungen darstellen oder
annähern. Die wichtigste derartige Verteilung ist die Gaußsche Verteilung
oder Normalverteilung. Sie ist durch

$$p(x) = \frac{1}{\sqrt{2\pi}\,\sigma_x} e^{-\frac{1}{2}\left(\frac{x-\mu_x}{\sigma_x}\right)^2} \qquad (7.1.26)$$

gegeben, wobei μ_x den Erwartungswert und σ_x die Streuung bezeichnet. Die
Normalverteilung ist eine kontinuierliche symmetrische Verteilung. Der Erwartungswert liegt auf der Symmetrieachse. Die Verteilung erfüllt natürlich
die Bedingung Gl. (7.1.4).

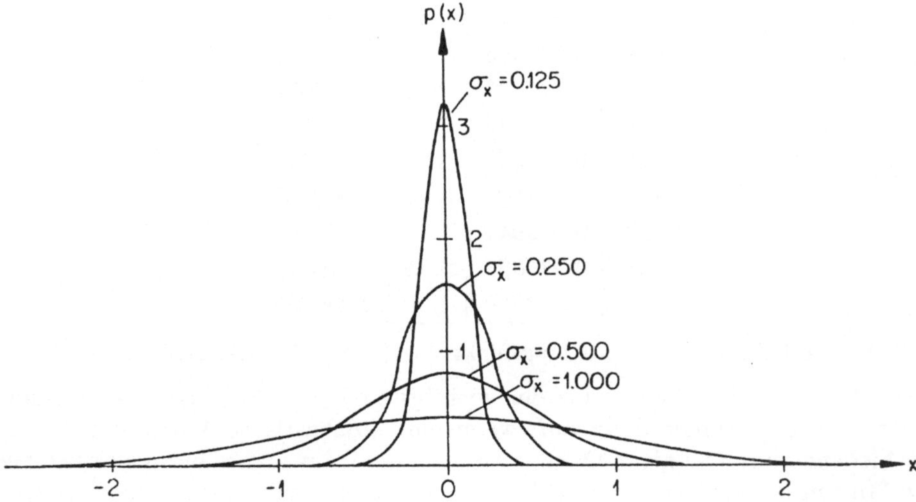

Abb. 7.1.5 Normalverteilung

Durch Einführen einer neuen, normalisierten Variablen

$$t = \frac{x - \mu_x}{\sigma_x} \qquad (7.1.27)$$

erhält man die sogenannte $(0,1)$-Verteilung

$$p(t) = \frac{1}{\sqrt{2\pi}} e^{-\frac{t^2}{2}} \qquad (7.1.28)$$

mit dem Mittelwert null und der Streuung eins. In Abb. 7.1.5 ist die Verteilung $p(x)$ nach Gl. (7.1.26) für $\mu_x = 0$ und verschiedene Werte der Streuung
angegeben. Man sieht, daß die Verteilung für abnehmende Streuung immer
schmäler und höher wird. Im Grenzfall $\sigma_x \to 0$ erhält man einen Dirac-Stoß
an der Stelle des Mittelwerts. Ein Dirac-Stoß ist demnach die Wahrscheinlichkeitsverteilung für das sichere Ereignis.

Die kumulative Verteilungsfunktion

$$P(t) = \int\limits_{-\infty}^{t} p(\tau)\, d\tau = \frac{1}{\sqrt{2\pi}} \int\limits_{-\infty}^{t} e^{-\frac{\tau^2}{2}}\, d\tau \tag{7.1.29}$$

der $(0,1)$-Verteilung ist in der Literatur tabelliert (s. z.B. [27], [95], [90]). In Tabelle 7.1.1 sind einige ausgewählte Werte angegeben. Man entnimmt daraus, daß bei einer Normalverteilung die Wahrscheinlichkeit, daß $t \geq 1.96$ ist, 5% beträgt. Demzufolge ist die Wahrscheinlichkeit für $|t| \geq 1.96$ 10%. Die Wahrscheinlichkeit für $|t| \geq 2.58$ beträgt 1% und für $|t| \geq 3.00$ nur mehr 0.26%.

t	$P(t)$	t	$P(t)$
0.00	0.500000	2.25	0.987776
0.25	0.598706	2.50	0.993790
0.50	0.691463	2.58	0.995060
0.75	0.773373	2.75	0.997020
1.00	0.841345	3.00	0.998650
1.25	0.894350	3.25	0.999423
1.50	0.933193	3.50	0.999767
1.75	0.959941	3.72	0.999900
1.96	0.975002	3.75	0.999912
2.00	0.977250	4.00	0.999968

Tab. 7.1.1 Kumulative Verteilungsfunktion $P(t)$ der Normalverteilung

Die Normalverteilung ist eine der wichtigsten Wahrscheinlichkeitsverteilungen. Sie tritt immer dann auf, wenn eine stochastische Variable aus verschiedenen unabhängigen Quellen aufgebaut wird, wie dies beispielsweise bei zufälligen Meßfehlern, aber auch in vielen anderen Situationen der Fall ist.

Binomialverteilung

Eine zweite wichtige analytische Verteilung ist die Binomialverteilung. Im Gegensatz zur Normalverteilung handelt es sich hier um eine diskrete Verteilung. Die Binomialverteilung liefert die Wahrscheinlichkeit dafür, daß ein Ereignis mit der Wahrscheinlichkeit p bei n Versuchen k-mal auftritt. Faßt man die n Versuche als Elemente einer Reihe auf, so kann man die Reihe in zwei Gruppen von k bzw. $n - k$ Elementen aufteilen. Die Anzahl der möglichen Permutationen ist

$$\binom{n}{k} = \frac{n!}{k!\,(n-k)!} \tag{7.1.30}$$

Die Wahrscheinlichkeit, daß zwei unabhängige Ereignisse gleichzeitig auftreten, ist — wie im nächsten Abschnitt gezeigt wird — gleich dem Produkt ihrer Wahrscheinlichkeiten. Demnach ist die Wahrscheinlichkeit dafür, daß das Ereignis mit der Wahrscheinlichkeit p k-mal und das Nicht-Ereignis mit der Wahrscheinlichkeit $q = 1 - p$ $(n - k)$-mal eintritt

$$w = p^k q^{n-k} \tag{7.1.31}$$

Dies ist auf $\binom{n}{k}$ Arten möglich. Bezeichnet man mit x_k die stochastische Variable, welche dem k-maligen Eintreten des Ereignisses der Wahrscheinlichkeit p bei n Versuchen zugeordnet ist, so ergibt sich die Verteilung

$$p(x_k) = \binom{n}{k} p^k q^{n-k} \tag{7.1.32}$$

Dies sind die Glieder des Binoms $(p+q)^n$. Daraus folgt sofort, daß Gl. (7.1.3) erfüllt ist. Aus Gl. (7.1.32) lassen sich der Mittelwert und die Varianz bestimmen. Für den Mittelwert von k erhält man

$$\mu = np \tag{7.1.33}$$

und für die Varianz

$$\sigma^2 = npq \tag{7.1.34}$$

Beispiel

Als Beispiel für die Binomialverteilung soll die Wahrscheinlichkeit für k-maliges Auftreten einer bestimmten Zahl beim Würfelversuch angegeben werden. Es sollen dabei vier Versuche gemacht werden. Dementsprechend ist $n = 4$, $p = 1/6$ und $q = 1 - p = 5/6$. Die Wahrscheinlichkeiten für k-maliges Auftreten der Zahl ergeben sich aus Gl. (7.1.32) und sind in Tabelle 7.1.2 zusammengestellt. Ihre Summe beträgt eins. Man sieht, daß bei viermaligem Würfeln die Wahrscheinlichkeit für null-maliges Auftreten einer bestimmten Zahl am größten ist.

k	$p(x_k)$
0	0.4823
1	0.3858
2	0.1157
3	0.0154
4	0.0008

Tab. 7.1.2 Wahrscheinlichkeiten für k-maliges Auftreten einer bestimmten Zahl bei 4-maligem Würfeln

Poisson-Verteilung

Aus der Binomialverteilung kann die Poisson-Verteilung hergeleitet werden. Diese Verteilung spielt eine große Rolle bei der Behandlung seltener Ereignisse, wie beispielsweise bei der statistischen Erfassung der Auftretenshäufigkeit von Unfällen, der Zertrümmerung von Atomkernen oder auch bei der Beschreibung der Auftretenshäufigkeit von Erdbeben. Für die Herleitung der

Poisson-Verteilung wird angenommen, daß die Anzahl n der Versuche gegen unendlich geht, wobei die Wahrscheinlichkeit p des Ereignisses gegen null strebt. Der Erwartungswert μ soll dabei aber konstant bleiben. Aus Gl. (7.1.33) erhält man zunächst

$$p = \frac{\mu}{n} \tag{7.1.35}$$

Einsetzen in Gl. (7.1.32) und Reihenentwicklung liefert

$$\begin{aligned}
p(x_k) &= \binom{n}{k} \frac{\mu^k}{n^k} (1 - \frac{\mu}{n})^{n-k} \\
&= \frac{n(n-1)\cdots(n-k+1)}{k!} \frac{\mu^k}{n^k} (1 - \frac{\mu}{n})^{n-k} \\
&= \frac{\mu^k}{k!} (1 - \frac{\mu}{n})^n (1 - \frac{1}{n})(1 - \frac{2}{n}) \cdots (1 - \frac{k-1}{n})(1 - \frac{\mu}{k})^{-k}
\end{aligned} \tag{7.1.36}$$

Mit den Beziehungen

$$\lim_{n \to \infty} (1 - \frac{\mu}{n})^n = e^{-\mu} \tag{7.1.37}$$

und

$$\lim_{n \to \infty} (1 - \frac{1}{n})(1 - \frac{2}{n}) \cdots (1 - \frac{k-1}{n})(1 - \frac{\mu}{n})^{-k} = 1 \tag{7.1.38}$$

erhält man für $n \to \infty$ die Poissonsche Verteilung

$$p_k = \frac{\mu^k e^{-\mu}}{k!} \tag{7.1.39}$$

Diese Verteilung liefert die Wahrscheinlichkeit, daß ein seltenes Ereignis mit dem Erwartungswert μ der Eintretenshäufigkeit genau k-mal eintritt.

Zusammenfassung

Viele wichtige dynamische Lasten wie Wind oder Erdbeben haben probabilistische Eigenschaften. Sie werden daher zutreffender mit Wahrscheinlichkeitsverteilungen statt mit deterministischen Funktionen beschrieben. Nach der Definition der Wahrscheinlichkeit werden wichtige Kenngrößen einer Verteilung wie Erwartungswert, Varianz, Variationskoeffizient etc. besprochen. Die wichtigste analytisch gegebene Verteilung ist die Normalverteilung. Sie tritt immer dann auf, wenn eine stochastische Variable aus unabhängigen Beiträgen aufgebaut wird. Als analytische Verteilung einer diskreten Variablen wird die Binomialverteilung behandelt. Aus ihr läßt sich die Poisson-Verteilung gewinnen, welche eine große Rolle bei der Behandlung seltener Ereignisse spielt.

7.2   Mehrere stochastische Variable

Zwei stochastische Variable

Der Begriff der Wahrscheinlichkeit wurde bisher nur für eine einzige stochastische Variable definiert. Er läßt sich aber leicht auf zwei und mehr Variable verallgemeinern. Im folgenden soll zunächst der Fall zweier stochastischer Variabler behandelt werden. Ein Beispiel für zwei Variable ist die Wahrscheinlichkeitsverteilung der Koordinaten x und y der Treffer von Geschoßen auf eine Zielscheibe. Zerlegt man die Scheibe in Teilflächen und zählt die Anzahl der Treffer pro Fläche, so läßt sich analog zum eindimensionalen Fall die Wahrscheinlichkeit pro Fläche als die Anzahl der Treffer in dieser Fläche dividiert durch die Anzahl der Versuche definieren. Die Wahrscheinlichkeitsdichte $p(x,y)$ ist dann die auf die Flächeneinheit bezogene Trefferwahrscheinlichkeit. Für ein Flächenelement mit der Fläche $dx\,dy$ und den Mittelpunktskoordinaten x, y wird damit die Trefferwahrscheinlichkeit zu $p(x,y)\,dx\,dy$. Man kann die Wahrscheinlichkeitsdichte, wie in Abb. 7.2.1 gezeigt, in einem dreidimensionalen Diagramm darstellen.

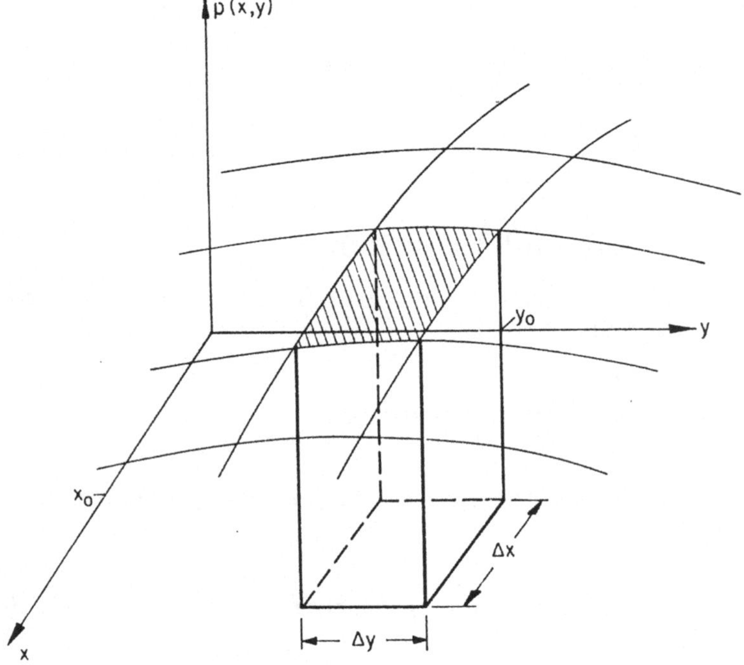

Abb. 7.2.1 Wahrscheinlichkeitsdichte von zwei stochastischen Variablen

Die folgenden Überlegungen sollen auf den Fall kontinuierlicher Variabler beschränkt werden. Die analogen Beziehungen für diskrete Variable lassen sich daraus ebenfalls sofort angeben, indem man die Integrationen durch entsprechende Summationen ersetzt. Aus der obigen Definition der Wahrscheinlichkeit folgt die Beziehung

$$\int\limits_{-\infty}^{\infty} \int\limits_{-\infty}^{\infty} p(x,y)\, dx\, dy = 1 \tag{7.2.1}$$

Für die Wahrscheinlichkeit P, daß die stochastischen Variablen x und y zwischen den Grenzen x_o, $x_o + \Delta x$ sowie y_o, $y_o + \Delta y$ liegen, erhält man

$$P = \int\limits_{x_o}^{x_o+\Delta x} \int\limits_{y_o}^{y_o+\Delta y} p(x,y)\, dx\, dy \tag{7.2.2}$$

Dies entspricht dem in Abb. 7.2.1 dargestellten Volumen der Wahrscheinlichkeitsdichte über der entsprechenden Fläche.

Unter der marginalen Wahrscheinlichkeit versteht man die Wahrscheinlichkeitsdichte einer stochastischen Variablen unabhängig vom Wert der anderen. Man erhält demnach für die marginale Wahrscheinlichkeit von x

$$g(x) = \int\limits_{-\infty}^{\infty} p(x,y)\, dy \tag{7.2.3}$$

sowie für die marginale Wahrscheinlichkeit von y

$$h(y) = \int\limits_{-\infty}^{\infty} p(x,y)\, dx \tag{7.2.4}$$

Mittelwert, Varianz und Kovarianz

Der Mittelwert oder Erwartungswert einer Funktion $f(x,y)$ der beiden stochastischen Variablen x und y ist als

$$\mu_f = E[f(x,y)] = \int\limits_{-\infty}^{\infty} \int\limits_{-\infty}^{\infty} f(x,y)p(x,y)\, dx\, dy \tag{7.2.5}$$

definiert. Für die Spezialfälle $f(x,y) = x$ und $f(x,y) = y$ erhält man die Mittelwerte

$$\mu_x = E[x] = \int\limits_{-\infty}^{\infty} \int\limits_{-\infty}^{\infty} xp(x,y)\, dx\, dy = \int\limits_{-\infty}^{\infty} xg(x)\, dx \tag{7.2.6}$$

$$\mu_y = E[y] = \int\limits_{-\infty}^{\infty} \int\limits_{-\infty}^{\infty} yp(x,y)\, dx\, dy = \int\limits_{-\infty}^{\infty} yh(y)\, dy \tag{7.2.7}$$

der Variablen x bzw. y. Man sieht, daß diese Erwartungswerte aus den marginalen Wahrscheinlichkeitsdichten wie im Falle einer eindimensionalen Verteilung gewonnen werden können.

Die Varianzen von x und y sind die Erwartungswerte der quadrierten Abweichungen der Variablen von ihren Mittelwerten. Dementsprechend erhält man

$$\sigma_x^2 = \mu_{xx} = \int\limits_{-\infty}^{\infty} \int\limits_{-\infty}^{\infty} (x-\mu_x)^2 p(x,y)\, dx\, dy = \int\limits_{-\infty}^{\infty} (x-\mu_x)^2 g(x)\, dx \qquad (7.2.8)$$

und

$$\sigma_y^2 = \mu_{yy} = \int\limits_{-\infty}^{\infty} \int\limits_{-\infty}^{\infty} (y-\mu_y)^2 p(x,y)\, dx\, dy = \int\limits_{-\infty}^{\infty} (y-\mu_y)^2 h(y)\, dy \qquad (7.2.9)$$

Analog ist die Varianz von $f(x,y)$ definiert. Für zwei und mehr stochastische Variable existiert zusätzlich der Begriff der Kovarianz. Die Kovarianz von x und y ist der Erwartungswert von $(x - \mu_x)(y - \mu_y)$:

$$\mu_{xy} = E[(x-\mu_x)(y-\mu_y)] = \int\limits_{-\infty}^{\infty} \int\limits_{-\infty}^{\infty} (x-\mu_x)(y-\mu_y) p(x,y)\, dx\, dy \qquad (7.2.10)$$

Stochastische Abhängigkeit

Ein zentraler Begriff der Wahrscheinlichkeitsrechnung ist die stochastische Abhängigkeit bzw. Unabhängigkeit. Dazu sollen nochmals die in Abb. 7.1.3 dargestellten zwei sich überdeckenden Ereignisse A und B betrachtet werden. Dabei wird angenommen, daß die Wahrscheinlichkeiten $p(A) > 0$ und $p(B) > 0$ sind sowie $p(AB) > 0$ gilt. Unter der bedingten Wahrscheinlichkeit von A versteht man die Wahrscheinlichkeit des Eintretens von A unter der Voraussetzung, daß B vorliegt. Macht man N Versuche, so ist die erwartete Anzahl der Treffer für A gleich

$$n_A = N p(A) \qquad (7.2.11)$$

Für die Anzahl der Treffer von B erhält man analog

$$n_B = N p(B) \qquad (7.2.12)$$

Zur Ermittlung der bedingten Wahrscheinlichkeit ist n_B gleich der Anzahl der sich qualifizierenden Versuche. Die Anzahl der Treffer für A unter der Voraussetzung, daß B vorliegt, ist

$$n_{AB} = N p(AB) \qquad (7.2.13)$$

Daraus erhält man sofort für die bedingte Wahrscheinlichkeit für das Eintreten von A unter der Voraussetzung, daß B vorliegt

$$p(A\,|\,B) = \frac{n_{AB}}{n_B} = \frac{p(AB)}{p(B)} \qquad (7.2.14)$$

Analog ergibt sich für die bedingte Wahrscheinlichkeit von B unter der Voraussetzung, daß A vorliegt

$$p(B\,|\,A) = \frac{p(AB)}{p(A)} \tag{7.2.15}$$

Man bezeichnet nun zwei stochastische Variable als unabhängig, wenn die bedingte Wahrscheinlichkeit $p(A\,|\,B)$ gleich der Wahrscheinlichkeit $p(A)$ der Variablen A ist. Dies bedeutet, daß das Eintreten des Zufallsereignisses A unabhängig davon ist, ob B vorliegt oder nicht. Für die Ereignisse A bzw. B gilt demnach im Falle der Unabhängigkeit

$$p(A\,|\,B) = p(A) \tag{7.2.16}$$

bzw.

$$p(B\,|\,A) = p(B) \tag{7.2.17}$$

Zusammen mit Gl. (7.2.14) oder Gl. (7.2.15) erhält man daraus

$$p(AB) = p(A)p(B) \tag{7.2.18}$$

für unabhängige Variable. Aus dieser Beziehung folgt insbesondere, daß zwei stochastische Variable x und y dann voneinander unabhängig sind, wenn für ihre gemeinsame Wahrscheinlichkeitsdichte $p(x,y)$ die Beziehung

$$p(x,y) = g(x)h(y) \tag{7.2.19}$$

mit den marginalen Wahrscheinlichkeiten $g(x)$ und $h(y)$ gilt. Umgekehrt ist die gemeinsame Wahrscheinlichkeitsdichte zweier unabhängiger Variabler gleich dem Produkt ihrer Wahrscheinlichkeitsdichten.

Für zwei stochastisch unabhängige Variable x und y verschwindet die Kovarianz. Schreibt man nämlich die Definitionsgleichung Gl. (7.2.10) unter Verwendung von Gl. (7.2.19) in der Form

$$\mu_{xy} = \int\limits_{-\infty}^{\infty} \int\limits_{-\infty}^{\infty} (x-\mu_x)(y-\mu_y)g(x)h(y)\,dx\,dy \tag{7.2.20}$$

dann folgt

$$\mu_{xy} = \int\limits_{-\infty}^{\infty} (x-\mu_x)g(x)\,dx \int\limits_{-\infty}^{\infty} (y-\mu_y)h(y)\,dy = (\mu_x-\mu_x)(\mu_y-\mu_y) = 0 \tag{7.2.21}$$

Die Kovarianz ist somit ein Maß für die statistische Abhängigkeit oder Korrelation der Variablen. Man definiert den Korrelationskoeffizienten als

$$\varrho_{xy} = \frac{\mu_{xy}}{\sigma_x\sigma_y} = \frac{\mu_{xy}}{\sqrt{\mu_{xx}\,\mu_{yy}}} \qquad -1 \le \varrho \le 1 \tag{7.2.22}$$

Für $\varrho_{xy} = 0$ sind die Variablen unabhängig. Für $\varrho_{xy} = \pm 1$ erhält man vollständige Abhängigkeit, d.h. zwischen den Variablen existiert ein funktionaler Zusammenhang. Dazwischen liegt der Bereich der korrelierten Variablen, welche also im statistischen Sinne abhängig sind.

Beispiel

Zur Illustration für das Arbeiten mit unabhängigen Variablen soll die Versagenswahrscheinlichkeit eines Schnittes in einem Stabtragwerk bestimmt werden. Die statistische Verteilung einer Schnittgröße s im Tragwerk und der dazugehörige Tragwerkswiderstand w sind unabhängige Größen. Bezeichnet man die Verteilung der Schnittgröße mit $p_s(s)$ und die Verteilung des Tragwerkswiderstandes mit $p_w(w)$, so ergibt sich nach Gl. (7.2.19) für die gemeinsame Wahrscheinlichkeitsdichte

$$p(s,w) = p_s(s)\, p_w(w) \tag{7.2.23}$$

Diese Verteilung wurde in Abb. 7.2.2 durch die Höhenlinien von $p(s, w)$ sowie durch die marginalen Verteilungen skizziert. Das Gebiet B, in welchem der Tragwerkswiderstand kleiner als die Schnittkraft ist, führt zu Versagen. Dementsprechend ist die Versagenswahrscheinlichkeit P in diesem Schnitt des Tragwerks gleich

$$P = \iint\limits_{B} p_s(s)\, p_w(w)\, ds\, dw \tag{7.2.24}$$

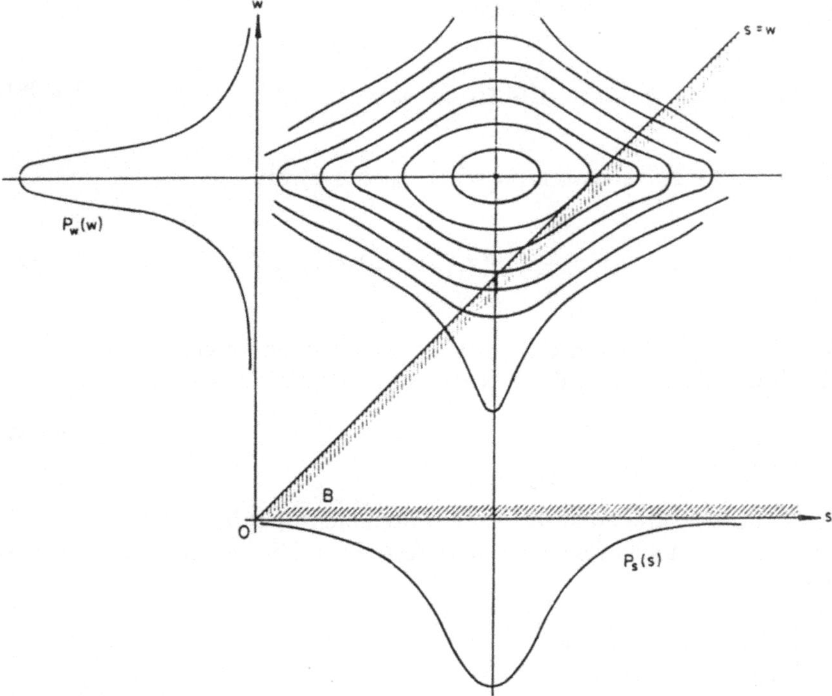

Abb. 7.2.2 Berechnung der Versagenswahrscheinlichkeit

n stochastische Variable

Bei n stochastischen Variablen $x_1, x_2, \ldots x_n$ wird die Wahrscheinlichkeits-dichte durch eine Funktion $p(x_1, x_2, \ldots x_n)$ beschrieben. Auch hier muß wieder analog zum zweidimensionalen Fall

$$\int\limits_{-\infty}^{\infty} \ldots \int\limits_{-\infty}^{\infty} p(x_1, \ldots x_n)\, dx_1 \ldots dx_n = 1 \tag{7.2.25}$$

gelten. Die marginalen Wahrscheinlichkeitsdichten $p_i(x_i)$ der einzelnen Variablen erhält man aus

$$p_i(x_i) = \int\limits_{-\infty}^{\infty} \ldots \int\limits_{-\infty}^{\infty} p(x_1, \ldots x_{i-1}, x_{i+1} \ldots x_n)\, dx_1 \ldots dx_{i-1}\, dx_{i+1} \ldots dx_n$$
$$\tag{7.2.26}$$

Für jede stochastische Variable lassen sich der Mittelwert und die Varianz bestimmen. Weiterhin existieren zwischen den Variablen die Kovarianzen. Die Mittelwerte sind durch

$$\mu_i = \int\limits_{-\infty}^{\infty} \ldots \int\limits_{-\infty}^{\infty} x_i p(x_1, \ldots x_n)\, dx_1 \ldots dx_n = \int\limits_{-\infty}^{\infty} x_i p_i(x_i)\, dx_i \tag{7.2.27}$$

gegeben. Für die Varianzen erhält man

$$\sigma_i^2 = \mu_{ii} = \int\limits_{-\infty}^{\infty} \ldots \int\limits_{-\infty}^{\infty} (x_i - \mu_i)^2 p(x_1, \ldots x_n)\, dx_1 \ldots dx_n \tag{7.2.28}$$

Schließlich sind die Kovarianzen zwischen x_i und x_j als

$$\mu_{ij} = \int\limits_{-\infty}^{\infty} \ldots \int\limits_{-\infty}^{\infty} (x_i - \mu_i)(x_j - \mu_j) p(x_1, \ldots x_n)\, dx_1 \ldots dx_n \tag{7.2.29}$$

definiert. Für $j = i$ werden die Kovarianzen zu den entsprechenden Varianzen. Weiterhin definiert man die Korrelationskoeffizienten als

$$\varrho_{ij} = \frac{\mu_{ij}}{\sqrt{\mu_{ii}\,\mu_{jj}}} \tag{7.2.30}$$

Falls $\varrho_{ij} = 0$ ist, sind die entsprechenden Variablen unabhängig.

Die Varianzen und Kovarianzen der Verteilung können zu einer Kovarianzmatrix

$$[\mu] = \begin{bmatrix} \mu_{11} & \mu_{12} & \cdots & \mu_{1n} \\ \mu_{21} & \mu_{22} & \cdots & \mu_{2n} \\ \vdots & \vdots & & \vdots \\ \mu_{n1} & \mu_{n2} & \cdots & \mu_{nn} \end{bmatrix} \tag{7.2.31}$$

zusammengefaßt werden. Sie enthält auf der Hauptdiagonalen die Varianzen der einzelnen Variablen und außerhalb der Hauptdiagonalen die Kovarianzen. Aus Gl. (7.2.29) folgt sofort, daß die Kovarianzmatrix symmetrisch ist. Weiterhin wird sich weiter unten zeigen, daß $[\mu]$ positiv definit ist. Bildet man durch Vor- und Nachmultiplikation von $[\mu]$ mit einem Vektor $\{x\}$ eine Fläche zweiten Grades, so lassen sich dafür die Hauptachsen bestimmen. Durch Lösung des entsprechenden speziellen Eigenwertproblems kann $[\mu]$ aber stets auf Diagonalform übergeführt werden. Man schließt daraus, daß sich jede durch $[\mu]$ charakterisierte mehrdimensionale Wahrscheinlichkeitsverteilung auf spezielle Variable transformieren läßt, welche stochastisch unabhängig sind.

Normalverteilung für n Variable

Für n stochastische Variable $x_1, \ldots x_n$ lassen sich die entsprechenden Mittelwerte $\mu_1, \ldots \mu_n$ bestimmen. Mit dem auf die Mittelwerte transformierten Vektor

$$\{\tilde{x}\} = \left\{ \begin{array}{c} x_1 - \mu_1 \\ x_2 - \mu_2 \\ \vdots \\ x_n - \mu_n \end{array} \right\} \tag{7.2.32}$$

wird die n-dimensionale Normalverteilung zu

$$p(x_1, \ldots x_n) = \frac{1}{\sqrt{(2\pi)^n} \sqrt{\|[\mu]\|}} \exp(-\frac{1}{2}\{\tilde{x}\}^{\mathrm{T}}[\mu]^{-1}\{\tilde{x}\}) \tag{7.2.33}$$

Dabei bezeichnet $[\mu]$ wiederum die Kovarianzmatrix. Für $n = 1$ reduziert sich diese Verteilung auf Gl. (7.1.26).

Variablentransformation

Die stochastischen Variablen $x_1, \ldots x_n$ sollen nun auf einen neuen Satz von Variablen $y_1 \ldots y_n$ transformiert werden. Im allgemeinen Fall wird es sich dabei um eine nichtlineare Transformation der Form

$$\begin{aligned} y_1 &= y_1(x_1, \ldots x_n) \\ y_2 &= y_2(x_1, \ldots x_n) \\ &\vdots \\ y_n &= y_n(x_1, \ldots x_n) \end{aligned} \tag{7.2.34}$$

handeln. Dabei soll vorausgesetzt werden, daß die Transformation eindeutig ist und eine eindeutige inverse Transformation existiert. Für das n-dimensionale Volumenelement $dx_1 \cdots dx_n$ erhält man

$$dx_1\, dx_2 \cdots dx_n = \|[J]\|\, dy_1\, dy_2 \cdots dy_n \tag{7.2.35}$$

mit der Jacobischen Matrix

$$[J] = \begin{bmatrix} \dfrac{\partial x_1}{\partial y_1} & \dfrac{\partial x_2}{\partial y_1} & \cdots & \dfrac{\partial x_n}{\partial y_1} \\[2ex] \dfrac{\partial x_1}{\partial y_2} & \dfrac{\partial x_2}{\partial y_2} & \cdots & \dfrac{\partial x_n}{\partial y_2} \\[2ex] \vdots & \vdots & & \vdots \\[2ex] \dfrac{\partial x_1}{\partial y_n} & \dfrac{\partial x_2}{\partial y_n} & \cdots & \dfrac{\partial x_n}{\partial y_n} \end{bmatrix} \qquad (7.2.36)$$

Bestimmt man nun die Wahrscheinlichkeit für einen bestimmten Wertebereich W der Variablen x_i, so muß

$$\int_W \cdots \int p(x_1, \ldots x_n)\, dx_1 \ldots dx_n =$$
$$\int_W \cdots \int p(x_1(y_i), \ldots x_n(y_i))\, \|[J]\|\, dy_1 \ldots dy_n \qquad (7.2.37)$$

erfüllt sein, falls über den gleichen Wertebereich integriert wird. Man schließt daraus, daß die Transformation

$$p(y_1, \ldots y_n) = \|[J]\|\; p(x_1, \ldots x_n) \qquad (7.2.38)$$

gelten muß.

Ist das Transformationsgesetz zwischen den Variablen $x_i, i = 1, \ldots n$ und den Variablen $y_i, i = 1, \ldots n$ linear, dann vereinfacht sich Gl. (7.2.34) auf

$$\{y\} = [T]\{x\} \qquad (7.2.39)$$

mit einer Transformationsmatrix $[T]$ und den zu den Vektoren $\{x\}$ bzw. $\{y\}$ zusammengefaßten Variablen x_i bzw. y_i. Für die inverse Transformation erhält man

$$\{x\} = [T]^{-1}\{y\} \qquad (7.2.40)$$

Man sieht, daß im linearen Fall die Jacobische Matrix gleich $[T]^{-1\,\mathrm{T}}$ ist. Führt man nun diese lineare Transformation in die Normalverteilung Gl. (7.2.33) ein, so folgt, daß die neue Verteilung ebenfalls eine Normalverteilung ist. Allerdings erhält man eine Kovarianzmatrix mit neuen numerischen Werten.

Linearkombination von stochastischen Variablen

Aus den n stochastischen Variablen $x_i, i = 1, \ldots n$ soll durch Linearkombination eine neue Variable y gemäß

$$y = \sum_{i=1}^{n} a_i x_i \qquad (7.2.41)$$

gebildet werden. Die Variablen x_i weisen Mittelwerte μ_i nach Gl. (7.2.27) und Varianzen bzw. Kovarianzen μ_{ij} nach Gl. (7.2.29) auf. Für den Mittelwert von y erhält man unter Berücksichtigung der Definitionsgleichung Gl. (7.1.10)

$$\mu_y = E[\sum_{i=1}^{n} a_i x_i] = \sum_{i=1}^{n} a_i E[x_i] = \sum_{i=1}^{n} a_i \mu_i \tag{7.2.42}$$

Man sieht daraus, daß der Erwartungswert einer Linearkombination von stochastischen Variablen gleich der entsprechenden Linearkombination der Erwartungswerte ist. Für die Varianz der Linearkombination ergibt sich unter Verwendung von Gl. (7.2.42)

$$\begin{aligned}
\sigma_y^2 &= E[(\sum_{i=1}^{n} a_i x_i - \mu_y)^2] = E[(\sum_{i=1}^{n} a_i(x_i - \mu_i))^2] \\
&= E[\sum_{i=1}^{n}\sum_{j=1}^{n} a_i a_j (x_i - \mu_i)(x_j - \mu_j)] \\
&= \sum_{i=1}^{n}\sum_{j=1}^{n} a_i a_j E[(x_i - \mu_i)(x_j - \mu_j)] = \sum_{i=1}^{n}\sum_{j=1}^{n} a_i a_j \mu_{ij}
\end{aligned} \tag{7.2.43}$$

Faßt man die Koeffizienten a_i zum Vektor $\{a\}$ zusammen, dann läßt sich σ_y^2 mit der Kovarianzmatrix $[\mu]$ auch als

$$\sigma_y^2 = \{a\}^{\mathrm{T}} [\mu] \{a\} > 0 \tag{7.2.44}$$

schreiben. Damit bestätigt sich, daß $[\mu]$ positiv definit ist. Falls die Variablen x_i unabhängig sind, verschwinden die Kovarianzen. Gl. (7.2.43) reduziert sich dann auf den Ausdruck

$$\sigma_y^2 = \sum_{i=1}^{n} a_i^2 \mu_{ii} = \sum_{i=1}^{n} a_i^2 \sigma_i^2 \tag{7.2.45}$$

Somit ist die Varianz der Linearkombination von stochastisch unabhängigen Variablen gleich der Linearkombination der Varianzen der einzelnen Variablen mit den Faktoren a_i^2. Sind die Variablen nicht unabhängig, so muß das volle Bildungsgesetz Gl. (7.2.43) mit den entsprechenden Kovarianzen verwendet werden.

Neben den statistischen Mittelwerten ist auch die Wahrscheinlichkeitsverteilung der Linearkombination von stochastischen Variablen von Interesse. Im einfachsten Fall der Summe zweier Variabler x_1 und x_2 läßt sich diese Verteilung wie folgt herleiten. Für die Variable x_1 soll die Verteilung $g(x_1)$ und für die Variable x_2 die Verteilung $h(x_2)$ gelten. Die neue Variable

$$y = x_1 + x_2 \tag{7.2.46}$$

soll die Verteilung $p(y)$ aufweisen. Macht man nun n Versuche, dann ist die Wahrscheinlichkeit für $t \leq x_1 \leq t + dt$ gleich $g(t)\,dt$. Analog ist die

Wahrscheinlichkeit für das Eintreten von $y - t \leq x_2 \leq y - t + dt$ gleich $h(y - t)\,dt$. Die Anzahl der Treffer für die Variable y gemäß Gl. (7.2.46) ist also bei n Versuchen gleich

$$\bar{n}_y = n\,g(t)h(y-t)\,dt\,dt \tag{7.2.47}$$

da die Wahrscheinlichkeit für das gleichzeitige Eintreten von $t \leq x_1 \leq t + dt$ und $y - t \leq x_2 \leq y - t + dt$ gleich $g(t)h(y - t)\,dt\,dt$ ist. Zu jedem Wert $x_1 = t$ läßt sich aber ein Wert $x_2 = y - t$ angeben, so daß die Summe zu y wird. Daraus schließt man, daß die gesamte Anzahl der Treffer durch die Summation bzw. Integration aller Beiträge nach Gl. (7.2.47) gegeben ist:

$$n_y = n \int\limits_{-\infty}^{\infty} g(t)h(y-t)\,dt\,dt \tag{7.2.48}$$

Mit der Definitionsgleichung

$$p(y)\,dt = \frac{n_y}{n} \tag{7.2.49}$$

für die Wahrscheinlichkeit von y erhält man daraus nach Kürzen des gemeinsamen Faktors dt die Wahrscheinlichkeitsdichte

$$p(y) = \int\limits_{-\infty}^{\infty} g(t)h(y-t)\,dt \tag{7.2.50}$$

für die Summe zweier stochastischer Variablen.

Tschebyscheffsche Ungleichung

Um genaue wahrscheinlichkeitstheoretische Aussagen über eine Zufallsvariable x machen zu können, muß ihre Verteilung $p(x)$ bekannt sein. Die exakte Form der Verteilung kann aber nur nach Kenntnis der gesamten Population der Variablen aufgestellt werden. Dies ist praktisch nie möglich. Vielmehr hat man es normalerweise mit Stichproben zu tun, welche eine Schätzung der statistischen Kenngrößen wie Mittelwert und Varianz der Verteilung erlauben. Aus den Kenngrößen können aber auch ohne Kenntnis des genauen Verlaufs der Wahrscheinlichkeitsverteilung Aussagen über Eintretenswahrscheinlichkeiten gemacht werden. Dazu stehen zwei Möglichkeiten zur Verfügung, nämlich die Tschebyscheffsche Ungleichung sowie der zentrale Grenzwertsatz.

Die Tschebyscheffsche[1] Ungleichung besagt, daß für eine stochastische Variable x mit dem Mittelwert μ und der Streuung σ für beliebige reelle und positive k die Wahrscheinlichkeit für $|x - \mu| > k\sigma$ kleiner als $1/k^2$ ist:

$$p(|x-\mu| > k\sigma) < \frac{1}{k^2} \tag{7.2.51}$$

---

[1] Pafnuty L. Tschebyscheff (1821 − 94) (auch Chebyshev) war der Begründer der mathematischen Schule von St. Petersburg und trug u.a. wesentlich zur Theorie der Primzahlen bei.

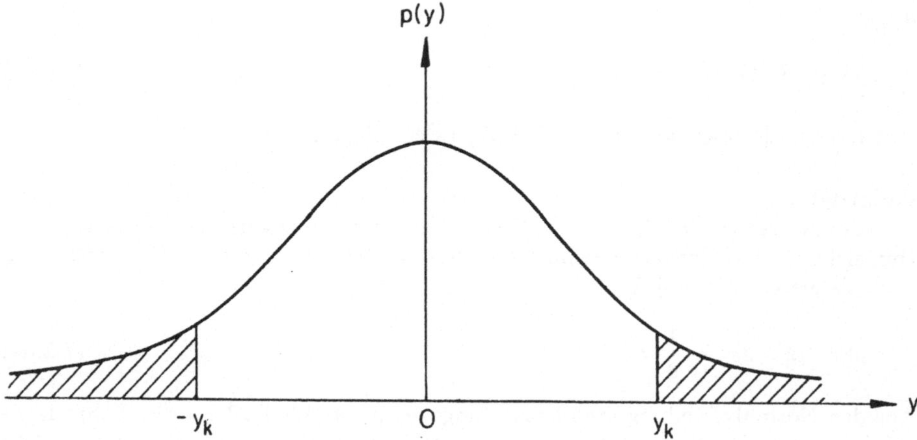

Abb. 7.2.3 Abschätzung nach der Tschebyscheffschen Ungleichung

Mit der auf den Mittelwert bezogenen neuen Variablen

$$y = x - \mu \tag{7.2.52}$$

und der für die Abschätzung gewählten Grenze

$$y_k = k\sigma \tag{7.2.53}$$

kann die Ungleichung auch in der Form

$$p(|y| > y_k) < \left(\frac{\sigma}{y_k}\right)^2 \tag{7.2.54}$$

geschrieben werden.

Die Tschebyscheffsche Ungleichung enthält nur den Mittelwert und die Streuung, nicht aber die Verteilung der Variablen. Sie ist daher auch nur eine sehr grobe Abschätzung. Der Beweis der Ungleichung läßt sich leicht anhand von Abb. 7.2.3 für eine allgemeine Verteilung $p(y)$ der Variablen y nach Gl. (7.2.52) führen. Zunächst einmal gilt

$$\sigma^2 = \int_{-\infty}^{\infty} y^2 p(y)\,dy = \int_{-\infty}^{-y_k} y^2 p(y)\,dy + \int_{-y_k}^{y_k} y^2 p(y)\,dy + \int_{y_k}^{\infty} y^2 p(y)\,dy \tag{7.2.55}$$

Aus der Ungleichung

$$\int_{-y_k}^{y_k} y^2 p(y)\,dy \geq 0 \tag{7.2.56}$$

folgt

$$\sigma^2 \geq \int_{-\infty}^{-y_k} y^2 p(y)\,dy + \int_{y_k}^{\infty} y^2 p(y)\,dy > y_k^2 \left(\int_{-\infty}^{-y_k} p(y)\,dy + \int_{y_k}^{\infty} p(y)\,dy \right) \tag{7.2.57}$$

$$= y_k^2\, p(|y| > y_k) = k^2 \sigma^2\, p(|x - \mu| > k\sigma)$$

d.h.

$$\sigma^2 > k^2\sigma^2 \, p(|x-\mu| > k\sigma) \tag{7.2.58}$$

Daraus erhält man sofort Gl. (7.2.51) oder Gl (7.2.54).

Beispiel

Nimmt man zur Illustration der Genauigkeitsverhältnisse der Tschebyscheffschen Ungleichung eine Normalverteilung mit dem Mittelwert 0 und der Streuung 1 an, dann liefert Gl. (7.2.51) für $k = 3$

$$p(|x-\mu| > 3\sigma) < \frac{1}{9} = 0.111\overline{1} \tag{7.2.59}$$

Aus den Normalverteilung erhält man hingegen nach Tabelle 7.1.1 die Wahrscheinlichkeit $p = 2 \times (1.0 - 0.998650) = 0.0027$. Die Abschätzung nach Tschebyscheff ist also 41mal größer als der strenge Wert.

Zentraler Grenzwertsatz

Eine wesentlich zuverlässigere Aussage ist oftmals mit Hilfe des zentralen Grenzwertsatzes möglich. Dabei wird davon ausgegangen, daß die n stochastischen Variablen $x_1, \ldots x_n$ unabhängig sind. Sie sollen die endlichen Mittelwerte $\mu_1, \ldots \mu_n$ sowie die endlichen Varianzen $\sigma_1^2, \ldots \sigma_n^2$ besitzen. Zudem sollen alle Variablen x_i gleich verteilt sein. Der zentrale Grenzwertsatz besagt nun, daß die Verteilung der Summe

$$y = x_1 + \cdots + x_n = \sum_{i=1}^{n} x_i \tag{7.2.60}$$

für $n \to \infty$ gegen eine Normalverteilung mit dem Mittelwert

$$\mu_y = \sum_{i=1}^{n} \mu_i \tag{7.2.61}$$

und der Varianz

$$\sigma_y^2 = \sum_{i=1}^{n} \sigma_i^2 \tag{7.2.62}$$

strebt. Damit ist die Verteilungsfunktion durch

$$p(y) = \frac{1}{\sqrt{2\pi}\,\sigma_y} e^{-\frac{1}{2}\left(\frac{y-\mu_y}{\sigma_y}\right)^2} \tag{7.2.63}$$

gegeben. Der zentrale Grenzwertsatz wurde bereits von Laplace und Gauß vermutet, konnte aber erst 1901 durch Liapounoff vollständig bewiesen werden. Er läßt sich auch für noch schwächere Voraussetzungen als die oben gemachten beweisen (z.B. [31], [32]).

Da sich viele stochastische Variable auf eine Summe von statistisch unabhängigen Beiträgen zurückführen lassen, gilt auch der zentrale Grenzwertsatz. Daraus folgt, daß die Normalverteilung ebenfalls immer dann eine Rolle spielt, wenn unabhängige Einflüsse überlagert werden. Dies ist beispielsweise in der Fehlertheorie oder auch bei dynamischen Anregungen der Fall, welche durch die Superposition chaotisch entstehender Beiträge gebildet werden, wie beispielsweise Erdbeben. Man sieht, daß die durch Gl. (7.2.50) gegebene Wahrscheinlichkeitsverteilung wegen des zentralen Grenzwertsatzes gegen eine Normalverteilung streben wird, wenn man sie auf n unabhängige Variable ausdehnt und $n \to \infty$ gehen läßt. Die Konvergenz gegen die Normalverteilung erfolgt in der Praxis meist sehr rasch, d.h. nach wenigen Beiträgen. Falls insbesondere die zugrunde liegenden Verteilungsfunktionen identisch sind und somit die Mittelwerte und die Varianzen der einzelnen Variablen die gleichen Werte μ bzw. σ^2 aufweisen, folgt aus Gl. (7.2.61)

$$\mu_y = n\mu \tag{7.2.64}$$

sowie aus Gl. (7.2.62)

$$\sigma_y^2 = n\sigma^2 \tag{7.2.65}$$

Zusammenfassung

Der Begriff der Wahrscheinlichkeit läßt sich zwanglos auf zwei und mehr stochastische Variable verallgemeinern. Als neue Größe kommt hier die Kovarianz als Maß für die statistische Abhängigkeit dazu. Es zeigt sich, daß die gemeinsame Wahrscheinlichkeitsdichte von zwei stochastisch unabhängigen Variablen gleich dem Produkt ihrer marginalen Wahrscheinlichkeiten ist. Die Varianzen und Kovarianzen von n Variablen werden zur symmetrischen und positiv-definiten Kovarianzmatrix zusammengefaßt. Mit ihr läßt sich die n-dimensionale Normalverteilung sehr kompakt schreiben. Die Wahrscheinlichkeitsverteilung von stochastischen Variablen transformiert sich beim Übergang auf neue Variable mit der Jacobischen Determinante der Transformationsgleichungen. Bildet man eine neue Variable durch Linearkombination stochastischer Variabler, so lassen sich Mittelwert und Varianz ebenfalls über Linearkombinationen gewinnen. Zur Abschätzung der Eigenschaften einer Verteilung dienen die Tschebyscheffsche Ungleichung und der zentrale Grenzwertsatz. Letzterer kann immer dann verwendet werden, wenn eine stochastische Variable auf eine Überlagerung stochastisch unabhängiger Beiträge zurückzuführen ist.

7.3 Zufallsprozesse

Stationäre und ergodische Prozesse

Ein Zufallsprozeß besteht aus n zeitabhängigen stochastischen Variablen $x_i(t), i = 1, \ldots n$, welchen das gleiche physikalische Phänomen zugrunde liegt. Theoretisch geht $n \to \infty$, ist aber in praktischen Fällen immer begrenzt. Die Variablen x_i sind im einfachsten Fall nur Funktionen der Zeit t. Sie können darüber hinaus von weiteren Parametern wie etwa den Ortskoordinaten abhängen. So stellen beispielsweise mehrere Seismogramme an einem festen Standort einen Zufallsprozeß dar, dessen stochastische Variable nur von t abhängt. Andererseits wäre die Druckverteilung über einen Flugzeugflügel durch Funktionen $p_i(x, y, t)$ gegeben und enthält somit auch noch die Ortskoordinaten x und y.

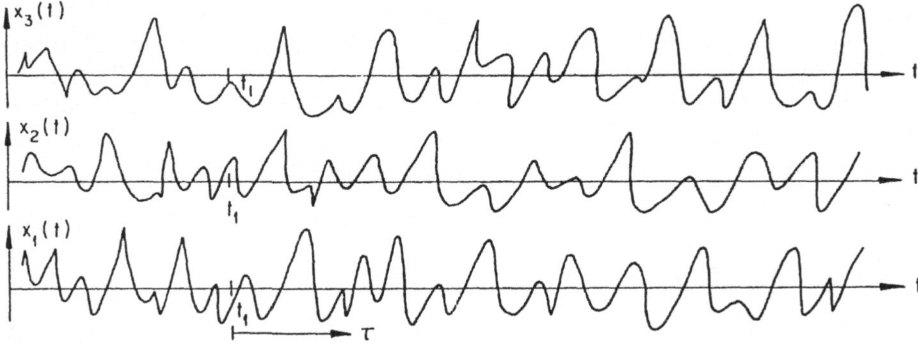

Abb. 7.3.1 Funktionen $x_i(t)$ eines Zufallsprozesses

In Abb. 7.3.1 sind drei Funktionen eines nur von der Zeit abhängigen Zufallsprozesses dargestellt. Für eine feste Zeit t_1 ist der Erwartungswert der Variablen $x_i(t_1)$ nach Gl. (7.1.10)

$$\mu_x(t_1) = E[x(t_1)] = \frac{1}{n} \sum_{i=1}^{n} x_i(t_1) \tag{7.3.1}$$

Die Varianz zur Zeit t_1 ist durch

$$\sigma_x^2(t_1) = E[\left(x_i(t_1) - \mu_x(t_1)\right)^2] = \frac{1}{n} \sum_{i=1}^{n} \left(x_i(t_1) - \mu_x(t_1)\right)^2 \tag{7.3.2}$$

gegeben.

Ein Prozeß heißt stationär, falls alle statistischen Mittelwerte wie Erwartungswert, Varianz etc. unabhängig von der betrachteten Zeit t_1 sind. Für einen stationären Prozeß läßt sich durch entsprechende Wahl des Bezugspunktes immer erreichen, daß der Erwartungswert null wird. In diesem Falle vereinfacht sich die Varianz zu

$$\sigma_x^2(t_1) = \frac{1}{n} \sum_{i=1}^{n} x_i^2(t_1) \tag{7.3.3}$$

Für die Kovarianz μ_{12} der zwei stochastischen Variablen $x_i(t_1)$ und $x_i(t_2) = x_i(t_1 + \tau)$ entsprechend Abb. 7.3.1 erhält man für einen stationären Prozeß mit Mittelwert null

$$\mu_{12}(\tau) = E[\left(x(t_1) - \mu_x(t_1)\right)\left(x(t_2) - \mu_x(t_2)\right)] = \frac{1}{n} \sum_{i=1}^{n} x_i(t_1) x_i(t_1 + \tau) \tag{7.3.4}$$

Man beachte, daß für stationäre Zufallsprozesse die Kovarianz μ_{12} für zwei allgemeine Zeiten t_1 und t_2 nur von der Differenz $\tau = t_2 - t_1$ abhängt.

Ein Zufallsprozeß heißt ergodisch, falls jede Aufzeichnung $x_i(t)$ dahingehend zu jeder anderen statistisch äquivalent ist, daß die Mittelwerte über die x_i bei festem t durch die Mittelwerte über t für eine einzige stochastische Variable $x_i(t)$ ersetzt werden können. Für einen ergodischen Prozeß wird demnach der Erwartungswert zu

$$\mu_x = E[x] = \frac{1}{T} \int\limits_{-T/2}^{T/2} x_i(t)\, dt \qquad T \to \infty \tag{7.3.5}$$

Da im Erwartungswert μ_x wie auch in allen anderen statistischen Mittelwerten die Zeit wegintegriert wird, folgt sofort, daß ein ergodischer Prozeß auch stationär sein muß. Umgekehrt ist aber ein stationärer Prozeß nicht notwendigerweise ergodisch.

Gaußsche Prozesse

Ein Zufallsprozeß liefert für jede Zeit t eine stochastische Variable $x(t)$. Zur vollständigen Beschreibung des Prozesses im Sinne der Wahrscheinlichkeitsrechnung ist also die gemeinsame Wahrscheinlichkeitsdichte aller dieser theoretisch unendlich vielen Variablen nötig. In vielen Fällen kann die Verteilung als Gaußsche Verteilung angenommen werden. Die Begründung dafür liegt im zentralen Grenzwertsatz. Man kann dazu häufig annehmen, daß sich die Funktionen des Prozesses über eine Fourier-Reihe aus voneinander stochastisch unabhängigen harmonischen Beiträgen aufbauen lassen. Die Normalverteilung ist aber mit den Varianzen und Kovarianzen der stochastischen Variablen vollständig bestimmt. Da t kontinuierlich ist, existieren theoretisch unendlich viele Varianzen und Kovarianzen. In der Praxis wird aber t durch Stützstellen t_i diskretisiert. Damit reduziert sich die Anzahl der Variablen auf eine endliche Zahl. Meist beschränkt man sich auch hier noch weiter auf eine oder zwei Variable.

Autokorrelationsfunktion

Für einen Zufallsprozeß $x(t)$ definiert man die Autokorrelationsfunktion als

$$R_x(t_1, t_2) = E[(x(t_1) - \mu_x(t_1))(x(t_2) - \mu_x(t_2))] \tag{7.3.6}$$

Gemäß Gl. (7.3.4) entspricht $R_x(t_1, t_2)$ der Kovarianz μ_{12}. Man sieht, daß die Autokorrelationsfunktion alle Kovarianzen und für $t_1 = t_2$ alle Varianzen eines Zufallsprozesses liefert. Für einen stationären Prozeß mit Mittelwert null kommt insbesondere

$$R_x(t_1, t_2) = R_x(\tau) = E[x(t_1)x(t_1+\tau)] = \frac{1}{n} \sum_{i=1}^{n} x_i(t_1)x_i(t_1+\tau) \tag{7.3.7}$$

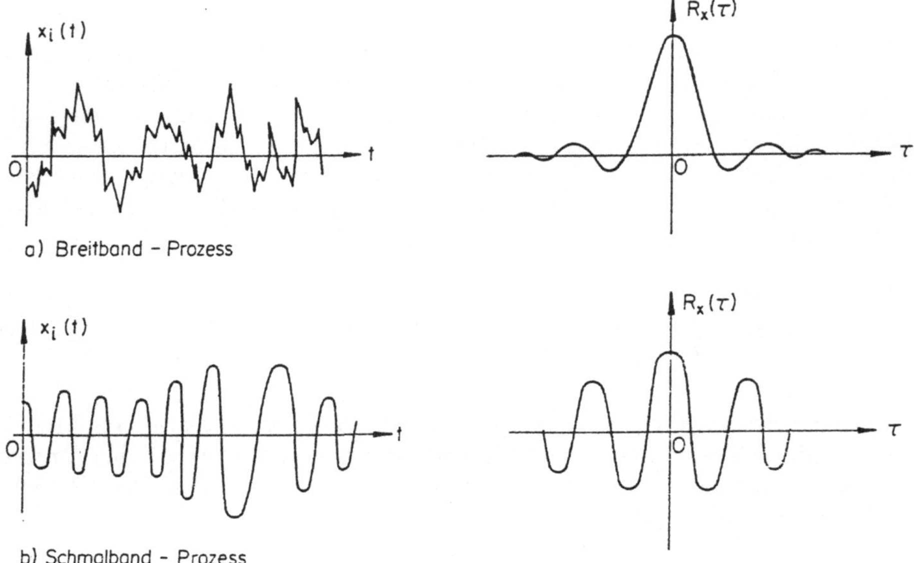

Abb. 7.3.2 Verlauf von Autokorrelationsfunktionen für verschiedene stochastische Prozesse

wobei $\tau = t_2 - t_1$ wiederum die Zeitdifferenz bezeichnet. Weiterhin gelten die Beziehungen

$$R_x(0) = \sigma_x^2 \tag{7.3.8}$$

und

$$R_x(-\tau) = R_x(\tau) \tag{7.3.9}$$

Die Autokorrelationsfunktion ist ein Maß für die Abhängigkeit der stochastischen Variablen des Zufallsprozesses. Sie hängt für stationäre Prozesse nur vom Zeitunterschied τ ab. Im folgenden soll stets vorausgesetzt werden, daß die Prozesse den Mittelwert null aufweisen.

Ersetzt man für die praktische Rechnung den Zufallsprozeß durch eine endliche Zahl seiner stochastischen Variablen an festen Stützstellen t_i, dann ist mit der ebenfalls für die Stützstellen t_i diskretisierten Autokorrelationsfunktion sofort auch die entsprechende Kovarianzmatrix nach Gl. (7.2.31) bekannt. Werden die stochastischen Variablen auf ihre Erwartungswerte bezogen, dann ist die Wahrscheinlichkeitsverteilung eines normalverteilen Prozesses durch Gl. (7.2.33) gegeben. Daraus folgt, daß die Autokorrelationsfunktion einen Gaußschen Prozeß vollständig bestimmt.

Der Verlauf der Autokorrelationsfunktion $R_x(t)$ hängt wesentlich von den im Prozeß $x(t)$ enthaltenen Frequenzen ab. Haben die Funktionen $x_i(t)$ ausgeprägten Zufallscharakter, so zeigt sich dies im Frequenzbereich durch eine große Anzahl signifikanter Beiträge. Man spricht dann auch von einem Breitband-Prozeß. Da $x(t + \tau)$ bei Breitband-Prozessen schon für kleine τ jede Ähnlichkeit mit $x(t)$ verliert, geht die Autokorrelationsfunktion rasch gegen null (Abb. 7.3.2 a). Im Grenzfall eines vollständig chaotischen Prozesses strebt $R_x(\tau)$, wie später noch ausführlicher besprochen wird, gegen einen Dirac-Stoß. Ist $x(t)$ dagegen ein Schmalband-Prozeß mit nur wenigen Frequenzen (Abb. 7.3.2 b), so klingt $R_x(\tau)$ nur langsam ab. Wird $x(t)$ — als anderer Grenzfall — periodisch, so wird auch die Autokorrelationsfunktion periodisch.

Leistungsspektrum

Ein stationärer normalverteilter Zufallsprozeß läßt sich statt durch die Autokorrelationsfunktion $R_x(\tau)$ im Zeitbereich auch im Frequenzbereich durch sein sogenanntes Leistungsspektrum $S_x(\Omega)$ vollständig beschreiben. Das Leistungsspektrum ist als der doppelte Wert der Fourier-Transformierten von $R_x(\tau)$ definiert:

$$S_x(\Omega) = 2 \int_{-\infty}^{\infty} R_x(\tau)e^{-i\Omega\tau}\,d\tau = 4 \int_{0}^{\infty} R_x(\tau)\cos\Omega\tau\,d\tau \qquad (7.3.10)$$

Dabei wurde berücksichtigt, daß τ zwischen $-\infty$ und $+\infty$ existiert und daß $R_x(\tau)$ gemäß Gl. (7.3.9) eine gerade Funktion von τ ist. Man sieht, daß $S_x(\Omega)$ dementsprechend eine gerade Funktion von Ω wird. Die inverse Fourier-Transformation liefert

$$R_x(\tau) = \frac{1}{4\pi} \int_{-\infty}^{\infty} S_x(\Omega)e^{i\Omega\tau}\,d\Omega = \frac{1}{2\pi} \int_{0}^{\infty} S_x(\Omega)\cos\Omega\tau\,d\Omega \qquad (7.3.11)$$

Für $\tau = 0$ folgt

$$R_x(0) = \sigma_x^2 = \frac{1}{2\pi} \int_{0}^{\infty} S_x(\Omega)\,d\Omega \qquad (7.3.12)$$

Das Leistungsspektrum entspricht also dem Beitrag pro Frequenzeinheit an die Varianz des Prozesses. Mit der aus Gl. (7.3.10) und Gl. (7.3.7) folgenden Beziehung

$$S_x(\Omega) = \frac{2}{n} \sum_{k=1}^{n} \int_{-\infty}^{\infty} x_k(t)x_k(t+\tau)e^{-i\Omega\tau}\,d\tau = \frac{2}{n} \sum_{k=1}^{n} \int_{-\infty}^{\infty} x_k(t)e^{i\Omega t}x_k(\eta)e^{-i\Omega\eta}\,d\eta$$

$$(7.3.13)$$

mit

$$\eta = t+\tau \qquad (7.3.14)$$

erhält man durch Integration über t und unter Berücksichtigung der Tatsache, daß die anregenden Funktionen $x_k(t)$ in den Anwendungen nur für $0 \leq t \leq T$ definiert sind

$$S_x(\Omega) = \frac{1}{n} \sum_{k=1}^{n} \frac{2\,|X_k(\Omega)|^2}{T} = \frac{1}{n} \sum_{k=1}^{n} S_{xk}(\Omega) \qquad (7.3.15)$$

wobei $X_k(\Omega)$ die Fourier-Transformierte von $x_k(t)$ nach Gl. (3.2.80) bezeichnet. Sowohl T wie auch n können theoretisch gegen ∞ gehen. $S_x(\Omega)$ ist demnach der Erwartungswert der Leistungsspektren

$$S_{xk}(\Omega) = \frac{2\,|X_k(\Omega)|^2}{T} \tag{7.3.16}$$

der einzelnen Funktionen des Prozesses.

Ein interessanter Zusammenhang mit den Funktionen im Zeitbereich ergibt sich durch Integration von Gl. (7.3.8) über die Dauer T. Man erhält

$$\int\limits_0^T R_x(0)\, dt = T\sigma_x^2 = \frac{1}{n}\sum_{i=1}^{n}\int\limits_0^T x_i^2(t)\, dt \tag{7.3.17}$$

sowie durch Vergleich mit Gl. (7.3.12) und Gl. (7.3.15)

$$\sigma_x^2 = \frac{1}{n}\sum_{i=1}^{n}\frac{\int_0^T x_i^2(t)\, dt}{T} = \frac{1}{n}\sum_{i=1}^{n}\frac{1}{2\pi}\frac{2\int_0^\infty |X_i(\Omega)|^2\, d\Omega}{T} \tag{7.3.18}$$

Die Varianzen σ_{xi}^2 der Funktionen $x_i(t)$ des Zufallsprozesses sind aber durch

$$\sigma_{xi}^2 = \frac{\int_0^T x_i^2(t)\, dt}{T} = \frac{1}{2\pi}\frac{2\int_0^\infty |X_i(\Omega)|^2\, d\Omega}{T} \tag{7.3.19}$$

gegeben. Die Varianz σ_x^2 ist demnach der Erwartungswert der Varianzen der einzelnen Funktionen und entspricht dem zeitlichen Durchschnitt von $x^2(t)$. Die aus Gl. (7.3.19) folgende Beziehung

$$\int\limits_0^T x^2(t)\, dt = \frac{1}{\pi}\int\limits_0^\infty |X(\Omega)|^2\, d\Omega \tag{7.3.20}$$

ist die Parsevalsche Gleichung.

Faßt man die Funktionen $x_i(t)$ als die Beschleunigungsanregungen eines ungedämpften Einmassenschwingers mit der Masse $m = 1$ und mit der Eigenkreisfrequenz Ω auf, so folgt aus Gl. (6.4.21)

$$|X(\Omega)|^2 = 2E(\Omega) \tag{7.3.21}$$

wobei $E(\Omega)$ die Energie des Schwingers am Ende der Anregung bezeichnet. Die durchschnittliche Leistung während der Anregungsdauer T beträgt

$$\frac{E(\Omega)}{T} = \frac{1}{2}\frac{|X(\Omega)|^2}{T} \tag{7.3.22}$$

Man sieht durch Vergleich mit Gl. (7.3.15) und Gl. (7.3.16), daß $S_x(\Omega)$ proportional zum Erwartungswert der durchschnittlichen Leistung pro Frequenzeinheit in der Frequenz Ω ist. Die Varianz σ_x^2 ist demnach ebenfalls proportional zum Erwartungswert der durchschnittlichen Gesamtleistung des

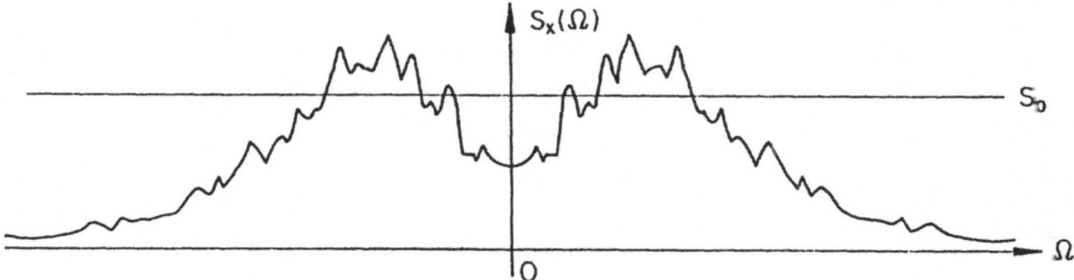

Abb. 7.3.3 Leistungsspektrum

Prozesses. Für einen ergodischen stationären Prozeß kann die Durchschnittsbildung in den obigen Beziehungen entfallen.

In Abb. 7.3.3 wurde der typische Verlauf eines Leistungsspektrums dargestellt. Ähnlich wie die ungeglätteten Antwortspektren sind auch Leistungsspektren sehr unregelmäßige Funktionen. Für die numerische Rechnung verwendet man daher meist ausgeglichene und geglättete oder aber analytisch gegebene Funktionen. Da $S_x(\Omega)$ eine gerade Funktion von Ω ist, ist die Achse $\Omega = 0$ immer die Symmetrieachse des Spektrums. An einer bestimmten Frequenz Ω ist der Beitrag an die Varianz des Prozesses durch $S_x(\Omega)\,d\Omega$ gegeben. Als Spezialfall eines Leistungsspektrums wurde ebenfalls das konstante Spektrum $S_x(\Omega) = S_o$ eingezeichnet. Man bezeichnet ein derartiges Spektrum als „White Noise" oder weißes Rauschen. Bei diesem Prozeß tragen sämtliche Frequenzen gleichmäßig zur Varianz bei. Insbesondere ist die Varianz als Integral über das Leistungsspektrum in diesem Falle unendlich. Weißes Rauschen entsteht aus der chaotischen Mischung der verschiedensten Anregungen. So ist beispielsweise weißes Licht oder der Frequenzeninhalt eines Schusses mit einem weißen Rauschen vergleichbar. Da das Leistungsspektrum und die Autokorrelationsfunktion über eine Fourier-Transformation ineinander übergeführt werden können, sieht man, daß die Autokorrelationsfunktion des weißen Rauschens ein Dirac-Stoß ist.

Beispiel

Für die Beschreibung starker Erdbeben als stationärer stochastischer Prozeß kann das Leistungsspektrum $S_{\ddot{x}}(\Omega)$ der anregenden Bodenbeschleunigung $\ddot{x}(t)$ in der analytischen Form

$$S_{\ddot{x}}(\Omega) = S_o \frac{1 + 4\varsigma_g(\frac{\Omega}{\omega_g})^2}{[1 - (\frac{\Omega}{\omega_g})^2]^2 + 4\varsigma_g^2(\frac{\Omega}{\omega_g})^2} \qquad (7.3.23)$$

angesetzt werden. Dabei bezeichnet ω_g die unterste Eigenkreisfrequenz des Bodens, ς_g die Dämpfungsrate des Bodens und S_o einen Skalierungsfaktor. Dieser Ansatz basiert auf der Annahme einer Anregung durch einen „White Noise"-Prozeß, welcher durch einen den Boden charakterisierenden Einmassenschwinger gefiltert wird. In Abb. 7.3.4 wurde der Verlauf dieses Leistungsspektrums für $\varsigma_g = 0.40$ dargestellt. Man sieht, daß im Bereich der Eigenfrequenz des Bodens die meiste Energie übertragen wird.

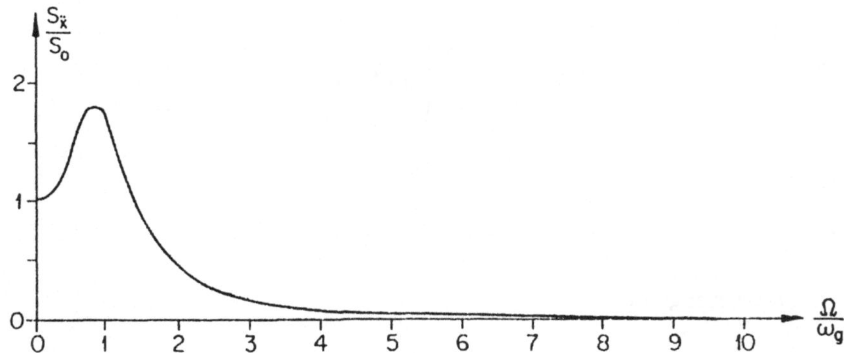

Abb. 7.3.4 Verlauf des Leistungsspektrums nach Gl. (7.3.23)

Superposition von Zufallsprozessen

Stationäre Zufallsprozesse können durch die Überlagerung mehrerer Anregungen entstehen. Betrachtet man beispielsweise einen Zufallsprozeß $q(t)$, welcher durch stochastische Anregungen in x-, y- und z-Richtung entsteht, so gilt

$$q(t) = x(t)+y(t)+z(t) \tag{7.3.24}$$

Für die Autokorrelationsfunktion erhält man zunächst den Ausdruck

$$
\begin{aligned}
R_q(\tau) &= E[q(t)q(t+\tau)] \\
&= E[x(t)x(t+\tau)] + E[x(t)y(t+\tau)] + E[x(t)z(t+\tau)] \\
&\quad + E[y(t)x(t+\tau)] + E[y(t)y(t+\tau)] + E[y(t)z(t+\tau)] \\
&\quad + E[z(t)x(t+\tau)] + E[z(t)y(t+\tau)] + E[z(t)z(t+\tau)]
\end{aligned}
\tag{7.3.25}
$$

Mit den Bezeichnungen

$$
\begin{aligned}
R_x &= E[x(t)x(t+\tau)]\,; & R_{xy} &= E[x(t)y(t+\tau)]\,; & R_{xz} &= E[x(t)z(t+\tau)] \\
R_{yx} &= E[y(t)x(t+\tau)]\,; & R_y &= E[y(t)y(t+\tau)]\,; & R_{yz} &= E[y(t)z(t+\tau)] \\
R_{zx} &= E[z(t)x(t+\tau)]\,; & R_{zy} &= E[z(t)y(t+\tau)]\,; & R_z &= E[z(t)z(t+\tau)]
\end{aligned}
\tag{7.3.26}
$$

läßt sich die Autokorrelationsfunktion auch als

$$
\begin{aligned}
R_q(\tau) &= R_x(\tau) + R_{xy}(\tau) + R_{xz}(\tau) \\
&\quad + R_{yx}(\tau) + R_y(\tau) + R_{yz}(\tau) \\
&\quad + R_{zx}(\tau) + R_{zy}(\tau) + R_z(\tau)
\end{aligned}
\tag{7.3.27}
$$

schreiben. Die Funktionen $R_{xy}(\tau)$, $R_{yz}(\tau)$ etc. werden als die Kreuz-Korrelationsfunktionen bezeichnet. Sie hängen für stationäre Prozesse ebenfalls nur von τ ab. Aus den Definitionsgleichungen Gl. (7.3.26) sieht man, daß

$$R_{xy}(\tau) = R_{yx}(-\tau)\,; \quad R_{yz}(\tau) = R_{zy}(-\tau)\,; \quad R_{xz}(\tau) = R_{zx}(-\tau) \tag{7.3.28}$$

gilt. Falls die Prozesse $x(t)$, $y(t)$ und $z(t)$ stochastisch unabhängig sind, verschwinden die Kreuz-Korrelationsfunktionen. Damit wird $R_q(\tau)$ zu

$$R_q(\tau) = R_x(\tau)+R_y(\tau)+R_z(\tau) \tag{7.3.29}$$

Die entsprechenden Beziehungen für das Leistungsspektrum $S_q(\Omega)$ von $q(t)$ erhält man leicht über Gl. (7.3.10). Zunächst gilt nämlich zwischen $S_q(\Omega)$ und $R_q(\Omega)$ der Zusammenhang über eine Fourier-Transformation:

$$S_q(\Omega) = 2 \int\limits_{-\infty}^{\infty} R_q(\tau)e^{-i\Omega\tau}d\tau \tag{7.3.30}$$

Setzt man nun Gl. (7.3.27) ein, so ergibt sich

$$\begin{aligned}
S_q(\Omega) = \quad & S_x(\Omega) + S_{xy}(\Omega) + S_{xz}(\Omega) \\
& +S_{yx}(\Omega) + S_y(\Omega) + S_{yz}(\Omega) \\
& +S_{zx}(\Omega) + S_{zy}(\Omega) + S_z(\Omega)
\end{aligned} \tag{7.3.31}$$

Dabei bezeichnen

$$\begin{aligned}
S_x(\Omega) &= 2\int\limits_{-\infty}^{\infty} R_x(\tau)e^{-i\Omega\tau}d\tau \\
S_{xy}(\Omega) &= 2\int\limits_{-\infty}^{\infty} R_{xy}(\tau)e^{-i\Omega\tau}d\tau \\
S_{xz}(\Omega) &= 2\int\limits_{-\infty}^{\infty} R_{xz}(\tau)e^{-i\Omega\tau}d\tau \\[6pt]
S_{yx}(\Omega) &= 2\int\limits_{-\infty}^{\infty} R_{yx}(\tau)e^{-i\Omega\tau}d\tau \\
S_y(\Omega) &= 2\int\limits_{-\infty}^{\infty} R_y(\tau)e^{-i\Omega\tau}d\tau \\
S_{yz}(\Omega) &= 2\int\limits_{-\infty}^{\infty} R_{yz}(\tau)e^{-i\Omega\tau}d\tau \\[6pt]
S_{zx}(\Omega) &= 2\int\limits_{-\infty}^{\infty} R_{zx}(\tau)e^{-i\Omega\tau}d\tau \\
S_{zy}(\Omega) &= 2\int\limits_{-\infty}^{\infty} R_{zy}(\tau)e^{-i\Omega\tau}d\tau \\
S_z(\Omega) &= 2\int\limits_{-\infty}^{\infty} R_z(\tau)e^{-i\Omega\tau}d\tau
\end{aligned} \tag{7.3.32}$$

die Leistungsspektren bzw. Kreuz-Leistungsspektren der Anregungen. Aus Gl. (7.3.28) für die Kreuz-Korrelationsfunktionen folgt für die Kreuz-Leistungsspektren

$$S_{yx}(\Omega) = \overline{S_{xy}(\Omega)} \; ; \; S_{yz}(\Omega) = \overline{S_{zy}(\Omega)} \; ; \; S_{zx}(\Omega) = \overline{S_{xz}(\Omega)} \tag{7.3.33}$$

Auch hier verschwinden für unabhängige Prozesse die gemischten Terme. Gl. (7.3.31) vereinfacht sich damit auf die Summation der Leistungsspektren:

$$S_q(\Omega) = S_x(\Omega) + S_y(\Omega) + S_z(\Omega) \tag{7.3.34}$$

Alle obigen Überlegungen lassen sich ohne weiteres auf die Superposition von n stochastischen Prozessen erweitern.

Zeitliche Ableitungen stochastischer Prozesse

Für die Bestimmung der Extremwerte eines stochastischen Prozesses werden die Autokorrelationsfunktionen bzw. die Leistungsspektren der zeitlichen Ableitungen des Prozesses benötigt. Sie sollen daher hier hergeleitet werden. Für einen stationären Prozeß $x(t)$ erhält man zunächst aus Gl. (7.3.7) durch Ableitung nach τ

$$R_x' = \frac{dR_x}{d\tau} = E[x(t)\dot{x}(t+\tau)] = E[x(t-\tau)\dot{x}(t)] \tag{7.3.35}$$

Nochmaliges Ableiten liefert

$$R_x'' = -E[\dot{x}(t-\tau)\dot{x}(t)] = -E[\dot{x}(t)\dot{x}(t+\tau)] = -R_{\dot{x}}(\tau) \tag{7.3.36}$$

Daraus folgt

$$R_{\dot{x}}(\tau) = -R_x'' \tag{7.3.37}$$

sowie durch Bildung der dritten und vierten Ableitungen

$$R_{\ddot{x}}(\tau) = R_x'''' \tag{7.3.38}$$

Mit Hilfe von Gl. (7.3.11) erhält man weiterhin die Beziehungen

$$R_x'' = -\frac{1}{2\pi}\int\limits_0^\infty \Omega^2 S_x(\Omega) \cos \Omega\tau \, d\Omega \tag{7.3.39}$$

und

$$R_x'''' = \frac{1}{2\pi}\int\limits_0^\infty \Omega^4 S_x(\Omega) \cos \Omega\tau \, d\Omega \tag{7.3.40}$$

zwischen den Ableitungen der Autokorrelationsfunktion nach τ und dem Leistungsspektrum. Damit zeigt sich, daß für die Leistungsspektren der ersten bzw. zweiten zeitlichen Ableitungen von $x(t)$

$$S_{\dot{x}}(\Omega) = \Omega^2 S_x(\Omega) \tag{7.3.41}$$

$$S_{\ddot{x}}(\Omega) = \Omega^4 S_x(\Omega) \tag{7.3.42}$$

gelten muß. Allgemein wird das Leistungsspektrum der n-ten zeitlichen Ableitung des Prozesses zu

$$S_{\frac{d^n x}{dt^n}}(\Omega) = \Omega^{2n} S_x(\Omega) \qquad (7.3.43)$$

Für die Varianz $\sigma_{\dot{x}}^2$ kommt

$$\sigma_{\dot{x}}^2 = \frac{1}{2\pi} \int\limits_0^\infty \Omega^2 S_x(\Omega)\, d\Omega \qquad (7.3.44)$$

und ein entsprechendes Ergebnis gilt für die Varianzen der höheren Ableitungen. Man sieht aus den obigen Beziehungen, daß sich die Leistungsspektren zeitlicher Ableitungen stationärer Prozesse analog einer harmonischen Funktion verhalten. Da das Leistungsspektrum aber mit den quadrierten absoluten Beträgen der Fourier-Transformierten gebildet wird, entsteht bei jeder zeitlichen Ableitung ein Faktor Ω^2 statt $i\Omega$.

Verteilung der Extremwerte

Von besonderem Interesse ist der zu erwartende Extremwert $|x|_{max}$ der Funktionen eines Zufallsprozesses. Dieser läßt sich aus der Wahrscheinlichkeitsdichte der Extremwerte berechnen. Dabei soll für das folgende angenommen werden, daß die Prozesse $x(t)$ und $\dot{x}(t)$ stochastisch unabhängige normalverteilte stationäre Prozesse mit dem Mittelwert null sind. Weiterhin soll als Näherung eine stochastische Abhängigkeit zwischen Extremwerten vernachlässigt werden. Die gemeinsame Wahrscheinlichkeitsdichte der Prozesse $x(t)$ und $\dot{x}(t)$ ist dann nach Gl. (7.2.33) durch

$$p(x,\dot{x}) = \frac{1}{2\pi\,\sigma_x\sigma_{\dot{x}}} e^{-\frac{1}{2}[(\frac{x}{\sigma_x})^2 + (\frac{\dot{x}}{\sigma_{\dot{x}}})^2]} \qquad (7.3.45)$$

gegeben. Die Wahrscheinlichkeit, daß x einen Wert x_m mit positiver Steigung, d.h. mit positiver Geschwindigkeit gerade überschreitet (Abb. 7.3.5),

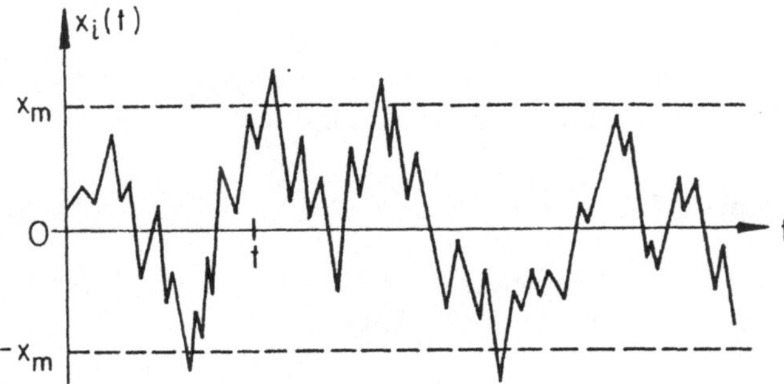

Abb. 7.3.5 Extremwerte eines stochastischen Prozesses

ist damit

$$w_p(x_m) = \int\limits_{\dot{x}=0}^{\infty} p(x_m, \dot{x})\, dx\, d\dot{x} = dt \int\limits_{\dot{x}=0}^{\infty} p(x_m, \dot{x})\, \dot{x}\, d\dot{x} \qquad (7.3.46)$$

mit

$$dx = \dot{x}\, dt \qquad (7.3.47)$$

Für $x_m = 0$ liefert Gl. (7.3.46) die Wahrscheinlichkeit der Überschreitungen der Null-Achse bei positiver Steigung. Die Anzahl der Überschreitungen in der Zeiteinheit erhält man dann durch Division durch dt. Damit ergibt sich zusammen mit Gl. (7.3.45)

$$f = \frac{1}{2\pi\,\sigma_x\sigma_{\dot{x}}} \int\limits_0^{\infty} e^{-\frac{1}{2}\left(\frac{\dot{x}}{\sigma_{\dot{x}}}\right)^2} \dot{x}\, d\dot{x} = \frac{1}{2\pi}\,\frac{\sigma_{\dot{x}}}{\sigma_x} = \frac{1}{2\pi}\,\Big[\frac{\int_0^{\infty} \Omega^2 S_x(\Omega)\, d\Omega}{\int_0^{\infty} S_x(\Omega)\, d\Omega}\Big]^{1/2} \quad (7.3.48)$$

Die Größe f wird als die erwartete Frequenz des Prozesses bezeichnet. Sie stellt den Erwartungswert der Überschreitungen der Zeitachse mit positiver Steigung in der Zeiteinheit dar. Die erwartete Frequenz, welche nach Gl. (7.3.48) auch durch das Leistungsspektrum des Prozesses ausgedrückt werden kann, spielt eine zentrale Rolle in der Ermüdungsanalyse von Tragwerken unter stochastischen Lasten.

Die zu erwartende Anzahl n der Überschreitungen von $|x_m|$ in der Zeit T beträgt $2Tw_p(x_m)$. Zusammen mit Gl. (7.3.45), Gl. (7.3.46) und Gl. (7.3.48) erhält man

$$n(|x|\geq|x_m|) = 2\frac{T}{2\pi}\,\frac{\sigma_{\dot{x}}}{\sigma_x}e^{-\frac{1}{2}\left(\frac{x_m}{\sigma_x}\right)^2} = 2fTe^{-\frac{1}{2}\left(\frac{x_m}{\sigma_x}\right)^2} \qquad (7.3.49)$$

Für große Werte von x_m ist die Wahrscheinlichkeit für $n = r$, d.h. daß r Überschreitungen der Schranke $\pm x_m$ eintreten, ein seltenes Ereignis. Die zugehörige Wahrscheinlichkeitsverteilung kann daher als Poisson-Verteilung gemäß Gl. (7.1.39) angenommen werden:

$$W(n = r) = \frac{n^r}{r!}e^{-n} \qquad (7.3.50)$$

Für $r = 0$ erhält man die Wahrscheinlichkeit, daß alle während der Dauer T auftretenden Extrema betragsmäßig kleiner als x_m sind, zu

$$W(r = 0) = e^{-n} = \exp\left(-2fTe^{-\frac{1}{2}\left(\frac{x_m}{\sigma_x}\right)^2}\right) \qquad (7.3.51)$$

$W(x)$ stellt die kumulative Wahrscheinlichkeit der Verteilung $w(x_m)$ der Extremwerte dar. Man erhält $w(x_m)$ daher durch Ableitung:

$$w(x_m) = \frac{d}{dx_m}W(r = 0) = \frac{2fT}{\sigma_x}\,\frac{x_m}{\sigma_x}\exp\left(-2fTe^{-\frac{1}{2}\left(\frac{x_m}{\sigma_x}\right)^2} -\frac{1}{2}\left(\frac{x_m}{\sigma_x}\right)^2\right) \quad (7.3.52)$$

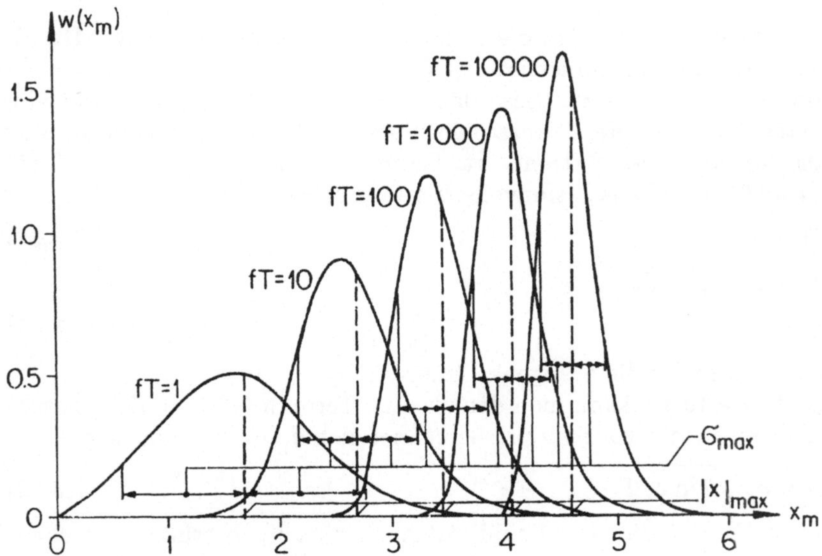

Abb. 7.3.6 Wahrscheinlichkeitsdichte der Extremwerte x_m der normalisierten
Variablen x

Abb. 7.3.6 zeigt die Wahrscheinlichkeitsdichte $w(x_m)$ für die auf die Streuung
$\sigma_x = 1$ normalisierte Variable x für verschiedene Werte von fT. Die Größe
fT entspricht der Dauer des Zufallsprozesses, ausgedrückt in Vielfachen der
zu erwartenden Periode $1/f$. Man sieht, daß für zunehmende Werte fT die
Verteilung immer schmäler und der erwartete Extremwert $|x|_{max}$ von x_m
immer größer wird. Die Dauer des Prozesses hat also einen direkten Einfluß
auf den zu erwartenden Extremwert.

Aus Gl. (7.3.52) erhält man für den erwarteten Extremwert

$$|x|_{max} = E[x_m] = \int\limits_0^\infty x_m\, w(x_m)\, dx_m \tag{7.3.53}$$

Für die Varianz kommt

$$\sigma_{max}^2 = E[(x_m - |x|_{max})^2] = \int\limits_0^\infty (x_m - |x|_{max})^2\, w(x_m)\, dx_m \tag{7.3.54}$$

Diese Ausdrücke lassen sich nach Davenport [21] angenähert mit

$$|x|_{max} \simeq \sigma_x\left(\sqrt{2\ln 2fT} + \frac{\gamma}{\sqrt{2\ln 2fT}}\right) \tag{7.3.55}$$

und

$$\sigma_{max}^2 \simeq \sigma_x^2\, \frac{\pi^2}{12\ln 2fT} \tag{7.3.56}$$

auswerten, wobei $\gamma = 0.577216$ die Eulersche Konstante bezeichnet. Da die Verteilung $w(x_m)$ nicht symmetrisch ist (Abb. 7.3.6), entspricht $|x|_{max}$ nicht dem wahrscheinlichsten Wert. Dieser läßt sich aus der Bedingung verschwindender erster Ableitung der Wahrscheinlichkeitsverteilung ermitteln und ist kleiner als der erwartete Extremwert. Damit die Gleichungen Gl. (7.3.55) und Gl. (7.3.56) physikalisch sinnvolle Werte ergeben, muß

$$\ln 2fT > 0 \tag{7.3.57}$$

gelten. Daraus folgt mit

$$fT > 0.5 \tag{7.3.58}$$

eine untere Grenze für die bezogene Dauer fT.

Für große Werte fT kann man den zweiten Term in Gl. (7.3.55) vernachlässigen. Der erwartete Extremwert berechnet sich dann vereinfacht aus

$$|x|_{max} \simeq \sigma_x \sqrt{2\ln 2fT} \tag{7.3.59}$$

Setzt man in Gl. (7.3.49) $n = 1$ und löst nach x_m auf, so erhält man ebenfalls Gl. (7.3.59) mit $x_m = |x|_{max}$. Der erwartete Extremwert $|x|_{max}$ nach Gl. (7.3.59) entspricht also jenem Wert x_m, welcher während der bezogenen Dauer fT des Zufallsprozesses genau einmal überschritten wird.

Aus der kumulativen Wahrscheinlichkeit W nach Gl. (7.3.51) erhält man für die Wahrscheinlichkeit φ des Überschreitens einer Sicherheitsgrenze

$$|x_m| = \kappa\sigma_x \tag{7.3.60}$$

den Ausdruck

$$\varphi = 1 - \exp(-2fTe^{-\frac{1}{2}\kappa^2}) \tag{7.3.61}$$

Die Auflösung nach κ liefert

$$\kappa = \sqrt{2\ln\left(\frac{2fT}{\ln\frac{1}{1-\varphi}}\right)} \tag{7.3.62}$$

Tabelle 7.3.1 zeigt einige ausgewählte Werte von φ und κ sowie die aus der kumulativen Verteilungsfunktion $P(t)$ der Normalverteilung nach Gl. (7.1.29) bzw. Tab. 7.1.1 folgenden Werte. Man sieht, daß die bei vorgegebener Eintretenswahrscheinlichkeit resultierenden Sicherheitsgrenzen $\pm\kappa\sigma_x$ stark von fT abhängen und oberhalb der aus der Normalverteilung gegebenen Grenzen liegen.

	κ					
φ	$fT = 1$	10	100	1000	10000	Normalvert.
0.500	1.456	2.593	3.366	3.992	4.532	0.675
0.100	2.426	3.239	3.886	4.439	4.930	1.645
0.050	2.707	3.454	4.067	4.598	5.074	1.960
0.010	3.254	3.898	4.449	4.940	5.386	2.576
0.001	3.899	4.450	4.941	5.387	5.798	3.291

Tab. 7.3.1 Werte von φ und κ nach Extremwertverteilung und Normalverteilung

Stationäre Gaußsche Prozesse

Ein stationärer Gaußscher Prozeß wird durch sein Leistungsspektrum im Frequenzbereich ebenso wie durch seine Autokorrelationsfunktion im Zeitbereich im Sinne der Wahrscheinlichkeitsrechnung vollständig beschrieben. Umgekehrt lassen sich aber auch aus einem gegebenen Leistungsspektrum Zeitfunktionen $x_i(t)$ mit den entsprechenden statistischen Eigenschaften aufbauen. So besitzt beispielsweise ein Prozeß mit den Funktionen

$$x_i(t) = 2A \sum_{n=n_1}^{n_2} \cos(n\omega_o t + \theta_{ni}) \tag{7.3.63}$$

nach Durchführung der Grenzübergänge $\omega_o \to 0$, $n \to \infty$, $n\omega_o \to \Omega$, $A^2 \to 0$, $A^2/\omega_o \to S_o$, $n_1\omega_o \to \Omega_1$ und $n_2\omega_o \to \Omega_2$ das Leistungsspektrum

$$S_x(\Omega) = \begin{cases} S_o & \Omega_1 \leq |\Omega| \leq \Omega_2 \\ 0 & |\Omega| < \Omega_1; \quad |\Omega| > \Omega_2 \end{cases} \tag{7.3.64}$$

Der Phasenwinkel θ ist dabei eine stochastische Variable mit der konstanten Wahrscheinlichkeitsdichte

$$p(\theta) = \frac{1}{2\pi} \quad 0 \leq \theta \leq 2\pi \tag{7.3.65}$$

Durch Superposition von Prozessen gemäß Gl. (7.3.63) und Grenzübergang kann im Zeitbereich ein Prozeß mit vorgegebenem Leistungsspektrum aufgebaut werden. Man beachte, daß die Funktionen $x_i(t)$ durch das Leistungsspektrum nur im statistischen Sinne, nicht aber bezüglich des Verlaufs der einzelnen Funktionen festgelegt sind.

Ein stationärer Gaußscher Prozeß ist durch seine Autokorrelationsfunktion bzw. sein Leistungsspektrum vollständig bestimmt. Insbesondere ist jeder ergodische oder nicht-ergodische stationäre Prozeß ein Gaußscher Prozeß, wenn sein Leistungsspektrum existiert und wenn die Phasenwinkel der Beiträge des Prozesses gleichmäßig zwischen 0 und 2π verteilt sind sowie die einzelnen Funktionen stochastisch unabhängig sind. Für viele praktisch wichtige Prozesse kann dieses Verhalten angenommen werden. Um den Prozeß im statistischen Sinne zu charakterisieren, muß man demnach nur sein Leistungsspektrum bzw. seine Autokorrelationsfunktion rechnerisch oder experimentell bestimmen.

Nicht-stationäre Prozesse

Im Gegensatz zu den stationären Prozessen hängen bei nicht-stationären Prozessen die statistischen Mittelwerte von der Zeit t ab. Ein Beispiel für einen nicht-stationären Prozeß ist eine Erdbebenanregung mit zeitlichem Aufbau und Abbau der Anregung. Häufig gelingt es, den Prozeß in der Form

$$x(t) = s(t)z(t) \tag{7.3.66}$$

darzustellen, wobei $s(t)$ eine zeitabhängige Formfunktion und $z(t)$ ein stationärer Gaußscher Prozeß ist. Für die Bestimmung der Extremwerte ist aber
nun auch die Zeit wichtig. Aus diesem Grunde werden die Berechnungen auch
wesentlich umfangreicher als im stationären Fall.

Zusammenfassung

Zufallsprozesse bestehen aus zeitabhängigen stochastischen Variablen. Für
eine feste Zeit können die statistischen Kenngrößen wie Mittelwert und Varianz wie bei den zeitunabhängigen stochastischen Variablen bestimmt werden. Eine besondere Rolle spielen die stationären Gaußschen Prozesse. Sie
können entweder im Zeitbereich durch die Autokorrelationsfunktion oder im
Frequenzbereich durch das Leistungsspektrum eindeutig charakterisiert werden. Autokorrelationsfunktion und Leistungsspektrum sind abgesehen von
einem Faktor 2 über eine Fourier-Transformation miteinander verknüpft.
Mehrere Prozesse können überlagert werden. Dabei werden stochastische
Abhängigkeiten durch die Kreuz-Leistungsspektren bzw. Kreuz-Korrelationsfunktionen beschrieben. Um probabilistische Aussagen über die Extremwerte
eines Prozesses machen zu können, benötigt man die Extremwertverteilung.
Man kann sie über eine Poisson-Verteilung erhalten. Daraus lassen sich verschiedene Beziehungen für den erwarteten Extremwert und die dazugehörige
Varianz sowie für die Eintretenswahrscheinlichkeit von Extremwerten gewinnen.

7.4   Tragwerksantwort unter stationärer Anregung

Einmassenschwinger

Der Zusammenhang zwischen Anregung und Tragwerksantwort soll zunächst
für Systeme mit einem Freiheitsgrad hergeleitet werden. In Abb. 7.4.1 ist
noch einmal der viskos gedämpfte Einmassenschwinger unter einer zeitabhängigen Belastung $p(t)$ bzw. unter einer Auflagerverschiebung $x(t)$ dargestellt.
Die Anregungen $p(t)$ bzw. $x(t)$ sollen nun aber nicht mehr deterministische
Funktionen, sondern einen stationären Gaußschen Zufallsprozeß bezeichnen.
Es gilt die Bewegungsgleichung

$$m\ddot{q}+c\dot{q}+kq = p(t) \tag{7.4.1}$$

wobei $q(t)$ ebenfalls einen Zufallsprozeß bezeichnet, welcher bei linearen
Schwingern normalverteilt ist. Im Falle einer Auflagerverschiebung ist $p(t) =
-m\ddot{x}(t)$ zu setzen.

Die Bewegungsgleichung kann mit Hilfe einer Fourier-Transformation in
den Frequenzbereich übergeführt werden. Dabei soll für einen Moment eine
bestimmte Funktion $p_\ell(t)$ des Zufallsprozesses herausgegriffen werden. Unter

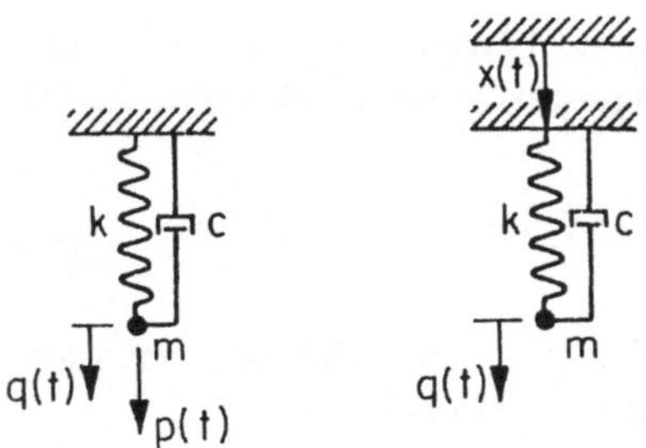

Abb. 7.4.1 Viskos gedämpfter Einmassenschwinger

Berücksichtigung der Anfangsbedingungen $q(0) = \dot{q}(0) = 0$ erhält man nach Gl. (3.2.85) mit $s = i\Omega$

$$(-\Omega^2 m + i\Omega c + k)Q_\ell(\Omega) = P_\ell(\Omega) \tag{7.4.2}$$

Dabei bezeichnet

$$Q_\ell(\Omega) = \int_0^\infty q_\ell(t)e^{-i\Omega t}dt \tag{7.4.3}$$

die zunächst unbekannte Fourier-Transformierte der Bewegung $q_\ell(t)$ sowie

$$P_\ell(\Omega) = \int_0^\infty p_\ell(t)e^{-i\Omega t}dt \tag{7.4.4}$$

die Fourier-Transformierte der Belastung $p_\ell(t)$. Mit dem Frequenzgang

$$H(\Omega) = \frac{1}{-\Omega^2 m + k + i\Omega c} = \frac{1}{k}\frac{1}{1 - \kappa^2 + i2\varsigma\kappa} \qquad \kappa = \frac{\Omega}{\omega_o} \tag{7.4.5}$$

wobei ω_o die Kreisfrequenz des ungedämpften Schwingers und ς wiederum die Dämpfungsrate bezeichnen, läßt sich Gl. (7.4.2) auflösen:

$$Q_\ell(\Omega) = H(\Omega)P_\ell(\Omega) \tag{7.4.6}$$

Multiplikation beider Seiten mit ihrem konjugiert-komplexen Wert liefert

$$|Q_\ell(\Omega)|^2 = |H(\Omega)|^2 |P_\ell(\Omega)|^2 \tag{7.4.7}$$

Berechnung der Tragwerksantwort im Frequenzbereich

Geht man nun von der einzelnen Belastung p_ℓ zum stationären stochastischen Prozeß $p(t)$ mit dem Leistungsspektrum $S_p(\Omega)$ über, so erhält man aus Gl. (7.4.7) zunächst

$$\frac{1}{n}\sum_{i=1}^n \frac{2\,|Q_i(\Omega)|^2}{T} = |H(\Omega)|^2\,\frac{1}{n}\sum_{i=1}^n \frac{2\,|P_i(\Omega)|^2}{T} \tag{7.4.8}$$

wobei T die Dauer des Prozesses bezeichnet. Durch Vergleich mit der Definitionsgleichung Gl. (7.3.15) des Leistungsspektrums sieht man, daß diese Beziehung für $n \to \infty$ und $T \to \infty$ in

$$S_q(\Omega) = |H(\Omega)|^2 \, S_p(\Omega) \tag{7.4.9}$$

übergeht. Dabei wurde berücksichtigt, daß $H(\Omega)$ deterministisch ist und damit aus der Grenzwertbildung herausgezogen werden kann.

$$S_p(\Omega) = \frac{1}{n} \sum_{i=1}^{n} \frac{2\,|P_i(\Omega)|^2}{T} \qquad n \to \infty; \quad T \to \infty \tag{7.4.10}$$

bezeichnet das Leistungsspektrum der Belastung $p(t)$ und

$$S_q(\Omega) = \frac{1}{n} \sum_{i=1}^{n} \frac{2\,|Q_i(\Omega)|^2}{T} \qquad n \to \infty; \quad T \to \infty \tag{7.4.11}$$

das Leistungsspektrum der Verschiebung $q(t)$. Gl. (7.4.9) wird als das Übertragungsfunktions-Theorem bezeichnet. Es liefert den Zusammenhang zwischen dem Leistungsspektrum der Anregung und dem Leistungsspektrum der stationären Systemantwort. Für $|H(\Omega)|^2$ erhält man aus Gl. (7.4.5)

$$|H(\Omega)|^2 = \frac{1}{k^2} \frac{1}{(1 - \kappa^2)^2 + 4\varsigma^2\kappa^2} \tag{7.4.12}$$

Besteht die Anregung aus einer Bodenbeschleunigung $\ddot{x}(t)$, ergibt sich analog

$$S_q(\Omega) = |H(\Omega)|^2 \, S_{\ddot{x}}(\Omega) \tag{7.4.13}$$

wobei $S_{\ddot{x}}(\Omega)$ das Leistungsspektrum der effektiven Belastung $-m\ddot{x}(t)$ bzw. bei einem Einmassenschwinger der Masse $m = 1$ das Leistungsspektrum der Bodenbeschleunigung bezeichnet.

Mit $S_q(\Omega)$ sind ebenfalls die Leistungsspektren der zur Verschiebung $q(t)$ proportionalen Größen wie die elastische Kraft und die Spannung bekannt. Nach Gl. (7.3.41) und Gl. (7.3.42) können weiterhin die Leistungsspektren der zeitlichen Ableitungen von $q(t)$ bestimmt werden. Aus diesen Leistungsspektren lassen sich mit den Ergebnissen des letzten Abschnitts für die interessierenden Größen die Varianz, die zu erwartende Frequenz und der zu erwartende Extremwert ermitteln. Weiterhin können die Wahrscheinlichkeiten für das Überschreiten vorgegebener Sicherheitsgrenzen angegeben werden.

Beispiel

Zur Illustration sollen das Leistungsspektrum und die Varianz der Bewegung eines Einmassenschwingers unter einem Weißen Rauschen der Größe S_o hergeleitet werden. Gl. (7.4.9) liefert zunächst

$$S_q(\Omega) = S_o \, |H(\Omega)|^2 \tag{7.4.14}$$

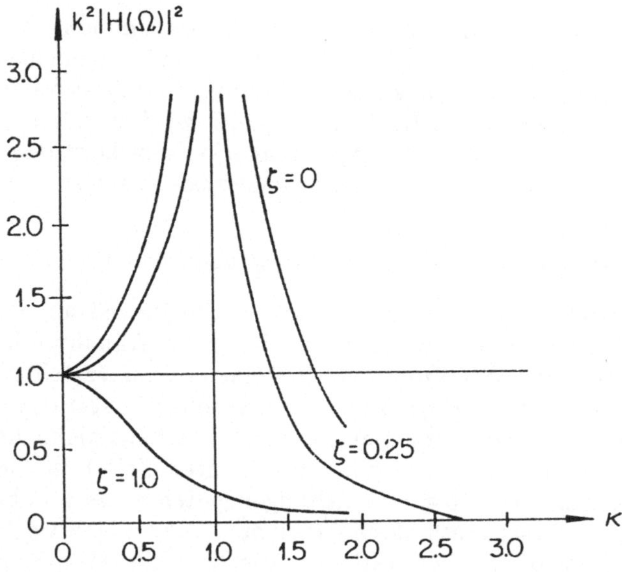

Abb. 7.4.2 Verlauf von $k^2\,|H(\Omega)|^2$

Das Leistungsspektrum ist also direkt proportional zum quadrierten Betrag des Frequenzgangs. Die Varianz erhält man durch Integration. Mit Gl. (7.4.12) und Auswertung des Integrals kommt

$$\sigma_q^2 = \frac{S_o}{2\pi} \int\limits_0^\infty |H(\Omega)|^2 \, d\Omega = \frac{S_o\omega_o}{8\varsigma k^2} \tag{7.4.15}$$

Benützt man die in Gl. (3.2.24) definierte Bandbreite b des Frequenzgangs sowie die Punkte halber Leistung

$$H_h^2 = \frac{1}{2}\,|H(\Omega)|_{max}^2 = \frac{1}{8\varsigma^2 k^2} \tag{7.4.16}$$

dann erhält man für kleine Dämpfung

$$\sigma_q^2 = \frac{S_o}{2}\,b H_h^2 \tag{7.4.17}$$

Diese Beziehung leistet auch bei der Bestimmung der Varianzen unter allgemeinen Leistungsspektren gute Dienste. Wie in Abb. 7.4.2 gezeigt, verläuft nämlich die Funktion $k^2\,|H(\Omega)|^2$ bei gering gedämpften Systemen im Bereich der Eigenfrequenz sehr steil, während die übrigen Werte klein sind. Man kann daher einen allgemeinen Verlauf von $S_q(\Omega)$ dadurch abschätzen, daß man den Wert an der Stelle der Eigenfrequenz nimmt und den Prozeß als Weißes Rauschen der Größe

$$S_o = S_q(\omega_o) \tag{7.4.18}$$

auffaßt. Diese Überlegungen lassen sich leicht auf Systeme mit mehreren Freiheitsgraden verallgemeinern.

Im Falle einer „White Noise"-Anregung ist die für die Bestimmung der
Varianz nötige Integration analytisch möglich. Ersetzt man ein allgemeines
Leistungsspektrum durch eine polynomiale Approximation, so läßt sich das
Integral ebenfalls geschlossen auswerten ([70], [72]). Damit wird es möglich,
die Approximationsfehler auf die Stufe der Approximation des Leistungs-
spektrums zu verlagern, während die Integrationen analytisch exakt sind.

Einschwingvorgang und stationäre Tragwerksantwort

In den hier gemachten Überlegungen wurde der anregende Prozeß als ein
stationärer Gaußscher Zufallsprozeß vorausgesetzt. Unter der Annahme linearen Verhaltens des Schwingers erhält man ebenfalls einen normalverteilten
Output-Prozeß. Allerdings ist dieser Prozeß nicht von vornherein stationär.
Da der Schwinger aus der Ruhelage heraus angeregt wird, erfolgt vielmehr
ein Einschwingvorgang, welcher erst nach einer bestimmten Zeit t in die
stationäre Bewegung übergeht. Alle obigen Beziehungen gelten als zeitunabhängige Beziehungen nur für diesen stationären Anteil der Tragwerksantwort.
Der Output-Prozeß wird um so schneller stationär, je größer die Dämpfung
des Tragwerks ist.

Für einen Einmassenschwinger mit der Kreisfrequenz ω_o und der Dämpfungsrate ζ unter einem weißen Rauschen mit dem konstanten Leistungsspektrum S_o läßt sich die Varianz auch für den Einschwingvorgang analytisch bestimmen ([3], [70]). Zur Illustration sind in Tabelle 7.4.1 die auf die Periode
T_o des Einmassenschwingers bezogenen Einschwingzeiten

$$t_e = \frac{t}{T_o} = \frac{\omega_o t}{2\pi} \tag{7.4.19}$$

für das Abklingen des Anteils des instationären Zustands $s(t_e)$ auf bestimmte
Werte des stationären Zustands bei verschiedenen Dämpfungsraten angegeben. Man sieht daraus, daß für kleine Dämpfungsraten der stationäre Zustand
nur langsam erreicht wird.

ζ	$t_e = t/T_o$		
	$s(t_e) = 0.10$	$s(t_e) = 0.05$	$s(t_e) = 0.01$
0.01	18.3	23.8	36.7
0.02	9.3	11.9	18.3
0.05	3.8	4.8	7.3
0.10	1.9	2.4	3.8
0.20	0.9	1.3	1.9

Tab. 7.4.1 Einschwingzeiten für stationäre Tragwerksantwort

Berechnung der Tragwerksantwort im Zeitbereich

Das Übertragungsfunktions-Theorem stellt die Beziehung zwischen dem Leistungsspektrum der Anregung und dem Leistungsspektrum der Systemantwort eines Einmassenschwingers unter stationärer stochastischer Anregung

her. Es ist demnach eine Gleichung im Frequenzbereich. Im Zeitbereich kann man analog den Zusammenhang zwischen den Autokorrelationsfunktionen der Anregung und der Tragwerksantwort bestimmen, da Leistungsspektrum und Autokorrelationsfunktion über eine Fourier-Transformation verknüpft sind. Der anregende Prozeß $p(t)$ soll dabei durch die Autokorrelationsfunktion $R_p(\tau)$ charakterisiert sein. Unter der Annahme, daß die Anfangsbedingungen null sind, erhält man unter einer Funktion $p_r(t)$ des Prozesses für die Tragwerksantwort nach Gl. (3.3.16) das Faltungsintegral

$$q_r(t) = \int\limits_0^t p_r(\tau) h(t-\tau)\, d\tau \tag{7.4.20}$$

wobei $h(t)$ die freie Schwingung unter einem Dirac-Stoß bezeichnet. Es läßt sich leicht zeigen, daß für anregende Prozesse, deren Erwartungswert null ist, auch der Erwartungswert der Systemantwort null ist. Für die Autokorrelationsfunktion der Tragwerksantwort erhält man

$$\begin{aligned} R_q(\tau) &= E[q(t)q(t+\tau)] \\[2mm] &= E\Big[\int\limits_0^t p(r)h(t-r)\, dr \int\limits_0^{t+\tau} p(s)h(t+\tau-s)\, ds\Big] \\[2mm] &= E\Big[\int\limits_0^t p(t-r)h(r)\, dr \int\limits_0^{t+\tau} p(t+\tau-s)h(s)\, ds\Big] \end{aligned} \tag{7.4.21}$$

Da bei einem gedämpften Schwinger $h(t)$ für große Zeiten gegen null geht, kann man die oberen Integrationsgrenzen gegen unendlich gehen lassen. Physikalisch entspricht dies dem Verlust des Einschwingvorgangs. Damit folgt

$$\begin{aligned} R_q(\tau) &= \int\limits_0^\infty\!\!\int\limits_0^\infty E[p(t-r)p(t+\tau-s)]h(r)h(s)\, dr\, ds \\[2mm] &= \int\limits_0^\infty\!\!\int\limits_0^\infty R_p(\tau+r-s)h(r)h(s)\, dr\, ds \end{aligned} \tag{7.4.22}$$

Die letzte Beziehung in dieser Gleichung erklärt sich aus der Tatsache, daß $R_q(\tau)$ nur von der Zeitdifferenz τ und nicht von der Zeit t abhängt. Das gleiche Ergebnis erhält man, wenn man das Übertragungsfunktions-Theorem Gl. (7.4.9) einer Fourier-Transformation unterwirft. Gl. (7.4.22) liefert den Zusammenhang zwischen dem anregenden Prozeß und der Tragwerksantwort im Zeitbereich über die Autokorrelationsfunktionen.

Im Zeitbereich entspricht ein „White Noise"-Prozeß einem Dirac-Stoß. Dementsprechend wird die Autokorrelationsfunktion zu

$$R_p(\tau) = \frac{S_o}{2}\,\delta(\tau) \tag{7.4.23}$$

wobei $\delta(\tau)$ einen Dirac-Stoß an der Stelle $\tau = 0$ bezeichnet. Für die Systemantwort erhält man aus Gl. (7.4.22) für schwach gedämpfte Tragwerke zusammen mit $h(t)$ nach Gl. (3.3.12) und $\omega_o^2 = k/m$

$$
\begin{aligned}
R_q(\tau) &= \frac{S_o}{2m^2\omega^2} \int\limits_0^\infty \int\limits_0^\infty \delta(\tau + r - s)\, e^{-\beta(r+s)} \sin\omega r\, \sin\omega s\, dr\, ds \\
&= \frac{S_o\omega_o}{8\varsigma k^2}\left(\cos|\tau| + \frac{\varsigma}{\sqrt{1-\varsigma^2}} \sin\omega\,|\tau|\right) e^{-\omega_o\varsigma\,|\tau|}
\end{aligned}
\tag{7.4.24}
$$

wobei auch hier die Integration analytisch durchgeführt werden konnte. Daraus ergibt sich für die Varianz

$$
\sigma_q^2 = R_q(0) = \frac{S_o\omega_o}{8\varsigma k^2}
\tag{7.4.25}
$$

d.h. das gleiche Ergebnis wie in Gl. (7.4.15).

Diskretisiertes Tragwerk

Die Bewegungsgleichung eines allgemeinen diskretisierten Tragwerks mit viskoser Dämpfung ist durch

$$
[M]\{\ddot q\} + [C]\{\dot q\} + [K]\{q\} = \{p(t)\}
\tag{7.4.26}
$$

gegeben. Dabei soll der Lastvektor $\{p(t)\}$ nun aus stochastischen Prozessen bestehen. Dementsprechend wird $\{q\}$ zum Vektor der Prozesse der Verschiebungen. Wird das Tragwerk aus der Ruhe angeregt, so gelten die Anfangsbedingungen Gl. (6.1.3) und Gl. (6.1.4).

Für die probabilistische Berechnung stehen wie bei der Zeitintegration die beiden Wege der direkten Lösung sowie der modalen Superposition offen. Bei der direkten Lösung wird in den physikalischen Freiheitsgraden $\{q\}$ gearbeitet. Bei der modalen Lösung wird hingegen das System zunächst auf Normalkoordinaten transformiert. Falls die Dämpfungsmatrix entkoppelt, entstehen dabei entkoppelte Einmassenschwingergleichungen. Die probabilistische Berechnung kann zudem entweder im Zeitbereich über die Auto- und Kreuzkorrelationsfunktionen oder im Frequenzbereich mit Hilfe der Leistungsspektren und Kreuz-Leistungsspektren durchgeführt werden. Im folgenden soll nur die Lösung im Frequenzbereich besprochen werden. Die entsprechenden Beziehungen für den Zeitbereich lassen sich daraus sofort mit Hilfe einer Fourier-Transformation gewinnen.

Direkte Lösung

Für die direkte Lösung im Frequenzbereich unterwirft man Gl. (7.4.26) einer Fourier-Transformation. Dabei wird wie beim Einmassenschwinger zunächst ein spezieller, deterministischer Lastvektor $\{p_\ell\}$ aus dem Prozeß herausgegriffen. Die Transformation von $\{p_\ell\}$ liefert

$$\{P_\ell(\Omega)\} = \int\limits_0^\infty \{p_\ell(t)\}e^{-i\Omega t}dt \qquad (7.4.27)$$

Der zugehörige unbekannte Vektor $\{q_\ell(t)\}$ transformiert sich in

$$\{Q_\ell(\Omega)\} = \int\limits_0^\infty \{q_\ell(t)\}e^{-i\Omega t}dt \qquad (7.4.28)$$

Damit erhält man in Analogie zu Gl. (6.2.5) im Frequenzbereich die Lösung

$$\{Q_\ell(\Omega)\} = [H(\Omega)]\{P_\ell(\Omega)\} \qquad (7.4.29)$$

Die Matrix $[H(\Omega)]$ ist wiederum der Frequenzgang:

$$[H(\Omega)] = \left[-\Omega^2[M]+i\Omega[C]+[K]\right]^{-1} \qquad (7.4.30)$$

Gl. (7.4.29) liefert für die konjugiert-komplexen Größen

$$\{\overline{Q_\ell(\Omega)}\} = [\overline{H(\Omega)}]\{\overline{P_\ell(\Omega)}\} \qquad (7.4.31)$$

Multipliziert man nun Gl. (7.4.29) mit der transponierten Gl. (7.4.31), so kommt

$$\{Q_\ell(\Omega)\}\{\overline{Q_\ell(\Omega)}\}^{\mathrm{T}} = [H(\Omega)]\{P_\ell(\Omega)\}\{\overline{P_\ell(\Omega)}\}^{\mathrm{T}}[\overline{H(\Omega)}]^{\mathrm{T}} \qquad (7.4.32)$$

Beide Seiten dieser Gleichung stellen eine — bei gedämpften Tragwerken komplexe — Matrix der Dimension n dar, wobei n die Anzahl der Freiheitsgrade des Tragwerks bezeichnet. Die Matrix ist eine sogenannte Hermitesche Matrix. Hermitesche Matrizen sind dadurch gekennzeichnet, daß symmetrisch gelegene Terme jeweils konjugiert-komplex zueinander sind. Im Spezialfall reeller Matrizen sind Hermitesche Matrizen symmetrisch.

Man kann nun für die einzelnen Terme dieser Matrizen den Grenzübergang zur Bildung der Leistungsspektren bzw. der Kreuz-Leistungsspektren durchführen. Dabei entsteht aus der linken Seite von Gl. (7.4.32) die Matrix $[S^q(\Omega)]$ der Leistungsspektren und Kreuz-Leistungsspektren der Verschiebungen. Die Diagonalterme entsprechen den Leistungsspektren und die Terme außerhalb der Diagonalen den Kreuz-Leistungsspektren. Bei Durchführung des Grenzüberganges für die rechte Seite von Gl. (7.4.32) ist wieder zu beachten, daß der Frequenzgang $[H(\Omega)]$ eine deterministische Größe ist. Der Grenzübergang erstreckt sich daher nur auf die Komponenten des Lastvektors. Auch hier entsteht eine Matrix $[S^p(\Omega)]$ der Leistungsspektren und der Kreuz-Leistungsspektren der Anregung. Damit erhält man das Resultat

$$[S^q(\Omega)] = [H(\Omega)][S^p(\Omega)][\overline{H(\Omega)}]^{\mathrm{T}} \qquad (7.4.33)$$

Man sieht, daß mit der Matrix $[S^p(\Omega)]$ der Anregungen zusammen mit dem Frequenzgang sofort die Systemantwort bestimmt werden kann. Bezeichnet man das Kreuz-Leistungsspektrum der Verschiebungen $q_i(t)$ und $q_j(t)$ mit $S_{ij}^q(\Omega)$ sowie das Kreuz-Leistungsspektrum der Lasten $p_k(t)$ und $p_\ell(t)$ mit $S_{k\ell}^p(\Omega)$, so liefert Gl. (7.4.33)

$$S_{ij}^q(\Omega) = \sum_{k=1}^{n} \sum_{\ell=1}^{n} H_{ik}(\Omega)\overline{H_{j\ell}(\Omega)} S_{k\ell}^p(\Omega) \qquad (7.4.34)$$

Setzt man $i = j$, so erhält man das Leistungsspektrum von $q_i(t)$. Sind die Elemente des Lastvektors stochastisch unabhängig, so wird $[S^p(\Omega)]$ zu einer Diagonalmatrix und Gl. (7.4.34) vereinfacht sich zu

$$S_{ij}^q(\Omega) = \sum_{k=1}^{n} H_{ik}(\Omega)\overline{H_{jk}(\Omega)} S_{kk}^p(\Omega) \qquad (7.4.35)$$

Interessiert man sich zudem nur für die Leistungsspektren der Verschiebungen $q_i(t)$, so reduziert sich diese Gleichung weiter auf

$$S_{ii}^q(\Omega) = \sum_{k=1}^{n} |H_{ik}(\Omega)|^2 \, S_{kk}^p(\Omega) \qquad (7.4.36)$$

Aus den Leistungsspektren und den Kreuz-Leistungsspektren erhält man durch Integration wiederum die Varianzen, Kovarianzen und erwarteten Frequenzen der einzelnen Prozesse. Unter der Annahme einer Normalverteilung können damit wahrscheinlichkeitstheoretische Außagen über die Größe der auftretenden Verschiebungen sowie der Geschwindigkeiten und Beschleunigungen gemacht werden. Da die Verzerrungen, Schnittkräfte und Spannungen aus den Verschiebungen gewonnen werden können, lassen sich entsprechende Ergebnisse ebenfalls für diese Größen leicht bestimmen.

Modale Lösung

Für die Lösung in Normalkoordinaten muß Gl. (7.4.26) zunächst auf N modale Koordinaten transformiert werden. Unter der Annahme einer entkoppelnden Dämpfungsmatrix erhält man N Einmassenschwingergleichungen der Form

$$M_r\ddot{\eta}_r + C_r\dot{\eta}_r + K_r\eta_r = p_r \qquad\qquad r = 1,\ldots N \qquad (7.4.37)$$

wobei N normalerweise wesentlich kleiner als die Anzahl n der Freiheitsgrade des Tragwerks ist. Die modale Belastung wird nach Gl. (5.3.12) als Skalarprodukt zwischen der physikalischen Belastung $\{p(t)\}$ und dem Eigenvektor $\{q_r\}$ gebildet.

Analog zu oben soll die Belastung für einen Moment als deterministisch angenommen werden. Gl. (7.4.37) kann mit den früheren Ergebnissen sofort über eine Fourier-Transformation im Frequenzbereich gelöst werden. Bezeichnet man die Transformierte der r-ten modalen Belastung mit

$$P_r(\Omega) = \int\limits_0^\infty p_r(t)e^{-i\Omega t}\,dt \tag{7.4.38}$$

sowie die Transformierte der r-ten Normalkoordinate $\eta_r(t)$ mit

$$\mathcal{H}_r(\Omega) = \int\limits_0^\infty \eta_r(t)e^{-i\Omega t}\,dt \tag{7.4.39}$$

dann erhält man die Lösung

$$\mathcal{H}_r(\Omega) = H_r(\Omega)P_r(\Omega) \tag{7.4.40}$$

Dabei bezeichnet $H_r(\Omega)$ den Frequenzgang der r-ten Einmassenschwingergleichung:

$$H_r(\Omega) = \frac{1}{-\Omega^2 M_r + K_r + i\Omega C_r} \tag{7.4.41}$$

Für die s-te Eigenschwingung ergibt sich analog

$$\mathcal{H}_s(\Omega) = H_s(\Omega)P_s(\Omega) \tag{7.4.42}$$

Multipliziert man nun Gl. (7.4.40) mit der konjugiert-komplexen Gl. (7.4.42), so kommt

$$\mathcal{H}_r(\Omega)\overline{\mathcal{H}_s(\Omega)} = H_r(\Omega)\overline{H_s(\Omega)}P_r(\Omega)\overline{P_s(\Omega)} \tag{7.4.43}$$

Mit dieser Beziehung kann nun wiederum der Übergang auf stochastische Belastungen durchgeführt werden. Auch hier sind die Frequenzgänge $H_r(\Omega)$ und $H_s(\Omega)$ deterministische Größen. Auf der linken Seite entsteht nach Durchführung des Grenzüberganges das Kreuz-Leistungsspektrum $S_{rs}^\eta(\Omega)$ der modalen Koordinaten $\eta_r(t)$ und $\eta_s(t)$. Bezeichnet man das Kreuz-Leistungsspektrum der modalen Anregungen $p_r(t)$ und $p_s(t)$ mit $S_{rs}^p(\Omega)$, so erhält man als Ergebnis

$$S_{rs}^\eta(\Omega) = H_r(\Omega)\overline{H_s(\Omega)}S_{rs}^p(\Omega) \tag{7.4.44}$$

Die Kreuz-Leistungsspektren der modalen Lasten können mit Gl. (5.3.12) über eine Fourier-Transformation und anschließende Grenzübergänge auf die Leistungsspektren und Kreuz-Leistungsspektren der physikalischen Anregungen zurückgeführt werden.

Die Verschiebung $q_i(t)$ des Tragwerks ergibt sich aus der Superposition der modalen Beiträge zu

$$q_i(t) = \sum_{k=1}^N q_{ik}\eta_k(t) \tag{7.4.45}$$

Die q_{ik} sind die i-ten Komponenten der Eigenvektoren. Die Superposition erstreckt sich auf die N mitgenommenen Eigenschwingungen. Führt man nun Gl. (7.4.45) mit einer Fourier-Transformation in den Frequenzbereich über, dann kommt

$$Q_i(\Omega) = \sum_{k=1}^{N} q_{ik} \mathcal{H}_k(\Omega) \tag{7.4.46}$$

Dabei bezeichnet $Q_i(\Omega)$ die Fourier-Transformierte von $q_i(t)$. Analog erhält man für die j-te Verschiebungskomponente

$$Q_j(\Omega) = \sum_{\ell=1}^{N} q_{j\ell} \mathcal{H}_\ell(\Omega) \tag{7.4.47}$$

Multiplikation dieser beiden Gleichungen, wobei für Gl. (7.4.47) der konjugiert-komplexe Ausdruck genommen wird, liefert

$$Q_i(\Omega)\overline{Q_j(\Omega)} = \sum_{k=1}^{N}\sum_{\ell=1}^{N} q_{ik} q_{j\ell} \mathcal{H}_k(\Omega)\overline{\mathcal{H}_\ell(\Omega)} \tag{7.4.48}$$

Mit dieser Beziehung kann der Grenzübergang zur Bildung der Kreuz-Leistungsspektren durchgeführt werden. Bezeichnet man mit $S_{ij}^{q}(\Omega)$ das Kreuz-Leistungsspektrum der Verschiebungen $q_i(t)$ und $q_j(t)$, so folgt unter Verwendung von Gl. (7.4.44)

$$S_{ij}^{q}(\Omega) = \sum_{k=1}^{N}\sum_{\ell=1}^{N} q_{ik} q_{j\ell} S_{k\ell}^{\eta}(\Omega) = \sum_{k=1}^{N}\sum_{\ell=1}^{N} q_{ik} q_{j\ell} H_k(\Omega)\overline{H_\ell(\Omega)} S_{k\ell}^{p}(\Omega) \tag{7.4.49}$$

Dies ist der gesuchte Zusammenhang zwischen den Kreuz-Leistungsspektren der Verschiebungen und den Kreuz-Leistungsspektren der modalen Anregungen. Für $i = j$ erhält man den Ausdruck für die Leistungsspektren der Prozesse $q_i(t)$.

Modale Kovarianzmatrizen

Die Varianzen und Kovarianzen ergeben sich aus der Integration der Leistungs- und Kreuz-Leistungsspektren. Für die Kovarianz μ_{ij} der Verschiebungen $q_i(t)$ und $q_j(t)$ erhält man

$$\mu_{ij} = \frac{1}{4\pi}\int_{-\infty}^{\infty} S_{ij}^{q}(\Omega)\,d\Omega = \frac{1}{4\pi}\sum_{k=1}^{N}\sum_{\ell=1}^{N} q_{ik} q_{j\ell}\int_{-\infty}^{\infty} H_k(\Omega)\overline{H_\ell(\Omega)} S_{k\ell}^{p}(\Omega)\,d\Omega \tag{7.4.50}$$

Man sieht, daß die Integrationen nur über Ausdrücke durchgeführt werden, welche aus den Frequenzgängen und den Kreuz-Leistungsspektren der modalen Anregungen gebildet werden. Da der Integrand für negative Ω zum konjugiert-komplexen Wert des Ausdrucks für positive Ω wird, läßt sich das Integral mit

$$\sigma_{o,k\ell}^2 = \frac{1}{2\pi} \int\limits_0^\infty Re[H_k(\Omega)\overline{H_\ell(\Omega)}S_{k\ell}^p(\Omega)]\,d\Omega \qquad (7.4.51)$$

auswerten. Die Größen $\sigma_{o,k\ell}^2$ können zur modalen Kovarianzmatrix $[\Sigma_o]$ zusammengefaßt werden. In gleicher Weise läßt sich eine modale Kovarianzmatrix $[\Sigma_2]$ der Prozesse der ersten zeitlichen Ableitungen definieren, deren Terme durch

$$\sigma_{2,k\ell}^2 = \frac{1}{2\pi} \int\limits_0^\infty \Omega^2 Re[H_k(\Omega)\overline{H_\ell(\Omega)}S_{k\ell}^p(\Omega)]\,d\Omega \qquad (7.4.52)$$

gegeben sind. Faßt man die modalen Beiträge q_{ik} zur Verschiebung $q_i(t)$ zum Vektor

$$\{\psi_i\} = \left\{ \begin{array}{c} q_{i1} \\ \vdots \\ q_{iN} \end{array} \right\} \qquad (7.4.53)$$

und analog die modalen Beiträge q_{jk} zur Verschiebung $q_j(t)$ zu

$$\{\psi_j\} = \left\{ \begin{array}{c} q_{j1} \\ \vdots \\ q_{jN} \end{array} \right\} \qquad (7.4.54)$$

zusammen, dann läßt sich Gl. (7.4.50) mit Hilfe von $[\Sigma_o]$ auch als

$$\mu_{ij} = \{\psi_i\}^T[\Sigma_o]\{\psi_j\} \qquad (7.4.55)$$

schreiben. Für die Varianz der Verschiebung $q_i(t)$ erhält man damit

$$\mu_{ii} = \sigma_i^2 = \{\psi_i\}^T[\Sigma_o]\{\psi_i\} \qquad (7.4.56)$$

Man überzeugt sich leicht, daß die erwartete Frequenz f_i mit Hilfe der modalen Kovarianzmatrizen $[\Sigma_o]$ und $[\Sigma_2]$ in der Form

$$f_i = \frac{1}{2\pi} \frac{\{\psi_i\}^T[\Sigma_o]\{\psi_i\}}{\{\psi_i\}^T[\Sigma_2]\{\psi_i\}} \qquad (7.4.57)$$

geschrieben werden kann. Analog lassen sich die Varianzen, Kovarianzen und erwarteten Frequenzen für die übrigen Tragwerksgrößen wie Verzerrungen, Schnittkräfte, Spannungen sowie für die zeitlichen Ableitungen der Verschiebungen etc. herleiten.

Diese Überlegungen zeigen, daß die modalen Kovarianzmatrizen bei der Behandlung stochastischer Anregungen mit Hilfe der modalen Superposition eine zentrale Rolle spielen. Man erhält die Kovarianzmatrizen durch Integration über das Produkt der Frequenzgänge mit den Kreuz-Leistungsspektren der modalen Anregungen. Approximiert man die Kreuz-Leistungsspektren $S_{ij}^p(\Omega)$ der modalen Belastungen durch Polynome, so können die Integrationen, wie schon erwähnt, analytisch durchgeführt werden. Dies hat den großen Vorteil, daß Approximationsfehler nur bei der Beschreibung der Kreuz-Leistungsspektren, nicht aber bei der Integration eingeführt werden. Sobald die modalen Kovarianzmatrizen bestimmt sind, lassen sich die Varianzen und Kovarianzen der interessierenden Tragwerksgrößen durch Vor- und Nachmultiplikation mit den Vektoren der modalen Beiträge gewinnen. Damit reduziert sich die probabilistische Berechnung in Normalkoordinaten im wesentlichen auf die Bestimmung der modalen Kovarianzmatrizen.

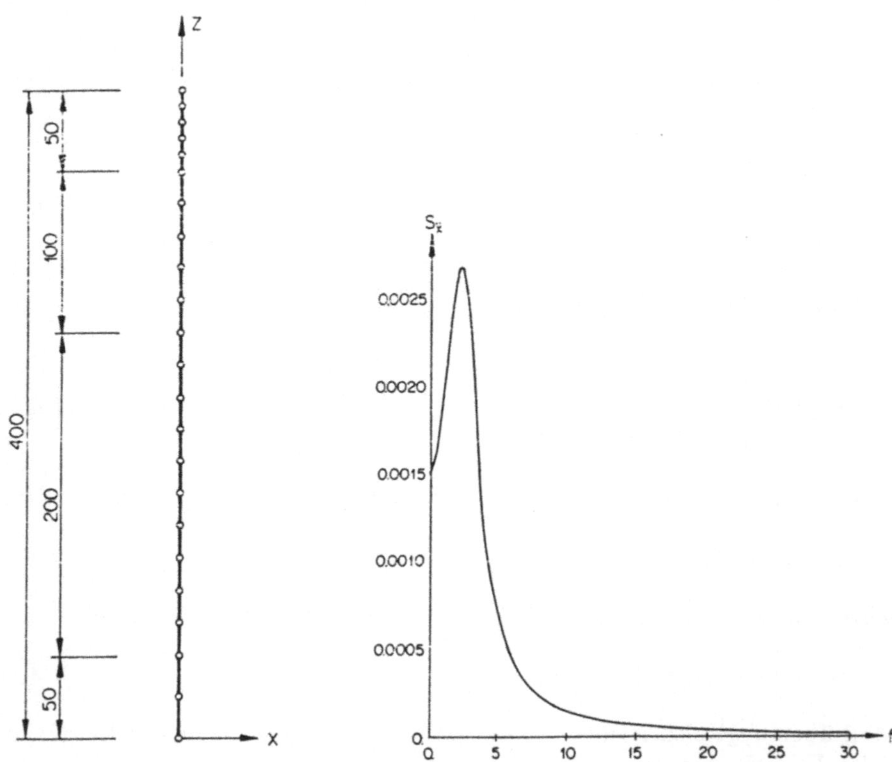

Abb. 7.4.3 FE-Modell und Leistungsspektrum der Bodenbeschleunigung

Beispiel

Als Beispiel einer probabilistischen Berechnung zeigt Abb. 7.4.3 das FE-Modell aus Balkenelementen eines Hochhauses sowie das Leistungsspektrum der Bodenbeschleunigung $\ddot{x}(t)$ am Fußpunkt. Für die Berechnung wurden modale Koordinaten unter Berücksichtigung aller Frequenzen unterhalb von 30 Hz verwendet. Abb. 7.4.4 zeigt die absoluten Beträge der Frequenzgänge sowie die Leistungsspektren der Re-

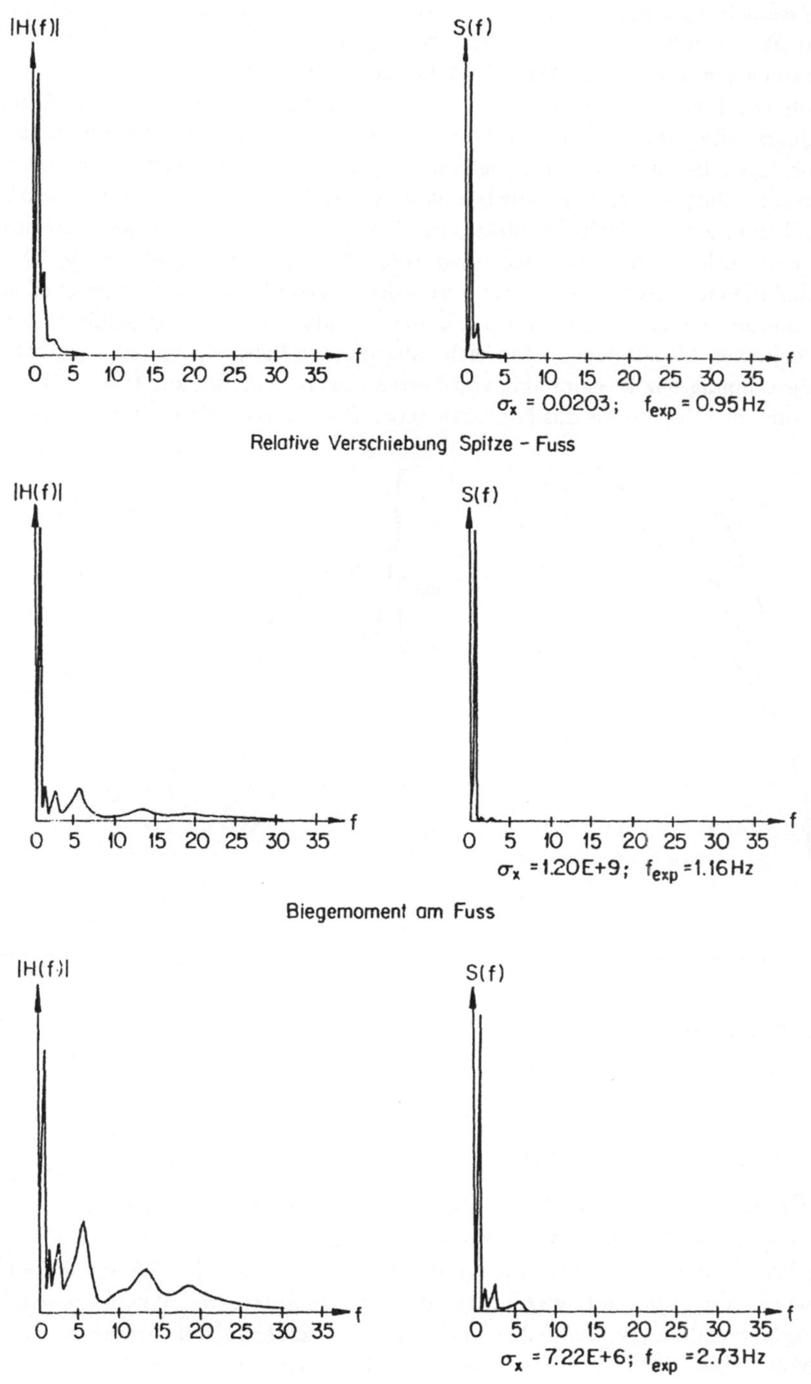

Abb. 7.4.4 Frequenzgänge und Leistungsspektren ausgewählter Tragwerksgrößen

lativverschiebung zwischen Spitze und Fuß, des Einspannmomentes am Fuß und der Querkraft am Fuß. Ebenfalls wurden die Werte der Streuungen und der erwarteten Frequenzen angegeben. Man sieht aus den Bildern sehr schön, wie der Einfluß der höheren Frequenzen auf die höheren Ableitungen der Biegelinie wie Momente und Querkräfte zunimmt. Abb. 7.4.5 zeigt die 95% und 99% Vertrauensgrenzen für die absoluten Beträge der Verschiebungen und der Biegemomente. Die Dauer der stationären Output-Prozesse wurde mit 5 sec. angenommen. Die Vertrauensbereiche sind einer Monte-Carlo-Simulation mit 5 äquivalenten Zeitfunktionen sowie einer Rechnung nach der Methode der Antwortspektren gegenübergestellt [76]. Es zeigt sich, daß die entsprechenden Werte wesentlich unterhalb der Vertrauensgrenzen liegen. Allerdings würden die Werte aus der Simulation bei einer größeren Anzahl von Versuchen hinaufgehen. Man sieht aus diesem Beispiel, wie eine probabilistische Berechnung zur Bestimmung von Vertrauensgrenzen und zur Überprüfung und Ergänzung der Ergebnisse aus konventionellen Rechnungen verwendet werden kann.

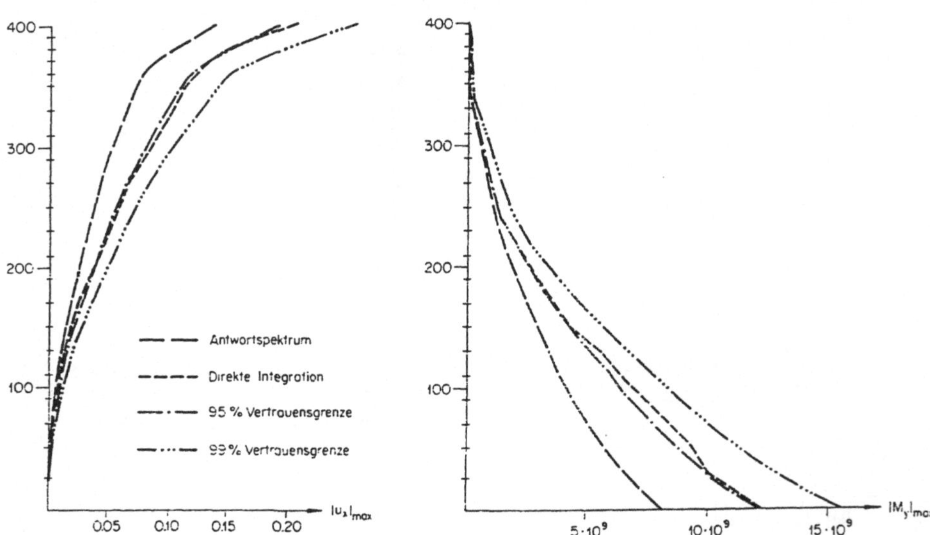

Abb. 7.4.5 Vertrauensgrenzen

Verallgemeinerungen

Alle Überlegungen dieses Kapitels galten unter der Voraussetzung linearer Systeme und stationärer Anregungen. Man kann die Voraussetzung der Stationarität fallen lassen. Damit geht die Zeit explizit in die verschiedenen Ausdrücke ein. Dies hat zur Folge, daß insbesondere die Extremwerte zeitabhängig werden. Bei nichtlinearem Tragwerksverhalten versagen die obigen Methoden. Man muß in diesem Falle in den Zeitbereich zurückgehen und das Tragwerk mit Hilfe der direkten Integration für die verschiedenen probabilistischen Anregungen durchrechnen. Dies führt auf Monte-Carlo-Simulationen, bei denen ein repräsentativer Satz von Anregungsfunktionen unter Berücksichtigung des nichtlinearen Tragwerksverhaltens durchgerechnet wird. Durch Mittelwertbildung der Ergebnisse können dann ebenfalls wiederum probabilistische Aussagen gemacht werden.

Schließlich sei noch angemerkt, daß die probabilistische Betrachtungsweise grundsätzlich nur die zufälligen Abweichungen vom Erwartungswert erfaßt. Nicht erfaßt hingegen werden die groben Fehler seien sie auf der Lastseite oder auf der Widerstandsseite. Diese Fehler sind aber am häufigsten für das Versagen von Tragwerken maßgebend. Für eine umfassende Beurteilung der Tragwerkssicherheit ist es daher nötig, neben den zufälligen Abweichungen auch derartige grobe Fehler in ein Risikomodell miteinzubeziehen.

Zusammenfassung

Die Tragwerksantwort unter stationärer stochastischer Belastung wird zunächst für den Einmassenschwinger bestimmt. Arbeitet man im Frequenzbereich, so ist der Zusammenhang zwischen den Leistungsspektren der Anregung und der Antwort durch das Übertragungsfunktions-Theorem gegeben. Über eine Fourier-Transformation erhält man im Zeitbereich die entsprechenden Beziehungen zwischen den Autokorrelationsfunktionen. Für ein diskretisiertes Tragwerk mit n Freiheitsgraden kann die probabilistische Berechnung entweder direkt oder durch modale Superposition erfolgen, wobei Linearität vorausgesetzt wird. Durch Einführen der modalen Kovarianzmatrizen läßt sich die modale Lösung sehr einfach und kompakt bestimmen. Probabilistische Untersuchungen sind auch für instationäre Prozesse und bei nichtlinearem Tragwerksverhalten möglich, wobei aber der Rechenaufwand beträchtlich werden kann.

Kapitel 8

Nichtlineare Probleme

8.1 Endliche Verzerrungen

In den früheren Kapiteln wurde stets lineares Tragwerksverhalten vorausgesetzt. Dies bedeutete, daß die Zusammenhänge zwischen Verschiebungen und Verzerrungen, Verzerrungen und Spannungen sowie zwischen Spannungen und Schnittkräften linear waren. Insbesondere galt bei linearem Tragwerksverhalten stets das Superpositionsgesetz, das erlaubte, die Lösung aus verschiedenen Beiträgen aufzubauen. Es gibt aber eine ganze Reihe von Tragwerken, welche bereits im Gebrauchszustand nichtlinear arbeiten, bei denen also eine oder mehrere der erwähnten Beziehungen nichtlinear sind. Beispiele dafür sind seilverspannte Konstruktionen, Kontaktprobleme oder Tragwerke mit Kriecheffekten. Untersucht man ein Tragwerk unter Extremlasten, so befindet man sich praktisch immer im nichtlinearen Bereich. Um das Verhalten eines Tragwerks realistisch beurteilen zu können, muß man in diesen Fällen die Nichtlinearitäten mit berücksichtigen.

Typen von Nichtlinearitäten

Nichtlineares Verhalten kann sehr verschiedene Gründe haben. Entstehen am Tragwerk unter den Lasten große Verformungen und insbesondere große Rotationen, so muß Gleichgewicht in der verformten Lage formuliert werden. Die Gleichgewichtsbedingungen hängen damit vom momentanen Verformungszustand ab. Im linearen Bereich wurden stets die Verzerrungen als infinitesimal angenommen. Werden die Verzerrungen endlich, dann wird der Zusammenhang zwischen Verzerrungen und Verschiebungen nichtlinear. Ein weiterer Grund für nichtlineares Verhalten kann im Einfluß der Normalkräfte auf die Biegesteifigkeit liegen. Ein Beispiel dafür ist die gezogene Saite, deren Biegesteifigkeit praktisch vollständig durch die Normalkraft hervorgerufen wird. Bei Stäben, Platten und Schalen kann der Einfluß der Normalkräfte zum Knicken bzw. Beulen des Systems führen. Instabilität tritt dann ein, wenn eine neue, verschobene Gleichgewichtslage möglich ist.

Die bisher angeführten Effekte betreffen alle das geometrische Verhalten des Tragwerks. Man spricht daher auch von geometrischer Nichtlinearität. Im

Gegensatz dazu kann nichtlineares Verhalten auch durch das Materialgesetz entstehen. So kann beispielsweise das Spannungs-Dehnungs-Diagramm nichtlinear verlaufen oder es können plastische Verformungen auftreten. Man bezeichnet derartige Erscheinungen als Material-Nichtlinearitäten. Dazu gehört auch das Kriechen, welches aber bei dynamischen Problemen eine untergeordnete Rolle spielt. Weiterhin können die Lasten der Größe und der Richtung nach vom Verformungszustand abhängen. Ein Beispiel dafür sind die Kräfte beim Ausfluß von Flüssigkeit oder Gas an der Bruchstelle eines Rohrleitungssystems oder am Ende eines Schlauches, welche stets in Richtung der Achse liegen. Bewegt sich das Rohr oder der Schlauch, so ändert sich auch die Richtung dieser Kräfte. Man spricht hier von nichtkonservativen Kräften. Schließlich können die Massenmatrix und die Dämpfungsmatrix zeitabhängig werden. Ein Beispiel für eine veränderliche Massenmatrix ist die fliegende Rakete, bei welcher die Masse in Funktion der Zeit abnimmt. Die Dämpfungskräfte können u.a. von den Verschiebungen oder den Spannungen abhängen.

Eine der wichtigsten Konsequenzen nichtlinearen Verhaltens ist die Ungültigkeit des Superpositionsprinzips. Aus diesem Grunde versagen praktisch alle klassischen Lösungsmethoden wie z.B. die Überlagerung von Einzellastfällen oder die modale Superposition. Die Belastungsgeschichte spielt normalerweise eine wesentliche Rolle. Man muß daher den gesamten Bewegungsablauf entsprechend der Belastungsgeschichte nachvollziehen. Neben dem damit verbundenen größeren Rechenaufwand können Instabilitäten und Mehrdeutigkeiten das Auffinden der physikalisch korrekten Lösung erschweren. Dazu kommt, daß durch die numerischen Lösungsverfahren ebenfalls Instabilitäten eingeführt werden können. Es ist in vielen Fällen schwierig, die echten, physikalischen Instabilitäten von den rein numerisch bedingten Instabilitäten zu unterscheiden.

Zur Verringerung des Rechenaufwands hat man versucht, auch für nichtlineare Probleme vereinfachte Verfahren zur Abschätzung der dynamischen Beanspruchung zu entwickeln. Bekannt sind z.B. die Antwortsspektren für elastisch-plastische Tragwerke [11], welche analog zu den Antwortsspektren für elastische Tragwerke aus dem maximalen Ausschlag eines nunmehr elastisch-plastischen Einmassenschwingers gewonnen werden können. Neben der Dämpfung erscheint in diesen Spektren als weiterer Parameter die Duktilität, d.h. das Verhältnis zwischen der maximalen elastisch-plastischen Verformung und der Verformung beim Erreichen der Fließgrenze. Für die rasche ingenieurmässige Beurteilung des dynamischen Verhaltens eines Tragwerks haben diese Methoden durchaus ihre Bedeutung. Man muß sich aber darüber im klaren sein, daß durch die Vereinfachungen erhebliche und schwer abschätzbare Fehler verursacht werden können. Darum sollen derartige Verfahren hier zugunsten einer kontinuumsmechanisch streng begründeten Erfassung des nichtlinearen Verhaltens nicht weiter verfolgt werden.

Für die rechnerische Behandlung der Bewegung eines Tragwerks müssen zunächst die Hilfsmittel zur Beschreibung der Lage bereitgestellt werden. Neben dieser kinematischen Seite müssen die Kräfte, d.h. die statische Seite beschrieben werden können. Schließlich muß der Zusammenhang zwischen den kinematischen und den statischen Größen mit Hilfe des Bewegungsgesetzes formuliert werden. Man beachte, daß die früher hergeleiteten Lagrangeschen Gleichungen bzw. das Prinzip von Hamilton wie auch das PVV sowohl für lineare wie auch für nichtlineare Probleme Gültigkeit haben. Sie können daher auch hier zur Gewinnung der Bewegungsgleichungen eingesetzt werden.

Lagrangesche Beschreibung der Lage

Abb. 8.1.1 zeigt einen Körper in einer Referenzkonfiguration zur Zeit $t = 0$ sowie in allgemeiner Lage zur Zeit t. Der Punkt $P(^{o}x,^{o}y,^{o}z)$ geht zur Zeit t in den Punkt $P(^{t}x,^{t}y,^{t}z)$ über. Bezieht man den Körper auf ein rechtshändiges kartesisches Inertialsystem, so ist die Lage von P durch den Verschiebungsvektor

$$\{u\} = \left\{ \begin{array}{l} u(^{o}x,^{o}y,^{o}z,t) \\ v(^{o}x,^{o}y,^{o}z,t) \\ w(^{o}x,^{o}y,^{o}z,t) \end{array} \right\} \tag{8.1.1}$$

eindeutig charakterisiert. Dabei wurde eine von Abschnitt 2.1 leicht abweichende Schreibweise gewählt, welche für die folgenden Überlegungen Vorteile bietet. Ein linkes Superskript bezeichnet die betrachtete Zeit. Ein später noch einzuführendes linkes Subskript bezeichnet die Zeit der Referenzkonfiguration. Kennt man $\{u\}$ für alle Punkte der Referenzkonfiguration sowie zur Zeit t, so erhält man die aktuellen Koordinaten jedes beliebigen Punktes aus

$$\{^{t}x\} = \{^{o}x\}+\{u\} \tag{8.1.2}$$

Dabei bezeichnet

$$\{^{t}x\} = \left\{ \begin{array}{l} ^{t}x \\ ^{t}y \\ ^{t}z \end{array} \right\} \tag{8.1.3}$$

die aktuellen Koordinaten und

$$\{^{o}x\} = \left\{ \begin{array}{l} ^{o}x \\ ^{o}y \\ ^{o}z \end{array} \right\} \tag{8.1.4}$$

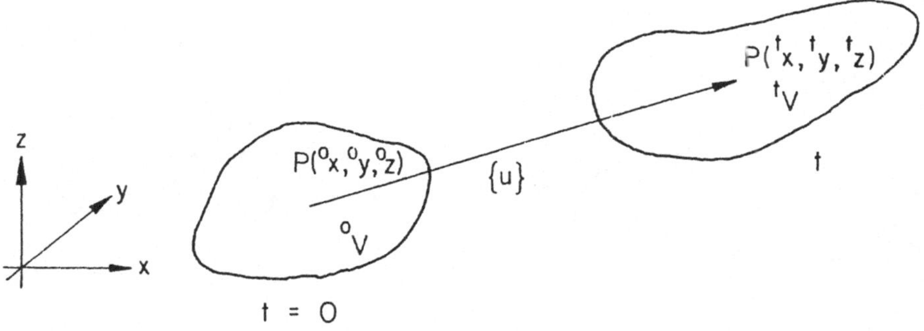

Abb. 8.1.1 Körper in einer Referenzkonfiguration und in allgemeiner Lage

die ursprünglichen Koordinaten des Punktes.

Die unabhängigen Variablen im Verschiebungsvektor $\{u\}$ sind also die Koordinaten einer Referenzkonfiguration sowie die Zeit t. Wie in Abschnitt 2.1 schon ausgeführt, wird diese Art der Beschreibung der Lage als Lagrangesche Formulierung bezeichnet. Die Lagrangesche Formulierung ist besonders geeignet zur Beschreibung des Bewegungszustands von festen Körpern. Für Flüssigkeiten und Gase eignet sich dagegen mehr die Eulersche Formulierung. Sie besteht darin, daß man den Bewegungszustand durch das zeitabhängige Geschwindigkeitsfeld an ortsfesten Punkten beschreibt. Für Interaktionsprobleme zwischen Flüssigkeiten und festen Körpern wie beispielsweise beim Zusammenwirken zwischen Stausee und Staumauer unter einem Erdbeben ist es vorteilhaft, die Flüssigkeit mit einer Eulerschen und den festen Körper mit einer Lagrangeschen Formulierung zu erfassen und dann die Kopplungsbedingungen zu formulieren. Da hier aber vor allem das Verhalten von Tragwerken und damit von festen Körpern interessiert, sollen die folgenden Überlegungen auf die Lagrangesche Formulierung beschränkt werden.

Greensche Verzerrungen

Im Infinitesimalen sind die kinematischen Verhältnisse durch die Verzerrungen bestimmt. Zur Beschreibung des Verzerrungszustands ist ein geeignetes Maß nötig. Das Verzerrungsmaß muß einmal so beschaffen sein, daß es für Starrkörperbewegungen zu null wird. Weiterhin muß es in der Lage sein, sowohl Längenänderungen wie auch Winkeländerungen zu beschreiben.

Betrachtet man die in Abb. 8.1.2 gezeigten zwei infinitesimalen Vektoren $\{d^{o}x\}$ und $\{\delta^{o}x\}$ am Punkte P, so werden diese Vektoren nach der Deformation zur Zeit t in die beiden Vektoren $\{d^{t}x\}$ und $\{\delta^{t}x\}$ übergehen. Ein mögliches Verzerrungsmaß m ist

$$m = \{\delta^{t}x\}^{T}\{d^{t}x\} - \{\delta^{o}x\}^{T}\{d^{o}x\} \tag{8.1.5}$$

Da sich der numerische Wert der Skalarprodukte bei einer Starrkörperbewegung nicht ändert, wird m für eine starre Bewegung zu null. Für den Spezialfall $\{\delta^{o}x\} = \{d^{o}x\}$ erhält man

$$m = \{d^{t}x\}^{T}\{d^{t}x\} - \{d^{o}x\}^{T}\{d^{o}x\} = d^{t}s^{2} - d^{o}s^{2} \tag{8.1.6}$$

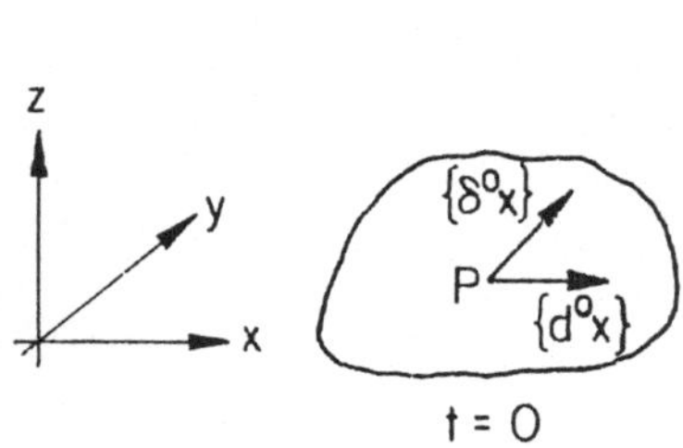

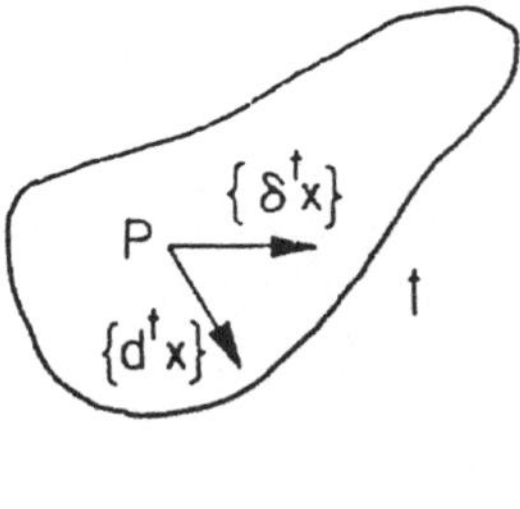

Abb. 8.1.2 Verzerrungsmaß

d.h. die Differenz der Quadrate der Längenelemente. Weiterhin sieht man, daß m als Differenz von zwei Skalarprodukten sowohl Längen- wie auch Winkeländerungen enthält. Damit erfüllt m die an ein Verzerrungsmaß gestellten Forderungen.

Mit Hilfe von Gl. (8.1.2) kann man den Vektor $\{d^t x\}$ durch den ursprünglichen Vektor $\{d^o x\}$ ausdrücken. Man erhält

$$d^t x \;=\; d^o x + \frac{\partial u}{\partial^o x} d^o x + \frac{\partial u}{\partial^o y} d^o y + \frac{\partial u}{\partial^o z} d^o z$$

$$d^t y \;=\; d^o y + \frac{\partial v}{\partial^o x} d^o x + \frac{\partial v}{\partial^o y} d^o y + \frac{\partial v}{\partial^o z} d^o z \qquad (8.1.7)$$

$$d^t z \;=\; d^o z + \frac{\partial w}{\partial^o x} d^o x + \frac{\partial w}{\partial^o y} d^o y + \frac{\partial w}{\partial^o z} d^o z$$

wobei die Terme höherer Ordnung unterdrückt wurden. Dies ist gerechtfertigt, da $\{d^o x\}$ beliebig klein gemacht werden kann. Faßt man die partiellen Ableitungen der Verschiebungskomponenten nach den Referenzkoordinaten zur Matrix

$$[G] = \begin{bmatrix} \dfrac{\partial u}{\partial^o x} & \dfrac{\partial v}{\partial^o x} & \dfrac{\partial w}{\partial^o x} \\[2mm] \dfrac{\partial u}{\partial^o y} & \dfrac{\partial v}{\partial^o y} & \dfrac{\partial w}{\partial^o y} \\[2mm] \dfrac{\partial u}{\partial^o z} & \dfrac{\partial v}{\partial^o z} & \dfrac{\partial w}{\partial^o z} \end{bmatrix} \qquad (8.1.8)$$

zusammen, so läßt sich die obige Beziehung mit der Einheitsmatrix $[I]$ auch als

$$\{d^t x\} = \{d^o x\} + [G]^T \{d^o x\} = ([I] + [G]^T)\{d^o x\} \qquad (8.1.9)$$

schreiben. $[G]$ wird als der Vektorgradient des Verschiebungsfeldes u, v und w bezeichnet. Der Vektorgradient ist eine unsymmetrische 3×3-Matrix. Analog erhält man für den zweiten Vektor $\{\delta^t x\}$ die Beziehung

$$\{\delta^t x\} = \{\delta^o x\} + [G]^T \{\delta^o x\} = ([I] + [G]^T)\{\delta^o x\} \qquad (8.1.10)$$

Für das Skalarprodukt der beiden Vektoren in der verzerrten Lage zur Zeit t kommt

$$\begin{aligned} \{\delta^t x\}^T \{d^t x\} \;&=\; \{\delta^o x\}^T ([I] + [G]^T)^T ([I] + [G]^T)\{d^o x\} \\[2mm] &=\; \{\delta^o x\}^T ([I] + [G] + [G]^T + [G][G]^T)\{d^o x\} \qquad (8.1.11) \\[2mm] &=\; \{\delta^o x\}^T \{d^o x\} + \{\delta^o x\}^T ([G] + [G]^T + [G][G]^T)\{d^o x\} \end{aligned}$$

Man bezeichnet die symmetrische Matrix

$$[D] = [I] + [G] + [G]^T + [G][G]^T \qquad (8.1.12)$$

als den Greenschen[1] Deformationstensor. Damit wird Gl. (8.1.11) zu

$$\{\delta^{\,t}x\}^{\mathrm{T}}\{d^{\,t}x\} = \{\delta^{\,o}x\}^{\mathrm{T}}[D]\{d^{\,o}x\} \tag{8.1.13}$$

Mit Hilfe des Greenschen Verzerrungstensors

$$[\mathcal{G}] = \frac{1}{2}([G]+[G]^{\mathrm{T}}+[G][G]^{\mathrm{T}}) \tag{8.1.14}$$

erhält man schließlich aus Gl. (8.1.11) für das Verzerrungsmaß

$$m = 2\{\delta^{\,o}x\}^{\mathrm{T}}[\mathcal{G}]\{d^{\,o}x\} \tag{8.1.15}$$

Diese Beziehung liefert für beliebige infinitesimale Vektoren $\{\delta^{\,o}x\}$ und $\{d^{\,o}x\}$ das Verzerrungsmaß zur Zeit t. Der Greensche Verzerrungstensor charakterisiert also die Verzerrungsverhältnisse vollständig. Aus dem Bildungsgesetz Gl. (8.1.14) sieht man, daß auch $[\mathcal{G}]$ symmetrisch ist. Die beiden ersten Terme stellen je einen linearen und der dritte Term einen quadratischen Anteil dar.

Die sechs unabhängigen Komponenten des Greenschen Verzerrungstensors lauten ausgeschrieben

$$
\begin{aligned}
g_{11} &= \frac{\partial u}{\partial^{\,o}x} &&+ \frac{1}{2}\Big[\Big(\frac{\partial u}{\partial^{\,o}x}\Big)^2 + \Big(\frac{\partial v}{\partial^{\,o}x}\Big)^2 + \Big(\frac{\partial w}{\partial^{\,o}x}\Big)^2\Big]\\[2mm]
g_{12} &= \frac{1}{2}\Big(\frac{\partial u}{\partial^{\,o}y} + \frac{\partial v}{\partial^{\,o}x}\Big) &&+ \frac{1}{2}\Big[\frac{\partial u}{\partial^{\,o}x}\frac{\partial u}{\partial^{\,o}y} + \frac{\partial v}{\partial^{\,o}x}\frac{\partial v}{\partial^{\,o}y} + \frac{\partial w}{\partial^{\,o}x}\frac{\partial w}{\partial^{\,o}y}\Big]\\[2mm]
g_{13} &= \frac{1}{2}\Big(\frac{\partial u}{\partial^{\,o}z} + \frac{\partial w}{\partial^{\,o}x}\Big) &&+ \frac{1}{2}\Big[\frac{\partial u}{\partial^{\,o}x}\frac{\partial u}{\partial^{\,o}z} + \frac{\partial v}{\partial^{\,o}x}\frac{\partial v}{\partial^{\,o}z} + \frac{\partial w}{\partial^{\,o}x}\frac{\partial w}{\partial^{\,o}z}\Big]\\[2mm]
g_{22} &= \frac{\partial v}{\partial^{\,o}y} &&+ \frac{1}{2}\Big[\Big(\frac{\partial u}{\partial^{\,o}y}\Big)^2 + \Big(\frac{\partial v}{\partial^{\,o}y}\Big)^2 + \Big(\frac{\partial w}{\partial^{\,o}y}\Big)^2\Big]\\[2mm]
g_{23} &= \frac{1}{2}\Big(\frac{\partial v}{\partial^{\,o}z} + \frac{\partial w}{\partial^{\,o}y}\Big) &&+ \frac{1}{2}\Big[\frac{\partial u}{\partial^{\,o}y}\frac{\partial u}{\partial^{\,o}z} + \frac{\partial v}{\partial^{\,o}y}\frac{\partial v}{\partial^{\,o}z} + \frac{\partial w}{\partial^{\,o}y}\frac{\partial w}{\partial^{\,o}z}\Big]\\[2mm]
g_{33} &= \frac{\partial w}{\partial^{\,o}z} &&+ \frac{1}{2}\Big[\Big(\frac{\partial u}{\partial^{\,o}z}\Big)^2 + \Big(\frac{\partial v}{\partial^{\,o}z}\Big)^2 + \Big(\frac{\partial w}{\partial^{\,o}z}\Big)^2\Big]
\end{aligned}
\tag{8.1.16}
$$

Betrachtet man zunächst nur die linearen Anteile, so stellt man fest, daß diese mit den früher verwendeten Verzerrungen nach Gl. (2.2.7) übereinstimmen. Damit erklärt sich auch der Faktor 1/2 in Gl. (8.1.14). Die quadratischen Anteile spielen bei Problemen mit großen Verzerrungen eine Rolle. Man überzeugt sich leicht davon, daß beispielsweise die beiden letzten Terme im quadratischen Anteil von g_{11} der Längenänderung des Elementes unter seitlicher Verschiebung entsprechen. Diese Terme sind dafür verantwortlich, daß die Normalkräfte unter Biegebeanspruchung Arbeit leisten können. Die

---

[1]George Green (1793 - 1841), englischer Mathematiker und Physiker, begründete u.a. zusammen mit Gauß die Potentialtheorie.

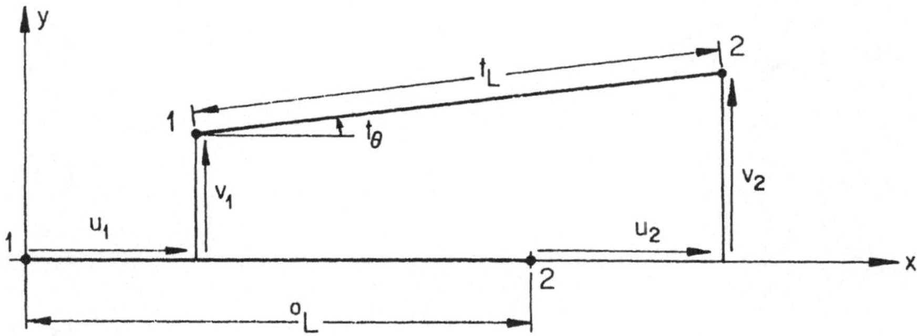

Abb. 8.1.3 Fachwerkstab

Terme in den Komponenten des Greenschen Verzerrungstensors haben unterschiedlichen Einfluß. Durch Unterdrücken einzelner Terme kann man daher verschiedene numerische Formulierungen von Problemen mit großen Verzerrungen erhalten.

Beispiel

Abb. 8.1.3 zeigt einen Fachwerkstab der Länge ^oL in der x-Achse. Unter der Annahme eines ebenen Problems wird sich der Stab in der x, y-Ebene verschieben und die neue Länge ^tL annehmen. Führt man als Lagekoordinaten die Verschiebungen $u_1(t)$, $v_1(t)$ und $u_2(t)$, $v_2(t)$ der beiden Knotenpunkte 1 und 2 ein, dann sind die Verschiebungen eines allgemeinen Punktes mit der ursprünglichen Koordinate ^ox durch

$$u(^ox,t) = u_1(t)(1-\frac{^ox}{^oL})+u_2(t)\frac{^ox}{^oL} \tag{8.1.17}$$

und

$$v(^ox,t) = v_1(t)(1-\frac{^ox}{^oL})+v_2(t)\frac{^ox}{^oL} \tag{8.1.18}$$

gegeben. Daraus erhält man für die zwei von null verschiedenen partiellen Ableitungen

$$\frac{\partial u}{\partial\,^ox} = \frac{u_2 - u_1}{^oL} = \frac{\Delta u}{^oL} \tag{8.1.19}$$

$$\frac{\partial v}{\partial\,^ox} = \frac{v_2 - v_1}{^oL} = \frac{\Delta v}{^oL} \tag{8.1.20}$$

mit den Differenzen der Lagekoordinaten

$$\Delta u = u_2 - u_1 \tag{8.1.21}$$

$$\Delta v = v_2 - v_1 \tag{8.1.22}$$

Man überzeugt sich leicht davon, daß von den Komponenten des Greenschen Verzerrungstensors nur g_{11} und g_{12} von null verschieden sind:

$$g_{11} = \frac{\partial u}{\partial\,^ox}+\frac{1}{2}[(\frac{\partial u}{\partial\,^ox})^2+(\frac{\partial v}{\partial\,^ox})^2] = \frac{\Delta u}{^oL}+\frac{1}{2}[(\frac{\Delta u}{^oL})^2+(\frac{\Delta v}{^oL})^2] \tag{8.1.23}$$

$$g_{12} = \frac{1}{2}\frac{\partial v}{\partial\, {}^{o}x} = \frac{1}{2}\frac{\Delta v}{{}^{o}L} \tag{8.1.24}$$

Mit

$$\cos {}^{t}\theta = \frac{{}^{o}L + \Delta u}{{}^{t}L} \tag{8.1.25}$$

$$\sin {}^{t}\theta = \frac{\Delta v}{{}^{t}L} \tag{8.1.26}$$

$${}^{t}L = {}^{o}L + \Delta L \tag{8.1.27}$$

lassen sich diese Ausdrücke in

$$g_{11} = \frac{\Delta L}{{}^{o}L} + \frac{1}{2}\left(\frac{\Delta L}{{}^{o}L}\right)^{2} \tag{8.1.28}$$

$$g_{12} = \frac{1}{2}\frac{{}^{t}L}{{}^{o}L}\sin {}^{t}\theta \tag{8.1.29}$$

umformen. Man sieht daraus, daß g_{11} nur die Längenänderung enthält, während g_{12} auch durch die Winkeländerung bestimmt ist. Sind ΔL und ${}^{t}\theta$ infinitesimal, dann reduzieren sich g_{11} und g_{12} auf ε_{x} bzw. γ_{xy}.

Tensor-Schreibweise

Bereits die obige Herleitung des Greenschen Verzerrungstensors zeigt, daß die Behandlung nichtlinearen Verhaltens auf umfangreiche Ausdrücke führen kann. Zur ihrer Darstellung ist die Matrizenrechnung nur beschränkt geeignet. Übersichtlicher und kompakter ist oftmals die Tensor-Schreibweise. Aus diesem Grunde sollen im folgenden die wichtigsten Beziehungen zum Arbeiten mit Tensoren zusammengestellt und die späteren Überlegungen soweit sinnvoll in Tensor-Schreibweise gemacht werden. Dabei werden nur kartesische Tensoren behandelt.

Die Tensorrechnung geht davon aus, daß die durch einen Tensor dargestellte physikalische Größe gegenüber Rotationen des Bezugssystems invariant sein soll. Daraus folgt, daß sich ein Tensor beim Übergang von einem Koordinatensystem zu einem anderen, rotierten Koordinatensystem nach ganz bestimmten Gesetzen transformieren muß. Man unterscheidet Tensoren verschiedener Stufe. Ein Tensor nullter Stufe ist eine Zahl, ein Skalar. Da eine Zahl grundsätzlich invariant bleibt, kommen auch beim Übergang auf ein neues Bezugsystem keine Transformationen zur Anwendung. Tensoren erster Stufe bestehen aus drei Skalaren, d.h. aus drei Tensoren nullter Stufe. Tensoren erster Stufe sind Vektoren, welche sich nach den bekannten Transformationsgesetzen für Vektoren transformieren. Tensoren zweiter Stufe werden aus drei Tensoren erster Stufe, d.h. aus drei Vektoren aufgebaut. Sie bilden demnach eine 3×3-Matrix. Allgemein wird ein Tensor n-ter Stufe aus drei Tensoren $(n-1)$-ter Stufe aufgebaut.

In der Tensorrechnung werden sämtliche Variablen in indizierter Form geschrieben. Dabei gilt stets, daß ein Index automatisch über die Werte 1 bis 3 läuft. So werden die Koordinaten x, y und z eines Punktes in Tensor-Schreibweise mit x_i angegeben. Analog schreibt man für die Verschiebungen u, v und w nur mehr u_i. Weiterhin verwendet man in der Tensorrechnung die sogenannte (Einsteinsche) Summationskonvention. Sie besagt, daß über gleiche Indizes automatisch von 1 bis 3 summiert werden soll. So schreibt sich beispielweise das Skalarprodukt zweier Vektoren u_i und v_i als

$$u_i v_i = u_1 v_1 + u_2 v_2 + u_3 v_3 \tag{8.1.30}$$

Da der Summationsindex keine Bedeutung außerhalb des Ausdrucks besitzt, wird er als Dummy-Index bezeichnet.

Ein spezieller Tensor zweiter Stufe ist das sogenannte Kronecker-Delta:

$$\delta_{ij} = \begin{cases} 0 & i \neq j \\ 1 & i = j \end{cases} \tag{8.1.31}$$

Das Kronecker-Delta spielt in der Tensorrechnung die Rolle der Einheitsmatrix der Matrizenrechnung. Zusammen mit der Summationskonvention läßt sich das Kronecker-Delta zur Änderung von Indizes verwenden. So gilt beispielsweise

$$\delta_{ij} u_j = u_i \tag{8.1.32}$$

In Abb. 8.1.4 ist ein Koordinatensystem mit den Achsen x_1, x_2, x_3 sowie ein dagegen rotiertes Koordinatensystem mit den Achsen x_1', x_2', x_3' gezeigt. Der Punkt P besitzt im ungestrichenen System die Koordinaten x_i und im rotierten System die Koordinaten x_i'. Die Lage der Systeme zueinander ist durch die Richtungscosini c_{ij} zwischen den einzelnen Achsen gegeben. Dabei bezeichnet die Komponente c_{ij} den Cosinus zwischen den Achsen x_i und x_j'. Da beide Koordinatensysteme rechtshändige kartesische Systeme sein sollen, gilt

$$c_{ik} c_{jk} = c_{ki} c_{kj} = \delta_{ij} \tag{8.1.33}$$

Faßt man die c_{ij} zu einer Transformationsmatrix zusammen, so entsprechen die Kolonnen bzw. Zeilen dieser Matrix den Einheitsvektoren des einen Systems bezogen auf das andere.

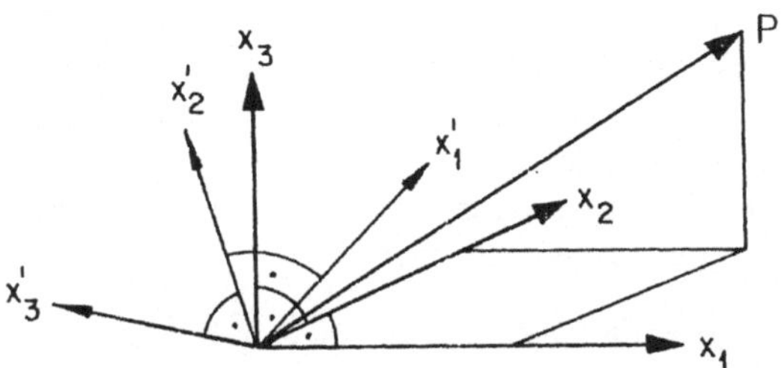

Abb. 8.1.4 Transformation des Ortsvektors eines Punktes

Zwischen den Punktkoordinaten gelten die Transformationsbeziehungen

$$x_i' = c_{ki} x_k \tag{8.1.34}$$

und

$$x_i = c_{ik} x_k' \tag{8.1.35}$$

In allen obigen Beziehungen ist k der Summationsindex. Die Transformationsgleichungen Gl. (8.1.34) und Gl. (8.1.35) gelten allgemein für Tensoren erster Stufe :

$$t_i' = c_{ki} t_k \tag{8.1.36}$$

$$t_i = c_{ik} t_k' \tag{8.1.37}$$

Tensoren zweiter Stufe bestehen aus drei Tensoren erster Stufe, welche sich nach den obigen Beziehungen transformieren müssen. Man erhält daher für einen Tensor zweiter Stufe t_{ij} bzw. t_{ij}' die Transformationsgleichungen

$$t_{ij}' = c_{ki} c_{\ell j} t_{k\ell} \tag{8.1.38}$$

$$t_{ij} = c_{ik} c_{j\ell} t_{k\ell}' \tag{8.1.39}$$

Ein Tensor zweiter Stufe läßt sich immer in einen symmetrischen und in einen antimetrischen Anteil in der Form

$$t_{ij} = \frac{1}{2}(t_{ij} + t_{ji}) + \frac{1}{2}(t_{ij} - t_{ji}) \tag{8.1.40}$$

aufspalten. Durch rekursives Vorgehen erhält man für einen Tensor n-ter Stufe die Transformationsgleichungen

$$t_{ij\cdots n}' = c_{\alpha i} c_{\beta j} \cdots c_{\nu n} t_{\alpha\beta\cdots\nu} \tag{8.1.41}$$

$$t_{ij\cdots n} = c_{i\alpha} c_{j\beta} \cdots c_{n\nu} t_{\alpha\beta\cdots\nu}' \tag{8.1.42}$$

Da in der Tensorrechnung mit den einzelnen Komponenten der Tensoren gearbeitet wird, gelten alle algebraischen Rechenregeln. Es gilt also das kommutative, das assoziative und das distributive Gesetz. Weitere Regeln sind nicht erforderlich. Eine spezielle Operation der Tensorrechnung ist die sogenannte Verjüngung. Sie geschieht durch Gleichsetzen zweier Indizes und damit Auslösen der Summation. Die Verjüngung eines Tensors der Stufe n führt auf einen Tensor der Stufe $n-2$. So liefert beispielsweise die Verjüngung eines Tensors zweiter Stufe t_{ij} mit t_{ii} die sogenannte Spur des Tensors (Summe der Diagonalelemente), welche ein Skalar ist.

Schließlich benötigt man noch den sogenannten ε-Tensor. Er ist ein Tensor dritter Stufe und hat die folgenden Eigenschaften :

$$\varepsilon_{ijk} = \begin{cases} 1 & \text{falls } i,j,k \text{ gerade} & \text{Permutation von } 1,2,3 \\ -1 & \text{falls } i,j,k \text{ ungerade} & \text{Permutation von } 1,2,3 \\ 0 & \text{falls } i,j,k \text{ keine} & \text{Permutation von } 1,2,3 \end{cases} \tag{8.1.43}$$

Mit dem ε-Tensor läßt sich das Vektorprodukt zweier Vektoren u_i und v_i bilden:

$$w_i = \varepsilon_{ijk} u_j v_k \tag{8.1.44}$$

Der Vektor w_i steht senkrecht auf der von u_i und v_i aufgespannten Ebene und entspricht betragsmäßig der Fläche des gebildeten Parallelogramms.

Greenscher Verzerrungstensor in Tensor-Schreibweise

Mit Hilfe der Tensor-Schreibweise läßt sich der Greensche Verzerrungstensor kompakter darstellen. Zunächst einmal wird die Beziehung Gl. (8.1.2) zwischen den aktuellen Koordinaten und den Koordinaten der Referenzkonfiguration eines Punktes P zu

$$^t x_i = {}^o x_i + u_i({}^o x_i, t) \tag{8.1.45}$$

Die Vektoren $\{d^o x\}$, $\{\delta^o x\}$ in der Referenzkonfiguration und $\{d^t x\}$, $\{\delta^t x\}$ in der verzerrten Lage werden nun zu $d^o x_i$, $\delta^o x_i$ bzw. $d^t x_i$, $\delta^t x_i$. Für das Verzerrungsmaß nach Gl. (8.1.5) erhält man

$$m = \delta^t x_i\, d^t x_i - \delta^o x_i\, d^o x_i \tag{8.1.46}$$

Für die partiellen Ableitungen des Verschiebungsfeldes nach den Koordinaten der Referenzkonfiguration soll die Abkürzung

$$\frac{\partial u_i}{\partial {}^o x_j} = u_{i,j} \tag{8.1.47}$$

eingeführt werden. Dabei bezeichnen Indizes nach dem Komma partielle Ableitungen nach den entsprechenden Raumrichtungen. Der Tensor $u_{i,j}$ entspricht dem früher definierten Vektorgradienten in transponierter Form. Man überzeugt sich leicht davon, daß der Greensche Deformationstensor nach Gl. (8.1.12) in Tensor-Schreibweise als

$$d_{ij} = \delta_{ij} + u_{i,j} + u_{j,i} + u_{k,i} u_{k,j} \tag{8.1.48}$$

sowie der Greensche Verzerrungstensor nach Gl. (8.1.14) als

$$g_{ij} = \frac{1}{2}(u_{i,j} + u_{j,i} + u_{k,i} u_{k,j}) \tag{8.1.49}$$

erscheinen. Das Verzerrungsmaß m wird zu

$$m = 2 g_{ij} d^o x_i\, \delta^o x_j \tag{8.1.50}$$

Der Greensche Verzerrungstensor läßt sich wiederum in seinen linearen und seinen quadratischen Anteil aufspalten:

$$g_{ij} = \ell_{ij} + q_{ij} \tag{8.1.51}$$

Der lineare Anteil

$$\ell_{ij} = \frac{1}{2}(u_{i,j}+u_{j,i}) \tag{8.1.52}$$

entspricht Gl. (2.2.7), während der quadratische Anteil zu

$$q_{ij} = \frac{1}{2}u_{k,i}u_{k,j} \tag{8.1.53}$$

wird. Man kann entsprechend Gl. (8.1.40) $u_{i,j}$ in

$$u_{i,j} = \frac{1}{2}(u_{i,j}+u_{j,i})+\frac{1}{2}(u_{i,j}-u_{j,i}) = \ell_{ij}+\omega_{ij} \tag{8.1.54}$$

mit dem symmetrischen linearen Verzerrungsanteil ℓ_{ij} und dem antimetrischen Rotationsanteil

$$\omega_{ij} = \frac{1}{2}(u_{i,j}-u_{j,i}) \tag{8.1.55}$$

zerlegen. Damit wird g_{ij} zu

$$g_{ij} = \ell_{ij} + \frac{1}{2}(\ell_{ki}+\omega_{ki})(\ell_{kj}+\omega_{kj}) \tag{8.1.56}$$

Falls die Rotationen ω_{ij} groß, die Verzerrungen ℓ_{ij} aber klein sind, wie dies bei Platten und Schalen normalerweise der Fall ist, reduziert sich der Greensche Verzerrungstensor auf die approximative Form

$$g_{ij} = \ell_{ij} + \frac{1}{2}\omega_{ki}\omega_{kj} \tag{8.1.57}$$

Piola-Kirchhoff-Spannungen

Zur Herleitung der zu den kinematischen Größen — den Greenschen Verzerrungen — korrespondierenden statischen Größen — den Spannungen — verwendet man wiederum virtuelle Verschiebungen. Unter virtuellen Verschiebungen δu_i ändern sich die Komponenten des Greenschen Verzerrungstensors g_{ij} um δg_{ij}. In der aufgespaltenen Form der Gl. (8.1.51) gilt demnach

$$\delta g_{ij} = \delta\ell_{ij}+\delta q_{ij} \tag{8.1.58}$$

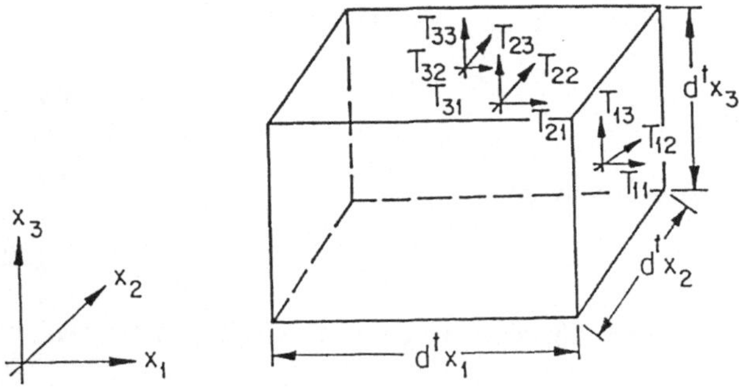

Abb. 8.1.5 Spannungen

Abb. 8.1.5 zeigt einen aus dem verformten Tragwerk herausgeschnittenen Elementarwürfel mit den Seitenlängen $d^t x_i$. Die Seitenlängen entsprechen den Längen in der verformten Lage. Am Element greifen Spannungen T_{ij} an. Diese Spannungen bilden einen symmetrischen Tensor zweiter Stufe und werden auch als Cauchy-Spannungen bezeichnet. Die Cauchy-Spannungen sind die tatsächlich auftretenden Spannungen in der betrachteten Lage. Bei einer virtuellen Änderung der Verschiebungen u_i um δu_i wird von diesen Spannungen die virtuelle Arbeit

$$\delta A = T_{ij} \frac{1}{2} \left(\frac{\partial \, \delta u_j}{\partial \, {}^t x_i} + \frac{\partial \, \delta u_i}{\partial \, {}^t x_j} \right) d^t V \tag{8.1.59}$$

geleistet. Man beachte, das die Ableitungen nach den aktuellen Koordinaten durchgeführt werden müssen. Ebenso bezeichnet $d^t V$ das aktuelle Volumen. Für kleine Verzerrungen reduziert sich diese Gleichung auf die bekannte Beziehung für die virtuelle Arbeit der Spannungen unter virtuellen Änderungen der Verzerrungen:

$$\delta A = T_{ij} \delta \ell_{ij} \, d^\circ V \tag{8.1.60}$$

Man kann nun versuchen, dem Greenschen Verzerrungstensor Spannungskomponenten derart zuordnen, daß die virtuelle Arbeit nach Gl. (8.1.59) direkt aus diesen Spannungskomponenten und den virtuellen Änderungen der Greenschen Verzerrungskomponenten erhalten wird. Die gesuchten neuen Spannungen sollen also die Beziehung

$$\delta A = S_{ij} \delta g_{ij} \, d^\circ V \tag{8.1.61}$$

mit dem ursprünglichen Volumen $d^\circ V$ erfüllen. Man nennt den Spannungstensor S_{ij} auch den zweiten Piola-Kirchhoff-Spannungstensor. Er stellt die zu den Greenschen Verzerrungen korrespondierenden Spannungen dar.

Die virtuellen Änderungen δg_{ij} des Greenschen Verzerrungstensors können mit Hilfe von Gl. (8.1.49) durch virtuelle Änderungen der partiellen Ableitungen des Verschiebungsfeldes ausgedrückt werden. Da in Gl. (8.1.49) die Ableitungen bezüglich der Referenzkonfiguration zu bilden sind, Gl. (8.1.59) aber die Ableitungen bezüglich des aktuellen Zustandes enthält, müssen diese partiellen Ableitungen noch umgerechnet werden. Durch Vergleich des damit aus Gl. (8.1.61) entstehenden Ausdruckes für die virtuelle Arbeit mit Gl. (8.1.59) erhält man den Zusammenhang

$$\frac{{}^t\varrho}{{}^\circ\varrho} S_{k\ell} (\delta_{ik} + u_{i,k})(\delta_{j\ell} + u_{j,\ell}) = T_{ij} \tag{8.1.62}$$

zwischen den Cauchy-Spannungen und den zweiten Piola-Kirchhoff-Spannungen [82]. Dabei bezeichnet δ_{ij} das Kronecker-Delta sowie ${}^\circ\varrho$ bzw. ${}^t\varrho$ die Massendichte in der Referenzkonfiguration und in der aktuellen Konfiguration. Da ein Volumenelement während seiner Verformung seine Masse behält, gilt

$$ {}^t\varrho \, d^t V = {}^\circ\varrho \, d^\circ V \tag{8.1.63}$$

Damit läßt sich das Verhältnis der Massendichten auch als Verhältnis der Volumina des Elementarwürfels ausdrücken. Gl. (8.1.62) stellt die Transformation zwischen Cauchy-Spannungen und Piola-Kirchhoff-Spannungen dar. Da die Transformationsbeziehung symmetrisch ist und die Cauchy-Spannungen einen symmetrischen Tensor bilden, folgt sofort, daß die zweiten Piola-Kirchhoff-Spannungen ebenfalls einen symmetrischen Tensor bilden. Gl. (8.1.62) liefert somit 6 unabhängige Beziehungen zur Bestimmung der S_{ij} aus gegebenen T_{ij}. Bezeichnet man die Verschiebungen u_i mit u, v und w sowie die Raumrichtungen x_i mit x, y und z, so lautet Gl. (8.1.62) für die 6 unabhängigen Komponenten ausgeschrieben

$$
\begin{aligned}
& (1+u_{,x})^2 \; S_{11} \; + & 2u_{,y}(1+u_{,x}) \; S_{12} \\
+ \; & 2u_{,z}(1+u_{,x}) \; S_{13} \; + & u_{,y}^2 \; S_{22} \\
+ \; & u_{,y}u_{,z} \; S_{23} \; + & u_{,z}^2 \; S_{33} \\
= \; & \frac{{}^{o}\varrho}{{}^{t}\varrho} T_{11} &
\end{aligned}
$$

$$
\begin{aligned}
& v_{,x}(1+u_{,x}) \; S_{11} \; + \; u_{,y}v_{,x}+(1+u_{,x})(1+v_{,y}) \; S_{12} \\
+ \; & u_{,z}v_{,x}+v_{,z}(1+u_{,x}) \; S_{13} \; + & u_{,y}(1+v_{,y}) \; S_{22} \\
+ \; & u_{,y}v_{,z}+u_{,z}(1+v_{,y}) \; S_{23} \; + & u_{,z}v_{,z} \; S_{33} \\
= \; & \frac{{}^{o}\varrho}{{}^{t}\varrho} T_{12} &
\end{aligned}
$$

$$
\begin{aligned}
& w_{,x}(1+u_{,x}) \; S_{11} \; + \; u_{,y}w_{,x}+w_{,y}(1+u_{,x}) \; S_{12} \\
+ \; & u_{,z}w_{,x}+(1+u_{,x})(1+w_{,z}) \; S_{13} \; + & u_{,y}w_{,y} \; S_{22} \\
+ \; & u_{,z}w_{,y}+u_{,y}(1+w_{,z}) \; S_{23} \; + & u_{,z}(1+w_{,z}) \; S_{33} \\
= \; & \frac{{}^{o}\varrho}{{}^{t}\varrho} T_{13} &
\end{aligned}
$$

$$
\begin{aligned}
& v_{,x}^2 \; S_{11} \; + & 2v_{,x}(1+v_{,y}) \; S_{12} \\
+ \; & 2v_{,x}v_{,z} \; S_{13} \; + & (1+v_{,y})^2 \; S_{22} \\
+ \; & 2v_{,z}(1+v_{,y}) \; S_{23} \; + & v_{,z}^2 \; S_{33} \\
= \; & \frac{{}^{o}\varrho}{{}^{t}\varrho} T_{22} &
\end{aligned}
$$

$$(8.1.64)$$

$$v_{,x}w_{,x}\ S_{11}\ +\ v_{,x}w_{,y}+w_{,x}(1+v_{,y})\ S_{12}$$
$$+\quad v_{,x}w_{,x}+v_{,x}(1+w_{,x})\ S_{13}\ +\quad w_{,y}(1+v_{,y})\ S_{22}$$
$$+\quad v_{,x}w_{,y}+(1+v_{,y})(1+w_{,x})\ S_{23}\ +\quad v_{,x}(1+w_{,x})\ S_{33}$$
$$=\quad \frac{\overset{o}{\varrho}}{\overset{t}{\varrho}}T_{23}$$

$$w_{,x}^{2}\ S_{11}\ +\quad 2w_{,x}w_{,y}\ S_{12}$$
$$+\quad 2w_{,x}(1+w_{,x})\ S_{13}\ +\quad w_{,y}^{2}\ S_{22}$$
$$+\quad 2w_{,y}(1+w_{,x})\ S_{23}\ +\quad (1+w_{,x})^{2}\ S_{33}$$
$$=\quad \frac{\overset{o}{\varrho}}{\overset{t}{\varrho}}T_{33}$$

Umgekehrt kann mit Hilfe der inversen Gleichungen aus gegebenen Piola-Kirchhoff-Spannungen der entsprechende Cauchy-Spannungstensor bestimmt werden. Falls die Verzerrungen klein sind und daher der quadratische Anteil des Greenschen Verzerrungstensors verschwindet, reduziert sich der zweite Piola-Kirchhoff-Spannungstensor auf

$$S_{ij} = T_{ij} \tag{8.1.65}$$

Beispiel

Abb. 8.1.6 zeigt einen Schnitt durch den Fachwerkstab von Abb. 8.1.3 in seiner verformten Lage. In diesem Schnitt sollen aus den Cauchy-Spannungen die Piola-Kirchhoff-Spannungen bestimmt werden. Unter der aktuellen Normalkraft ^{t}N erhält man aus den elementaren Transformationsbeziehungen Gl. (5.1.11) für die Cauchy-Spannungen bezogen auf das x-y-System

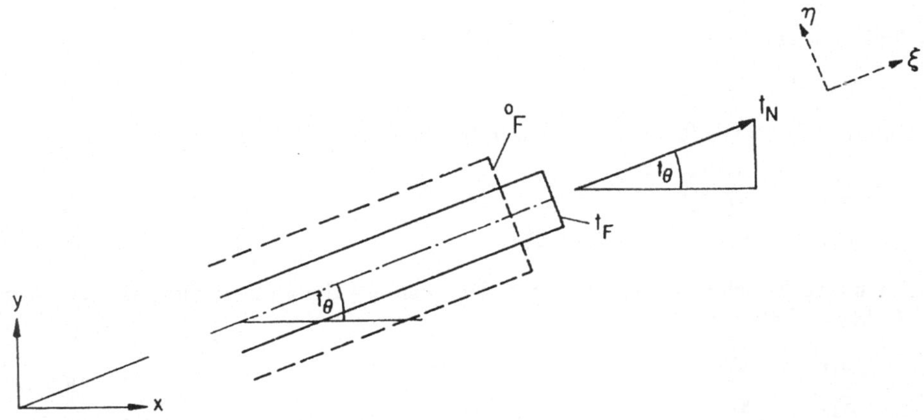

Abb. 8.1.6 Spannungen am Fachwerkstab

$$T_{11} = \frac{{}^{t}N}{{}^{t}F} \cos^2 {}^{t}\theta$$

$$T_{12} = T_{21} = \frac{{}^{t}N}{{}^{t}F} \sin {}^{t}\theta \cos {}^{t}\theta \qquad (8.1.66)$$

$$T_{22} = \frac{{}^{t}N}{{}^{t}F} \sin^2 {}^{t}\theta$$

Für kleine Verschiebungen wird ${}^{t}\theta$ zu null, ${}^{t}F$ zu ${}^{o}F$ und ${}^{t}N$ zu N. Damit reduziert sich Gl. (8.1.66) auf

$$T_{11} = \frac{N}{{}^{o}F}$$
$$T_{12} = T_{21} = T_{22} = 0 \qquad (8.1.67)$$

Da nur $u_{1,x}$ und $u_{2,x}$ von null verschieden sind, wird die Transformation Gl. (8.1.62) bzw. Gl. (8.1.64) zu

$$
\begin{aligned}
(1 + u_{1,x})^2 S_{11} &= \frac{{}^{o}\varrho}{{}^{t}\varrho} T_{11} \\
u_{2,x}(1 + u_{1,x}) S_{11} + (1 + u_{1,x}) S_{12} &= \frac{{}^{o}\varrho}{{}^{t}\varrho} T_{12} \\
(1 + u_{1,x}) S_{13} &= 0 \\
u_{2,x}^2 S_{11} + 2u_{2,x} S_{12} + S_{22} &= \frac{{}^{o}\varrho}{{}^{t}\varrho} T_{22} \\
u_{2,x} S_{13} + S_{23} &= 0 \\
S_{33} &= 0
\end{aligned}
\qquad (8.1.68)
$$

Aus Gl. (8.1.19) und Gl. (8.1.25) folgt

$$1 + u_{1,x} = \frac{{}^{o}L + \Delta u}{{}^{o}L} = \frac{{}^{t}L}{{}^{o}L} \cos {}^{t}\theta \qquad (8.1.69)$$

Analog erhält man aus Gl. (8.1.20) und Gl. (8.1.26)

$$u_{2,x} = \frac{{}^{t}L}{{}^{o}L} \sin {}^{t}\theta \qquad (8.1.70)$$

Weiterhin gilt wegen der Erhaltung der Masse

$${}^{o}\varrho \, {}^{o}F \, {}^{o}L = {}^{t}\varrho \, {}^{t}F \, {}^{t}L \qquad (8.1.71)$$

Damit und mit Gl. (8.1.66) lassen sich die Gleichungen Gl. (8.1.68) auflösen:

$$S_{11} = \frac{{}^{o}L}{{}^{t}L} \frac{{}^{t}N}{{}^{o}F}$$
$$S_{12} = S_{13} = S_{22} = S_{23} = S_{33} = 0 \qquad (8.1.72)$$

Für kleine Verschiebungen gilt neben den oben erwähnten Beziehungen auch ${}^{t}L = {}^{o}L$. Man erhält damit

$$S_{11} = \frac{N}{{}^{o}F}$$
$$S_{12} = S_{13} = S_{22} = S_{23} = S_{33} = 0 \qquad (8.1.73)$$

d.h. das gleiche Ergebnis wie Gl. (8.1.67).

Zusammenfassung

Die nichtlinearen Effekte lassen sich im wesentlichen in zwei verschiedene Klassen einteilen, nämlich die geometrischen Nichtlinearitäten und die Material-Nichtlinearitäten. Zur Erfassung der geometrischen Nichtlinearitäten eignet sich besonders die Lagrangesche Formulierung der Bewegung. Im Falle großer Verzerrungen können die Verzerrungen durch den Greenschen Verzerrungstensor beschrieben werden. Viele Formulierungen im nichtlinearen Bereich werden durch Verwendung der Tensor-Schreibweise durchsichtiger als in Matrizen-Schreibweise. Den Komponenten des Greenschen Verzerrungstensors sind die zweiten Piola-Kirchhoff-Spannungen als korrespondierende Größen zugeordnet. Sie können mit Hilfe virtueller Verschiebungen gewonnen werden. Physikalisch aussagekräftiger sind allerdings die Cauchy-Spannungen, welche die tatsächliche Beanspruchung am betrachteten Punkt des Tragwerks angeben. Sowohl die Greenschen Verzerrungen wie die zweiten Piola-Kirchhoff-Spannungen gehen für kleine Verzerrungen in die bekannten Ausdrücke für die Verzerrungen und die Spannungen über.

8.2 Totale und nachgeführte Lagrangesche Formulierung

Inkrementale Zerlegung

Bisher wurden die Bewegungsgleichungen immer in totalen Verschiebungen und deren zeitlichen Ableitungen formuliert. Für die Integration der Bewegungsgleichungen wurden dann allerdings die totalen Größen in inkrementale Größen umgesetzt. Bei einem zeitunabhängigen, d.h. statischen Problem liefert die totale Formulierung bei linearem Tragwerksverhalten die korrekte Lösung, da der Endzustand nur vom Endwert der Lasten, nicht aber von der Belastungsgeschichte abhängt. Dies ist bei nichtlinearem Verhalten anders. Hier muß die Belastungsgeschichte nachvollzogen werden. Aus diesem Grunde ist es sinnvoll, die Bewegungsgleichungen von vornherein in inkrementaler Form aufzustellen. Dabei nimmt man an, daß die Lösung zur Zeit t bekannt sei und damit die Gleichgewichts- und Verträglichkeitsbedingungen im Sinne der verwendeten Diskretisierung erfüllt sind. Man formuliert nun das PVV gemäß Gl. (2.1.32) für die Zeit $t + \Delta t$:

$$\delta A_a(t + \Delta t) = \delta A_i(t + \Delta t) \tag{8.2.1}$$

Dabei bezeichnet $\delta A_a(t + \Delta t)$ wiederum die virtuelle Arbeit der äußeren Kräfte einschließlich der Trägheits- und Dämpfungskräfte und $\delta A_i(t + \Delta t)$ die virtuelle Arbeit der Spannungen.

Alle im PVV erscheinenden Unbekannten werden nun in einen bekannten Anteil zur Zeit t und in ein unbekanntes Inkrement zwischen t und $t + \Delta t$ zerlegt. Diese Zerlegung führt bei einigen Größen auf nichtlineare Ausdrücke, welche für die numerische Lösung linearisiert werden. Durch die Linearisierung entsteht ein Approximationsfehler. Seine Größe kann aber durch die

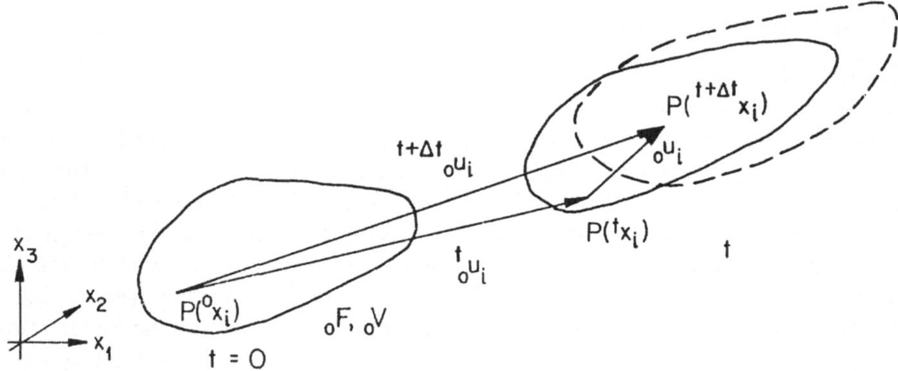

Abb. 8.2.1 Inkrementale Zerlegung

Wahl des Zeitschrittes Δt sowie durch noch zu besprechende sogenannte Gleichgewichtsiterationen unter Kontrolle gehalten werden. In die linearisierten Ausdrücke werden die Ansätze für die Diskretisierung durch finite Elemente eingesetzt. Als Ergebnis erhält man die Bewegungsgleichung in linearisierter Form.

Abb. 8.2.1 zeigt zur Illustration der inkrementalen Zerlegung nochmals einen Körper bezogen auf ein rechtshändiges kartesisches Inertialsystem. Dazu wurde die Lage des Körpers zur Zeit t wie auch zur Zeit $t + \Delta t$ eingezeichnet. Die Verschiebungen u_i werden nun in

$$^{t+\Delta t}u_i = {}^t u_i + u_i \tag{8.2.2}$$

zerlegt. Dabei bezeichnet $^t u_i$ die als bekannt vorausgesetzten Verschiebungen zur Zeit t und u_i das unbekannte Inkrement. Als Bezugskonfiguration wurde die Lage zur Zeit $t = 0$ angenommen. Diese Wahl ist aber willkürlich. Grundsätzlich kann nämlich jede beliebige Gleichgewichtslage während der Bewegung als Bezugskonfiguration gewählt werden. In der Berechnungspraxis kommen aber nur zwei Konfigurationen wirklich in Frage, nämlich einmal die Konfiguration zur Zeit $t = 0$ und zum anderen die Konfiguration zur Zeit t. Wählt man als Bezugskonfiguration die Lage zur Zeit $t = 0$, so spricht man von totaler Lagrangescher Formulierung (TLF). Wählt man die Lage zur Zeit t, so erhält man die sogenannte nachgeführte Lagrangesche Formulierung (NLF).

Totale Lagrangesche Formulierung

Im folgenden sollen die Bewegungsgleichungen sowohl für die totale wie auch für die nachgeführte Lagrangesche Formulierung auf der Basis des PVV hergeleitet werden. Die virtuelle innere Arbeit läßt sich als die Arbeit des zweiten Piola-Kirchhoff-Spannungstensors S_{ij} an den virtuellen Änderungen des Greenschen Verzerrungstensors g_{ij} erhalten. Für die totale Formulierung erhält man zur Zeit $t + \Delta t$

$$\delta A_i = \int_{oV} {}^{t+\Delta t}_{o}S_{ij}\, \delta\, {}^{t+\Delta t}_{o}g_{ij}\, d_oV \tag{8.2.3}$$

Dabei soll das linke Subskript Null anzeigen, daß die Referenzkonfiguration zur Zeit $t = 0$ gewählt wurde. Die virtuelle äußere Arbeit setzt sich zusammen aus der virtuellen Arbeit der Trägheitskräfte, der Dämpfungskräfte, der Volumenkräfte und der Oberflächenkräfte:

$$\delta A_a = \delta A_{a,T} + \delta A_{a,D} + \delta A_{a,V} + \delta A_{a,O} \tag{8.2.4}$$

Für die Trägheitskräfte erhält man mit der Massendichte ϱ

$$\delta A_{a,T} = -\int_{oV} {}_o\varrho\; {}^{t+\Delta t}_{o}\ddot{u}_i\, \delta\, {}^{t+\Delta t}_{o}u_i\, d_oV \tag{8.2.5}$$

für die viskosen Dämpfungskräfte mit der Dämpfungskonstanten pro Volumeneinheit c

$$\delta A_{a,D} = -\int_{oV} {}_oc\; {}^{t+\Delta t}_{o}\dot{u}_i\, \delta\, {}^{t+\Delta t}_{o}u_i\, d_oV \tag{8.2.6}$$

für die Volumenkräfte

$$\delta A_{a,V} = \int_{oV} {}^{t+\Delta t}_{o}p_i\, \delta\, {}^{t+\Delta t}_{o}u_i\, d_oV \tag{8.2.7}$$

wobei p_i die Kraft pro Volumeneinheit bedeutet und schließlich für die Oberflächenkräfte

$$\delta A_{a,O} = \int_{oF} {}^{t+\Delta t}_{o}s_i\, \delta\, {}^{t+\Delta t}_{o}u_i\, d_oF \tag{8.2.8}$$

mit den Kräften s_i pro Flächeneinheit. Man beachte, daß alle Integrationen über das Volumen bzw. die Oberfläche in der Referenzkonfiguration zur Zeit $t = 0$ durchgeführt werden müssen.

Zerlegung der Verschiebungen und Verzerrungen bei TLF

Durch inkrementale Zerlegung können diese Beziehungen weiter umgeformt werden. Für die Verschiebungen erhält man aus Gl. (8.2.2)

$$^{t+\Delta t}_{o}u_i = {}^{t}_{o}u_i + {}_ou_i \tag{8.2.9}$$

wobei ${}^{t}_{o}u_i$ bekannt und ${}_ou_i$ unbekannt ist. Die Komponenten des Greenschen Verzerrungstensors können ebenfalls in

$$^{t+\Delta t}_{o}g_{ij} = {}^{t}_{o}g_{ij} + {}_og_{ij} \tag{8.2.10}$$

zerlegt werden. Mit

$$^{t+\Delta t}_{\quad o}g_{ij} = g_{ij}\left(^{t}_{o}u_i + _{\partial}u_i\right) \tag{8.2.11}$$

und

$$^{t}_{o}g_{ij} = g_{ij}\left(^{t}_{o}u_i\right) \tag{8.2.12}$$

läßt sich $_og_{ij}$ mit den partiellen Ableitungen der Verschiebungen darstellen. Man erhält zusammen mit Gl. (8.1.49)

$$_og_{ij} = {}^{t+\Delta t}_{\quad o}g_{ij} - {}^{t}_{o}g_{ij} = \frac{1}{2}\left(_{\partial}u_{i,j} + _{\partial}u_{j,i} + {}^{t}_{o}u_{k,i}\,_{\partial}u_{k,j} + {}^{t}_{o}u_{k,j}\,_{\partial}u_{k,i}\right) + \frac{1}{2}_{\partial}u_{k,i}\,_{\partial}u_{k,j} \tag{8.2.13}$$

Aus dieser Gleichung sieht man, daß das Inkrement des Greenschen Verzerrungstensors in einen linearen und einen quadratischen Anteil in den Verschiebungsinkrementen zerfällt. Der lineare Anteil enthält durch die Terme $^{t}_{o}u_{k,i}$ Informationen über die verformte Geometrie zur Zeit t. Mit den Abkürzungen

$$_{\partial}\ell_{ij} = \frac{1}{2}\left(_{\partial}u_{i,j} + _{\partial}u_{j,i}\right) \tag{8.2.14}$$

$$_o\bar{\ell}_{ij} = \frac{1}{2}\left(^{t}_{o}u_{k,i}\,_{\partial}u_{k,j} + ^{t}_{o}u_{k,j}\,_{\partial}u_{k,i}\right) \tag{8.2.15}$$

$$_oq_{ij} = \frac{1}{2}_{\partial}u_{k,i}\,_{\partial}u_{k,j} \tag{8.2.16}$$

ergibt sich

$$_og_{ij} = _o\ell_{ij} + _o\bar{\ell}_{ij} + _oq_{ij} = _oe_{ij} + _oq_{ij} \tag{8.2.17}$$

wobei

$$_oe_{ij} = _o\ell_{ij} + _o\bar{\ell}_{ij} \tag{8.2.18}$$

das gesamte lineare Verzerrungsinkrement bezeichnet. Für die virtuelle Änderung von $_og_{ij}$ folgt

$$\delta_og_{ij} = \delta_o\ell_{ij} + \delta_o\bar{\ell}_{ij} + \delta_oq_{ij} = \delta_oe_{ij} + \delta_oq_{ij} \tag{8.2.19}$$

Da nur die Inkremente der Verschiebungen bzw. ihre partiellen Ableitungen virtuelle Änderungen erfahren können, kann man Gl. (8.2.19) auf Ausdrücke in den virtuellen Änderungen der partiellen Ableitungen der Verschiebungsinkremente zurückführen.

Zerlegung der Spannungen bei TLF

Analog zu den Verzerrungen läßt sich auch der zweite Piola-Kirchhoff-Spannungstensor in einen bekannten Anteil $_o^t S_{ij}$ und ein unbekanntes Spannungsinkrement $_o S_{ij}$ zerlegen:

$$^{t+\Delta t}_{\quad o} S_{ij} = {}_o^t S_{ij} + {}_o S_{ij} \tag{8.2.20}$$

Zwischen dem Spannungsinkrement und dem Verzerrungsinkrement besteht der durch das Materialgesetz beschriebene Zusammenhang. Er läßt sich in Tensor-Schreibweise als

$$_o S_{ij} = {}_o C_{ijk\ell} \; {}_o g_{k\ell} \tag{8.2.21}$$

schreiben. Der Materialtensor $_o C_{ijk\ell}$ ist ein Tensor vierter Stufe. Er verknüpft die 9 Komponenten des Verzerrungsinkrements mit den 9 Komponenten des Spannungsinkrements. Da aber sowohl die Verzerrungsinkremente wie auch die Spannungsinkremente einen symmetrischen Tensor zweiter Stufe bilden, enthält $_o C_{ijk\ell}$ nur 21 unabhängige Komponenten. Der Materialtensor ist im allgemeinen Fall eine nichtlineare Funktion der Verzerrungen sowie weiterer Größen wie beispielsweise der Temperatur oder der Belastungsgeschichte. Faßt man die Verzerrungskomponenten und die Spannungskomponenten als infinitesimale Größen auf, dann beschreibt der Materialtensor das tangentiale Materialgesetz.

Virtuelle Arbeitsgleichung bei TLF

Die Aufspaltung der Verschiebungen nach Gl. (8.2.9) in einen bekannten und damit festen Anteil zur Zeit t und in ein unbekanntes Inkrement hat, wie schon erwähnt, zur Folge, daß für die virtuelle innere und äußere Arbeit nur die Arbeit am Inkrement der Verzerrungen bzw. Verschiebungen berücksichtigt werden muß. Mit der Aufspaltung der Spannungen entsprechend Gl. (8.2.20) wird also das PVV zu

$$\int_{oV} ({}_o^t S_{ij} + {}_o S_{ij}) \delta_o g_{ij} \, d_o V = \delta A_a \tag{8.2.22}$$

Mit Gl. (8.2.19) und Ausmultiplizieren der Terme erhält man

$$\int_{oV} {}_o^t S_{ij} \, \delta_o e_{ij} \, d_o V + \int_{oV} {}_o^t S_{ij} \, \delta_o q_{ij} \, d_o V + \int_{oV} {}_o S_{ij} \, \delta_o g_{ij} \, d_o V = \delta A_a \tag{8.2.23}$$

Der erste Term der linken Seite stellt die virtuelle Arbeit der bekannten Spannungen zur Zeit t am linearen Anteil des Verzerrungsinkrementes dar. Dieser Term entspricht einem Lastvektor der Spannungen zur Zeit t. Der mittlere Term liefert die virtuelle Arbeit der bekannten Spannungen zur Zeit t an den virtuellen Änderungen des quadratischen Anteils des Verzerrungsinkrements. Dieser Term spielt daher nur eine Rolle, wenn die quadratischen

Anteile des Verzerrungsinkrementes von Bedeutung sind. Er führt auf die sogenannte geometrische Steifigkeitsmatrix, welche u.a. für die Effekte zweiter Ordnung verantwortlich ist. Schließlich liefert der dritte Term die Arbeit des unbekannten Spannungsinkrementes an den virtuellen Änderungen des Verzerrungsinkrementes. Er führt daher auf eine Steifigkeitsbeziehung. Setzt man in diesen Term das Materialgesetz Gl. (8.2.21) ein und nimmt den ersten Term als bekannten Lastvektor auf die rechte Seite, so wird das PVV zu

$$\int_{oV} {}_oC_{ijk\ell}\ {}_og_{k\ell}\ \delta_og_{ij}\ d_oV + \int_{oV} {}_o^tS_{ij}\ \delta_oq_{ij}\ d_oV = \delta A_a - \int_{oV} {}_o^tS_{ij}\ \delta_oe_{ij}\ d_oV \qquad (8.2.24)$$

Diese Beziehung ist nach wie vor die strenge Bedingung für die virtuellen Arbeiten. Es wird eine der späteren Aufgaben sein, diese exakte Gleichung durch Linearisierung und Diskretisierung in numerisch behandelbare Matrizenausdrücke umzuwandeln.

Nachgeführte Lagrangesche Formulierung

Vor der weiteren Bearbeitung dieser Ausdrücke sollen noch die analogen Beziehungen für die nachgeführte Lagrangesche Formulierung hergeleitet werden. Bei der nachgeführten Formulierung ist die Referenzkonfiguration die Lage des Tragwerks zur Zeit t. Betrachtet man zunächst die virtuelle äußere Arbeit, so läßt sich diese auch bei der nachgeführten Lagrangeschen Formulierung gemäß Gl. (8.2.4) aus den virtuellen Arbeiten der Trägheitskräfte, der Dämpfungskräfte, der Volumenkräfte und der Oberflächenkräfte aufbauen. Die einzelnen Beiträge werden jetzt aber zu

$$\delta A_{a,T} = -\int_{tV} {}_t\varrho\ {}^{t+\Delta t}_t\ddot{u}_i\ \delta\ {}^{t+\Delta t}_t u_i\ d_tV \qquad (8.2.25)$$

$$\delta A_{a,D} = -\int_{tV} {}_tc\ {}^{t+\Delta t}_t\dot{u}_i\ \delta\ {}^{t+\Delta t}_t u_i\ d_tV \qquad (8.2.26)$$

$$\delta A_{a,V} = \int_{tV} {}^{t+\Delta t}_t p_i\ \delta\ {}^{t+\Delta t}_t u_i\ d_tV \qquad (8.2.27)$$

$$\delta A_{a,O} = \int_{tF} {}^{t+\Delta t}_t s_i\ \delta\ {}^{t+\Delta t}_t u_i\ d_tF \qquad (8.2.28)$$

Das linke Subskript t bezeichnet nun die Referenzkonfiguration zur Zeit t. Für die virtuelle innere Arbeit erhält man

$$\delta A_i = \int_{tV} {}^{t+\Delta t}_t S_{ij}\ \delta\ {}^{t+\Delta t}_t g_{ij}\ d_tV \qquad (8.2.29)$$

Damit wird das PVV für die nachgeführte Lagrangesche Formulierung zu

$$\int_{tV} {}^{t+\Delta t}_t S_{ij}\ \delta\ {}^{t+\Delta t}_t g_{ij}\ d_tV = \delta A_a \qquad (8.2.30)$$

Zerlegung der Verschiebungen und Verzerrungen bei NLF

Man kann auch hier wieder die Verschiebungen, Verzerrungen und Spannungen in einen bekannten Anteil zur Zeit t in der Referenzkonfiguration sowie in ein unbekanntes Inkrement zerlegen. Für die Verschiebungen erhält man zunächst

$$^{t+\Delta t}_{t}u_i = {}^{t}_{t}u_i + {}_{t}u_i = {}_{t}u_i \tag{8.2.31}$$

Dabei wurde berücksichtigt, daß die Verschiebungen zur Zeit t bezogen auf die gleiche Zeit t verschwinden. Die inkrementale Zerlegung der Komponenten des Greenschen Verzerrungstensors liefert

$$^{t+\Delta t}_{t}g_{ij} = {}^{t}_{t}g_{ij} + {}_{t}g_{ij} = {}_{t}g_{ij} \tag{8.2.32}$$

da $^{t}_{t}g_{ij}$ ist. Das Verzerrungsinkrement läßt sich wiederum durch partielle Ableitungen der Verschiebungskomponenten ausdrücken. Man beachte aber, daß sich nun die partiellen Ableitungen auf die aktuellen Koordinaten $^{t}x_i$ und nicht auf die Ausgangskoordinaten $^{0}x_i$ beziehen. Für $_{t}g_{ij}$ erhält man

$$_{t}g_{ij} = \frac{1}{2}\left({}_{t}u_{i,j} + {}_{t}u_{j,i}\right) + \frac{1}{2}{}_{t}u_{k,i}{}_{t}u_{k,j} \tag{8.2.33}$$

Mit den Abkürzungen

$$_{t}\ell_{ij} = \frac{1}{2}\left({}_{t}u_{i,j} + {}_{t}u_{j,i}\right) \tag{8.2.34}$$

für den linearen und

$$_{t}q_{ij} = \frac{1}{2}{}_{t}u_{k,i}\,{}_{t}u_{k,j} \tag{8.2.35}$$

für den quadratischen Anteil wird das Verzerrungsinkrement zu

$$_{t}g_{ij} = {}_{t}\ell_{ij} + {}_{t}q_{ij} \tag{8.2.36}$$

Für die virtuellen Änderungen des Verzerrungsinkrementes folgt

$$\delta_{t}g_{ij} = \delta_{t}\ell_{ij} + \delta_{t}q_{ij} \tag{8.2.37}$$

Vergleicht man Gl. (8.2.36) mit Gl. (8.2.17), dann sieht man, daß bei der nachgeführten Lagrangeschen Formulierung der von der aktuellen Geometrie abhängige Term $\bar{\ell}_{ij}$ fehlt. Dieser Term wurde aber implizit durch das Nachführen der Geometrie bereits berücksichtigt.

Zerlegung der Spannungen bei NLF

Die Zerlegung des Piola-Kirchhoff-Spannungstensors liefert

$$^{t+\Delta t}_{\quad t}S_{ij} = {}^{t}_{t}S_{ij} + {}_{t}S_{ij} \tag{8.2.38}$$

Die Spannungen ${}^{t}_{t}S_{ij}$ zur Zeit t bezogen auf die gleiche Zeit t sind aber die wirklichen Spannungen, d.h. die Cauchy-Spannungen zur Zeit t:

$$^{t}_{t}S_{ij} = {}_{t}T_{ij} \tag{8.2.39}$$

Damit vereinfacht sich die inkrementale Zerlegung in

$$^{t+\Delta t}_{\quad t}S_{ij} = {}_{t}T_{ij} + {}_{t}S_{ij} \tag{8.2.40}$$

Die nachgeführte Lagrangesche Formulierung hat also den Vorteil, daß der Spannungszustand in der Bezugskonfiguration direkt durch die physikalisch aussagekräftigen Cauchy-Spannungen beschrieben wird.

Zwischen dem unbekannten Spannungsinkrement und dem Verzerrungs-inkrement besteht wiederum der Zusammenhang über das inkrementale Materialgesetz. In Analogie zu Gl. (8.2.21) kann man das Materialgesetz als

$$_{t}S_{ij} = {}_{t}C_{ijk\ell}\, {}_{t}g_{k\ell} \tag{8.2.41}$$

anschreiben.

Virtuelle Arbeitsgleichung bei NLF

Mit der inkrementalen Zerlegung wird das PVV zu

$$\int\limits_{tV} ({}_{t}T_{ij} + {}_{t}S_{ij})\delta_{t}g_{ij}\, d_{t}V = \delta A_{a} \tag{8.2.42}$$

Setzt man Gl. (8.2.37) ein und multipliziert die Terme aus, so erhält man

$$\int\limits_{tV} {}_{t}T_{ij}\, \delta_{t}\ell_{ij}\, d_{t}V + \int\limits_{tV} {}_{t}T_{ij}\, \delta_{t}q_{ij}\, d_{t}V + \int\limits_{tV} {}_{t}S_{ij}\, \delta_{t}g_{ij}\, d_{t}V = \delta A_{a} \tag{8.2.43}$$

Man sieht durch Vergleich mit Gl. (8.2.23), daß auch im Falle der nachgeführten Lagrangeschen Formulierung für die virtuelle innere Arbeit drei Terme entstehen. Der erste Term liefert wiederum einen äquivalenten Last-vektor der Spannungen in der Referenzkonfiguration unter den virtuellen Änderungen des linearen Anteils der Verzerrungen. Allerdings sind die Spannungen Cauchy-Spannungen und der lineare Anteil des Verzerrungsinkremen-tes enthält keinen von der aktuellen Geometrie abhängigen Anteil. Der zweite Term liefert als virtuelle Arbeit der aktuellen Spannungen unter den virtuel-len Änderungen der quadratischen Verzerrungen die geometrische Steifigkeit. Auch hier sind wiederum die Cauchy-Spannungen zu verwenden. Schließlich entspricht der dritte Term einer Steifigkeitsbeziehung, welche die Arbeit des

Spannungsinkrementes an den virtuellen Änderungen des Verzerrungsinkrementes erfaßt. Zusammen mit dem Materialgesetz erhält man nach Umordnen der Terme

$$\int_{tV} {}_tC_{ijk\ell}\ {}_tg_{k\ell}\ \delta_t g_{ij}\ d_tV + \int_{tV} {}_tT_{ij}\ \delta_t q_{ij}\ d_tV = \delta A_a - \int_{tV} {}_tT_{ij}\ \delta_t \ell_{ij}\ d_tV \tag{8.2.44}$$

Auch diese Beziehung stellt die exakte virtuelle Arbeitsgleichung dar. Man muß sie später durch Linearisierung und Diskretisierung in eine numerisch behandelbare Form bringen. Da sowohl Gl. (8.2.44) wie auch Gl. (8.2.24) die strengen virtuellen Arbeitsbeziehungen für die nachgeführte bzw. die totale Lagrangesche Formulierung darstellen, sind beide Formulierungen äquivalent. Bei der numerischen Behandlung dagegen können sich Unterschiede einstellen. Die Frage, welche der beiden Formulierungen nun in einem konkreten Fall verwendet werden soll, muß daher vor allem unter dem Gesichtspunkt der numerischen Effizienz beantwortet werden.

Ko-rotierte Koordinaten

Bei Problemen mit großen Rotationen kann die Erfüllung der Bedingung, daß Starrkörperbewegungen keine Verzerrungen verursachen dürfen, Schwierigkeiten bereiten. In solchen Fällen ist es vorteilhaft, ein lokales, mitgehendes Koordinatensystem zu verwenden, welches die Starrkörperbewegung bereits erfaßt. Man spricht hier von ko-rotierten Koordinaten. Im ko-rotierten System werden dann kleine Verzerrungen vorausgesetzt. Der Unterschied zur nachgeführten Lagrangeschen Formulierung besteht vor allem darin, daß die Bezugskonfiguration die durch Starrkörperbewegung erhaltene, aber unverformte Lage und nicht die aktuelle verformte Lage des Tragwerks ist. Die Verwendung von ko-rotierten Koordinaten ist besonders bei Problemen mit kleinen Verzerrungen, aber großen Rotationen, wie z.B. bei vielen Platten- und Schalenproblemen von Vorteil.

Zusammenfassung

Bei der Lagrangeschen Formulierung ist man bei der Wahl des Zeitpunkts für die Referenzkonfiguration frei. Wählt man die Ausgangslage, so spricht man von totaler Formulierung, wählt man den Zeitpunkt der zuletzt bestimmten Gleichgewichtskonfiguration, spricht man von nachgeführter Formulierung. Man gewinnt die Bewegungsgleichung aus dem PVV zusammen mit einer inkrementalen Zerlegung der Verschiebungen, Verzerrungen und Spannungen. Beide Formulierungen sind physikalisch gleichwertig, führen aber auf unterschiedliche virtuelle Arbeitsausdrücke. Bei Problemen mit großen Rotationen ist die Verwendung von ko-rotierten Koordinaten, welche die Starrkörperbewegungen schon enthalten, vorteilhaft.

8.3 Nichtlineares Material

In den virtuellen Arbeitsgleichungen des letzten Abschnitts erscheint das Materialgesetz nur bei der Arbeit des Spannungsinkrements am Verzerrungsinkrement. Als weitere Materialkonstanten sind die Massendichte im Ausdruck für die Trägheitskräfte sowie die Dämpfungskonstante in der virtuellen Arbeit der Dämpfungskräfte enthalten. Nur diese erwähnten Terme werden also von den Materialeigenschaften beeinflußt. Insbesondere ist die virtuelle Arbeit der Spannungen am quadratischen Verzerrungsinkrement wie auch der initiale Lastvektor materialunabhängig. In diesem Abschnitt über nichtlineares Materialverhalten sollen im folgenden Tragwerke behandelt werden, bei denen die Spannungs-Dehnungsbedingungen gemäß Gl. (8.2.21) bzw. Gl. (8.2.41) nichtlinear sind. Eventuelle Nichtlinearitäten durch Veränderlichkeit der Massendichte und der Dämpfungskonstanten können durch neuen Aufbau der entsprechenden Matrizen berücksichtigt werden. Die für dynamische Probleme normalerweise unwesentlichen Kriecheffekte werden nicht behandelt.

Verzerrungsenergie

Für ein elastisches Material existiert eine Potentialfunktion der inneren Bindungskräfte, die Verzerrungsenergie, welche gemäß Gl. (2.2.9) aus den Spannungen und Verzerrungen gebildet werden kann. Beschränkt man sich auf Probleme mit kleinen Verzerrungen, dann sind die Spannungen die Cauchy-Spannungen und die Verzerrungen die linearen Anteile des Greenschen Verzerrungstensors. In Tensor-Schreibweise wird demnach die Verzerrungsenergie zu

$$\overline{U} = \frac{1}{2} T_{ij}\varepsilon_{ij} \tag{8.3.1}$$

mit

$$T_{ij} = \sigma_{ij} \tag{8.3.2}$$

und

$$\varepsilon_{ij} = \frac{1}{2}(u_{i,j}+u_{j,i}) \tag{8.3.3}$$

Setzt man das Materialgesetz

$$T_{ij} = C_{ijk\ell}\varepsilon_{k\ell} \tag{8.3.4}$$

in Gl. (8.3.1) ein, so wird die Verzerrungsenergie ein quadratischer Ausdruck in ε_{ij}:

$$\overline{U} = \frac{1}{2} C_{ijk\ell}\varepsilon_{ij}\varepsilon_{k\ell} \tag{8.3.5}$$

Die Spannungen sind die den Bindungskräften entgegengesetzten Kraftgrössen. Man erhält sie aus der Verzerrungsenergie nach

$$T_{ij} = \frac{\partial \overline{U}}{\partial \varepsilon_{ij}} \tag{8.3.6}$$

durch partielle Ableitung nach den entsprechenden Verzerrungen.

Verwendet man für das Materialgesetz die zu Gl. (8.3.4) inverse Beziehung, so entsteht ein quadratischer Ausdruck in den Spannungen, der als Komplementärenergie bezeichnet wird. Es läßt sich leicht zeigen, daß die partiellen Ableitungen der Komplementärenergie nach den Spannungen in Dualität zu Gl. (8.3.6) die entsprechenden Verzerrungen liefert.

Isotrope Materialien

Für isotrope Materialien hängen die Komponenten des Materialtensors nur vom Elastizitätmodul E und der Querdehnungszahl ν ab. Die einzigen von null verschiedenen Komponenten sind

$$
\begin{aligned}
c_{1111} = c_{2222} = c_{3333} &= \frac{(1-\nu)E}{(1+\nu)(1-2\nu)} \\
c_{1112} = c_{1113} = c_{2223} &= \frac{\nu E}{(1+\nu)(1-2\nu)} \\
c_{4444} = c_{5555} = c_{6666} &= \frac{E}{2(1+\nu)}
\end{aligned}
\tag{8.3.7}
$$

Damit ist der Zusammenhang mit der Matrizenschreibweise in Gl. (2.2.11) hergestellt. Für ein orthotropes Material hängen die Komponenten des Materialtensors von den Elastizitätsmoduli E_x, E_y, E_z, den Schubmoduli G_{xy}, G_{yz}, G_{zx} sowie von den Querdehnungszahlen ν_{xy}, ν_{yz} und ν_{zx} in drei orthogonalen Raumrichtungen ab. Ein allgemeines anisotropes Material enthält wegen der Symmetrie des Spannungs- und Verzerrungstensors insgesamt 21 freie Konstanten. Die Materialkonstanten können ebenfalls temperaturabhängig sein. In diesem Falle spricht man von thermoelastischen Materialien. Schließlich soll noch darauf hingewiesen werden, daß zwischen den Materialparametern unter statischer Belastung und den Parametern bei kurzzeitiger dynamischer Belastung erhebliche Unterschiede bestehen können.

Für den Spannungstensor existieren, wie in Abschnitt 5.1 besprochen, ausgezeichnete Raumrichtungen, in welchen die Schubspannungen verschwinden. Dies sind die Hauptachsen des Spannungstensors. Man erhält die Richtungen der Hauptachsen wie auch die dazugehörigen Hauptspannungen gemäß Gl. (5.1.19) als Lösung eines speziellen Eigenwertproblems. Die charakteristische Gleichung liefert die drei Invarianten Gl. (5.1.26) des Spannungszustandes, welche in Tensor-Schreibweise

$$I_1 = T_{ii} \tag{8.3.8}$$

$$I_2 = \frac{1}{2}(T_{ij}T_{ji} - T_{ii}T_{jj}) \tag{8.3.9}$$

$$I_3 = \det(T_{ij}) = \frac{1}{6}(2T_{ij}T_{jk}T_{ki} - 3T_{ij}T_{ji}T_{kk} + 3T_{ii}T_{jj}T_{kk}) \tag{8.3.10}$$

sind. Diese Invarianten haben in jedem Bezugssystem den gleichen Wert. Da sich ein isotropes Material durch Richtungsunabhängigkeit seiner Eigenschaften ausgezeichnet, muß die zugehörige Verzerrungsenergie eine Funktion dieser Invarianten sein:

$$\overline{U} = \overline{U}(I_1, I_2, I_3) \tag{8.3.11}$$

Sind die Verzerrungen nicht mehr infinitesimal, dann wird zu ihrer Beschreibung der Greensche Verzerrungstensor verwendet. Die Verzerrungsenergie läßt sich aber ebenfalls mit den zweiten Kirchhoff-Piola-Spannungen mit

$$\overline{U} = \frac{1}{2}S_{ij}g_{ij} \tag{8.3.12}$$

als Arbeit der Spannungen an den Verzerrungen definieren. Auch hier erhält man die Spannungskomponenten durch partielle Ableitung von $\overline{U}$ nach den entsprechenden Verzerrungen.

Zieht man von den Diagonalelementen des Spannungstensors die Größe

$$S = \frac{1}{3}T_{ii} = \frac{1}{3}I_1 \tag{8.3.13}$$

ab, so erhält man den Spannungsdeviator

$$D_{ij} = T_{ij} - S\delta_{ij} \tag{8.3.14}$$

Man sieht sofort, daß die erste Invariante des Deviators, d.h. seine Spur verschwindet. Der Deviator entspricht einem Spannungszustand ohne hydrostatischen Anteil. Der dadurch hervorgerufene Verzerrungszustand zeichnet sich dadurch aus, daß der Elementarwürfel nur seine Gestalt, nicht aber sein Volumen ändert.

Ebenso wie für den Spannungstensor lassen sich für den Verzerrungstensor bzw. Deformationstensor die Invarianten angeben. Man überzeugt sich leicht davon, daß die dritte Invariante des Greenschen Deformationstensors physikalisch der Volumenänderung entspricht.

Elastische, inkompressible Materialien

Ein Spezialfall isotroper Materialien sind elastische, inkompressible Materialien. Die Bedingung der Inkompressiblität lautet, daß die dritte Invariante des Greenschen Deformationstensors zu eins wird:

$$\det(D_{ij}) = \det(\delta_{ij} + g_{ij}) = J_3 = 1 \tag{8.3.15}$$

Daraus folgt, daß derartige Materialien eine Verzerrungsenergie der Form

$$\overline{U} = \overline{U}(J_1, J_2) \tag{8.3.16}$$

mit der Nebenbedingung

$$J_3 - 1 = 0 \tag{8.3.17}$$

aufweisen müssen. Dabei bedeuten J_1, J_2, J_3 die Invarianten des Greenschen Deformationstensors. Weiterhin sieht man, daß die Verzerrungsenergie bei der Addition eines hydrostatischen Spannungszustandes unverändert bleibt, da ja keine Volumenänderung erfolgt. Die so gegebenen Materialgesetze sind nichtlinear aber elastisch.

Eine spezielle Form der Gl. (8.3.16) sind die Mooney-Rivlin-Materialien. Die Verzerrungsenergie ist hier durch

$$\overline{U} = c_1(J_1 - 3) + c_2(J_2 - 3) \tag{8.3.18}$$

gegeben, wobei die Konstanten c_1 und c_2 an das spezielle Material angepaßt werden müssen. Derartige Mooney-Rivlin-Materialgesetze eignen sich unter anderem zur Beschreibung von bestimmten Arten von Gummi. Gl. (8.3.18) stellt eine besonders einfache Formulierung der allgemeinen Gl. (8.3.16) dar. Daneben gibt es verschiedene aufwendigere Darstellungen der Verzerrungsenergie für große Verzerrungen [62], welche damit die Beschreibung komplexerer Materialeigenschaften erlauben.

Elastisch-plastische Materialien

Ein elastisches Material ist dadurch charakterisiert, daß eine Potentialfunktion in Form der Verzerrungsenergie $\overline{U}$ existiert. Aus dieser Potentialfunktion können die Spannungen durch partielle Ableitungen nach den zugeordneten Verzerrungskomponenten gewonnen werden. Daraus folgt sofort, daß der Spannungszustand zu einer bestimmten Zeit t nur vom aktuellen Verzerrungszustand und damit vom Wert der Potentialfunktion, nicht aber von der Verzerrungsgeschichte abhängt. Insbesondere nimmt ein elastisches Material nach der Entlastung seinen Ausgangszustand wieder ein.

Im Gegensatz dazu bleiben bei elastisch-plastischen Materialien nach der Entlastung plastische Verzerrungen bestehen. Diese Verhältnisse sind vereinfacht am Beispiel des einachsigen Zugversuchs in Abb. 8.3.1 links illustriert, wobei kleine Verzerrungen vorausgesetzt werden. Bei Spannungen unterhalb von σ_F liegt rein elastisches Verhalten vor. Beim Überschreiten der Fließgrenze σ_F treten bleibende plastische Dehnungen auf. Dabei liegt der Wert der Fließgrenze bei kurzer dynamischer Belastung normalerweise höher als bei statischer Belastung. Die Entlastung erfolgt auf einer zur ursprünglichen elastischen Belastungskurve parallelen Linie und führt auf die plastische Dehnung ε_p. Bei einer Wiederbelastung erfolgt zunächst linearelastisches Verhalten mit dem ursprünglichen Elastizitätsmodul. Erst bei

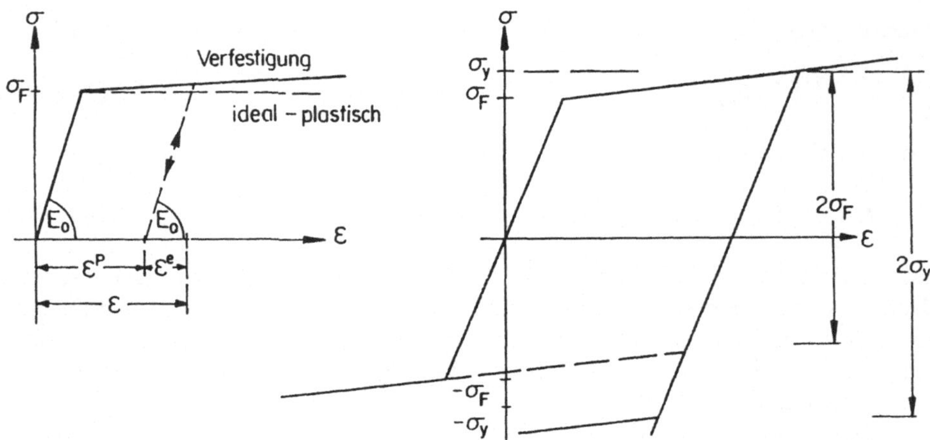

Abb. 8.3.1 Einachsiger Zugversuch

Erreichen der schrägen Arbeitslinie des Diagrammes erfolgt wieder plastischer Fluß. Man sieht daraus, daß jedem Verzerrungszustand unendlich viele Spannungszustände zugeordnet werden können. Die tatsächlich auftretenden Spannungen erhält man nur, wenn auch die Belastungsgeschichte mitberücksichtigt wird.

Das Verhalten oberhalb der Fließgrenze im idealisierten Spannungs-Dehnungs-Diagramm von Abb. 8.3.1 kann sehr unterschiedlich sein. Zunächst erhält man unter Zug- bzw. Druckbelastung einen linearen Zusammenhang zwischen Spannung und Verzerrung. Beim Erreichen der Fließspannung kann die Dehnung bei gleichbleibender Spannung ungehindert zunehmen. Man spricht hier von ideal-plastischem Verhalten. Es ist aber auch möglich, daß sich die Spannung weiter steigern läßt. In diesem Falle liegt Verfestigung vor. Entlastet man den Zugstab oberhalb der Fließgrenze, so bleiben plastische Dehnungen zurück. Bei einer neuerlichen Belastung wandert der Punkt im Spannungs-Dehnungs-Diagramm zunächst parallel zur elastischen Linie bis zum Schnittpunkt mit der Verfestigungslinie.

Bei der Verfestigung unterscheidet man zwei grundsätzlich verschiedene Verhaltensformen. Bleibt der elastische Bereich von $2\sigma_F$ konstant, beginnt aber bei verschiedenen Belastungsniveaus, so spricht man von kinematischer Verfestigung. Dies wird auch als der Bauschinger-Effekt bezeichnet. Auf der anderen Seite gibt es Materialien, bei denen der elastische Bereich mit zunehmender Verfestigung immer größer wird. Er umfaßt dann den gesamten Bereich der zuletzt erreichten Spannung. Dies wird als isotrope Verfestigung bezeichnet. Beide Verfestigungsarten sind in Abb. 8.3.1 rechts eingezeichnet. Schließlich kann auch der Fall eintreten, daß das Material oberhalb einer bestimmten Spannung entfestigt und damit die Last zurückgenommen werden muß. Ein typische Material mit Entfestigung ist Beton.

Fließbedingung und Verfestigung bei allgemeinen Spannungszuständen

Im einachsigen Zug/Druck-Versuch wird der Beginn des plastischen Flusses durch die Fließspannung angegeben. Bei einem mehrdimensionalen Spannungszustand tritt an Stelle der Fließspannung die Fließbedingung in der Form

$$F(\sigma_{ij}, k) = 0 \qquad (8.3.19)$$

mit dem Verfestigungsparameter k. Die Fließbedingung gibt unter beliebigen Spannungszuständen an, ob man sich im elastischen oder im plastischen Bereich befindet. So hat beispielsweise die von Misessche Fließbedingung die Form

$$F = \sqrt{3 I_2} - \sigma_v = 0 \qquad (8.3.20)$$

Dabei bezeichnet I_2 die zweite Invariante des Spannungsdeviators:

$$
\begin{aligned}
I_2 &= \frac{1}{6}[(\sigma_1 - \sigma_2)^2 + (\sigma_2 - \sigma_3)^2 + (\sigma_3 - \sigma_1)^2] \\
&\qquad\qquad\qquad\qquad\qquad\qquad\qquad (8.3.21) \\
&= \frac{1}{6}[(\sigma_x - \sigma_y)^2 + (\sigma_y - \sigma_z)^2 + (\sigma_z - \sigma_x)^2 + 6\tau_{xy}^2 + 6\tau_{yz}^2 + 6\tau_{zx}^2]
\end{aligned}
$$

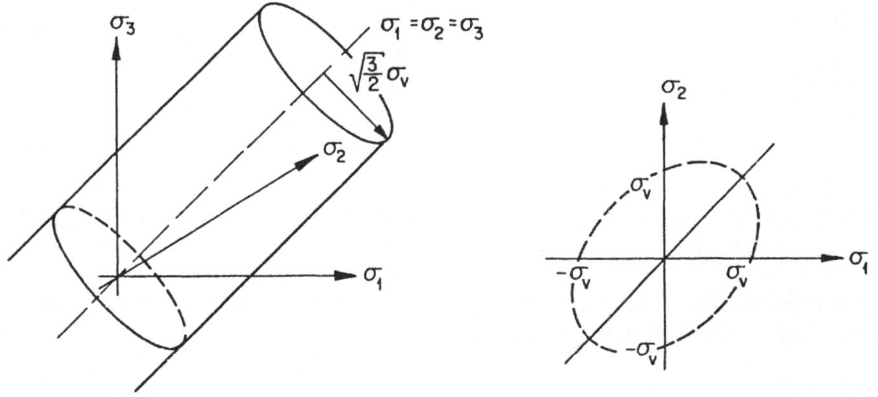

Abb. 8.3.2 Fließbedingung nach von Mises

Die sogenannte Vergleichsspannung σ_v wird aus dem einachsigen Zugversuch gewonnen und entspricht der Fließspannung σ_F. Sie erlaubt es, die Fließbedingung auf die Verhältnisse des einfachen Zugversuchs zurückzuführen. In einem Hauptspannungsraum stellt die Fließbedingung nach von Mises einen geraden Kreiszylinder mit der Achse in der Winkelhalbierenden des ersten Oktanten dar (Abb. 8.3.2). Die Schnitte dieses Zylinders mit der σ_1, σ_2-Ebene sind Ellipsen. Sie beschreiben die Fließbedingung für einen ebenen Spannungszustand.

Auch für mehrdimensionale Spannungszustände kann Verfestigung eintreten. Bei kinematischer Verfestigung verschiebt sich die Fließbedingung im Spannungsraum, ohne ihre Größe und Form zu ändern. Dies führt auf die mathematische Beschreibung

$$F(\sigma_{ij}-a_{ij})-k = 0 \qquad\qquad (8.3.22)$$

Die Konstanten a_{ij} charakterisieren die Verschiebung der Fließbedingung. Die Größe k ist wiederum ein Verfestigungsparameter. Im Gegensatz dazu entspricht eine isotrope Verfestigung geometrisch einem Ausweiten der Fließbedingung. Die mathematische Beschreibung kann in der Form

$$F(\sigma_{ij})-k(\varepsilon^p) = 0 \qquad\qquad (8.3.23)$$

erfolgen. Der Verfestigungsparameter k wurde dabei als eine Funktion der später noch genauer zu besprechenden plastischen Verzerrung ε^p angesetzt. Abb. 8.3.3 zeigt zur Illustration die geometrische Darstellung kinematischer und isotroper Verfestigung am Beispiel einer Fließbedingung für ebene Spannungszustände.

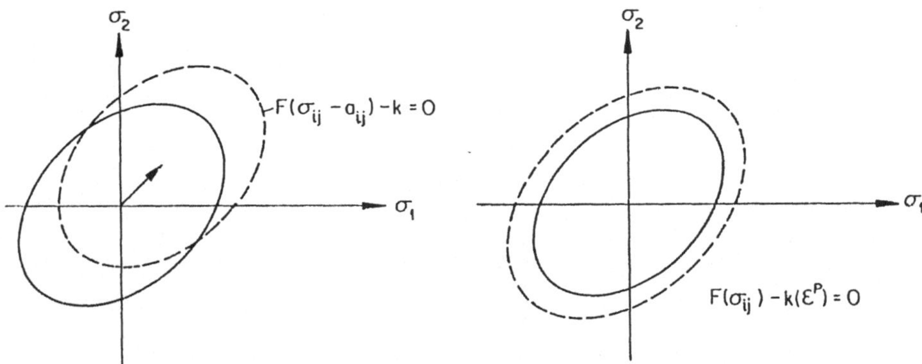

Abb. 8.3.3 Kinematische und isotrope Verfestigung in der Hauptspannungsebene

Für die folgenden Überlegungen soll die Fließbedingung in der Form der Gl. (8.3.19) angenommen werden sowie

$$dk \geq 0 \qquad\qquad (8.3.24)$$

gelten. Dies bedeutet, daß das Material verfestigt bzw. sich ideal-plastisch verhält. Bei plastischem Fluß gilt daher

$$dF = \frac{\partial F}{\partial \sigma_{ij}}d\sigma_{ij}+\frac{\partial F}{\partial k}dk = 0 \qquad\qquad (8.3.25)$$

Da die partielle Ableitung von F nach dem Verfestigungsparameter k immer ≤ 0 ist, folgt wegen Gl. (8.3.24), daß der Gradient auf die Fließfläche immer nach außen zeigt. Für den Spezialfall eines ideal-plastischen Materials gilt

$$dk = 0 \qquad\qquad (8.3.26)$$

Daraus folgt

$$\frac{\partial F}{\partial \sigma_{ij}} d\sigma_{ij} = 0 \qquad (8.3.27)$$

d.h. der Vektor $\frac{\partial F}{\partial \sigma_{ij}}$ steht senkrecht auf dem Spannungsinkrement $d\sigma_{ij}$. Man beachte, daß diese Überlegungen nur gelten, wenn die Fließbedingung nach den Spannungen differenziert werden kann. Dies ist beispielsweise für die Fließbedingung nach von Mises der Fall.

Fließgesetz

Neben der Fließbedingung ist zur Beschreibung eines elastisch-plastischen Materials das Fließgesetz nötig. Es beschreibt den Zusammenhang zwischen den plastischen Verzerrungsinkrementen und den Spannungsinkrementen. In seiner einfachsten Form läßt sich das Fließgesetz als

$$d\varepsilon_{ij}^{p} = d\lambda \frac{\partial F}{\partial \sigma_{ij}} \qquad (8.3.28)$$

mit einer Proportionalitätskonstanten $d\lambda$ ansetzen. Man spricht hier auch vom Normalitätsprinzip: die plastischen Verzerrungsinkremente stehen in einem Verzerrungsraum senkrecht auf die in diesem Raum dargestellte Fließbedingung. Für die von Misessche Fließbedingung nach Gl. (8.3.20) erhält man zunächst einmal

$$\frac{\partial F}{\partial \sigma_{ij}} = \frac{\partial F}{\partial I_2} \frac{\partial I_2}{\partial \sigma_{ij}} = \frac{3}{2\sqrt{3I_2}} \frac{\partial I_2}{\partial \sigma_{ij}} \qquad (8.3.29)$$

Man sieht leicht, daß

$$\frac{\partial I_2}{\partial \sigma_{ij}} = D_{ij} \qquad (8.3.30)$$

wobei D_{ij} wiederum die Komponenten des Spannungsdeviators bezeichnet. Damit wird das Fließgesetz Gl. (8.3.28) zu

$$d\varepsilon_{ij}^{p} = d\lambda \frac{3}{2\sqrt{3I_2}} D_{ij} \qquad (8.3.31)$$

Diese Beziehung wird als das Prandtl-Reußsche Fließgesetz bezeichnet. Es ist also das der Fließbedingung nach von Mises zugeordnete Fließgesetz. Analog können für andere Fließbedingungen die zugehörigen Fließgesetze hergeleitet werden. Man sieht aus den obigen Überlegungen, daß der Spannungsdeviator die Normalkomponenten des Spannungszustandes bezüglich der Fließbedingung nach von Mises darstellt. Weiterhin überzeugt man sich leicht von der Identität

$$D_{ij}D_{ij} = 2I_2 \qquad (8.3.32)$$

Unter einem Spannungsinkrement $d\sigma_{ij}$ entsteht ein Verzerrungsinkrement $d\varepsilon_{ij}$. Dieses Verzerrungsinkrement kann in einen elastischen Anteil $d\varepsilon_{ij}^{e}$ und einen plastischen Anteil $d\varepsilon_{ij}^{p}$ aufgespalten werden. Mit Gl. (8.3.28) erhält man

$$d\varepsilon_{ij} = d\varepsilon_{ij}^{e} + d\varepsilon_{ij}^{p} = d\varepsilon_{ij}^{e} + d\lambda \frac{\partial F}{\partial \sigma_{ij}} \qquad (8.3.33)$$

In Matrix-Schreibweise erscheint diese Beziehung in der Form

$$\{d\varepsilon\} = \{d\varepsilon^{e}\} + \{d\varepsilon^{p}\} = \{d\varepsilon^{e}\} + d\lambda\{F'\} \qquad (8.3.34)$$

mit

$$\{F'\} = \left\{ \begin{array}{c} \dfrac{\partial F}{\partial \sigma_{x}} \\[2ex] \dfrac{\partial F}{\partial \sigma_{y}} \\[1ex] \vdots \\[1ex] \dfrac{\partial F}{\partial \tau_{zx}} \end{array} \right\} \qquad (8.3.35)$$

Das Spannungsinkrement läßt sich mit Hilfe des elastischen Verzerrungsinkrementes sofort aus

$$d\sigma_{ij} = C_{ijk\ell}^{o} d\varepsilon_{k\ell}^{e} \qquad (8.3.36)$$

gewinnen. Für die Rechnung wäre aber eine direkte Beziehung zwischen den Spannungsinkrementen und den totalen Verzerrungsinkrementen entsprechend

$$d\sigma_{ij} = C_{ijk\ell}' d\varepsilon_{k\ell} \qquad (8.3.37)$$

wünschenswert. Die beiden letzten Gleichungen lassen sich in Matrixform als

$$\{d\sigma\} = [C_{o}]\{d\varepsilon^{e}\} \qquad (8.3.38)$$

und

$$\{d\sigma\} = [C']\{d\varepsilon\} \qquad (8.3.39)$$

mit den Materialmatrizen $[C_{o}]$ bzw. $[C']$ anschreiben.

Inkrementales Materialgesetz

Die Herleitung des inkrementalen Materialgesetzes für ein elastisch-plastisches Material gelingt mit Hilfe des eindimensionalen Spannungs-Dehnungsdiagramms. Dabei soll entsprechend Abb. 8.3.4 E den Elastizitätsmodul und

$$E' = \frac{d\sigma}{d\varepsilon} \tag{8.3.40}$$

den Tangentenmodul bezeichnen. Im elastischen Bereich des Diagramms ist $E' = E$. Oberhalb der Fließgrenze gilt $E' < E$. Unter einem Spannungsinkrement $d\sigma$ entsteht ein Verzerrungsinkrement $d\varepsilon$, welches in einen elastischen und in einen plastischen Anteil aufgespalten werden kann:

$$d\varepsilon = d\varepsilon^e + d\varepsilon^p \tag{8.3.41}$$

Man definiert nun als den plastischen Tangentenmodul die Größe

$$H = \frac{d\sigma}{d\varepsilon^p} = \frac{d\sigma}{d\varepsilon}\frac{d\varepsilon}{d\varepsilon^p} = E'\frac{d\varepsilon}{d\varepsilon^p} \tag{8.3.42}$$

Aus

$$d\sigma = E_o\,d\varepsilon^e = E'\,d\varepsilon \tag{8.3.43}$$

läßt sich sofort der elastische Anteil des Verzerrungsinkrementes gewinnen:

$$d\varepsilon^e = \frac{E'}{E_o}\,d\varepsilon \tag{8.3.44}$$

Für den plastischen Anteil folgt

$$d\varepsilon^p = d\varepsilon - d\varepsilon^e = \left(1 - \frac{E'}{E_o}\right)d\varepsilon = \frac{E_o - E'}{E_o}\,d\varepsilon \tag{8.3.45}$$

Daraus erhält man

$$\frac{d\varepsilon}{d\varepsilon^p} = \frac{E_o}{E_o - E'} \tag{8.3.46}$$

Einsetzen in Gl. (8.3.42) liefert für den plastischen Tangentenmodul

$$H = \frac{E_o E'}{E_o - E'} \tag{8.3.47}$$

Man sieht, daß H durch E und E' vollständig bestimmt ist. Im Falle eines ideal-plastischen Materials wird $H = 0$, im Falle eines rein elastischen Materials wird H zu ∞.

Mit Hilfe des plastischen Tangentenmoduls kann nun — wenigstens für den Fall der Fließbedingung nach von Mises — der Zusammenhang zwischen dem Spannungsinkrement und dem totalen Verzerrungsinkrement gemäß

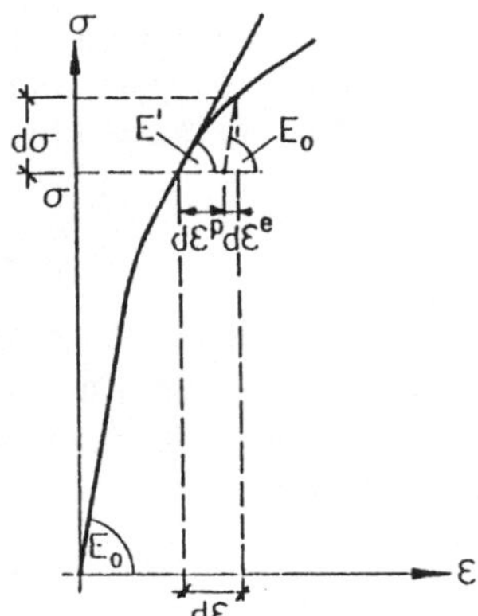

Abb. 8.3.4 Plastischer Tangentenmodul

Gl. (8.3.39) hergestellt werden. Verwendet man für diese Herleitung die Matrix-Schreibweise, so folgt aus Gl. (8.3.38)

$$\{d\varepsilon^e\} = [C_o]^{-1}\{d\sigma\} \tag{8.3.48}$$

Einsetzen in Gl. (8.3.34) liefert

$$\{d\varepsilon\} = [C_o]^{-1}\{d\sigma\} + d\lambda\{F'\} \tag{8.3.49}$$

Die auf der Fließfläche gültige Beziehung Gl. (8.3.25) wird in Matrix-Schreibweise zu

$$\{F'\}^T\{d\sigma\} + \frac{\partial F}{\partial k}dk = \{F'\}^T\{d\sigma\} - d\lambda\, H = 0 \tag{8.3.50}$$

mit der neuen Konstanten

$$H = -\frac{\partial F}{\partial k}\frac{dk}{d\lambda} \tag{8.3.51}$$

Es wird sich zeigen, daß H der plastische Tangentenmodul ist. Gl. (8.3.49) und Gl. (8.3.50) stellen zwei Gleichungen für die Unbekannten $\{d\sigma\}$ und $d\lambda$ dar. Auflösung nach $\{d\sigma\}$ liefert Gl. (8.3.39) mit

$$[C'] = [C_o] = -\frac{[C_o]\{F'\}\{F'\}^T[C_o]}{H + \{F'\}^T[C_o]\{F'\}} \tag{8.3.52}$$

Man sieht, daß die neue Elastizitätsmatrix $[C']$ symmetrisch ist und nur von der ursprünglichen Elastizitätsmatrix $[C_o]$, der Fließbedingung F sowie der Konstanten H abhängt. Für $H \to \infty$ wird $[C']$ zu $[C_o]$. Für $H = 0$ bleibt $[C']$ regulär.

Vergleichsspannung und Vergleichsdehnung

Um zu zeigen, daß H tatsächlich dem plastischen Tangentenmodul im eindimensionalen Spannungs-Dehnungs-Diagramm entspricht, müssen zunächst noch die Begriffe Vergleichsspannung und Vergleichsdehnung genauer besprochen werden. Sie erlauben, allgemeine dreidimensionale Zustände mit dem einachsigen Zustand zu vergleichen. Die Vergleichsspannung spielt für den einachsigen Zustand die gleiche Rolle wie die Fließbedingung für den mehrachsigen Zustand. Insbesondere reduziert sich die Fließbedingung für einen einachsigen Spannungszustand auf die Forderung, daß der Wert der Vergleichsspannung, der Fließspannung, für elastisches Verhalten nicht überschritten werden darf. Als Beispiel sei die von Misessche Fließbedingung gemäß Gl. (8.3.20) angeführt.

Für jeden allgemeinen Spannungszustand liefert die Fließbedingung daher einen zugehörigen Wert der Vergleichsspannung. Damit läßt sich auch die Vergleichsdehnung über die äquivalente Arbeit definieren:

$$\sigma_v \, d\varepsilon_v = \sigma_{ij} \, d\varepsilon_{ij} \tag{8.3.53}$$

Dabei bezeichnet σ_{ij} den aktuellen Spannungszustand und $d\varepsilon_{ij}$ das aktuelle Verzerrungsinkrement. In Matrix-Schreibweise wird diese Gleichung zu

$$\sigma_v \, d\varepsilon_v = \{\sigma\}^{\mathrm{T}} \{d\varepsilon\} \tag{8.3.54}$$

Die Auflösung liefert die Vergleichsdehnung

$$\varepsilon_v = \frac{1}{d\sigma_v} \sigma_{ij} \, d\varepsilon_{ij} \tag{8.3.55}$$

Spaltet man die Verzerrungen in ihren elastischen und in ihren plastischen Teil auf, so läßt sich mit dieser Beziehung auch die entsprechende elastische und plastische Vergleichsdehnung gewinnen. So wird beispielsweise das Inkrement der plastischen Vergleichsdehnung zu

$$d\varepsilon_v^p = \frac{1}{\sigma_v} \sigma_{ij} \, d\varepsilon_{ij}^p \tag{8.3.56}$$

Bei Fließgesetzen, welche dem Normalitätsprinzip genügen, steht das plastische Verzerrungsinkrement im Spannungsraum senkrecht auf die Fließbedingung. Dies bedeutet, daß in Gl. (8.3.54) für den Spannungszustand nur dessen Normalkomponente bezüglich der Fließbedingung verwendet werden kann.

Überträgt man diese Überlegungen nun auf die von Misessche Fließbedingung, so ist die Normalkomponente des Spannungszustandes durch den Spannungsdeviator D_{ij} gegeben. Die plastische Vergleichsdehnung bestimmt sich demzufolge aus

$$d\varepsilon_v^p = \frac{1}{\sigma_v} D_{ij} \, d\varepsilon_{ij}^p = \frac{1}{\sqrt{3I_2}} D_{ij} \, d\varepsilon_{ij}^p \tag{8.3.57}$$

wobei σ_v gemäß Gl. (8.3.20) durch die zweite Invariante des Spannungsdeviators ausgedrückt wurde. Setzt man für $d\varepsilon_{ij}^p$ die Beziehung Gl. (8.3.31) ein und berücksichtigt Gl. (8.3.32), so erhält man

$$d\varepsilon_v^p = d\lambda \frac{3 D_{ij} D_{ij}}{6 I_2} = d\lambda \frac{6 I_2}{6 I_2} = d\lambda \qquad (8.3.58)$$

Die Proportionalitätskonstante $d\lambda$ ist also gleich dem Inkrement der plastischen Vergleichsdehnung. Für die Verfestigung soll nun angenommen werden, daß sie nur von der sogenannten plastischen Arbeit, d.h. der Arbeit der Spannungen an den plastischen Verzerrungsinkrementen abhängt. Die Zunahme des Verfestigungsparameters soll demnach durch

$$dk = \sigma_{ij} d\varepsilon_{ij}^p = \sigma_v d\varepsilon_v^p = \sigma_v d\lambda \qquad (8.3.59)$$

gegeben sein. Da in der Fließbedingung Gl. (8.3.20) nur σ_v vom Verfestigungsparameter abhängt, gilt

$$-\frac{\partial F}{\partial k} = \frac{d\sigma_v}{dk} = \frac{1}{\sigma_v} \frac{d\sigma_v}{d\varepsilon_v^p} \qquad (8.3.60)$$

wobei Gl. (8.3.60) verwendet wurde. Setzt man nun diese Ergebnisse in die Definitionsgleichung Gl. (8.3.51) für H ein, so erhält man

$$H = \frac{1}{\sigma_v} \frac{d\sigma_v}{d\varepsilon_v^p} \sigma_v = \frac{d\sigma_v}{d\varepsilon_v^p} \qquad (8.3.61)$$

d.h. den plastischen Tangentenmodul. Damit ist gezeigt, daß die Konstante H in Gl. (8.3.52) im Falle der Fließbedingung nach von Mises und für Verfestigung durch plastische Arbeit tatsächlich dem plastischen Tangentenmodul entspricht.

Numerische Lösung

Die obigen Ergebnisse erlauben die inkrementale numerische Lösung eines elastisch-plastischen Problems. Die einzelnen Schritte sind in Abb. 8.3.5 in Form eines Flußdiagramms angegeben. Dabei wurden die Beziehungen zwischen den Spannungen und Verzerrungen dargestellt. Man kann aber die numerische Rechnung analog auch für integrale Größen wie beispielsweise Momente und Krümmungen durchführen.

Zu jedem Zeitpunkt t ist zunächst die Ausgangslage durch einen Spannungszustand ${}^t\{\sigma\}$ sowie durch die dazugehörigen totalen Verzerrungen ${}^t\{\varepsilon\}$ bestimmt. Diese Verzerrungen zerfallen nach

$${}^t\{\varepsilon\} = {}^t\{\varepsilon^e\} + {}^t\{\varepsilon^p\} \qquad (8.3.62)$$

in einen totalen elastischen und in einen totalen plastischen Anteil. Aus der numerischen Integration über den nächsten Zeitschritt erhält man nun ein Verschiebungsinkrement $\{\Delta q\}$ und daraus ein totales Verzerrungsinkrement

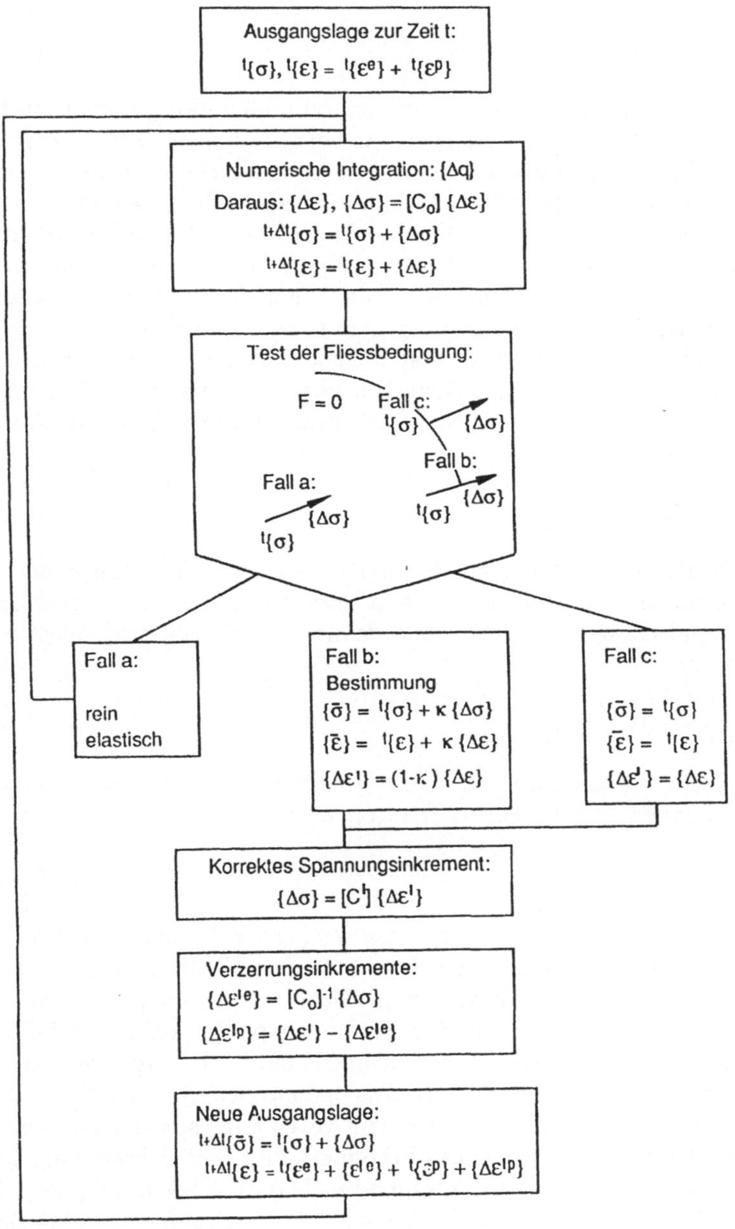

Abb. 8.3.5 Elastisch-plastische Lösung

$\{\Delta\varepsilon\}$. Man berechnet dann unter der Annnahme rein elastischer Verhältnisse ein erstes Spannungsinkrement:

$$\{\Delta\sigma\} = [C_{o}]\{\Delta\varepsilon\} \tag{8.3.63}$$

Damit kann der neue Spannungszustand zur Zeit $t + \Delta t$ aus

$$^{t+\Delta t}\{\sigma\} = {}^t\{\sigma\} + \{\Delta\sigma\} \qquad (8.3.64)$$

gebildet werden. Mit diesem Spannungszustand muß nun in jedem Punkt des Tragwerks die Fließbedingung überprüft werden. Bei einem FE-Modell wird man diese Überprüfung entweder nur in den Elementschwerpunkten oder an den Gauß-Punkten durchführen. Liegt man im elastischen Bereich, so ist an diesem Punkt des Tragwerksmodells alles in Ordnung (Fall a). Wird hingegen die Fließbedingung verletzt, so erfolgt eine eingehendere Untersuchung. Dabei sind zwei Fälle zu unterscheiden, je nachdem ob das vorhergehende Zeitinkrement noch rein elastisch verlief, oder aber ob der vorhergehende Schritt bereits elastisch-plastisch war. Im ersten Fall, d.h. beim Überschreiten der Fließbedingung aus einem elastischen Zeitschritt heraus (Fall b), wird der Spannungsanteil $\{\bar{\sigma}\} = {}^t\{\sigma\} + \kappa\{\Delta\sigma\}$ bestimmt, welcher noch rein elastisch aufgenommen werden kann:

$$F({}^t\{\sigma\} + \kappa\{\Delta\sigma\}) = 0 \qquad (8.3.65)$$

Mit dem aus dieser Gleichung bestimmten Wert von κ kann auch der Verzerrungszustand in einen rein elastischen und in einen elastisch-plastischen Anteil aufgespalten werden. Insbesondere werden die elastisch-plastischen Verzerrungen zu

$$\{\Delta\varepsilon'\} = (1-\kappa)\{\Delta\varepsilon\} \qquad (8.3.66)$$

Im zweiten Fall hingegen, d.h. bei einem bereits elastisch-plastisch verlaufenen vorhergehenden Zeitinkrement (Fall c), wird

$$\{\bar{\sigma}\} = {}^t\{\sigma\} \qquad (8.3.67)$$

Damit hat man in beiden Fällen als Ausgangspunkt einen Punkt auf der Fließbedingung. Man muß nun das korrekte, der Fließbedingung entsprechende Spannungsinkrement bestimmen. Dazu wird zunächst einmal der Wert der Vergleichsspannung für den Spannungspunkt auf der Fließfläche berechnet. Gl. (8.3.55) liefert dann das Inkrement der Vergleichsdehnung. Dieses kann nun sofort mit der eindimensionalen Beziehungen Gl. (8.3.45) in seinen elastischen und seinen plastischen Anteil aufgespalten werden. Aus dem elastischen Anteil erhält man das Inkrement der Vergleichsspannung und damit auch den plastischen Tangentenmodul. Damit läßt sich die neue Materialmatrix $[C']$ nach Gl. (8.3.52) aufstellen und daraus das korrekte Spannungsinkrement berechnen. Bei großen Zeitschritten bzw. großen Lastschritten im Falle statischer Berechnungen muß man gegebenenfalls den Zeitschritt weiter unterteilen oder iterieren. Bei dynamischen Problemen mit kleinen Zeitschritten ist aber normalerweise eine Iteration überflüssig.

Bei den obigen Überlegungen wurden die Verzerrungen stets als klein vorausgesetzt. Durch Wahl entsprechend kleiner Zeitschritte bzw. Lastschritte läßt sich diese Voraussetzung für die Verzerrungsinkremente stets genügend genau erfüllen. Weiterhin sieht man, daß auch die Verbindung von elastisch-plastischem Materialverhalten mit geometrisch-nichtlinearem Verhalten ohne weiteres möglich ist. Man muß hier neben der Berücksichtigung der verformten Geometrie in jedem Zeitschritt auch noch das Materialgesetz erfüllen. Schließlich sei noch angemerkt, daß die oben angegebene Theorie elastisch-plastischen Verhaltens im wesentlichen nur für Materialien gilt, welche durch die Fließbedingung nach von Mises charakterisiert werden können. Für andere Materialien, insbesondere bei sprödem Verhalten sind weitere Überlegungen nötig.

Zusammenfassung

Nichtlineare Materialien sind durch ein nichtlineares Spannungs-Dehnungs-Diagramm charakterisiert. Dabei kann das Material nichtlinear-elastisch wie z.B. Gummi oder elastisch-plastisch sein. Zur Beschreibung elastisch-plastischen Materialverhaltens ist die Fließbedingung, das Fließgesetz und das Verfestigungsgesetz nötig. Bei der Verfestigung wird zwischen kinematischer und isotroper Verfestigung unterschieden. Mit Hilfe des plastischen Tangentenmoduls sowie der Vergleichsspannung und Vergleichsdehnung gelingt es, die Inkremente des dreidimensionalen Spannungs- und Verzerrungszustands über das eindimensionale Spannungs-Dehnungs-Diagramm miteinander zu verknüpfen.

8.4   Inkrementale Bewegungsgleichungen

Die virtuellen Arbeitsausdrücke für die totale und die nachgeführte Lagrangesche Formulierung waren bis jetzt bezüglich des Raumes und der Zeit kontinuierlich. Allerdings wurde bei der Behandlung der Probleme mit Material-Nichtlinearitäten stillschweigend vorausgesetzt, daß die Lösung numerisch und damit mit Hilfe eines diskretisierenden Verfahrens gefunden wird. Im folgenden sollen nun noch die grundsätzlichen Schritte der Diskretisierung der allgemeinen virtuellen Arbeitsbeziehungen mit finiten Elementen und die numerische Lösung der daraus entstehenden Matrizengleichungen behandelt werden.

Die Diskretisierung soll mit rein kinematischen Elementen erfolgen. Dabei wird wiederum ein Produktansatz gemäß Gl. (4.2.1) bzw. Gl. (4.2.2) gemacht. Die Ansatzfunktionen sind jetzt im Falle der totalen Lagrangeschen Formulierung Funktionen der Koordinaten der Ausgangskonfiguration zur Zeit $t = 0$. Bei der nachgeführten Lagrangeschen Formulierung werden sie dagegen Funktionen der Koordinaten der aktuellen Bezugskonfiguration zur Zeit t.

Totale Lagrangesche Formulierung

Betrachtet man zunächst die totale Formulierung, dann wird in Tensor-Schreibweise der Ansatz für die Verschiebungen eines finiten Elementes nach

Gl. (4.2.1) zu

$$u_i({}^o x_i, t) = \sum_{k=1}^{n} \varphi_{ik}({}^o x_i) q_k(t) \tag{8.4.1}$$

Die Ansatzfunktionen $\varphi_{ik}({}^o x_i)$ hängen wiederum nur vom Ort aber nicht von der Zeit ab. Die Lagekoordinaten $q_k(t)$ sind normalerweise die Knotenverschiebungen und Knotenrotationen des Elementes. Sie sind im Falle dynamischer Probleme zeitabhängig. Mit diesem Ansatz können sofort die Komponenten des Greenschen Verzerrungstensors nach Gl. (8.1.49) gebildet werden. Man sieht, daß der lineare Anteil des Verzerrungstensors linear in den Lagekoordinaten $q_k(t)$ bleibt. Der quadratische Anteil wird dagegen eine quadratische Funktion der Lagekoordinaten.

Aus dem Verschiebungsansatz erhält man für die inkrementale Zerlegung der Verschiebungen

$$^{t+\Delta t}_{o} u_i = {}^t_o u_i + {}_o u_i = \sum_{k=1}^{n} \varphi_{ik}({}^o x_i)\big(q_k(t) + \Delta q_k\big) \tag{8.4.2}$$

Dabei wurden die Lagekoordinaten ebenfalls in einen bekannten Anteil $q_k(t)$ zur Zeit t sowie in unbekannte Inkremente Δq_k zerlegt. Daraus folgt für das Verschiebungsinkrement

$$_o u_i = \sum_{k=1}^{n} \varphi_{ik}({}^o x_i)\, \Delta q_k \tag{8.4.3}$$

Die Inkremente der Verschiebungen lassen sich also direkt aus den Ansatzfunktionen und den Inkrementen der Lagekoordinaten bestimmen. Das Inkrement des Greenschen Verzerrungstensors nach Gl. (8.2.13) kann damit ebenfalls aus den partiellen Ableitungen der Ansatzfunktionen sowie den Werten der Lagekoordinaten und ihren Inkrementen aufgebaut werden. Man sieht, daß der erste lineare Beitrag $_o \ell_{ij}$ nach Gl. (8.2.14) auch linear in den Δq_k ist. Der zweite lineare Beitrag $_o \overline{\ell}_{ij}$ nach Gl. (8.2.15) ist ebenfalls linear in den Δq_k, enthält aber zusätzlich die Werte $q_k(t)$ der aktuellen verformten Geometrie. Der quadratische Anteil $_o q_{ij}$ nach Gl. (8.2.16) schließlich wird zu einer quadratischen Funktion in den Δq_k.

In der virtuellen Arbeitsgleichung Gl. (8.2.24) wird lediglich der Lastvektor der aktuellen Spannungen mit den linearen Anteilen des Greenschen Verzerrungsinkrementes gebildet. Die Durcharbeitung führt für jedes Element auf einen Beitrag der Form

$$\int_{oV} {}^t_o S_{ij}\, \delta_o e_{ij}\, d_oV = \{\delta\, \Delta q^e\}^{\mathsf{T}}\, {}^t_o\{S^e\} \tag{8.4.4}$$

Dabei bezeichnet $^t_o\{S^e\}$ den zu den Spannungen zur Zeit t äquivalenten Lastvektor und $\{\Delta q^e\}$ die Inkremente der Lagekoordinaten des Elementes e. Mit

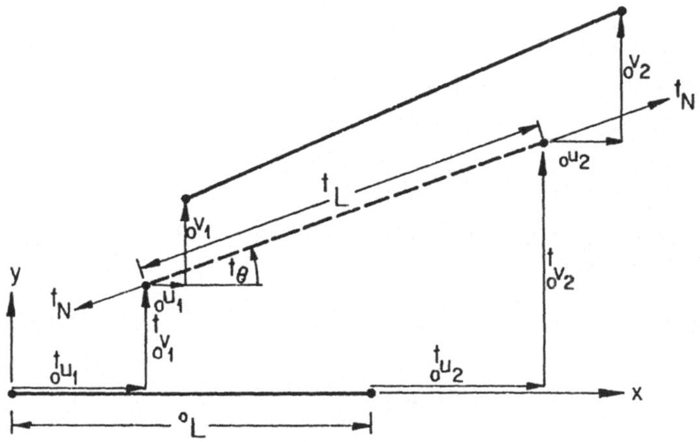

Abb. 8.4.1 Elementmatrizen des Fachwerkstabs

der Massenmatrix $[m^e]$, der viskosen Dämpfungsmatrix $[c^e]$ und dem Lastvektor $\{p^e(t)\}$ der Volumen- und Oberflächenkräfte wird die virtuelle äußere
Arbeit in Matrix-Schreibweise durch

$$\delta A_a = \{\delta\,\Delta q^e\}^T\big(-[m^e]^{\,t+\Delta t}\{\ddot{q}^e\}-[c^e]^{\,t+\Delta t}\{\dot{q}^e\}+\{p^e(t+\Delta t)\}\big) \qquad (8.4.5)$$

approximiert. Dabei wurden die Lagekoordinaten des Elementes zum Vektor
$\{q^e\}$ zusammengefaßt. Die Matrizen $[m^e]$ und $[c^e]$ sind strenggenommen für
die Zeit $t+\Delta t$ zu formulieren. Ihre Änderung über Δt ist aber normalerweise
sehr gering, so daß ohne großen Fehler auch die Matrizen zur Zeit t verwendet
werden können. Andernfalls muß man iterieren.

Auf der linken Seite von Gl. (8.2.24) stellt der zweite Term die virtuelle
Arbeit des aktuellen Spannungszustandes an der virtuellen Änderung des
quadratischen Verzerrungsinkrementes dar. Mit Gl. (8.4.3) läßt er sich als

$$\int\limits_{0V} {}^t_0 S_{ij}\,\delta_0 q_{ij}\,d_0V = \{\delta\,\Delta q^e\}^T\,{}^t_0[k^e_\sigma]\{\Delta q^e\} \qquad (8.4.6)$$

mit der lokalen geometrischen Steifigkeitsmatrix ${}^t_0[k^e_\sigma]$ schreiben. Die geometrische Steifigkeitsmatrix (s. auch [62], [114]) hängt von den Spannungskomponenten zur Zeit t ab. Es läßt sich zeigen, daß ${}^t_0[k_\sigma]$ symmetrisch ist. Die
geometrische Steifigkeitsmatrix erhöht oder vermindert die Gesamtsteifigkeit
des Elementes in Funktion des Spannungszustandes. So erhält beispielsweise
eine gespannte Saite oder ein Fußball seine Biegesteifigkeit weitgehend durch
die geometrische Steifigkeitsmatrix.

Beispiel

Zur Illustration sollen die geometrische Steifigkeitsmatrix und der Lastvektor
der initialen Spannungen des Fachwerkstabs von Abb. 8.4.1 für die totale Lagrangesche Formulierung hergeleitet werden. Aus den Ansatzfunktionen Gl. (8.1.17) und

Gl. (8.1.18) und der aus Gl. (8.2.16) folgenden Beziehung

$$\delta_0 q_{ij} = \frac{1}{2}\left(_0u_{k,i}\,\delta_0u_{k,j} + _0u_{k,j}\,\delta_0u_{k,i}\right) \tag{8.4.7}$$

erhält man durch Einsetzen

$$\delta_0 q_{11} = \frac{1}{2}\frac{_0u_2 - _0u_1}{^0L^2}(\delta_0u_2 - \delta_0u_1) + \frac{_0v_2 - _0v_1}{^0L^2}(\delta_0v_2 - \delta_0v_1) \tag{8.4.8}$$

während alle anderen Komponenten null sind. Mit der Piola-Kirchhoff-Spannung $_0^tS_{11}$ nach Gl. (8.1.72) folgt

$$\int_{0V} {}_0^tS_{11}\delta_0 q_{11}d_0V \;=\; {}^tN\left(\frac{_0u_2 - _0u_1}{^tL}(\delta_0u_2 - \delta_0u_1) + \frac{_0v_2 - _0v_1}{^tL}(\delta_0v_2 - \delta_0v_1)\right)$$
$$= \{\delta_0u^e\}^{Tt}_{\;0}[k^e_\sigma]\{_0u^e\} \tag{8.4.9}$$

mit

$$\{_0u^e\} = \left\{\begin{array}{c} _0u_1 \\ _0v_1 \\ _0u_2 \\ _0v_2 \end{array}\right\} \tag{8.4.10}$$

$$\{\delta_0u^e\} = \left\{\begin{array}{c} \delta_0u_1 \\ \delta_0v_1 \\ \delta_0u_2 \\ \delta_0v_2 \end{array}\right\} \tag{8.4.11}$$

und der geometrischen Steifigkeitsmatrix

$$_0^t[k^e_\sigma] = \frac{^tN}{^tL}\begin{bmatrix} 1 & 0 & -1 & 0 \\ 0 & 1 & 0 & -1 \\ -1 & 0 & 1 & 0 \\ 0 & 1 & 0 & 1 \end{bmatrix} \tag{8.4.12}$$

Man sieht sofort, daß eine positive Normalkraft, d.h. Zug, zu positiven Diagonaltermen und damit zu einer Erhöhung der gesamten Steifigkeit führt. Umgekehrt wird durch eine Druckkraft die Gesamtsteifigkeit vermindert.

Für den Lastvektor nach Gl. (8.4.4) wird $\delta_0 e_{ij}$ benötigt. Mit den Gleichungen (8.2.14), (8.2.15) und (8.2.18) ergibt sich

$$\delta_0 e_{ij} = \frac{1}{2}\left(\delta_0u_{i,j} + \delta_0u_{j,i}\right) + \frac{1}{2}\left(_0^tu_{k,i}\,\delta_0u_{k,j} + _0^tu_{k,j}\,\delta_0u_{k,i}\right) \tag{8.4.13}$$

Daraus erhält man für den Fachwerkstab das einzige von null verschiedene Element zu

$$\delta_0 e_{11} = \frac{\delta_0u_2 - \delta_0u_1}{^0L} + \frac{_0u_2 - _0u_1}{^0L^2}(\delta_0u_2 - \delta_0u_1) + \frac{_0v_2 - _0v_1}{^0L^2}(\delta_0v_2 - \delta_0v_1) \tag{8.4.14}$$

Damit kommt

$$\int_{0V} {}_0^tS_{11}\delta_0 e_{11}\,d_0V \;=$$
$$\frac{^0L}{^tL}\frac{^tN}{^0F}\frac{^0L\,^0F}{^0L^2}\Big({}^0L(\delta_0u_2 - \delta_0u_1) + (_0u_2 - _0u_1)(\delta_0u_2 - \delta_0u_1) +$$
$$(_0v_2 - _0v_1)(\delta_0v_2 - \delta_0v_1)\Big)$$
$$= \{\delta_0u^e\}^T\{_0^tS^e\} \tag{8.4.15}$$

mit dem gesuchten Vektor

$$\{{}_{o}^{t}S^{e}\} = \frac{{}^{t}N}{{}^{t}L} \left\{ \begin{array}{rl} -{}^{o}L & -({}_{o}u_2 \quad -{}_{o}u_1) \\ & -({}_{o}v_2 \quad -{}_{o}v_1) \\ {}^{o}L & +{}_{o}u_2 \quad -{}_{o}u_1 \\ & {}_{o}v_2 \quad -{}_{o}v_1 \end{array} \right\} \tag{8.4.16}$$

Linearisierung

In der allgemeinen Arbeitsbeziehung Gl. (8.2.24) ist der erste Term der linken Seite von 3. Grad nichtlinear. Um ihn rechnerisch behandelbar zu machen, wird er linearisiert. Die Linearisierung erfolgt zunächst auf der Stufe der Spannungs-Verzerrungsbeziehung dadurch, daß im Materialgesetz nur der lineare Anteil des Verzerrungsinkrementes verwendet wird:

$$_{o}S_{ij} = {}_{o}C_{ijk\ell}\,{}_{o}g_{k\ell} \simeq {}_{o}C_{ijk\ell}\,{}_{o}e_{k\ell} \tag{8.4.17}$$

Dies ist für kleine Verzerrungsinkremente zulässig. Als weitere Linearisierung wird für $\delta_o g_{ij}$ nur die virtuelle Änderung $\delta_o e_{ij}$ des linearen Anteils verwendet. Damit schreibt sich der erste Term in linearisierter Form als

$$\begin{aligned} \int_{oV} {}_{o}C_{ijk\ell}\,{}_{o}g_{k\ell}\,\delta_o g_{ij}\,d_oV \;\simeq\; & \int_{oV} {}_{o}C_{ijk\ell}\,{}_{o}e_{k\ell}\,\delta_o e_{ij}\,d_oV \\[4pt] =\; & \int_{oV} {}_{o}C_{ijk\ell}({}_{o}\ell_{k\ell} + {}_{o}\bar{\ell}_{k\ell})(\delta_o \ell_{ij} + \delta_o \bar{\ell}_{ij})\,d_oV \\[4pt] =\; & \int_{oV} {}_{o}C_{ijk\ell}\,{}_{o}\ell_{k\ell}\delta_o \ell_{ij}\,d_oV + \\[4pt] & \int_{oV} {}_{o}C_{ijk\ell}({}_{o}\ell_{k\ell}\delta_o\bar{\ell}_{ij} + {}_{o}\bar{\ell}_{k\ell}\delta_o\ell_{ij} + {}_{o}\bar{\ell}_{k\ell}\delta_o\bar{\ell}_{ij})\,d_oV \end{aligned} \tag{8.4.18}$$

Die Diskretisierung führt mit den obigen Ansätzen für die Elementverschiebungen auf

$$\int_{oV} {}_{o}C_{ijk\ell}\,{}_{o}e_{k\ell}\,\delta_o e_{ij}\,d_oV = \{\delta\,\Delta q^e\}^{\mathrm{T}}\,({}_{o}^{t}[k_o^e] + {}_{o}^{t}[k_q^e])\{\Delta q^e\} \tag{8.4.19}$$

Die Matrix

$$_{o}^{t}[k_o^e] = \int_{oV} {}_{o}C_{ijk\ell}\,{}_{o}\ell_{k\ell}\delta_o\ell_{ij}\,d_oV \tag{8.4.20}$$

ist die elastische Steifigkeitsmatrix des Elements. Sie ist symmetrisch und wird mit dem tangentialen Materialgesetz gebildet. Die zweite Matrix

$$_{o}^{t}[k_q^e] = \int_{oV} {}_{o}C_{ijk\ell}({}_{o}\ell_{k\ell}\delta_o\bar{\ell}_{ij} + {}_{o}\bar{\ell}_{k\ell}\delta_o\ell_{ij} + {}_{o}\bar{\ell}_{k\ell}\delta_o\bar{\ell}_{ij})\,d_oV \tag{8.4.21}$$

ist die sogenannte initiale Verschiebungsmatrix. Sie enthält wegen $_{o}\bar{\ell}_{ij}$ die aktuellen Lagekoordinaten $q_k(t)$ und liefert damit Information über die verformte Lage zur Zeit t. Aus dem Bildungsgesetz folgt, daß $_{o}^{t}[k_q^e]$ ebenfalls symmetrisch ist.

Bewegungsgleichung für TLF

Für jedes Element des Tragwerks können die durch Diskretisierung und Linearisierung gewonnenen lokalen Beiträge an die virtuellen Arbeiten gebildet werden. Diese Beiträge lassen sich über das gesamte Tragwerk addieren. Verlangt man nun, daß die virtuellen Beziehungen für beliebige virtuelle Änderungen der Inkremente der Lagekoordinaten gültig sein müssen, so erhält man die Bewegungsgleichung. Bezeichnet man mit $\{\Delta q\}$ den Vektor der Inkremente sämtlicher Lagekoordinaten des Tragwerks und mit $^{t+\Delta t}_{o}\{q\}$ die Lagekoordinaten zur Zeit $t + \Delta t$, so ergibt sich bei totaler Lagrangescher Formulierung die Bewegungsgleichung

$$[M] \, {}^{t+\Delta t}_{o}\{\ddot{q}\} + [C] \, {}^{t+\Delta t}_{o}\{\dot{q}\} + ({}^{t}_{o}[K_o] + {}^{t}_{o}[K_q] + {}^{t}_{o}[K_\sigma])\{\Delta q\} = \{p(t+\Delta t)\} - {}^{t}_{o}\{S\}$$

$$(8.4.22)$$

Dabei können die Massenmatrix $[M]$ und die Dämpfungsmatrix $[C]$ bewegungsabhängig sein. Sowohl $[M]$ wie auch $[C]$ müssen auch wieder streng genommen zur Zeit $t + \Delta t$ gebildet werden. Die Bewegungsgleichung enthält sämtliche nichtlinearen Effekte. Aus dem Bildungsgesetz der Matrizen für die Steifigkeitsterme sieht man, daß der Materialtensor in der Steifigkeitsmatrix $[K_o]$ und in der initialen Verschiebungsmatrix $[K_q]$ vorkommt. Bei nichtlinearem Materialverhalten reagieren also diese beiden Matrizen. Die geometrische Steifigkeitsmatrix $[K_\sigma]$ hingegen ist nur vom aktuellen Spannungszustand abhängig. Sie wird von nichtlinearem Materialverhalten nicht direkt beeinflußt.

Der Vektor ${}^{t}_{o}\{S\}$ ist der dem Spannungszustand zur Zeit t äquivalente Vektor der Knotenkräfte. Diese Knotenkräfte sind im Gleichgewicht mit den äußeren Kräften $\{p\}$ zur Zeit t, den Trägheitskräften und den Dämpfungskräften. Nimmt man in Gl. (8.4.22) die beiden ersten Terme auf die rechte Seite, so erscheinen sie dort als die Trägheitskräfte und Dämpfungskräfte zur Zeit $t + \Delta t$. Die gesamte rechte Seite wird damit zum Lastinkrement

$$\{\Delta R\} = \{p(t+\Delta t)\} - [M] \, {}^{t+\Delta t}_{o}\{\ddot{q}\} - [C] \, {}^{t+\Delta t}_{o}\{\dot{q}\} - {}^{t}_{o}\{S\} \qquad (8.4.23)$$

zwischen allen Lasten zur Zeit $t + \Delta t$ und zur Zeit t. Mit der Abkürzung

$$ {}^{t}_{o}[K_t] = {}^{t}_{o}[K_o] + {}^{t}_{o}[K_q] + {}^{t}_{o}[K_\sigma] \qquad (8.4.24)$$

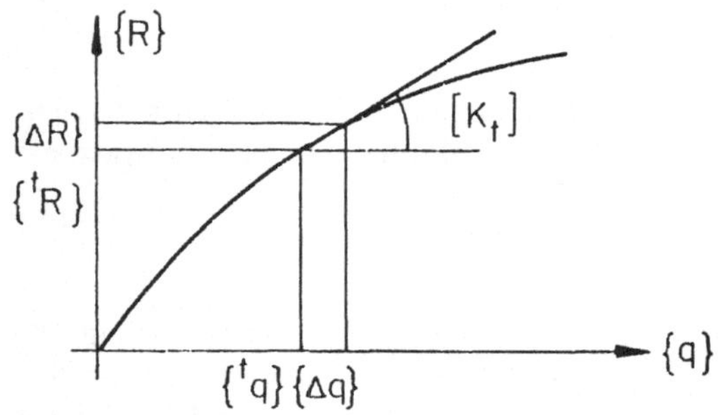

Abb. 8.4.2 Tangentiale Steifigkeitsmatrix

schreibt sich nun die Bewegungsgleichung als

$${}_{o}^{t}[K_t]\{\Delta q\} = \{\Delta R\} \tag{8.4.25}$$

In Abb. 8.4.2 wurde schematisch der Zusammenhang zwischen den totalen Verschiebungen $\{q\}$ und der resultierenden Belastung $\{R\}$, welche alle äußeren Lasten einschließlich der Trägheits- und Dämpfungskräfte enthält, dargestellt. Physikalisch stellt Gl. (8.4.25) den Zusammenhang zwischen dem Verschiebungsinkrement $\{\Delta q\}$ und dem Lastinkrement $\{\Delta R\}$ dar. Die Matrix $[K_t]$ wird dementsprechend als die tangentiale Steifigkeitsmatrix bezeichnet. Sie liefert die Änderung der Lagekoordinaten unter einer infinitesimalen Änderung der Belastungen. Für endliche Lastschritte liefert Gl. (8.4.25) eine Approximation der Bewegung. Vor diesem Hintergrund ist Gl. (8.4.24) ein bemerkenswertes Ergebnis. Die Beziehung sagt nämlich aus, daß sich im Falle der totalen Lagrangeschen Formulierung die tangentiale Steifigkeitsmatrix als die Summe aus elastischer tangentialer Steifigkeitsmatrix, initialer Verschiebungsmatrix und geometrischer Steifigkeitsmatrix aufbauen läßt.

Unterdrückt man in Gl. (8.4.22) die zeitabhängigen Terme, so erhält man die inkrementale Formulierung der Gleichgewichtsbedingungen für statische Probleme. Auch hier sind sämtliche Effekte der geometrischen Nichtlinearität sowie des nichtlinearen Materialverhaltens berücksichtigt. Bei linearen Problemen kann man $\{\Delta q\}$ durch die totalen Verschiebungen $\{q\}$ sowie $\{\Delta R\}$ durch die totale Belastung $\{p\}$ ersetzen. Damit erhält man die Bedingung Gl. (4.3.12) für statisches Gleichgewicht. Analog erhält man im Falle der linearen Dynamik durch Unterdrücken der nichtlinearen Terme und Ersetzen der Inkremente durch die entsprechenden totalen Größen die Bewegungsgleichung Gl. (4.3.9). Man sieht daraus, daß die inkrementale Bewegungsgleichung Gl. (8.4.22) auch sämtliche Ausgangsgleichungen der linearen Dynamik sowie der nichtlinearen und linearen Statik als Spezialfälle enthält.

Unter den Gleichgewichtskräften versteht man diejenigen inneren Kräfte, welche mit den äußeren Lasten im Gleichgewicht stehen. Für jeden Satz von Lagekoordinaten können aus den vollständigen, nichtlinearisierten Beziehungen die Gleichgewichtskräfte zurückgerechnet werden. Durch Vergleich mit den aus den linearisierten Gleichungen bestimmten inneren Kräften kann man ein Maß für den Fehler bei der Lösung der nichtlinearen Bewegungsgleichung herleiten. Gegebenenfalls läßt sich die Lösung iterativ verbessern, indem man die Differenz aus beiden Sätzen von Kräften als neue Belastung auf das Tragwerk aufbringt und die Bewegungsgleichung noch einmal löst. Sukzessive Iteration führt schließlich zur Übereinstimmung zwischen den äußeren Lasten und den aus den nichtlinearisierten Gleichungen berechneten Gleichgewichtskräften. Da die Lösung der nichtlinearen Bewegungsgleichungen sehr empfindlich bezüglich Genauigkeit, Stabilität und Eindeutigkeit sein kann, sind derartige Gleichgewichtsiterationen empfehlenswert.

Nachgeführte Lagrangesche Formulierung

In gleicher Weise wie bei der totalen Lagrangeschen Formulierung lassen sich auch für die nachgeführte Formulierung die Bewegungsgleichungen herleiten.

Ausgangspunkt ist die virtuelle Arbeitsbeziehung Gl. (8.2.44). Da nun aber die Geometrie zur Zeit t als Referenzkonfiguration gewählt wird, werden die Ansätze Gl. (8.4.1) für eine Diskretisierung mit finiten Elementen zu

$$u_i({}^t x_i, t) = \sum_{k=1}^{n} \varphi_{ik}({}^t x_i) q_k(t) \tag{8.4.26}$$

Dies bedeutet, daß das FE-Modell in der verformten Lage neu aufgebaut wird. Dementsprechend erhält man für das Verschiebungsinkrement

$$_t u_i = \sum_{k=1}^{n} \varphi_{ik}({}^t x_i) \Delta q_k \tag{8.4.27}$$

wobei die Δq_k wiederum die Inkremente der Lagekoordinaten bezeichnen.

Der zweite Term der rechten Seite von Gl. (8.2.44) enthält nur die virtuelle Änderung des linearen Anteils der Greenschen Verzerrungen. Er entspricht der virtuellen Arbeit des Spannungszustandes in der Referenzkonfiguration. Mit den Approximationen der Gl. (8.4.26) erhält man für diesen Term

$$\int\limits_{tV} {}_t T_{ij}\, \delta_t \ell_{ij}\, d_t V = \{\delta\, \Delta q^e\}^{\mathrm{T}}\, {}_t^t\{T\} \tag{8.4.28}$$

Der Vektor ${}_t^t\{T\}$ ist der zu den Spannungen zur Zeit t äquivalente Vektor der Knotenkräfte. Er kann im Falle der nachgeführten Lagrangeschen Formulierung direkt mit den Cauchy-Spannungen gebildet werden. Die virtuelle Arbeit δA_a der Lasten ist wie früher durch Gl. (8.4.5) gegeben.

Der zweite Term der linken Seite von Gl. (8.2.44) ist die Arbeit der Spannungen an den quadratischen virtuellen Verzerrungen. Er wird mit den obigen Ansätzen zu

$$\int\limits_{tV} {}_t T_{ij}\, \delta_t q_{ij}\, d_t V = \{\delta\, \Delta q^e\}^{\mathrm{T}}\, {}_t^t[k_\sigma^e]\{\Delta q^e\} \tag{8.4.29}$$

${}_t^t[k_\sigma^e]$ wird wiederum als die lokale geometrische Steifigkeitsmatrix bezeichnet. Sie wird direkt mit den Cauchy-Spannungen gebildet. Schließlich wird der erste Term der linken Seite von Gl. (8.2.44) linearisiert. Die Linearisierung besteht einmal darin, daß die virtuelle Änderung der Greenschen Verzerrungskomponenten durch die virtuelle Änderung ihres linearen Anteils ersetzt werden:

$$\delta_t g_{ij} \simeq \delta_t \ell_{ij} \tag{8.4.30}$$

Man beachte, daß dieser Term nun keine Information über die Lage zur Zeit t enthält, sondern nur von den Ableitungen der Verschiebungsinkremente abhängt. Die zweite Linearisierung besteht im Ersetzen des Materialgesetzes durch den entsprechenden linearen Zusammenhang:

$$_t S_{ij} = {}_t C_{ijk\ell}\, {}_t g_{k\ell} \simeq {}_t C_{ijk\ell}\, {}_t \ell_{k\ell} \tag{8.4.31}$$

Damit erhält man für diesen Term

$$\int_{tV} {}_tC_{ijkl}\, {}_t\ell_{kl}\, \delta_t\ell_{ij}\, d_tV = \{\delta\, \Delta q^e\}^{\mathrm{T}}\, {}_t^t[k_o^e]\, \{\Delta q^e\} \tag{8.4.32}$$

wobei ${}_t^t[k_o^e]$ die lokale elastische Steifigkeitsmatrix bezeichnet.

Beispiel

Für den Fachwerkstab von Abb. 8.4.1 sollen auch für die nachgeführte Lagrangesche Formulierung die geometrische Steifigkeitsmatrix sowie der Lastvektor des initialen Spannungszustandes hergeleitet werden. Aus Gl. (8.2.35) erhält man für die virtuelle Änderung des quadratischen Verzerrungsinkrementes

$$\delta_t q_{ij} = \frac{1}{2}\left({}_tu_{k,i}\, \delta_t u_{k,j} + {}_tu_{k,j}\, \delta_t u_{k,i}\right) \tag{8.4.33}$$

Durch Einsetzen der einzigen von null verschiedenen Komponente kommt

$$\delta_t q_{11} = \frac{{}^tu_2 - {}^tu_1}{{}^tL^2}(\delta_t u_2 - \delta_t u_1) + \frac{{}^tv_2 - {}^tv_1}{{}^tL^2}(\delta_t v_2 - \delta_t v_1) \tag{8.4.34}$$

Die Spannung ist

$$_tT_{11} = \frac{{}^tN}{{}^tF} \tag{8.4.35}$$

Daraus folgt

$$\int_{tV} {}_tT_{11}\delta_t q_{11}\, d_tV = {}^tN\left(\frac{{}^tu_2 - {}^tu_1}{{}^tL}(\delta_t u_2 - \delta_t u_1) + \frac{{}^tv_2 - {}^tv_1}{{}^tL}(\delta_t v_2 - \delta_t v_1)\right) \tag{8.4.36}$$

$$= \{\delta_t u\}^{\mathrm{T}}\, {}_t^t[k_\sigma^e]\{_t u\} = \{\delta_t u\}^{\mathrm{T}}\, {}_o^t[k_\sigma^e]\{_t u\}$$

mit

$$\{_t u^e\} = \left\{\begin{array}{c} {}_tu_1 \\ {}_tv_1 \\ {}_tu_2 \\ {}_tv_2 \end{array}\right\} \tag{8.4.37}$$

$$\{\delta_t u^e\} = \left\{\begin{array}{c} \delta_t u_1 \\ \delta_t v_1 \\ \delta_t u_2 \\ \delta_t v_2 \end{array}\right\} \tag{8.4.38}$$

und der geometrischen Steifigkeitsmatrix

$$_t^t[k_\sigma^e] = {}_o^t[k_\sigma^e] \tag{8.4.39}$$

nach Gl. (8.4.11). Die Matrix $[k_\sigma^e]$ ist also für die totale und die nachgeführte Lagrangesche Formulierung identisch. Für den Lastvektor ergibt sich zunächst

$$\delta_t\ell_{ij} = \frac{1}{2}(\delta_t u_{i,j} + \delta_t u_{j,i}) \tag{8.4.40}$$

und durch Einsetzen das einzige von null verschiedene Element

$$\delta_t \ell_{11} = \frac{\delta_t u_2 - \delta_t u_1}{{}^t L} \tag{8.4.41}$$

Mit Gl. (8.4.35) kommt

$$\int_{^tV} {}_t T_{11} \delta_t \ell_{11}\, d_t V = {}^t N (\delta_t u_2 - \delta_t u_1) = \{\delta_t u\}^{\mathrm{T}} \{{}^t_t S^e\} \tag{8.4.42}$$

mit

$$\{{}^t_t S^e\} = {}^t N \left\{ \begin{array}{c} -1 \\ 0 \\ 1 \\ 0 \end{array} \right\} \tag{8.4.43}$$

Mit der Transformation

$$\delta_t u_2 - \delta_t u_1 = \cos{}^t\!\theta\,(\delta_t u_2 - \delta_t u_1) + \sin{}^t\!\theta\,(\delta_t v_2 - \delta_t v_1) \tag{8.4.44}$$

kann $\{{}^t_t S^e\}$ ins System ${}^o x$, ${}^o y$ transformiert werden. Man erhält dann das gleiche Ergebnis wie bei der totalen Lagrangeschen Formulierung.

Bewegungsgleichung für NLF

Setzt man in Gl. (8.4.32) die diskretisierten Ausdrücke für die virtuellen Arbeiten ein und berücksichtigt, daß die entstehende Beziehung für beliebige $\{\delta\,\Delta q\}$ gelten muß, so erhält man die Bewegungsgleichung

$$[M]\,{}^{t+\Delta t}_{t}\{\ddot{q}\} + [C]\,{}^{t+\Delta t}_{t}\{\dot{q}\} + ({}^t_t[K_o] + {}^t_t[K_\sigma])\{\Delta q\} = \{p(t+\Delta t)\} - {}^t_t\{T\} \tag{8.4.45}$$

für die nachgeführte Lagrangesche Formulierung. Dabei wurden die lokalen Matrizen der einzelnen Elemente zu den entsprechenden globalen Matrizen aufsummiert. Diese Gleichung enthält keine initiale Verschiebungsmatrix mehr. Der Einfluß der Verschiebungen wurde aber direkt durch Nachführen der Geometrie berücksichtigt.

Integration der nichtlinearen Gleichungen

Die Bewegungsgleichung in totaler oder nachgeführter Lagrangescher Formulierung kann mit den früher angegebenen Methoden der direkten Integration gelöst werden. Man setzt dabei die bis jetzt in der Zeit kontinuierliche Bewegungsgleichung um in eine Matrizengleichung für die unbekannten Stützwerte. Die Integration kann explizit oder implizit erfolgen. Bei einem impliziten Integrationsalgorithmus läßt sich unbedingte Stabilität, wie in Abschnitt 6.3 besprochen, durch Einführen von freien Parametern erreichen. Dabei ist zu beachten, daß die Stabilitätsgrenzen für diese Parameter nur anhand des linearen Einmassenschwingers hergeleitet werden können. Man

wird daher für die Integration der nichtlinearen Gleichungen die Parameter
so wählen, daß eine Stabilitätsreserve bleibt.

Nimmt man als Beispiel für einen impliziten Algorithmus die Wilsonsche
θ-Methode, so liefert Gl. (6.3.6) mit den Bezeichnungen von Abb. 6.3.1 für
die Geschwindigkeiten an der oberen Stützstelle

$$\{\dot{q}\}_{n+1} = {}^{t+\theta\,\Delta t}\{\dot{q}\} = \{\dot{q}\}_n + \frac{\theta\,\Delta t}{2}(\{\ddot{q}\}_n + \{\ddot{q}\}_{n+1}) \tag{8.4.46}$$

Für die Verschiebungen erhält man aus Gl. (6.3.7)

$$\{q\}_{n+1} = {}^{t+\theta\,\Delta t}\{q\} = \{q\}_n + \theta\,\Delta t\{\dot{q}\}_n + \frac{\theta^2\,\Delta t^2}{6}(2\{\ddot{q}\}_n + \{\ddot{q}\}_{n+1}) \tag{8.4.47}$$

Das Verschiebungsinkrement $\{\Delta q\}_{n+1}$ über den verlängerten Zeitschritt $\theta\,\Delta t$
wird damit zu

$$\{\Delta q\}_{n+1} = \theta\,\Delta t\{\dot{q}\}_n + \frac{\theta^2\,\Delta t^2}{6}(2\{\ddot{q}\}_n + \{\ddot{q}\}_{n+1}) \tag{8.4.48}$$

In der inkrementalen Bewegungsgleichung soll als Unbekannte $\{\Delta q\}_{n+1}$ erscheinen. Gl. (8.4.48) liefert

$$\{\ddot{q}\}_{n+1} = {}^{t+\theta\,\Delta t}\{\ddot{q}\} = \frac{6}{\theta^2\,\Delta t^2}\{\Delta q\}_{n+1} + \frac{6}{\theta\,\Delta t}\{\dot{q}\}_n - 2\{\ddot{q}\}_n \tag{8.4.49}$$

Durch Einsetzen in Gl. (8.4.46) kommt

$$\{\dot{q}\}_{n+1} = {}^{t+\theta\,\Delta t}\{\dot{q}\} = \frac{3}{\theta\,\Delta t}\{\Delta q\}_{n+1} - 2\{\dot{q}\}_n - \frac{\theta\,\Delta t}{2}\{\ddot{q}\}_n \tag{8.4.50}$$

Die Belastung $\{p(t)\}$ wird gemäß Gl. (6.3.10) über den verlängerten Zeitschritt linearisiert.

Schreibt man nun die Bewegungsgleichung Gl. (8.4.22) der TLF für den
Zeitpunkt $t + \theta\,\Delta t$ an und verwendet die obigen Beziehungen, dann erhält
man

$$[\overline{K}]\{\Delta q\}_{n+1} = \{\overline{\Delta p}\}_{n+1} \tag{8.4.51}$$

mit der effektiven Steifigkeitsmatrix

$$[\overline{K}] = \frac{6}{\theta^2\,\Delta t^2}[M] + \frac{3}{\theta\,\Delta t}[C] + {}^t_o[K_o] + {}^t_o[K_q] + {}^t_o[K_\sigma] \tag{8.4.52}$$

und dem effektiven Lastinkrement

$$\{\overline{\Delta p}\}_{n+1} = \{p\}_{n+1} - {}^t_o\{S\} + [M](\frac{6}{\theta\,\Delta t}\{\dot{q}\}_n + 2\{\ddot{q}\}_n) +$$
$$[C](2\{\dot{q}\}_n + \frac{\theta\,\Delta t}{2}\{\ddot{q}\}_n) \tag{8.4.53}$$

Arbeitet man mit NLF, so folgt aus der Bewegungsgleichung Gl. (8.4.45) die effektive Steifigkeitsmatrix

$$[\overline{K}] = \frac{6}{\theta^2\,\Delta t^2}[M] + \frac{3}{\theta\,\Delta t}[C] + {}^t_t[K_o] + {}^t_t[K_\sigma] \tag{8.4.54}$$

und das effektiven Lastinkrement

$$\{\overline{\Delta p}\}_{n+1} = \{p\}_{n+1} - {}^t_t\{T\} + [M](\frac{6}{\theta\,\Delta t}\{\dot{q}\}_n + 2\{\ddot{q}\}_n) +$$
$$[C](2\{\dot{q}\}_n + \frac{\theta\,\Delta t}{2}\{\ddot{q}\}_n) \tag{8.4.55}$$

Nach der Lösung wird wie im linearen Fall auf die Verhältnisse zur Zeit $t + \Delta t$ zurückgerechnet. Es muß aber am Ende jedes Zeitschritts sichergestellt werden, daß die ohne Linearisierungen berechneten inneren und äußeren Kräfte übereinstimmen. Dies führt auf Gleichgewichtsiterationen, welche wesentlich für die Genauigkeit der Lösung sind. Ohne Iterationen kann die numerische Lösung rasch von der korrekten Lösung wegdriften. Im Gegensatz zu den linearen Problemen ändern weiterhin die Systemmatrizen der nichtlinearen Bewegungsgleichung während der Integration. Man muß daher die Matrizen entweder bei jedem Zeitschritt oder nach einigen Zeitschritten neu aufbauen. Es ist dabei eine Frage der numerischen Effizienz, wie oft man diese Neubildung vornehmen wird.

Der Integrationszeitschritt richtet sich bei linearen Problemen nach der höchsten interessanten Frequenz, welche zur Bewegung beiträgt. Im Falle eines nichtlinearen Problems ändert diese Frequenz ständig. Man kann sie bestimmen, indem man zur aktuellen Zeit t mit Hilfe der linearisierten Gleichungen das Eigenwertproblem löst. Dies ist allerdings wegen des damit verbundenen Rechenaufwands nur selten praktikabel. Die höchste interessante Frequenz wird insbesondere größer, wenn die Gesamtsteifigkeit des Systems zunimmt, und sie wird kleiner, wenn die Gesamtsteifigkeit abnimmt. Dementsprechend muß man den Integrationszeitschritt an die aktuellen Verhältnisse anpassen. Dies ist vor allem wichtig bei plötzlicher Zunahme der Gesamtsteifigkeit. Um hier numerisch zuverlässige Lösungen zu erhalten, muß der Zeitschritt reduziert werden. Interessant sind in diesem Zusammenhang auch die Verfahren zur automatisierten Anpassung des Integrationszeitschritts [71].

Newton-Raphson-Iteration für statische Probleme

Unterdrückt man in der Bewegungsgleichung die zeitabhängigen Terme, so erhält man die nichtlineare Gleichgewichtsbedingung für statische Probleme. Mit der tangentialen Steifigkeitsmatrix $[K_t]$ schreibt sich diese Bedingung für beide Formulierungen als

$$[K_t]\{\Delta q\} = \{\Delta p\} \tag{8.4.56}$$

Dabei wurde berücksichtigt, daß $\{\Delta R\}$ nun zum Lastinkrement $\{\Delta p\}$ wird. Bei der totalen Lagrangeschen Formulierung enthält $[K_t]$ die initiale Ver-

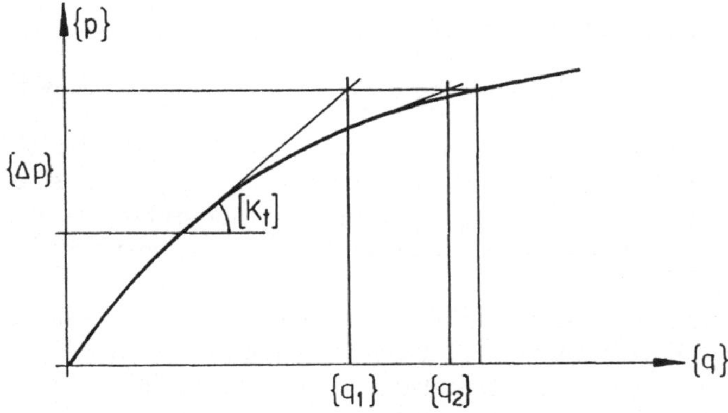

Abb. 8.4.3 Newton-Raphson-Iteration

schiebungsmatrix, während bei der nachgeführten Lagrangeschen Formulierung $[K_t]$ nur aus elastischer und geometrischer Steifigkeitsmatrix besteht. In Abb. 8.4.3 ist der Verlauf der inneren Kräfte in Funktion der Verschiebungen $\{q\}$ angegeben. Statisches Gleichgewicht ist dann erreicht, wenn die äußeren Lasten gleich diesen inneren Kräften sind. Man sieht, daß der Lösungspunkt der Schnittpunkt der Kurve der inneren Kräfte mit der Linie der äußeren Lasten darstellt. Diesen Lösungspunkt kann man iterativ durch sogenannte Newton-Raphson-Iterationen erreichen. Bildet man nämlich für eine bestimmte Verschiebungskonfiguration die tangentiale Steifigkeitsmatrix, dann läßt sich durch eine lineare Rechnung eine erste verbesserte Lösung erhalten. Für diese neue Lösung kann man wiederum die tangentiale Steifigkeitsmatrix aufstellen und damit linear einen nochmals verbesserten Lösungspunkt berechnen. Sukzessive Iterationen führen schließlich auf den gesuchten Lösungspunkt.

Man sieht aus Abb. 8.4.3, daß die Iterationen umso schneller konvergieren, je besser die tangentiale Steifigkeitsmatrix den Verlauf der Kurve der inneren Kräfte darstellt. Umgekehrt schließt man daraus, daß man nicht notwendigerweise immer mit der tangentialen Steifigkeitsmatrix iterieren muß. Man kann vielmehr die tangentiale Steifigkeitsmatrix für einige Iterationsschritte konstant halten und erst dann an die neuen Verhältnisse anpassen. Dadurch benötigt man zwar mehr Iterationen bis zur Konvergenz, erspart sich aber den Neuaufbau der tangentialen Steifigkeitsmatrix und ihre Dreieckszerlegung. Iterationsverfahren dieser Art werden als modifizierte Newton-Raphson-Iterationen bezeichnet.

Instabilitäten

Bei nichtlinearen Problemen spielt die Frage nach der Instabilität des Tragwerks eine große Rolle. Instabilität tritt dann ein, wenn die Systemmatrix singulär wird. Bei statischen Problemen bedeutet dies, daß die Determinante der tangentialen Steifigkeitsmatrix verschwindet:

$$|[K_t]| = 0 \tag{8.4.57}$$

Da sich die Systemmatrix dauernd ändert, muß man den Punkt der Instabilität durch Lösung von Gl. (8.4.56) durch sukzessive Steigerung der Last bestimmen. Man kann dabei eine Vorhersage des Instabilitätspunktes dadurch erhalten, daß man die Gleichung für das aktuellen Lastniveau linearisiert und ein Eigenwertproblem löst [26].

Ein Spezialfall sind die linearen Stabilitätsprobleme. Man bezeichnet sie auch als Probleme zweiter Ordnung. Bei diesen Problemen wird die Veränderung der Geometrie während der Belastung nicht berücksichtigt. Zudem arbeitet man in totalen Verschiebungen und setzt die geometrische Steifigkeitsmatrix mit einem Skalierungsfaktor λ und der geometrischen Steifigkeitsmatrix in der Ausgangskonfiguration an:

$$[K_\sigma] = \lambda[K_{\sigma_0}] \tag{8.4.58}$$

Die Matrix $[K_{\sigma_0}]$ ist die geometrische Steifigkeitsmatrix, welche aus den Spannungen eines Anfangsbelastungszustandes $\{p_o\}$ berechnet wurde. Instabilität tritt dann ein, wenn Verschiebungen ohne äußere Belastung entstehen können. Die Gleichgewichtsbedingung wird damit zu

$$([K]+\lambda[K_{\sigma_0}])\{q\} = \{0\} \tag{8.4.59}$$

Diese homogene Gleichung besitzt nur dann eine nichttriviale Lösung, wenn ihre Determinante verschwindet. Diese Bedingung führt auf das allgemeine Eigenwertproblem

$$|[K]+\lambda[K_{\sigma_0}]| = 0 \tag{8.4.60}$$

Man kann dieses Eigenwertproblem mit den früher für dynamische Probleme besprochenen Eigenwertmethoden lösen. Im Gegensatz zur Dynamik ist hier aber praktisch immer nur der kleinste Eigenwert λ_1 von Interesse. Mit ihm erhält man aus der Anfangsbelastung $\{p_o\}$ die kritische Last $\{p_{kr}\}$ zu

$$\{p_{kr}\} = \lambda_1\{p_o\} \tag{8.4.61}$$

Die Umsetzung der nichtlinearen dynamischen Bewegungsgleichung durch den Integrationsalgorithmus führt auf ein Gleichungssystem der Form der Gl. (8.4.51). Auch hier kann Instabilität eintreten. Dies ist dann der Fall, wenn die effektive Steifigkeitsmatrix $[\overline{K}]$ singulär wird. Es ist aus diesem Grunde von großer Wichtigkeit, während der Zeitintegration den Wert der Determinante zu kontrollieren. Da bei impliziter Integration stets eine Dreieckszerlegung von $[\overline{K}]$ durchgeführt werden muß, läßt sich durch Kontrolle der Vorzeichen der Diagonalelemente des Dreiecksfaktors sofort entscheiden, ob die Determinante durch eine Nullstelle gegangen ist.

Bei der Beurteilung eines Instabilitätspunktes muß man berücksichtigen, daß $[\overline{K}]$ auch aus rein numerischen Gründen singulär werden kann. Dies ist beispielsweise möglich, wenn hohe Steifigkeitsunterschiede in den Elementen von $[\overline{K}]$ bestehen. Ein anderer Grund für Instabilität kann bei totaler Lagrangescher Formulierung die zu große Verformung der verwendeten finiten Elemente sein. Auch der Integrationsalgorithmus kann direkt für eine numerische Instabilität verantwortlich sein. Es ist nicht immer einfach, numerische Instabilitäten von den tatsächlich auftretenden physikalischen Instabilitäten zu unterscheiden. Weiterhin ist zu beachten, daß eine singuläre effektive Steifigkeitsmatrix nur globale Instabilität anzeigt. Lokale Instabilitäten dagegen entsprechen singulären Teilmatrizen von $[\overline{K}]$. Diese lokalen Instabilitäten sind normalerweise nicht direkt feststellbar. Verwendet man für die Integration einen impliziten Algorithmus, so enthält die effektive Steifigkeitsmatrix neben der Steifigkeitsmatrix auch die Massenmatrix und die Dämpfungsmatrix. Diese Matrizen wirken normalerweise stabilisierend und erlauben dadurch mitunter, durch eine dynamische Rechnung über statische Instabilitäten hinwegzukommen.

Zusammenfassung

Aus den virtuellen Arbeitsgleichungen für die TLF und NLF erhält man durch Diskretisierung und Linearisierung die inkrementale Bewegungsgleichung für die numerische Lösung. Der Zusammenhang zwischen dem Lastinkrement und dem Verschiebungsinkrement wird durch die tangentiale Steifigkeitsmatrix bestimmt. Sie enthält bei der TLF neben der geometrischen Steifigkeitsmatrix auch die initiale Verschiebungsmatrix ${}^t_0[K_q]$. In der NLF fehlt ${}^t_0[K_q]$, da das Rechenmodell in der aktuellen Konfiguration neu aufgebaut wird. Die Lösung der Bewegungsgleichung erfolgt mit einem der früher besprochenen Integrationsalgorithmen. In der Statik löst man die Gleichung mit Newton-Raphson-Iterationen. Nichtlineare Probleme können auf Instabilitäten führen. Man muß dabei mit großer Sorgfalt untersuchen, ob die Instabilitäten physikalisch bedingt sind oder nur durch die numerischen Verfahren in die Rechnung eingeführt wurden.

Anhang

Dreieckszerlegung

Bei der numerischen Lösung von Aufgaben der Statik und Dynamik mit
Hilfe von diskretisierenden Verfahren treten immer große lineare Gleichungssysteme auf. Für die Lösung derartiger Systeme muß eine Dreieckszerlegung durchgeführt werden. Aus diesem Grunde kommt der numerischen
Durchführung der Dreieckszerlegung größte Wichtigkeit zu. Im folgenden sollen daher die wichtigsten Beziehungen für die Dreieckszerlegung zusammengestellt werden.

Unter einer Dreieckszerlegung oder Triangularisierung versteht man die
Zerlegung der quadratischen, nichtsingulären Matrix $[A]$ in zwei Dreiecksfaktoren $[U]$ und $[O]$:

$$[A] = [U][O] \tag{A.1}$$

Die Matrix $[U]$ ist der sogenannte untere Dreiecksfaktor, welcher nur aus
Termen auf und unterhalb der Hauptdiagonalen besteht. Die Matrix $[O]$ bezeichnet den oberen Dreiecksfaktor. Hier sind nur die Terme auf und oberhalb
der Hauptdiagonalen besetzt. Zudem gilt für die Elemente der Hauptdiagonalen $o_{ii} = 1$. In Abb. A.1 sind die Matrizen $[U]$, $[O]$ und $[A]$ graphisch
dargestellt.

Durch Ausführung der Matrixmultiplikation liest man aus Abb. A.1 die
folgenden Rekursionsformeln für die Bildung der ersten Kolonne von $[U]$
sowie der ersten Zeile von $[O]$ ab:

$$u_{i1} = a_{i1} \qquad\qquad i = 1,\ldots n \tag{A.2}$$

$$o_{1j} = \frac{a_{1j}}{u_{11}} \qquad\qquad j = 2,\ldots n \tag{A.3}$$

Dabei bezeichnet n die Dimension von $[A]$. Man sieht, daß zur Bildung der
ersten Zeile von $[O]$ durch das sogenannte Pivot-Element $u_{11} = a_{11}$ dividiert
werden muß. Falls $u_{11} = 0$ ist, läßt sich diese Division offensichtlich nicht
durchführen.

Ist die erste Kolonne von $[U]$ und die erste Zeile von $[O]$ bekannt, dann
lassen sich die weiteren Kolonnen von $[U]$ bzw. die weiteren Zeilen von $[O]$
rekursiv aufbauen. Für die j-te Kolonne von $[U]$ erhält man

$$\sum_{k=1}^{j-1} u_{ik}o_{kj} + u_{ij} = a_{ij} \qquad\qquad i \geq j \tag{A.4}$$

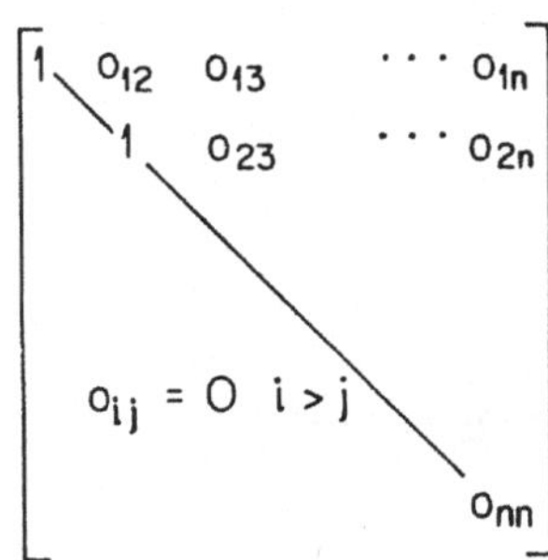

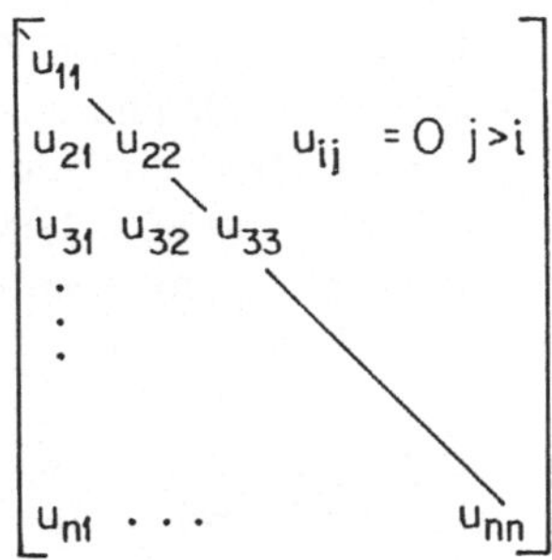 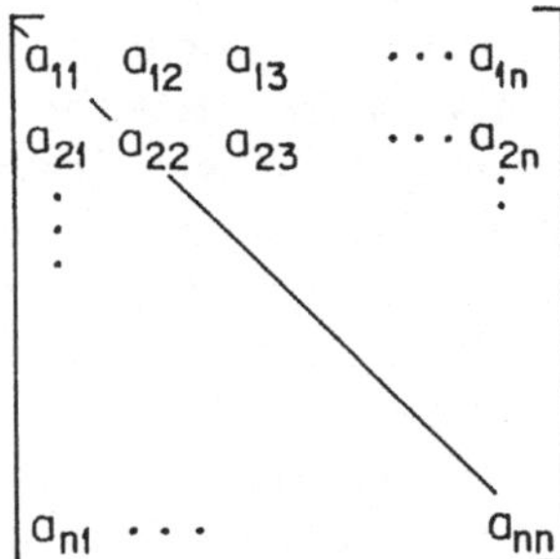

Abb. A.1 Dreieckszerlegung

und daraus

$$u_{ij} = a_{ij} - \sum_{k=1}^{j-1} u_{ik} o_{kj} \qquad\qquad i \geq j \qquad\qquad\qquad (A.5)$$

Analog ergibt sich für die i-te Zeile von $[O]$

$$\sum_{k=1}^{i-1} u_{ik} o_{kj} + u_{ii} o_{ij} = a_{ij} \qquad\qquad j \geq i+1 \qquad\qquad (A.6)$$

und daraus

$$o_{ij} = \frac{1}{u_{ii}} \left(a_{ij} - \sum_{k=1}^{i-1} u_{ik} o_{kj} \right) \qquad j \geq i+1 \qquad\qquad (A.7)$$

Für die Bildung von o_{ij} ist also ebenfalls immer eine Division durch die Pivot-Elemente u_{ii} erforderlich.

Die obigen Beziehungen erlauben die rekursive Bildung des oberen und unteren Dreiecksfaktors. Man sieht, daß die wesentlichen Operationen in der Multiplikation zweier Zahlen und Addition des Ergebnisses zu einer dritten Zahl bestehen. Diese Operation ist vergleichbar mit der Bildung des Skalarproduktes zweier Vektoren. Die Effizienz der Dreieckszerlegung hängt demnach sehr wesentlich davon ab, mit welcher Effizienz diese Operation auf einem Computer durchgeführt werden kann. Insbesondere kann man durch

Ausnützung der Vektor-Architektur bei Vektor-Rechnern sehr große Effizienzsteigerungen erzielen.

Im Falle einer symmetrischen Matrix $[A]$ gilt

$$o_{ij} = \frac{u_{ij}}{u_{ii}} \tag{A.8}$$

d.h. der obere Dreiecksfaktor entspricht bis auf die Division durch die Pivot-Elemente u_{ii} der Matrix $[U]$. Man sieht daraus, daß sich die Anzahl der Rechenoperationen bei der Dreieckszerlegung einer symmetrischen Matrix auf etwa die Hälfte reduziert.

Zieht man die Diagonalterme aus dem unteren Dreiecksfaktor $[U]$ heraus, dann läßt sich die Dreieckszerlegung auch in der Form

$$[A] = [U][D][O] \tag{A.9}$$

schreiben. Für symmetrische Matrizen gilt

$$[U] = [O]^{\mathrm{T}} \tag{A.10}$$

Durch Ziehen der Wurzeln aus den Diagonalelementen D_{ii}

$$[D] = [D]^{\frac{1}{2}} [D]^{\frac{1}{2}} \tag{A.11}$$

und Bildung des neuen Dreiecksfaktors

$$[\overline{O}] = [D]^{\frac{1}{2}} [O] \tag{A.12}$$

erhält man die vollständig symmetrische Zerlegung

$$[A] = [\overline{O}]^{\mathrm{T}} [\overline{O}] \tag{A.13}$$

In dieser Form wird die Dreieckszerlegung einer symmetrischen Matrix auch als Choleski-Zerlegung bezeichnet. Die Matrizen der linearen Statik und Dynamik sind immer symmetrisch. Aus diesem Grunde sollen die folgenden Überlegungen auf symmetrische Matrizen beschränkt werden.

Typischerweise sind die Systemmatrizen eines statischen oder dynamischen Problems große, dünn besetzte Matrizen mit Bandstruktur. Wie in Abb. A.2 gezeigt, weisen derartige Matrizen ein schmales Band von Koeffizienten um die Hauptdiagonale sowie vereinzelte gestreute Terme außerhalb der Hauptdiagonalen auf. Bei der Dreieckszerlegung ist man daran interessiert, daß möglichst wenig neue von null verschiedene Terme entstehen, d.h. daß die Dreiecksfaktoren nicht auffüllen. Aus der Rekursionsformel Gl. (A.5) sieht man, daß die Bedingung für einen verschwindenden Term u_{ij} darin besteht, daß sowohl a_{ij} wie auch das Skalarprodukt

$$\sum_{k}^{j-1} u_{ik} o_{kj} = 0 \tag{A.14}$$

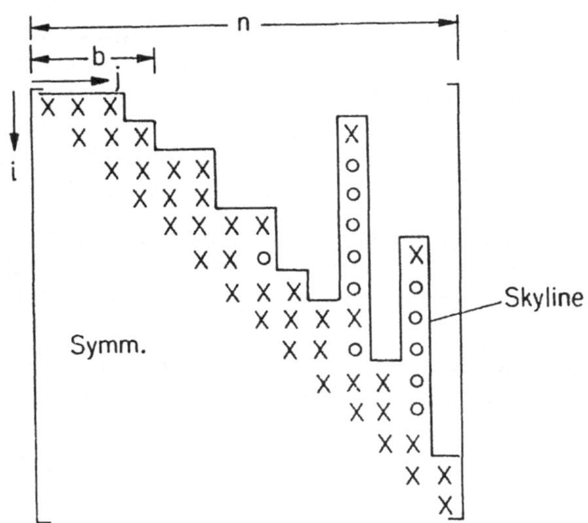

Abb. A.2 Dünn besetzte Matrix mit Bandstruktur

zu null werden. Dies entspricht den Skalarprodukten der Kolonnen i und j
bis zum Element der Zeile $i - 1$. Man schließt daraus, daß die Kolonnen der
Matrix $[A]$ mit Elementen ungleich null ab dem ersten von null verschiedenen
Element auffüllen und in das Band eingehen. Zeichnet man um die obersten
Elemente der Matrix $[A]$ eine Linie, so erhält man die in Abb. A.2 gezeigte
„Skyline" der Matrix. Es folgt, daß diese „Skyline" auch im Dreiecksfaktor
erhalten bleibt, daß aber die Kolonnen unterhalb von null verschiedener Ele-
mente a_{ij} mit Termen auffüllen.

Man kann durch geschicktes Umordnen der Besetzung von $[A]$ erreichen,
daß die auffüllenden Kolonnen unterbrochen werden. Dies ist der Fall, wenn
über den Diagonalkoeffizienten der Zeile $i-1$ keine Terme mehr stehen. Man
erhält damit die Struktur der in Abb. A.3 gezeigten Matrix. Die Kolonnen
werden somit auf der Höhe der Zeile $i - 1$ nicht mehr weiter mit von null
verschiedenen Elementen aufgefüllt. Dafür können aber in anderen Teilen der
Matrix neue von null verschiedene Terme entstehen. Man spricht hier auch
von sogenannten aktiven und passiven Kolonnen der Matrix. Aktiv sind Kolonnen, bei denen weitere von null verschiedene Terme entstehen, passiv sind
Kolonnen, welche zu keinen weiteren Termen führen. Es ist möglich, Opti-
mierungsprogramme zu schreiben, welche die Anzahl der Rechenoperationen
für die Dreieckszerlegung durch Umordnung der ursprünglichen Besetzung
der Matrix $[A]$ minimieren.

Bei einer Systemmatrix mit reiner Bandstruktur ist die Rechenzeit für
die symmetrische Dreieckszerlegung durch die Beziehung

$$T \simeq k \frac{1}{2} n b^2 \tag{A.15}$$

gegeben. Dabei bezeichnet n die Anzahl der Zeilen bzw. Kolonnen der Matrix
und b die Bandbreite. Der Faktor k ist ein maschinenabhängiger Zeitfaktor,

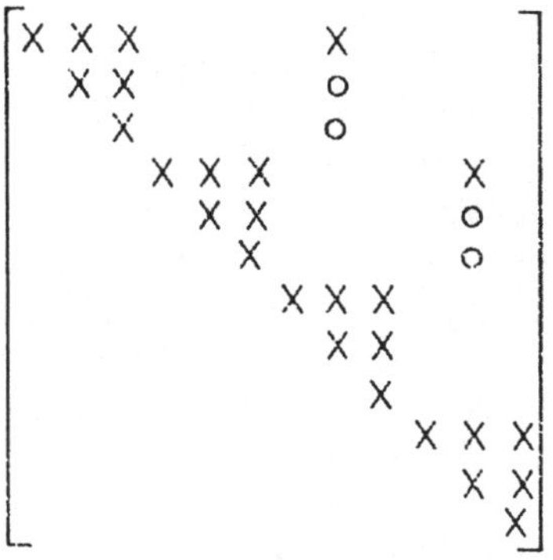

$$
\begin{bmatrix}
\mathsf{X} & \mathsf{X} & \mathsf{X} & & & \mathsf{X} & & & & \\
 & \mathsf{X} & \mathsf{X} & & & \mathsf{o} & & & & \\
 & & \mathsf{X} & & & \mathsf{o} & & & & \\
 & & & \mathsf{X} & \mathsf{X} & \mathsf{X} & & \mathsf{X} & & \\
 & & & & \mathsf{X} & \mathsf{X} & & \mathsf{o} & & \\
 & & & & & \mathsf{X} & & \mathsf{o} & & \\
 & & & & & \mathsf{X} & \mathsf{X} & \mathsf{X} & & \\
 & & & & & & \mathsf{X} & \mathsf{X} & & \\
 & & & & & & & \mathsf{X} & & \\
 & & & & & & & \mathsf{X} & \mathsf{X} & \mathsf{X} \\
 & & & & & & & & \mathsf{X} & \mathsf{X} \\
 & & & & & & & & & \mathsf{X}
\end{bmatrix}
$$

Abb. A.3 Matrix mit aktiven und passiven Kolonnen

welcher die Zeit für eine Elementaroperation (Multiplikation zweier Zahlen und Addition) angibt. Man sieht, daß die Bandbreite quadratisch eingeht. Die Bandbreite hängt mit der Verknüpfung der Freiheitsgrade des Modells zusammen. Bei Matrizen, welche neben dem Band auch noch vereinzelte Elemente außerhalb der Hauptdiagonalen enthalten, wird in Gl. (A.15) die Bandbreite ersetzt durch den durchschnittlichen Wert der aktiven Kolonnen während der Dreieckszerlegung.

Die oben hergeleiteten Rekursionsformeln zur Bildung der Dreiecksfaktoren entsprechen den Schritten des Gaußschen Eliminationsverfahrens. Es ist beweisbar, daß kein rationales Auflösungsverfahren für lineare Gleichungssysteme weniger Schritte als das Eliminationsverfahren brauchen kann. Eine Verringerung des Rechenaufwandes ist daher nur über eine Veränderung der Besetzung der Ausgangsmatrix möglich.

Die numerische Stabilität der Dreieckszerlegung ist bei den in der Statik und Dynamik auftretenden Matrizen normalerweise sehr gut. Probleme können allenfalls auftreten, wenn die Elemente von $[A]$ beträchtliche Größenunterschiede aufweisen. In diesem Falle kommt es nämlich zu Stellenverlusten, welche dazu führen können, daß die Pivot-Elemente zu null werden. Man erhält dann ein singuläres System, obwohl sich das Tragwerk selber regulär verhält. Dieses Problem kann durch Einführen starrer Bindungen an Stelle der steifen Elemente vermieden werden.

Die Dreieckszerlegung findet in der Statik und Dynamik eine Reihe wichtiger Anwendungen. Zunächst einmal kann mit ihr ein lineares Gleichungssystem

$$[A]\{x\} = \{y\} \tag{A.16}$$

aufgelöst werden. Nimmt man an, daß $[A]$ symmetrisch ist, so gilt die symmetrische Dreieckszerlegung Gl. (A.13). Setzt man diese Beziehung in Gl. (A.16) ein, so erhält man mit der Abkürzung

$$[O]\{x\} = \{z\} \tag{A.17}$$

die Gleichung

$$[O]^{\mathrm{T}}\{z\} = \{y\} \tag{A.18}$$

Diese Gleichung kann durch eine Vorwärts-Substitution sofort nach $\{z\}$ aufgelöst werden. Da nämlich $[O]^{\mathrm{T}}$ eine untere Dreiecksmatrix ist, entsteht bei Beginn der Lösung von der ersten Gleichung aus immer nur eine Unbekannte pro Zeile. Mit dem Lösungsvektor $\{z\}$ läßt sich nunmehr aus Gl. (A.17) durch Rückwärts-Substitution die gesuchte Lösung $\{x\}$ bestimmen. Man sieht, daß sich die Lösung eines linearen Gleichungssystems stets zurückführen läßt auf eine Dreieckszerlegung sowie die nachfolgende Vorwärts-Rückwärts-Substitution. Numerisch ist dieses Vorgehen wesentlich effizienter als die Inversion von $[A]$, da bei Bildung der inversen Matrix praktisch alle Null-Elemente verschwinden.

Eine wichtige weitere Anwendung der Dreieckszerlegung ist die Bestimmung der Determinante einer Matrix. Da die Determinante eines Matrizenproduktes gleich dem Produkt der Determinanten der Faktoren ist, gilt

$$|[A]| = |[U]|\,|[O]| \tag{A.19}$$

Aus dem Entwicklungssatz für Determinanten sieht man sofort, daß sich die einzelnen Determinanten der Dreiecksmatrizen auf die Produkte der Diagonalterme reduzieren. Im Falle einer symmetrischen Matrix mit symmetrischer Dreieckszerlegung erhält man demnach

$$|[A]| = |[O]^{\mathrm{T}}|\,|[O]| = \prod_{i=1}^{n} o_{ii}^{2} \tag{A.20}$$

Verschwindet die Determinante oder wird eines der Diagonalelemente des Dreiecksfaktors negativ, so liegt eine singuläre Matrix $[A]$ vor. Man erkennt diese Situation demnach sofort durch Überprüfen der Diagonalelemente des Dreiecksfaktors. Insbesondere überzeugt man sich leicht davon, daß bei positiv-definiten Matrizen diese Diagonalelemente immer > 0 sein müssen.

Literaturhinweise

[1] Agnew, R. P. : *Differential Equations*. McGraw-Hill Book Company, New York, 1960.

[2] Anderheggen, E. und Pfaffinger, D. D. : *Die Methode der finiten Elemente für ebene Rahmentragwerke*. Vorlesungsunterlagen, Eidgenössische Technische Hochschule, Zürich, 1980.

[3] Ang, A. : *Probability Concepts in Earthquake Engineering*. Applied Mechanics in Earthquake Engineering, W. D. Iwan, Editor, AMD-Vol. 8, American Society of Mechanical Engineers, New York, N.Y., 1974, pp. 225 - 259.

[4] Argyris, J. H. and Kelsey, S. : *Energy Theorems and Structural Analysis*. Butterworth, London, 1960.

[5] Argyris, J. H., Dunne, P. C. and Angelopoulos, T. : *Dynamic Response by Large Step Integration*. Earthquake Engineering and Structural Dynamics, Vol. 2, John Wiley and Sons, New York, 1973.

[6] Bachmann, H. und Ammann, W. : *Schwingungsprobleme bei Bauwerken*. Internationale Vereinigung für Brückenbau und Hochbau, Zürich, 1987.

[7] Bathe, K. J. : *Solution Methods of Large Generalized Eigenvalue Problems in Structural Engineering*. Report UC SESM 71-20, Civil Engineering Department, University of California, Berkeley, 1971.

[8] Bathe, K. J. and Wilson, E. L. : *Numerical Methods in Finite Element Analysis*. Prentice Hall, Inc., Englewood Cliffs, N.J., 1976.

[9] Bathe, K. J. : *Finite Element Procedures in Engineering Analysis*. Prentice Hall, Inc., Englewood Cliffs, N.J., 1982.

[10] Bazzi, G. and Anderheggen, E. : *The rho-Family of Algorithms for Time-step Integration with Improved Numerical Dissipation*. Earthquake Engineering and Structural Dynamics, Vol. 10, 1982, pp. 537 - 550.

[11] Blume, J. A., Newmark, N. M. and Corning, L. H. : *Design of Multistory Reinforced Buildings for Earthquake Motions*. Portland Cement Association, 1961.

[12] Castigliano, A. : *Théorie de l'équilibre des systèmes élastiques*. Turin, 1879.

[13] Chen, W. F. and Lui, E. M. : *Structural Stability — Theory and Implementation*. Elsevier, New York-Amsterdam-London, 1987.

[14] Chopra, A. K. and Chakrabarti, P. : *Earthquake Analysis of Concrete Gravity Dams Including Dam-Water-Foundation Rock Interaction*. Earthquake Engineering and Structural Dynamics, Vol. 9, John Wiley and Sons, New York, 1981.

[15] Clough, R. W. : *Earthquake Analysis by Response Spectrum Superposition*. Bulletin of the Seismological Society of America, Vol. 52, No. 3, July, 1962, pp. 647 - 660.

[16] Clough, R. W. and Penzien, J. : *Dynamics of Structures*. McGraw-Hill Book Company, New York, 1975.

[17] Collatz, L. : *The Numerical Treatment of Differential Equations*. 2nd Printing of 3rd Edition, Springer-Verlag, Berlin-Heidelberg-New York, 1966.

[18] Cooley, J. W. and Tukey, J. W. : *An Algorithm for the Machine Calculation of Complex Fourier Series*. Math. Comput., Vol. 19, 1965.

[19] Courant, R. : *Variational Methods for the Solution of Problems of Equilibrium and Vibration*. Bulletin of the American Mathematical Society, Vol. 49, 1943.

[20] Damrath, R. : *Ein stochastisches Verfahren der seismischen Analyse von Bauwerken mit Anwendung auf Kernkraftwerke*. Dissertation, Technische Universität Berlin, Berlin 1974.

[21] Davenport, A. G. : *Note on the Distribution of the Largest Value of a Random Function with Application to Gust Loading*. Proceedings of the Institution of Civil Engineers, Vol. 28, Paper No. 6739, 1964.

[22] Der Kiureghian, A. : *On Response of Structures to Stationary Excitation*. EERC Report No. 79-32, Earthquake Engineering Research Center, University of California, Berkeley, December 1979.

[23] Dettman, J. W. : *Mathematical Methods in Physics and Engineering*. McGraw-Hill Book Company, New York, 1962.

[24] Doetsch, G. : *Einführung in Theorie und Anwendung der Laplace-Transformation*. 3. Auflage, Birkhäuser, Basel, 1976.

[25] Doetsch, G. : *Anleitung zum praktischen Gebrauch der Laplace-Transformation*. 2. Auflage, R. Oldenbourg, München, 1961.

[26] Dupuis, G. A. , Pfaffinger, D. D. and Marcal, P. V. : *Effective Use of Incremental Stiffness Matrices in Nonlinear Geometric Analysis*. IUTAM Symposium on High Speed Computing of Elastic Structures, Liege, 1970.

[27] Elishakoff, I. : *Probabilistic Methods in the Theory of Structures*. John Wiley and Sons, New York, 1983.

[28] Engeli, M., Ginsburg, Th., Rutishauser, H. und Stiefel, E. : *Refined Iterative Methods for Computation of the Solution and the Eigenvalues of Self-Adjoint Boundary Value Problems*. Bericht Nr. 8, Mitteilungen aus dem Institut für angewandte Mathematik der Eidgenöss:schen Technischen Hochschule Zürich, Birkhäuser, Basel und Stuttgart, 1959.

[29] Engeli, M. und Pfaffinger, D. : *Automatisierte Generierung der FE-Einteilung von Getriebegehäusen*. Forschungsreport der Forschungsvereinigung Antriebstechnik, Frankfurt, 1979.

[30] *Entwicklungstendenzen im baulichen Erdbebenschutz*. Bericht über ein Seminar an der Eidgenössischen Technischen Hochschule Zürich, Schweizer Ingenieur und Architekt, Heft 49, 1979.

[31] Feller, W. : *Über den zentralen Grenzwertsatz der Wahrscheinlichkeitsrechnung*. Mathematische Zeitschrift, Band 40, Berlin 1936.

[32] Feller, W. : *Über den zentralen Grenzwertsatz der Wahrscheinlichkeitsrechnung. II*. Mathematische Zeitschrift, Band 42, Berlin 1937.

[33] Fok, K. and Chopra, A. K.: *Hydrodynamic and Foundation Flexibility Effects in Earthquake Response of Arch Dams*. Journal of Structural Engineering, American Society of Civil Engineers, Vol. 122, No. 8, August 1976.

[34] Fridberg, O., Möller, P., Makovicka, D. and Wiberg, N.-E. : *An Adaptive Procedure for Eigenvalue Problems Using the Hierarchical Finite Element Method*. International Journal of Numerical Methods in Engineering, Vol. 24, 1987, pp. 319 - 335.

[35] Gallagher, R. H. : *Finite Element Analysis — Fundamentals*. Prentice Hall, Englewood Cliffs, N.J., 1975.

[36] Givens, J. W. : *Numerical Computation of the Characteristic Values of a Real Symmetric Matrix*. Oak Ridge National Laboratory, ORNL-1574, 1954.

[37] Green, N. B. : *Earthquake Resistant Building Design and Construction*. Van Nostrand Reinhold Company, New York, 1978.

[38] Guyan, R. J. : *Reduction of Stiffness and Mass Matrices*. AIAA Journal, Vol. 13, No. 2, Feb. 1965.

[39] Householder, A. S. : *The Approximate Solution of Matrix Problems.* Journal of the Association of Computing Machinery, Vol. 5, 1958, pp. 205 - 243.

[40] Householder, A. S. : *Generated Error in Rotational Tridiagonalisation.* Journal of the Association of Computing Machinery, Vol. 5, 1958, pp. 335 - 338.

[41] Householder, A. S. : *Unitary Triangularisation of a Nonsymmetric Matrix.* Journal of the Association of Computing Machinery, Vol. 5, 1958, pp. 339 - 342.

[42] Housner, G. W. : *Behaviour of Structures during Earthquakes.* Journal of the Engineering Mechanics Division, American Society of Civil Engineers, Vol. 85, EM4, October 1959.

[43] Hudson, D. E. : *Destructive Earthquake Ground Motions.* Applied Mechanics in Earthquake Engineering, W. D. Iwan, Editor, AMD-Vol. 8, American Society of Mechanical Engineers, New York, N.Y., 1974.

[44] Hughes, Th. J. R. : *The Finite Element Method: Linear Static and Dynamic Finite Element Analysis.* Prentice Hall, Englewood Cliffs, N.J., 1987.

[45] Hurty, W. C. and Rubinstein, M. F. : *Dynamics of Structures.* Prentice Hall, Englewood Cliffs, N.J., 1964.

[46] Hutchinson, W. D., Becker, G. W. and Landel, R. F. : *Determination of Stored Energy Function of Rubber-like Materials.* 4th Meeting Interagency Chem. Rocket Propulsion Group; Working Group Mech. Behaviour. CPIA Publ. 94U, Vol. 1, 1965.

[47] Jacobi, C. G. : *Über ein leichtes Verfahren, die in der Theorie der Säculärstörungen vorkommenden Gleichungen numerisch aufzulösen.* Crelle's Journal, Vol. 30, 1846.

[48] Klosner, J. M. and Segal, A. : *Mechanical Characterisation of a Natural Rubber.* PIBAL Rep. 69-42, Polytechnic Institute of Brooklyn, New York, 1969.

[49] Lagrange, J. L. : *Mécanique analytique.* Gauthier-Villars, Paris, 1888.

[50] Lanczos, C. : *An Iteration Method for the Solution of the Eigenvalue Problem of Linear Differential and Integral Operators.* Journal of Research of the National Bureau of Standards, Vol. 45, 1950, pp. 255 - 282.

[51] Le Pichon, X., Francheteau, J. and Bonnin, J. : *Plate Tektonics.* Elsevier, Amsterdam, 1973.

[52] Link, M. : *Finite Elemente in der Statik und Dynamik*. B. G. Teubner, Stuttgart, 1984.

[53] MacNeal, R. H. : *Electric Circuit Analogies for Elastic Structures*. John Wiley and Sons, New York, 1960.

[54] MacNeal, R. H. , Barnoski, R. L. and Bailie, J.A. : *Response of a Simple Oscillator to Nonstationary Random Noise*. Journal of Spacecraft and Rockets, AIAA, 1966.

[55] MacNeal, R. H. : *Dynamic Reduction Procedures for Large Problems*. Lecture Notes for Lockheed-California Company and Private Communication, 1970.

[56] MacNeal, R. H., Editor : *The NASTRAN Theoretical Manual*. NASA and The MacNeal-Schwendler Corporation, Los Angeles, 1974.

[57] Mayer-Rosa, D. : *Erdbeben - Entstehung, Risiko und Hilfe*. Nationale Schweizerische UNESCO-Kommission, April 1986.

[58] Miner, M. A. : *Cumulative Damage in Fatigue*. Journal of Applied Mechanics, American Society of Mechanical Engineers, Vol. 67, September 1945.

[59] Negrutiu, R. : *Elastic Analysis of Slab Structures*. Martinus Nijhoff Publishers, Dordrecht, 1987.

[60] Newmark, N. M., Blume, J. A. and Kapur, K. K. : *Seismic Design Spectra for Nuclear Power Plants*. Journal of the Power Division, American Society of Civil Engineers, Vol. 99, PO2, November 1973, pp. 287 - 303.

[61] Newmark, N. M. and Rosenblueth, E. : *Fundamentals of Earthquake Engineering*. Prentice Hall, Englewood Cliffs, N.J., 1971.

[62] Oden, J. T. : *Finite Elements of Nonlinear Continua*. McGraw-Hill Book Company, New York, 1972.

[63] Paz, M. : *Structural Dynamics*. Van Nostrand Reinhold Company, New York, 2nd Edition, 1984.

[64] Peano, A. and Riccioni, R. : *Automated Discretisation Error Control in Finite Element Analysis*. Second World Congress on Finite Element Methods. J. Robinson, Editor, Bournemouth, 1978.

[65] Peano, A., Pasini, A., Riccioni, R. and Sardella, L. : *Adaptive Approximations in Finite Element Structural Analysis*. Computers and Structures, Vol. 10, January 1979, pp. 333 - 342.

[66] Pfaffinger, D. D. : *Berechnung polygonaler Platten mit verbesserten Differenzengleichungen*. Bericht Nr. 28, Institut für Baustatik und Konstruktion, Eidgenössische Technische Hochschule, Zürich, 1970.

[67] Pfaffinger, D. D. : *Comparative Seismic Analysis.* Proceedings of the 3rd European NASTRAN Users Conference, The MacNeal-Schwendler Corp., München, 1976.

[68] Pfaffinger, D. D. and Thielen, G. : *Limit Load Analysis of a Concrete Structure.* Proceedings of the 5th European NASTRAN Users Conference, The MacNeal-Schwendler Corp., München, 1978.

[69] Pfaffinger, D. D. : *Linear Constraint Equations for Continuous Support Conditions in Finite Element Analysis.* Computers & Structures, Vol. 8, 1978, pp. 553 - 562.

[70] Pfaffinger, D. D. : *Die Methode der Antwortspektren aus der Sicht der probabilistischen Tragwerksdynamik.* Bericht Nr. 90, Institut für Baustatik und Konstruktion, Eidgenössische Technische Hochschule, Zürich, 1979.

[71] Pfaffinger, D. D. : *Neuere Entwicklungen in der Tragwerksberechnung.* Eidgenössische Technische Hochschule, Zürich, 1981.

[72] Pfaffinger, D. D. : *Analytical Evaluation of Modal Covariance Matrices.* Computer Methods in Applied Mechanics and Engineering, Vol. 24, No. 3, December 1980.

[73] Pfaffinger, D. D. : *Praktischer Einsatz von FE-Systemen.* Seminarunterlagen. Tagung „Anwendung der Finite Element Methode im Bauwesen", Haus der Technik, Nürnberg, 1980 (Fides Treuhandgesellschaft, Zürich).

[74] Pfaffinger, D. D. : *Calculation of Power Spectra from Response Spectra.* Journal of the Engineering Mechanics Division, American Society of Civil Engineers, January, 1981.

[75] Pfaffinger, D. D. : *Determination of Power Spectral Density Functions from Design Spectra.* Civil Engineering Practice, Vol. 4, Technomic Publishing Company, Inc., Lancaster, Pennsylvania, 1988.

[76] Pfaffinger, D. D. : *Role of Probabilistic Analysis for Quality Assurance.* IABSE Symposium on Safety and Quality Assurance of Civil Engineering Structures, Tokyo, 1986.

[77] Pfaffinger, D. D. : *Digitale Simulation dynamischer Probleme mit finiten Elementen.* Symposium „Nichtlineare Strukturdynamik", Fachgruppe Mechanik und Industrie, Eidgenössische Technische Hochschule, Zürich, 1986.

[78] Pian, T. H. H. : *Element Stiffness-Matrices for Boundary Compatibility for Prescribed Boundary Stresses.* Proceedings 1st Conference on Matrix Methods in Structural Mechanics, Dayton, Ohio, Oct. 1965. AFFDL-TR-66-80, 1966.

[79] Pian, T. H. H. : *Evolution of Assumed Hybrid Finite Element.* Fourth World Congress on Finite Element Methods. J. Robinson, ed., Interlaken, 1984.

[80] Pipano, A. and Raibstein, A. I. : *Fast Modal Extraction in MSC/ NASTRAN via the Tridiagonal Reduction Method.* Proceedings of the 3rd European NASTRAN Users Conference, The MacNeal-Schwendler Corp., München, 1976.

[81] Porter, C. S. and Chopra, A. K.: *Dynamic Analysis of Simple Arch Dams Including Hydrodynamic Interaction.* Earthquake Engineering and Structural Dynamics, Vol. 9, John Wiley and Sons, New York, 1981.

[82] Prager, W. : *An Introduction to Plasticity.* Addison-Wesley Publishing Company, Reading, Mass., 1959.

[83] Prager, W. : *Introduction to Mechanics of Continua.* Ginn and Company, Boston, 1961.

[84] *Projektunterlagen Hypobank München.* Held und Francke AG, Dyckerhoff & Widmann AG und Fides Rechenzentrum GmbH, München.

[85] Rice, S. O. : *Mathematical Analysis of Random Noise.* Selected Papers on Noise and Stochastic Processes, N. Wax, Editor, Dover Publications, New York, 1954.

[86] Robinson, J. : *Integrated Theory of Finite Element Methods.* John Wiley and Sons, New York, 1973.

[87] Ruiz, P. and Penzien, J. : *Probabilistic Study of the Behaviour of Structures during Earthquakes.* EERC Report No. 69-3, Earthquake Engineering Research Center, University of California, Berkeley, 1969.

[88] Sägesser, R. und Mayer-Rosa, D. : *Erdbebengefährdung in der Schweiz.* Schweizerische Bauzeitung, Heft 7, 1978.

[89] Schneider, G. : *Erdbeben Entstehung — Ausbreitung — Wirkung.* Ferdinand Enke Verlag, Stuttgart, 1975.

[90] Schuëller, G. I. : *Einführung in die Sicherheit und Zuverlässigkeit von Tragwerken.* Verlag Wilhelm Ernst und Sohn, München, 1981.

[91] Schweitzer, G. : *Technische Dynamik.* Vorlesungsunterlagen, Eidgenössische Technische Hochschule, Zürich, 1983.

[92] Stiefel, E. : *Fourier- und Laplace-Transformationen.* VMP und AMiV, Eidgenössische Technische Hochschule, Zürich, 1961.

[93] Stiefel, E. : *Einführung in die numerische Mathematik.* 4. Auflage, B. G. Teubner, Stuttgart, 1969.

[94] Tajimi, H. : *A Statistical Method of Determining the Maximum Response of a Building Structure.* Proceedings 2nd World Conference on Earthquake Engineering, Tokyo and Kyoto, 1960.

[95] Thoft-Christensen, P. and Baker, M. J. : *Structural Reliability Theory and Its Applications.* Springer-Verlag, Berlin-Heidelberg-New York, 1982.

[96] Thoft-Christensen, P. and Murotsu, Y.: *Application of Structural Systems Reliability Theory.* Springer-Verlag, Berlin-Heidelberg-New York-Tokyo, 1985.

[97] Thürlimann, B. und Ziegler, H. : *Plastische Berechnungsmethoden.* Vorlesungsunterlagen Fortbildungskurs, Eidgenössische Technische Hochschule, Zürich, 1963.

[98] Timoshenko, S., Young, D. H. and Weaver, W. : *Vibration Problems in Engineering.* John Wiley and Sons, New York, 1974.

[99] Torby, B. J. : *Advanced Dynamics for Engineers.* Holt, Rinehart and Winston, New York, 1984.

[100] Tuma, J. J. and Cheng, Y. F. : *Dynamic Structural Analysis.* Schaum's Outline Series in Engineering. McGraw-Hill Book Company, New York, 1983.

[101] Turner, M., Clough, R., Martin, H. and Topp, L. : *Stiffness and Deflection Analysis of Complex Structures.* Journal of Aeronautical Science, Vol. 23, No. 9, Sept. 1956.

[102] Van der Waerden, B. L. : *Mathematische Statistik.* 2. Auflage, Springer-Verlag, Berlin-Heidelberg-New York, 1965.

[103] Vanmarcke, E. H. : *On the Distribution of the First-Passage Time for Normal Stationary Random Processes.* Journal of Applied Mechanics, Vol. 42, March, 1975, pp. 215 - 220.

[104] Vanmarcke, E. H. and Gasparini, D. A. : *Simulated Earthquake Ground Motions.* Transactions of the 4th International Conference on Structural Mechanics in Reactor Technology. San Francisco, Aug. 15-19, 1977, Vol.K.(a), Paper K1/9, North-Holland Publishing Company, Amsterdam, 1977.

[105] Vertes, G. : *Structural Dynamics.* Elsevier, Amsterdam, 1985.

[106] Walder, U. : *Beitrag zur Berechnung von Flächentragwerken nach der Methode der Finiten Elemente.* Bericht Nr. 77, Institut für Baustatik und Konstruktion, Eidgenössische Technische Hochschule, Zürich, 1977.

[107] Walder, U. : *Commerce Plaza Tower, Texas.* Seminarunterlagen zu FLASH und private Mitteilungen, 1984.

[108] Walder, U., Pfaffinger, D. und Green, D. : *FLASH Benützerhandbuch.* Dr. Walder + Partner AG, 10. Auflage, Zürich, 1988.

[109] Wepf, D. : *Talsperren-Stausee-Interaktion im Zeitbereich basierend auf der Methode der Randelemente.* Bericht Nr. 159, Institut für Baustatik und Konstruktion, Eidgenössische Technische Hochschule, Zürich, Birkhäuser, Basel und Boston, 1987.

[110] Wieland, M. : *Erdbebenbedingte dynamische Beanspruchung einer Gewichtsmauer mit Berücksichtigung der Interaktion des Stausees.* Bericht Nr. 8, Mitteilungen der Versuchsanstalt für Wasserbau, Hydrologie und Glaziologie an der Eidgenössischen Technischen Hochschule Zürich, Zürich, 1978.

[111] Wilkinson, J. H. : *The Algebraic Eigenvalue Problem.* Oxford University Press, London, 1965.

[112] Wilson, E. L. and Peterson, F. : *Numerical Techniques for Dynamic Analysis.* Lecture Notes and Private Communication, 1978.

[113] Ziegler, H. : *Vorlesung über Mechanik.* Birkhäuser, Basel, 1977.

[114] Zienkiewicz, O. C. : *The Finite Element Method.* 3rd Edition, McGraw-Hill Book Company, London, 1977.

[115] Zurmühl, R. : *Matrizen und ihre technischen Anwendungen.* 4. Auflage, Springer-Verlag, Berlin-Heidelberg-New York, 1964.

[116] Zurmühl, R. : *Praktische Mathematik für Ingenieure und Physiker.* 5. Auflage, Springer-Verlag, Berlin-Heidelberg-New York, 1965.

Sachverzeichnis